이제 **오르비**가
학원을 재발명합니다

오르비학원은

모든 시스템이 수험생 중심으로 더 강화됩니다.

모든 시설이 최고의 결과가 나올 수 있도록 설계됩니다.

집중을 위해 오르비학원이 수험생 옆으로 다가갑니다.

오르비학원과 시작하면

원하는 대학문이 가장 빠르게 열립니다.

전화 : 02-522-0207 문자 전용 : 010-9124-0207 주소 : 강남구 삼성로 61길 15 (은마사거리 도보 3분)

기출의 파급효과

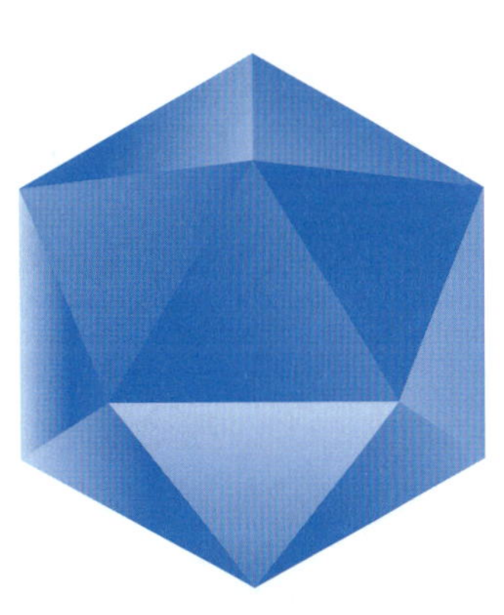

수학 영역

미적분 (상)

미적분(상)

기출의 파급효과

미적분(상)

저자의 말

안녕하세요. 오르비 파급효과입니다. 집필한 지 7년째네요. EBS 선별, 기출의 파급효과 시리즈를 통해 큰 사랑을 받았습니다. 여기까지 오는데 너무 과분한 사랑을 주신 분들 너무 감사합니다. 이제 본격적으로 교재 소개를 해보겠습니다.

저는 다음과 같은 교재를 만들었습니다.

1. 기출의 파급효과에는 미적분 기출을 푸는 데 정말 필요한 태도와 도구만을 모두 정리했습니다.

각 Chapter를 나누는 기준이 교과서 목차가 아닌 기출을 푸는 데 정말 필요한 태도와 도구입니다. 기존 개념서들보다 훨씬 얇습니다. 빠르게 실전 개념을 정리할 수 있습니다. 예제 해설까지 꼼꼼히 읽는다면 준킬러, 킬러 문제에서 생각의 틀이 확실히 잡힐 것입니다. 각 Chapter를 '순서대로' 학습하신다면 더욱 큰 학습효과를 기대할 수 있습니다.

2. 최중요 준킬러 이상급의 기출을 기출의 파급효과 칼럼 예제로 들어 칼럼에서 배운 태도와 도구를 바로 활용할 수 있도록 하였습니다.

미적분 기출 중 킬러는 물론 오답률이 높은 문제들을 예제로 들었습니다. 본문 속 태도와 도구가 킬러, 준킬러에서 어떻게 보편적으로 이용되는지 직접 확인한다면 태도와 도구들이 더욱 와닿을 것입니다. 어떠한 한 문제에만 적용되는 특수한 스킬 같은 것이 아닙니다.

예제로 든 평가원 기출을 태도와 도구뿐만 아니라 진화 단계별로도 배치했습니다. 예제들을 '순서대로' 풀다보면 자연스럽게 기출의 진화과정을 느낄 수 있습니다. 기출의 진화과정을 느낀다면 자연스럽게 기출에 대한 태도와 도구들이 정리됩니다. 태도와 도구 정리가 완성되면 최종 진화 형태인 후반부의 최신 기출문제는 혼자 clear 할 수 있고 이에 대한 보람을 느끼실 겁니다.

예전 킬러 문제에 쓰였던 아이디어 2개 이상이 현재의 준킬러, 킬러에 쓰입니다. 수능 때 킬러를 풀 생각이 없어 과거의 킬러를 제대로 학습하지 않는 우를 범한다면 준킬러도 못 풀거나 빨리 풀기 힘듭니다. 따라서 태도와 도구를 기반으로 한 기출의 킬러 학습은 필수입니다.

3. 평가원 문항뿐만 아니라 교육청, 사관학교 문항도 중요한 기출들입니다.

교육청 및 사관학교 문제가 진화한 형태가 평가원에 출제되고 있습니다. 따라서 기존 평가원 기출만을 푸는 것만으로 매년 빠르게 발전하는 수능을 대비하기에는 부족합니다. 하지만 교육청 및 사관학교 문제들까지 모두 풀자니 양이 너무 많습니다.

이를 해결하기 위해 핵심적인 평가원, 교육청, 사관학교 문제를 필요한 만큼만 선별했습니다.
기출의 파급효과에는 평가원, 교육청, 사관학교 기출 중 가장 핵심이 되는 204문제를 담았습니다.
미적분(상)에는 122문제, 미적분(하)에는 92문제입니다.

※ 문제 좌표에서 '나형' 또는 'A형' 또는 '인문계'라고 표시된 것을 제외하면 전부 '가형' 또는 'B형' 또는 '자연계' 기출입니다.

4. 예제 해설과 유제 해설은 문제를 푸는데에 있어 필요한 생각의 흐름을 매우 자세하게 담았습니다.

예제 해설과 유제 해설은 단계별로 분리되어 있어 이해가 더욱 쉽습니다. 문제에서 필요한 태도와 도구들을 어떻게 쓰는지 과외처럼 매우 자세히 알려줍니다.

※ 기출의 파급효과 미적분(상) Chapter 3 중 20학년도 이전의 기출 해설은 기대t가 작성하였습니다.

5. 더 많은 좋은 기출을 풀어보고 싶은 학생들을 위하여 기출의 파급효과 워크북 전자책도 준비하였습니다.

기출의 파급효과 워크북은 기출에 대한 태도와 도구를 체화하기 시키기 위해 예제보다는 다소 쉬운 유제 **워크북 미적분(상) 205문제, 워크북 미적분(하) 80문제**로 구성되어 있습니다. 워크북의 유제는 연도순으로 배치되어있습니다.

본권과의 호환성을 위하여 워크북에 담긴 기출 역시 본권의 목차를 따릅니다. **본권 학습을 하면서 워크북도 병행한다면 효과도 배가 될 것입니다.** 본권을 잘 학습하셨다면 워크북에 담긴 기출도 무리 없이 풀릴 겁니다.

본권으로 학습하고 더 이상의 기출보단 n제로 학습하길 희망하는 학생들은 n제로 넘어가셔도 좋습니다. 본권만으로도 정말 중요한 기출을 거의 다 본 것이나 마찬가지이기 때문입니다.

짧거나 쉬운 Chapter는 2~3일을 잡으시고 길거나 어려운 Chapter는 6~7일 정도를 잡으시면 됩니다. 이를 따른다면 교재를 빠르면 한 달 내로 늦어도 두 달 내로 완료할 수 있을 것입니다.

개념을 한 번 떼고 쉬운 3~4점 n제(쎈 등등)를 완료한 후 혼자 힘으로 할 수 있는 만큼 기출을 한 번 정도 열심히 풀고 기출의 파급효과를 시작하면 효과가 좋을 것입니다.

9월 평가원을 응시하기 전에 본권을 '제대로' 1회독을 완료하기만 해도 실력이 부쩍 늘어나 있을 것입니다. 9월 평가원 이후 수능 전까지는 기출의 파급효과에서 잘 안 풀렸던 기출 위주로 다시 풀며 끊임없이 실전 모의고사로 실전 연습을 한다면 수능 때도 분명 좋은 결과가 있을 것입니다.

수학 1등급, 아직 늦지 않았습니다. 마지막으로 한 번쯤 봐야 할 기출, 기출의 파급효과와 함께 합시다.

간단한 교재 이용법

원활한 교재 이용을 위해 대단원, 중단원, 중소단원, 소단원 구분법을 소개하겠습니다.

대단원 제목입니다.

Chapter

01 필수 도형 정리와 극한

대단원에 속한 중단원 제목입니다.

▎기본적인 도구

중단원에 속한 중소단원 제목입니다.

1. 삼각함수 덧셈정리

중소단원에 속한 소단원 제목입니다.

(1) 기본 삼각함수, 초월함수 극한

위를 참고하여 학습하신다면 Chapter 내용이 더욱 유기적으로 연결될 것입니다. 헷갈린다면 Chapter를 순서대로 읽어나가셔도 전혀 문제가 없습니다.

원활한 교재 이용을 위해 예제, 예제 해설 구분법을 소개하겠습니다.

본문과 함께 소개되는 예제입니다. 칼럼을 읽다 보면 중간중간에 예제들이 등장합니다.

─ 예제(2) 12학년도 9월 평가원 나형 25번 ─

수열 $\{a_n\}$ 과 $\{b_n\}$ 이

$$\lim_{n \to \infty} (n+1)a_n = 2, \quad \lim_{n \to \infty} (n^2+1)b_n = 7$$

을 만족시킬 때, $\lim_{n \to \infty} \dfrac{(10n+1)b_n}{a_n}$ 의 값을 구하시오. (단, $a_n \neq 0$) [3점]

본문과 함께 소개되는 예제 해설입니다. 자세하고 본문에서 배운 도구와 태도를 일관적으로 적용합니다.

---

1. $\lim\limits_{n \to \infty} (n+1)a_n = 2$, $\lim\limits_{n \to \infty} (n^2+1)b_n = 7$**으로 수렴하므로 수열의 극한의 기본 성질을 이용할 수 있다.**

   이를 활용하기 위해서는 $\dfrac{(10n+1)b_n}{a_n} = \dfrac{(n^2+1)b_n}{(n+1)a_n} \times \dfrac{(n+1)(10n+1)}{(n^2+1)}$ 로 바꿔주자.

2. $\lim\limits_{n \to \infty} \dfrac{(10n+1)b_n}{a_n} = \lim\limits_{n \to \infty} \left\{ \dfrac{(n^2+1)b_n}{(n+1)a_n} \times \dfrac{(n+1)(10n+1)}{(n^2+1)} \right\} = \dfrac{7}{2} \times 10 = 35$ 이다.

   답은 35!!

해설 활용법

1. 문제를 완벽하게 풀었다고 생각하더라도 해설을 읽어보세요. 특히, 예제는 해설까지 본문의 연장선이라 생각하시면 됩니다. 본문에서 설명한 일관된 태도와 도구를 적용하면서도 다양한 관점으로 접근하므로 본인의 풀이와 비교하면서 꼼꼼히 읽어보시길 바랍니다.

2. 해설 사이사이에 색을 추가한 글씨로 태도를 적어놨습니다. 실전에서는 사소한 태도에서 등급이 갈리므로 태도도 매우 중요합니다.

3. 문제 해결에 있어서 가장 중요한 것은 조건의 우선순위입니다. 즉, 먼저 적용해야 할 조건이 출제 의도로서 존재하고, 이러한 우선순위는 단계적 풀이와 연결됩니다.

   수학을 잘하는 사람일수록 풀이과정이 깔끔한 이유도 명확한 단계를 밟아나가기 때문입니다. 예제 해설을 보면서 어떤 조건을 우선적으로 적용하는지, 어떠한 단계를 밟아가는지에 주목하세요.

4. 해설은 대부분 학생이 스스로 이해할 수 있도록 친절하면서도, 필연적이고 일관된 논리를 통해 전개됩니다. 어려운 문항일수록 어떠한 필연성과 일관성을 통해 풀어나가는지 기대하고 해설을 보면 좋을 것 같습니다.

파급의 기출효과

cafe.naver.com/spreadeffect
파급의 기출효과 NAVER 카페

기출의 파급효과 시리즈는 기출 분석서입니다. 기출의 파급효과 시리즈는 국어, 수학, 영어, 물리학 1, 화학 1, 생명과학 1, 지구과학 1, 사회·문화가 예정되어 있습니다.

준킬러 이상 기출에서 얻어갈 수 있는 '꼭 필요한 도구와 태도'를 정리합니다.

'꼭 필요한 도구와 태도' 체화를 위해 관련도가 높은 준킬러 이상 기출을 바로바로 보여주며 체화 속도를 높입니다. 단시간 내에 점수를 극대화할 수 있도록 교재가 설계되었습니다.

학습하시다 질문이 생기신다면 '파급의 기출효과' 카페에서 질문을 할 수 있습니다.

교재 인증을 하시면 질문 게시판을 이용하실 수 있습니다.

기출의 파급효과 팀 소속 오르비 저자분들이 올리시는 학습자료를 받아보실 수 있습니다.
위 저자 분들의 컨텐츠 질문 답변도 교재 인증 시 가능합니다.

더 궁금하시다면 https://cafe.naver.com/spreadeffect/15에서 확인하시면 됩니다.

Chapter

01

필수 도형 정리와 극한

미적분에서 도형적 요소가 제일 많이 쓰이는 단원은 등비급수, 삼각함수의 덧셈정리, 삼각함수 극한이다. 세 단원 모두 살짝 복잡한 도형이 나오면 많이들 당황한다. 하지만 꼭 그어야 할 보조선을 잘 긋고 문제에서 구하려는 도형의 길이나 각을 잘 표시하면 문제가 잘 풀린다. 보조선, 길이, 각 표시의 정형화된 기준을 배우기 전에 기본적인 도구부터 확인하고 가자.

▌기본적인 도구

1. 삼각함수 덧셈정리

삼각함수의 덧셈정리 관련 문제의 경우 삼각함수의 덧셈정리가 쓰인다는 것을 인지하지 못하면 헤매는 경향이 있다. **도형이 나오는데 기하 문제도 아니고 삼각함수 극한 문제도 아니라면 삼각함수의 덧셈정리가 쓰이겠구나 하고 예상**하고 문제에 접근하자.

삼각함수의 덧셈정리 공식은 다음과 같다.

$$\sin(\alpha + \beta) = \sin\alpha\cos\beta + \sin\beta\cos\alpha$$
$$\sin(\alpha - \beta) = \sin\alpha\cos\beta - \sin\beta\cos\alpha$$

이를 통해 쉽게 알 수 있는 $\sin$의 **2배각 공식**을 꼭 알아두자.
$\sin(\alpha + \beta) = \sin\alpha\cos\beta + \sin\beta\cos\alpha$에 $\alpha = \beta$일 때 $\sin 2\alpha = 2\sin\alpha\cos\alpha$이다.
$\sin\alpha\cos\alpha$를 $\dfrac{1}{2}\sin 2\alpha$로 바꾸면 극한이나 적분에서 계산이 편해진다.

$$\cos(\alpha + \beta) = \cos\alpha\cos\beta - \sin\alpha\sin\beta$$
$$\cos(\alpha - \beta) = \cos\alpha\cos\beta + \sin\alpha\sin\beta$$

이를 통해 쉽게 알 수 있는 $\cos$의 **2배각 공식**을 꼭 알아두자. $\cos(\alpha + \beta) = \cos\alpha\cos\beta - \sin\alpha\sin\beta$에 $\alpha = \beta$일 때 $\cos 2\alpha = \cos^2\alpha - \sin^2\alpha = 2\cos^2\alpha - 1 = 1 - 2\sin^2\alpha$이다.
$\cos^2\alpha$를 $\dfrac{1+\cos 2\alpha}{2}$로 바꾸거나 $\sin^2\alpha$를 $\dfrac{1-\cos 2\alpha}{2}$로 바꾸면 극한이나 적분에서 계산이 편해진다.

$$\tan(\alpha + \beta) = \frac{\tan\alpha + \tan\beta}{1 - \tan\alpha\tan\beta}$$
$$\tan(\alpha - \beta) = \frac{\tan\alpha - \tan\beta}{1 + \tan\alpha\tan\beta}$$

$\tan$ **덧셈정리는 두 직선의 기울기 차이를 구할 때** 많이 쓰인다. 자주 쓰이니 기억하자.

삼각형 ABC에 대하여 $\angle A = \alpha$, $\angle B = \beta$, $\angle C = \gamma$라 할 때, α, β, γ가 이 순서대로 등차수열을 이루고 $\cos\alpha$, $2\cos\beta$, $8\cos\gamma$가 이 순서대로 등비수열을 이룰 때, $\tan\alpha\tan\gamma$의 값을 구하시오. (단, $\alpha < \beta < \gamma$) [4점]

1. $\alpha + \beta + \gamma = \pi$이고 등차중항에 의하여 $\alpha + \gamma = 2\beta$이므로 $3\beta = \pi$에서 $\beta = \dfrac{\pi}{3}$이다.

등비중항에 의하여 $\cos\alpha \times 8\cos\gamma = (2\cos\beta)^2 = \left(2\cos\dfrac{\pi}{3}\right)^2 = 1$이므로 $\cos\alpha\cos\gamma = \dfrac{1}{8}$이다.

2. $\cos\alpha\cos\gamma$의 값을 알고 있으므로 $\tan\alpha\tan\gamma$의 값을 구하려면 $\sin\alpha\sin\gamma$ 값이 필요하다.

$a + r = 2\beta = \dfrac{2\pi}{3}$이므로 $\cos(\alpha + \gamma) = \cos\alpha\cos\gamma - \sin\alpha\sin\gamma$를 떠올릴 수 있다.

$\cos(\alpha + \gamma) = \cos(\pi - \beta) = \cos\dfrac{2\pi}{3}$에서

$\cos(\alpha + \gamma) = \cos\alpha\cos\gamma - \sin\alpha\sin\gamma = \dfrac{1}{8} - \sin\alpha\sin\gamma = -\dfrac{1}{2}$이다.

따라서 $\sin\alpha\sin\gamma = \dfrac{5}{8}$이므로 $\tan\alpha\tan\gamma = 5$이다.

답은 5!!

그림과 같이 $\angle BAC = \dfrac{2}{3}\pi$ 이고 $\overline{AB} > \overline{AC}$ 인 삼각형 ABC가 있다. $\overline{BD} = \overline{CD}$ 인 선분 AB 위의 점 D에 대하여 $\angle CBD = \alpha$, $\angle ACD = \beta$ 라 하자. $\cos^2\alpha = \dfrac{7+\sqrt{21}}{14}$ 일 때, $54\sqrt{3} \times \tan\beta$ 의 값을 구하시오.

[4점]

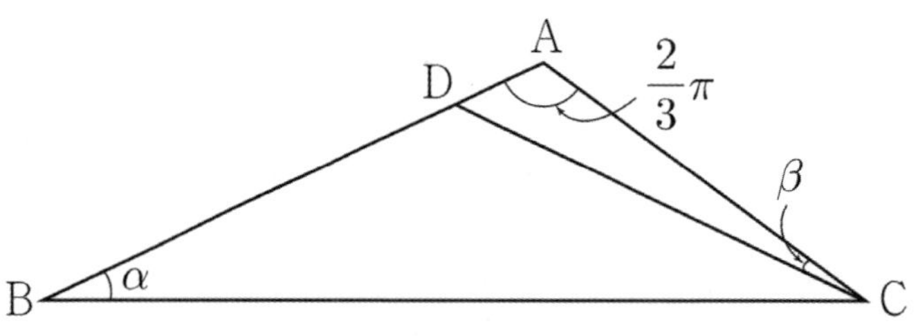

1. $\overline{BD} = \overline{CD}$ 이므로 $\angle DBC = \angle DCB = \alpha$ 이다.

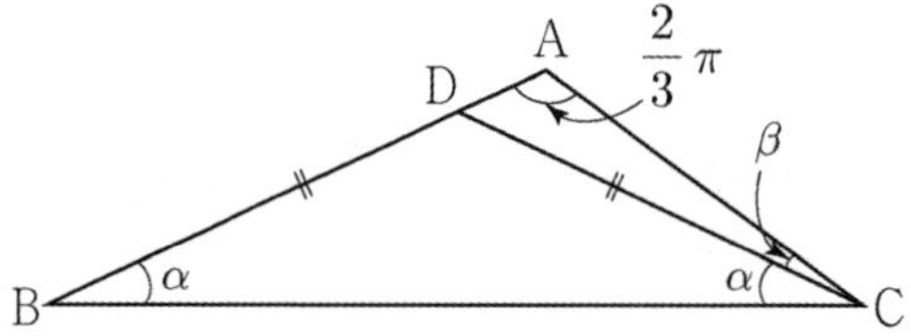

삼각형 ABC에서 세 내각의 합은 π 이므로 $\dfrac{2}{3}\pi + 2\alpha + \beta = \pi$ 에서 $2\alpha + \beta = \dfrac{\pi}{3}$ 이다.

2. $\cos 2\alpha = 2\cos^2\alpha - 1 = \left(1 + \dfrac{\sqrt{21}}{7}\right) - 1 = \dfrac{\sqrt{21}}{7}$ 이고, $\tan 2\alpha = \dfrac{2}{\sqrt{3}}$ 이다.

$\tan\beta = \tan\left(\dfrac{\pi}{3} - 2\alpha\right) = \dfrac{\tan\dfrac{\pi}{3} - \tan 2\alpha}{1 + \tan\dfrac{\pi}{3}\tan 2\alpha} = \dfrac{1}{3\sqrt{3}}$ 이다.

$54\sqrt{3} \times \tan\beta = 54\sqrt{3} \times \dfrac{1}{3\sqrt{3}} = 18$ 이다.

답은 18!!

2. 극한 처리

최종적으로 $\lim\limits_{x \to 0} \dfrac{g(x)}{f(x)}$ 를 계산해야 하는 상황이 자주 발생한다.

$\lim\limits_{x \to 0} \dfrac{g(x)}{f(x)}$ 은 주로 $\lim\limits_{x \to 0} f(x) = 0$, $\lim\limits_{x \to 0} g(x) = 0$ 이어서 주로 $\dfrac{0}{0}$ 꼴의 극한이다.

본격적인 **극한 계산 전에 꼭 먼저 분모, 분자의 0의 차수를 확인**하자.

예를 들어 $\lim\limits_{x \to 0} \dfrac{\sin x \tan x}{x^3}$ 의 경우 분모의 0의 차수는 3이고 분자의 0의 차수는 2이다.

분모의 0의 차수가 분자의 0의 차수보다 크다면 $\lim\limits_{x \to a} \dfrac{g(x)}{f(x)}$ 는 발산한다.

분모의 0의 차수가 분자의 0의 차수보다 작다면 $\lim\limits_{x \to a} \dfrac{g(x)}{f(x)}$ 는 0으로 수렴한다.

분모의 0의 차수가 분자의 0의 차수와 같다면 $\lim\limits_{x \to a} \dfrac{g(x)}{f(x)}$ 는 0이 아닌 상수로 수렴한다.

우리는 평가원 문제 중 **도형이 쓰이는 삼각함수의 극한 문제**에서 $\lim\limits_{x \to 0} \dfrac{g(x)}{f(x)}$ 가 $\dfrac{0}{0}$ 꼴의 극한일 때 0이 아닌 **상수로 수렴할 것임을 이미 알고 있다.** 답이 없거나 선지에 0이 없기 때문이다. 따라서 **분모의 0의 차수가 분자의 0의 차수와 같다는 것을 먼저 확인**하고 계산을 진행하자. **분모의 0의 차수가 분자의 0의 차수와 다르다면 어딘가 에서 실수했을 확률이 높다.** 계산 후에 실수를 찾아내면 시간 손실이 너무 크기에 식의 형태가 너무 복잡하지 않다면 **분모, 분자의 0의 차수를 미리 확인**하자.

※ $\lim\limits_{x \to 0} \dfrac{g(x)}{f(x)}$ 가 $\dfrac{0}{0}$ 꼴의 극한이 아닐 수도 있으니 반드시 확인하고 가자.

　의외로 $\lim\limits_{x \to 0}$ 일 때, $f(x)$ 와 $g(x)$ 가 0이 아닌 상수로 수렴할 수 있다.

(1) 기본 삼각함수, 초월함수 극한

$\lim\limits_{x \to 0} \dfrac{\sin x}{x} = 1$, $\lim\limits_{x \to 0} \dfrac{\tan x}{x} = 1$, $\lim\limits_{x \to 0} \dfrac{1 - \cos x}{x^2} = \dfrac{1}{2}$, $\lim\limits_{x \to 0} \dfrac{e^x - 1}{x} = 1$, $\lim\limits_{x \to 0} \dfrac{\ln(x+1)}{x} = 1$는 기본적으로

암기하고 있어야 한다. $\lim\limits_{x \to 0} \dfrac{1 - \cos x}{x^2} = \dfrac{1}{2}$ 가 상대적으로 생소할 수 있는데 이것도 암기해야 편하다.

유도는 다음과 같다. $\lim\limits_{x \to 0} \dfrac{1 - \cos x}{x^2} = \lim\limits_{x \to 0} \dfrac{1 - \cos^2 x}{x^2(1 + \cos x)} = \lim\limits_{x \to 0} \dfrac{\sin^2 x}{x^2(1 + \cos x)} = \dfrac{1}{2}$ 이다.

따라서 $\lim\limits_{x \to 0}$ 일 때, $\sin x$, $\tan x$, $e^x - 1$, $\ln(x+1)$는 0의 차수가 각각 1이고 $1 - \cos x$는 0의 차수가 2이다.

※ $\lim\limits_{x \to 0}$ 일 때 테일러 급수를 이용한 근사로 $\sin x \approx x$, $\tan x \approx x$, $1 - \cos x \approx \dfrac{1}{2}x^2$, $e^x - 1 \approx x$,

$\ln(x+1) \approx x$로 바꿔 계산할 수 있다. 삼각함수, 초월함수 대신 다항식을 사용하여 계산이 약간은 더 쉬워질 수 있다. 다만 평가원 문제에서는 이를 굳이 쓰지 않아도 계산이 편하다. 나도 한 번도 써본 적이 없다.

(2) 수렴 조건에 따른 극한의 사칙연산

복잡한 극한을 계산할 때 가장 많이 쓰이고 중요한 도구이다. 교과서 정의에 입각한다.

$\lim\limits_{x \to a} \dfrac{g(x) + h(x)}{f(x)} = \lim\limits_{x \to a} \dfrac{g(x)}{f(x)} + \lim\limits_{x \to a} \dfrac{h(x)}{f(x)}$ 가 가능하기 위해서는 $\lim\limits_{x \to a} \dfrac{g(x)}{f(x)} = \alpha$, $\lim\limits_{x \to a} \dfrac{h(x)}{f(x)} = \beta$로
각각 수렴해야 한다.

예를 들어 $\lim\limits_{x \to 0} \dfrac{\tan x}{x^3}$, $\lim\limits_{x \to 0} \dfrac{\sin x}{x^3}$ 가 수렴하지 않기에 $\lim\limits_{x \to 0} \dfrac{\tan x - \sin x}{x^3} = \lim\limits_{x \to 0} \dfrac{\tan x}{x^3} - \lim\limits_{x \to 0} \dfrac{\sin x}{x^3}$ 로
계산하면 안 된다.

$\lim\limits_{x \to 0} \dfrac{\tan x}{x^3}$, $\lim\limits_{x \to 0} \dfrac{\sin x}{x^3}$ 는 각각 발산하지만 $\lim\limits_{x \to 0} \dfrac{\tan x - \sin x}{x^3}$ 는 $\dfrac{1}{2}$로 수렴한다.

$\lim\limits_{x \to a} f(x)g(x) = \lim\limits_{x \to a} f(x) \times \lim\limits_{x \to a} g(x)$ 가 가능하기 위해서는 $\lim\limits_{x \to a} f(x) = \alpha$, $\lim\limits_{x \to a} g(x) = \beta$로 각각 수렴
해야 한다. $\lim\limits_{x \to a} f(x)g(x) = \lim\limits_{x \to a} f(x) \times \lim\limits_{x \to a} g(x)$에서 $\lim\limits_{x \to a} f(x) = \alpha \, (\alpha \neq 0)$, $\lim\limits_{x \to a} f(x)g(x) = \gamma$로 각각 수렴
한다면 $\lim\limits_{x \to a} g(x)$도 수렴할까?

수렴한다. 증명은 간단하다.
$\lim\limits_{x \to a} f(x) = \alpha \, (\alpha \neq 0)$, $\lim\limits_{x \to a} f(x)g(x) = \gamma$로 각각 수렴하므로

$\lim\limits_{x \to a} f(x)g(x) \div \lim\limits_{x \to a} f(x) = \lim\limits_{x \to a} \dfrac{f(x)g(x)}{f(x)} = \lim\limits_{x \to a} g(x) = \dfrac{\gamma}{\alpha}$ 이다.

α 가 0이 아니어야 한다는 점에 초점을 두자.

우리는 평가원 문제에서 **도형이 쓰이는 삼각함수의 극한 문제에서**

$\lim\limits_{x \to 0} \dfrac{g(x)h(x)}{f(x)}$ 가 $\dfrac{0}{0}$ 꼴의 극한일 때 0이 아닌 상수로 수렴할 것임을 이미 알고 있다.

따라서 바로 위에서 배웠듯이 $\lim\limits_{x \to 0} h(x) = \gamma \, (\gamma \neq 0)$로 수렴한다면 $\lim\limits_{x \to 0} \dfrac{g(x)}{f(x)}$ 도 수렴할 것이다.

$\lim\limits_{x \to 0} \dfrac{g(x)h(x)}{f(x)} = \lim\limits_{x \to 0} h(x) \times \lim\limits_{x \to 0} \dfrac{g(x)}{f(x)} = \gamma \times \lim\limits_{x \to 0} \dfrac{g(x)}{f(x)}$ 로 분리할 수 있다.

$h(x)$가 연속함수라면 $h(0) = \lim\limits_{x \to 0} h(x)$이므로 $\lim\limits_{x \to 0} \dfrac{g(x)h(x)}{f(x)} = h(0) \times \lim\limits_{x \to 0} \dfrac{g(x)}{f(x)}$도 가능하다.

따라서 편하게 $\lim\limits_{x \to 0} h(x) = \gamma \, (\gamma \neq 0)$처럼 0으로 수렴하지 않는 부분을 먼저 분리하여 계산하고

$\lim\limits_{x \to 0} \dfrac{g(x)}{f(x)}$ 와 같이 순수 $\dfrac{0}{0}$ 꼴은 따로 분리하여 계산하자.

$\lim\limits_{x \to 0} \dfrac{g(x)h(x)}{f(x)}$ 가 $\dfrac{0}{0}$ 꼴의 극한일 때 0이 아닌 상수로 수렴한다는 것을 전제로 하기에 이처럼 할 수 있음을

명심하자.

(3) 로피탈 정리

교육과정 밖의 내용이며 현재 평가원 기출에서 사용할 필요가 거의 없다.

$\lim\limits_{x \to a} \dfrac{g(x)}{f(x)}$ 가 $\dfrac{0}{0}$ 꼴이나 $\dfrac{\infty}{\infty}$ 꼴일 때 사용한다. 일반적으로 $\lim\limits_{x \to a} \dfrac{g(x)}{f(x)} = \lim\limits_{x \to a} \dfrac{g'(x)}{f'(x)}$ 로 계산이 가능하다.

하지만 $\lim\limits_{x \to a} \dfrac{g(x)}{f(x)}$ 가 $\dfrac{0}{0}$ 꼴이나 $\dfrac{\infty}{\infty}$ 꼴일 때에도 $\lim\limits_{x \to a} \dfrac{g(x)}{f(x)} = \lim\limits_{x \to a} \dfrac{g'(x)}{f'(x)}$ 가 성립하지 않을 수도 있다.

로피탈 정리의 사용조건은 다음과 같다.

$\lim\limits_{x \to a} \dfrac{f(x)}{g(x)}$에서,

1. $f(x)$와 $g(x)$ 모두 $x = a$에서 미분가능

2. $f(a) = 0$, $g(a) = 0$

3. $g'(a) \neq 0$

위 3가지를 만족하고 $\lim\limits_{x \to a} \dfrac{g'(x)}{f'(x)}$ 이 수렴한다면 $\lim\limits_{x \to a} \dfrac{g(x)}{f(x)} = \lim\limits_{x \to a} \dfrac{g'(x)}{f'(x)} = \dfrac{g'(a)}{f'(a)}$ 이다.

로피탈 정리를 적용할 때는 로피탈 정리를 쓰기 위한 조건을 반드시 따져주자.

고등학교 범위 내에서 로피탈 정리를 보이자면 다음과 같다.

$$\lim_{x \to a} \frac{f(x)}{g(x)} = \lim_{x \to a} \frac{\dfrac{f(x)-f(a)}{x-a}}{\dfrac{g(x)-g(a)}{x-a}} = \frac{f'(a)}{g'(a)} = \lim_{x \to a} \frac{f'(x)}{g'(x)}$$

(1) $f(a) = g(a) = 0$이므로 $\displaystyle\lim_{x \to a} \frac{f(x)}{g(x)} = \lim_{x \to a} \frac{f(x)-f(a)}{g(x)-g(a)}$이다.

(2) 다음으로 $\displaystyle\lim_{x \to a}$는 $(x \neq a)$를 의미한다.

즉, $(x-a) \neq 0$이므로 $\dfrac{f(x)-f(a)}{g(x)-g(a)}$의 분모와 분자를 $(x-a)$로 나눌 수 있다.

$$\lim_{x \to a} \frac{f(x)}{g(x)} = \lim_{x \to a} \frac{f(x)-f(a)}{g(x)-g(a)} = \lim_{x \to a} \frac{\dfrac{f(x)-f(a)}{x-a}}{\dfrac{g(x)-g(a)}{x-a}}$$

(3) 미분계수의 정의상 분모는 $f'(a)$, 분자는 $g'(a)$이다. 분모, 분자 각각 수렴(극한값이 존재)하므로,

극한의 성질에 따라 분모 분자 각각에 $\lim$를 뿌려줄 수 있다. 최종적으로 극한값은 $\dfrac{f'(a)}{g'(a)}$이 된다.

여기서 '$\displaystyle\lim_{x \to a} \dfrac{g'(x)}{f'(x)} = \dfrac{g'(a)}{f'(a)}$는 어떻게 증명할까?'라는 의문이 들 수 있으나 이것은 '대학 과정'이다.

흔히 $\displaystyle\lim_{x \to a} \frac{f(x)}{g(x)} = \lim_{x \to a} \frac{\dfrac{f(x)-f(a)}{x-a}}{\dfrac{g(x)-g(a)}{x-a}} = \frac{f'(a)}{g'(a)}$를 '로피탈 정리'로 알고 있으나 엄밀히 말하면 이건 **'로피탈 정리'**
를 이용한 것이 아닌 **미분계수를 이용한 것이다.**

로피탈 정리를 적용할 때는 로피탈 정리를 쓰기 위한 조건을 반드시 따져주자.
다만, 대부분 조건을 제대로 따지지 않기에 **정의를 쓰는 것이 안전하고 정의대로 푸는 것이 쉬울 때도 많다.**

(4) 미정계수 결정

극한과 관련된 조건에서 자주 쓰이는 성질이다.

두 함수 $f(x)$, $g(x)$에 대하여 $\displaystyle\lim_{x \to a} \frac{f(x)}{g(x)} = \alpha$ (α는 실수)이고

1. $\displaystyle\lim_{x \to a} g(x) = 0$이면 $\displaystyle\lim_{x \to a} f(x) = 0$이다.

2. $\displaystyle\lim_{x \to a} f(x) = 0$이고 $\alpha \neq 0$이면 $\displaystyle\lim_{x \to a} g(x) = 0$이다.

별생각 없이 쓰는 경우가 많을 텐데 꼭 증명도 알도록 하자.

$\displaystyle\lim_{x \to a} \frac{f(x)}{g(x)} = \alpha$ (α는 실수)이고 $\displaystyle\lim_{x \to a} g(x) = 0$이면,

함수의 극한의 성질에 의해 $\displaystyle\lim_{x \to a} f(x) = \lim_{x \to a} \left\{ \frac{f(x)}{g(x)} \times g(x) \right\} = \lim_{x \to a} \frac{f(x)}{g(x)} \times \lim_{x \to a} g(x) = \alpha \times 0 = 0$이다.

$\displaystyle\lim_{x \to a} \frac{f(x)}{g(x)} = \alpha$ ($\alpha \neq 0$)이고 $\displaystyle\lim_{x \to a} f(x) = 0$이면, $\displaystyle\lim_{x \to a} \frac{g(x)}{f(x)} = \frac{1}{\alpha}$이다. 이때, $\displaystyle\lim_{x \to a} f(x) = 0$이므로

함수의 극한의 성질에 의해 $\displaystyle\lim_{x \to a} g(x) = \lim_{x \to a} \left\{ \frac{g(x)}{f(x)} \times f(x) \right\} = \lim_{x \to a} \frac{g(x)}{f(x)} \times \lim_{x \to a} f(x) = \frac{1}{\alpha} \times 0 = 0$이다.

※ 두 함수 $f(x)$, $g(x)$에 대하여 $\displaystyle\lim_{x \to a} \frac{f(x)}{g(x)} = 0$이고 $\displaystyle\lim_{x \to a} f(x) = 0$라면 어떨까?

꼭 $\displaystyle\lim_{x \to a} g(x) = 0$일 필요가 없다. 예를 들어 $\displaystyle\lim_{x \to a} f(x) = 0$, $\displaystyle\lim_{x \to a} g(x) = \beta$ ($\beta \neq 0$) 일 때에도

$\displaystyle\lim_{x \to a} \frac{f(x)}{g(x)} = 0$가 성립하기 때문이다.

(1) 높이×밑변

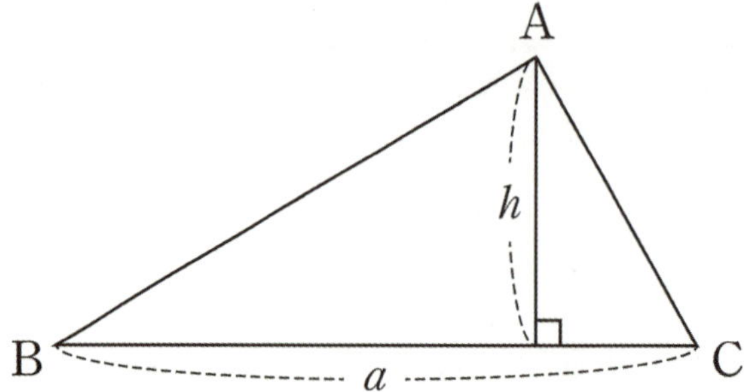

밑변 $\overline{BC}$의 길이 a와 높이 h가 주어질 때 $\triangle ABC$의 넓이는 $\frac{1}{2}ah$이다.

밑변을 어디로 잡든 밑변과 높이가 수직이면 된다.
가장 평범하지만 **평가원 기출에서 삼각형 넓이를 구할 때 제일 많이 쓰는 방법**이다.

(2) 두 변과 그 끼인각

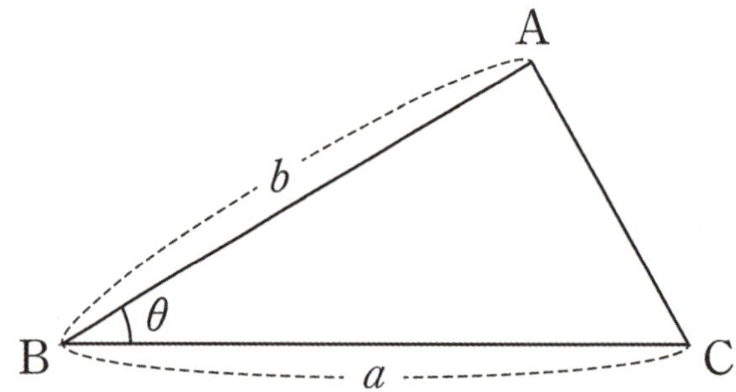

$\overline{BC}$, $\overline{AB}$ 각각의 길이 a, b와 그 사이의 끼인각의 크기가 θ로 주어질 때 $\triangle ABC$의 넓이는 $\frac{1}{2}ab\sin\theta$이다.

삼각형 넓이를 구할 때 평가원 기출에서 두 번째로 많이 쓰이는 방법이다. 가끔 까먹을 때도 있으니 그림으로 $\frac{1}{2}ab\sin\theta$를 보이겠다. θ가 둔각이어도 성립한다.

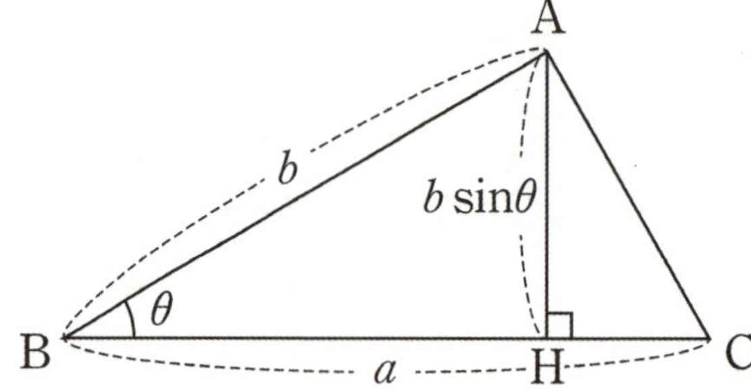

밑변을 $\overline{BC}$로 잡으면 높이는 $\overline{AH}$이다. $\overline{AH}$ 길이는 $\overline{AB}$와 삼각비를 이용하면 $b\sin\theta$이다.

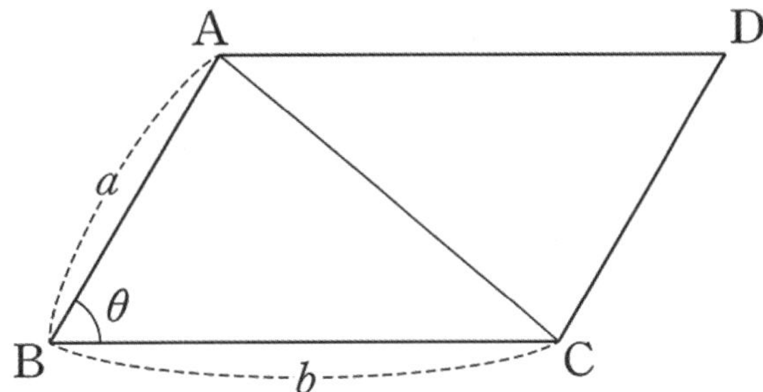

$\overline{AB}$, $\overline{BC}$ 각각의 길이 a, b와 그 사이의 끼인각의 크기가 θ로 주어질 때 $\triangle ABC$의 넓이는 $\dfrac{1}{2}ab\sin\theta$이다.

$\triangle ABC \equiv \triangle CDA$이므로 평행사변형 $ABCD$의 넓이는 $ab\sin\theta$이다. θ가 둔각이어도 성립한다.

※ 사각형의 두 대각선의 길이와 두 대각선이 이루는 각이 주어질 때

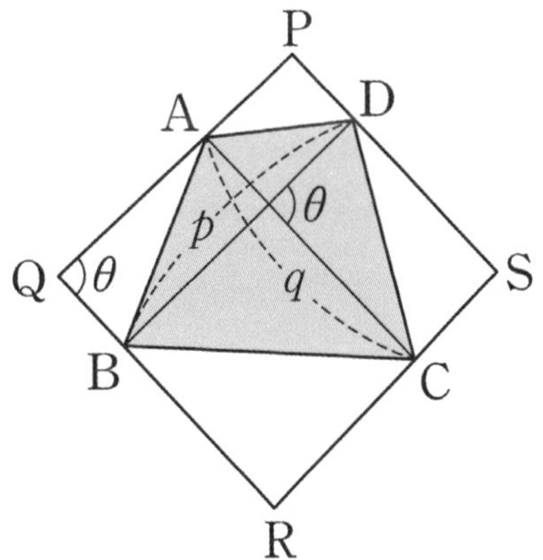

$\overline{AC}$, $\overline{BD}$ 각각의 길이 p, q와 그 사이의 끼인각의 크기가 θ로 주어질 때 사각형 $ABCD$의 넓이는 $\dfrac{1}{2}pq\sin\theta$이다. θ가 둔각이어도 성립한다.

두 대각선과 평행한 사각형 $PQRS$의 넓이가 $pq\sin\theta$이므로

사각형 $PQRS$의 넓이의 절반인 사각형 $ABCD$의 넓이는 $\dfrac{1}{2}pq\sin\theta$이다.

(3) 내접원이 있을 때

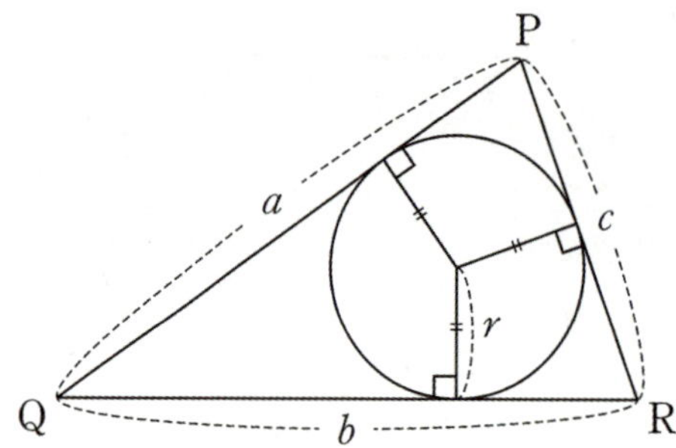

이후에 더 자세히 설명하겠지만 내접원 꼴이 나오면 내접원의 중심에서 접점을 잇고 직각을 반드시 표시해야 한다. 또한, 내접원의 중심에서 접점을 이을 때 생기는 선분은 모두 내접원의 반지름이므로 '같다'를 나타내는 표시를 반드시 하자.

$\triangle PQR$의 내접원의 중심을 점 O라고 하자. $\triangle PQR$의 넓이는 $\triangle POQ$, $\triangle QOR$, $\triangle POR$ 각각의 넓이의 합이다. $\triangle POQ$, $\triangle QOR$, $\triangle POR$의 밑변은 각각 $\overline{PQ}$, $\overline{QR}$, $\overline{PR}$이고 밑변의 길이는 각각 a, b, c이다. 이때 $\triangle POQ$, $\triangle QOR$, $\triangle POR$의 높이는 내접원의 반지름 r로 같다. 따라서 $\triangle PQR$의 넓이는 $\dfrac{1}{2}r(a+b+c)$이다.

(4) 신발끈 공식

삼각형을 세 점의 이루는 세 점의 좌표가 (x_1,y_1), (x_2,y_2), (x_3,y_3)일 때 삼각형 넓이는 아래의 공식을 이용하여 구하면 된다.

$$S = \frac{1}{2}\begin{vmatrix} x_1 & x_2 & x_3 & x_1 \\ y_1 & y_2 & y_3 & y_1 \end{vmatrix}$$

선으로 이어진 것끼리 곱하면 된다. 다만, \은 부호가 $+$ 이고 /은 부호가 $-$ 이다. 맨 바깥의 $|\;|$는 절댓값이다. 따라서 넓이 $S = \dfrac{1}{2}\left|(x_1y_2 + x_2y_3 + x_3y_1) - (x_1y_3 + x_3y_2 + x_2y_1)\right|$ 이다.

(번외) 헤론 공식

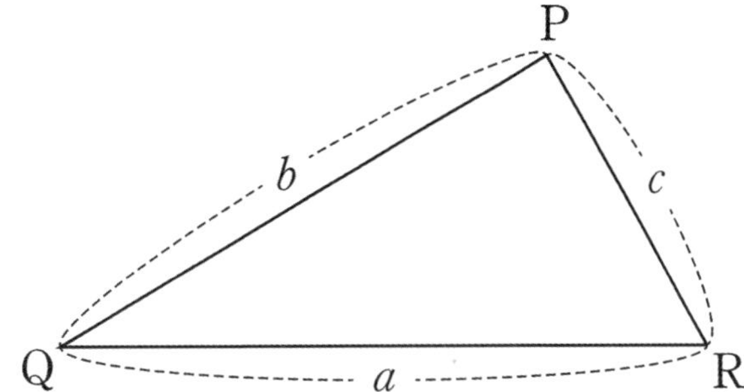

$\triangle\,\text{PQR}$의 세 변의 길이만을 알 때 $\triangle\,\text{PQR}$의 넓이를 헤론 공식을 이용하여 구할 수 있다.

$s = \dfrac{a+b+c}{2}$로 둔다면 $\triangle\,\text{PQR}$의 넓이는 $S = \sqrt{s(s-a)(s-b)(s-c)}$로 구할 수 있다.

증명은 코사인법칙을 사용한다.

길이나 넓이가 정 안 구해질 때 최후의 방법으로 헤론 공식을 사용하도록 하자.

웬만하면 제일 보편적인 $\dfrac{1}{2}ah$, $\dfrac{1}{2}ab\sin\theta$를 쓰도록 하자.

우리는 이과다. **닮음비 대신 삼각비를 적극적으로 이용해 길이를 표시**하도록 하자. 삼각비를 더 잘 사용하기 위해서는 **변의 길이뿐만 아니라 각도 미지수로 잡을 수 있다는 점을 꼭 염두에 두자. 직각삼각형에서 한 변의 길이와 직각이 아닌 각 하나가 주어진다면 모든 변의 길이와 모든 각의 크기 표시가 가능**하다.

(1) 빗변, 직각이 아닌 한 각 θ

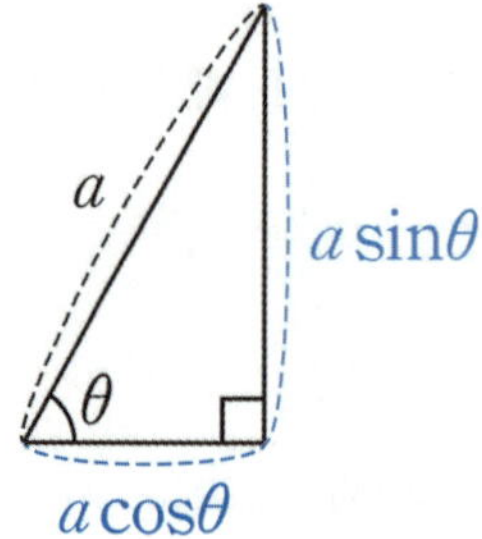

빗변의 길이가 a이면 밑변의 길이는 $a\cos\theta$, 높이는 $a\sin\theta$이다.

(2) 밑변, 직각이 아닌 한 각 θ

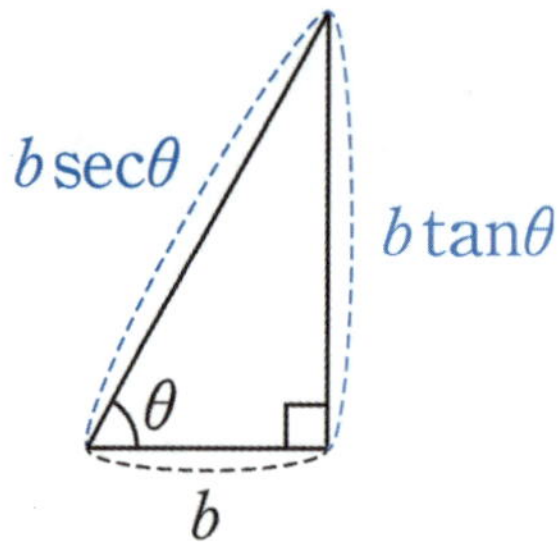

밑변의 길이가 b이면 빗변의 길이는 $b\sec\theta$, 높이는 $b\tan\theta$이다.

(3) 높이, 직각이 아닌 한 각 θ

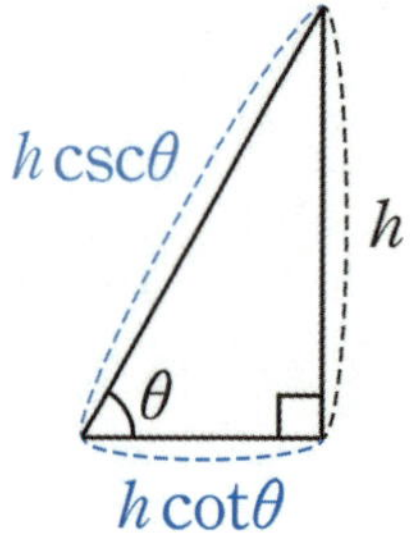

높이가 h이면 밑변의 길이는 $h\cot\theta$, 빗변의 길이는 $h\csc\theta$이다.

(1) 사인법칙

삼각형 ABC의 외접원의 반지름의 길이를 R 라 하면 $\dfrac{a}{\sin A} = \dfrac{b}{\sin B} = \dfrac{c}{\sin C} = 2R$이다.

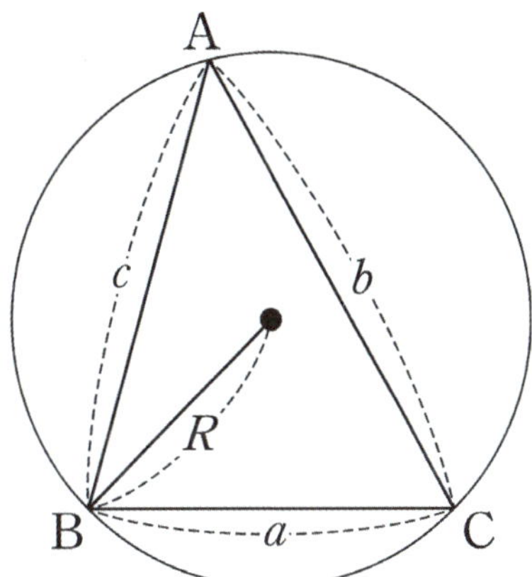

$a = 2R\sin A$, $b = 2R\sin B$, $c = 2R\sin C$이므로 $a : b : c = \sin A : \sin B : \sin C$임을 알 수 있다.

삼각형 ABC의 넓이 S의 넓이는 $\dfrac{abc}{4R}$이다. 증명은 다음과 같다.

$S = \dfrac{1}{2}bc\sin A$ 이다. $\sin A = \dfrac{a}{2R}$이므로 $S = \dfrac{1}{2}bc\sin A$에 대입하면 $S = \dfrac{abc}{4R}$ 이다.

사인법칙의 증명은 다음과 같다.

① 삼각형 ABC가 예각삼각형일 때,

$\overline{BC}$를 밑변으로 하고 지름 $\overline{A'B}$를 빗변으로 하는 직각삼각형을 그린다.
$\angle BAC$, $\angle BA'C$는 호 BC에 대한 원주각이기에 $\angle BAC$의 크기는
$\angle BA'C$의 크기와 같다.

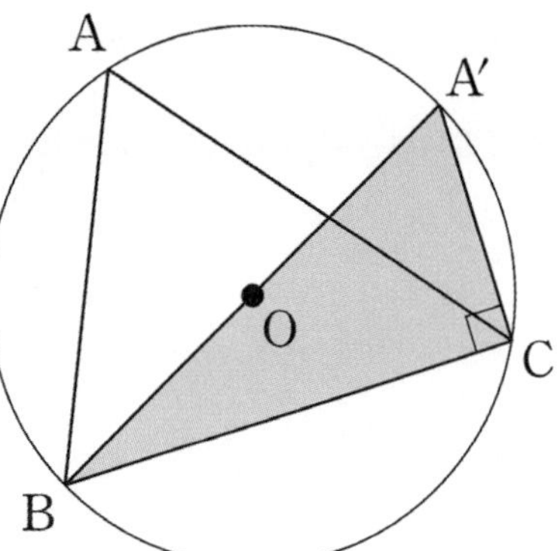

$\angle BCA' = \dfrac{\pi}{2}$, $\overline{A'B} = 2R$, $\overline{BC} = a$이므로 $\sin A' = \dfrac{a}{2R} = \sin A$ 이다.

마찬가지 방법으로 $\sin B = \dfrac{b}{2R}$, $\sin C = \dfrac{c}{2R}$를 증명할 수 있다.

② 삼각형 ABC가 둔각삼각형일 때,

$\overline{BC}$를 밑변으로 하고 지름 $\overline{A'C}$를 빗변으로 하는 직각삼각형을 그린다.
사각형 $ABA'C$는 원에 내접하는 사각형이다.
따라서 $\angle BAC + \angle BA'C = \pi$이다.

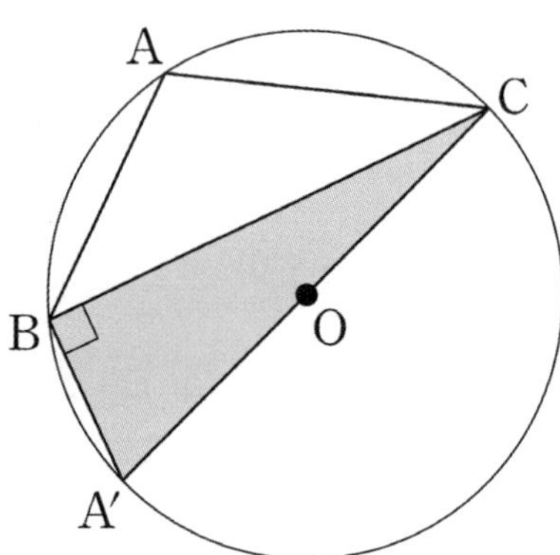

$\angle A'BC = \dfrac{\pi}{2}$, $\overline{A'C} = 2R$, $\overline{BC} = a$이므로

$\sin A' = \dfrac{a}{2R} = \sin(\pi - A) = \sin A$이다.

마찬가지 방법으로 $\sin B = \dfrac{b}{2R}$, $\sin C = \dfrac{c}{2R}$를 증명할 수 있다.

③ 삼각형 ABC가 직각삼각형일 때,

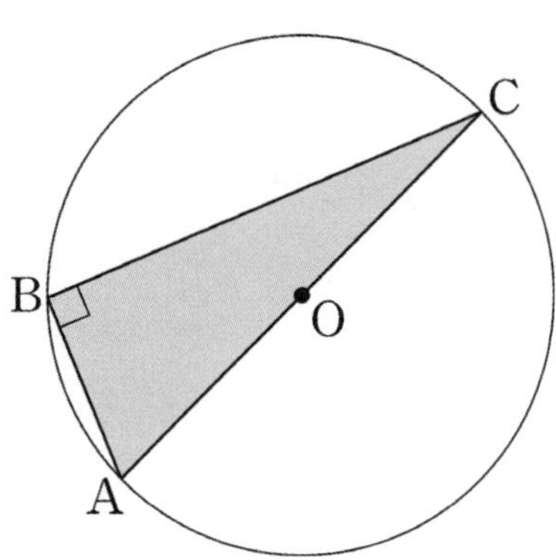

그림에서 $\sin A = \dfrac{a}{2R}$, $\sin B = \dfrac{b}{2R}$, $\sin C = \dfrac{c}{2R}$임이 자명하다.

(2) 코사인법칙

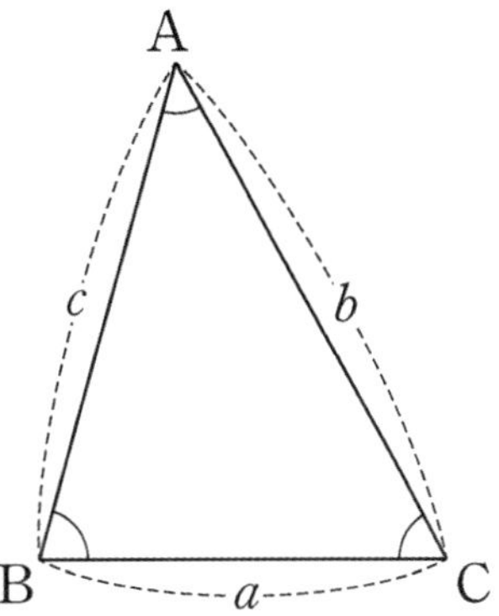

삼각형 ABC에서 다음이 성립한다.

$$1.\ a^2 = b^2 + c^2 - 2bc\cos A$$

$$2.\ b^2 = c^2 + a^2 - 2ca\cos B$$

$$3.\ c^2 = a^2 + b^2 - 2ab\cos C$$

이를 각에 대하여 나타내면 다음과 같다.

$$1.\ \cos A = \frac{b^2 + c^2 - a^2}{2bc}$$

$$2.\ \cos B = \frac{c^2 + a^2 - b^2}{2ca}$$

$$3.\ \cos C = \frac{a^2 + b^2 - c^2}{2ab}$$

(1) 삼각형 ABC가 예각삼각형일 때,

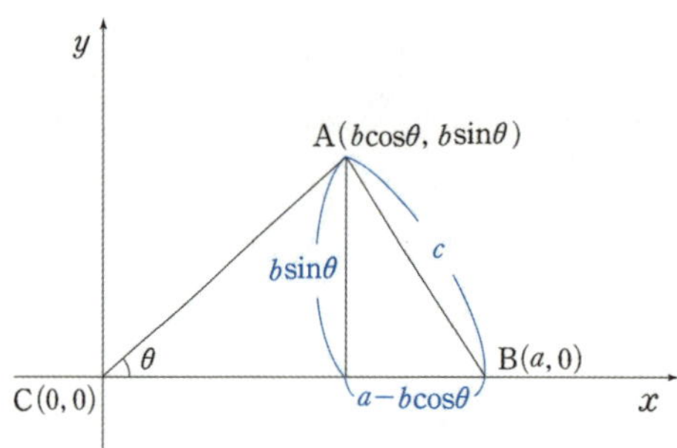

점 C는 원점, 점 B는 $(a, 0)$, 점 A는 $(b\cos\theta, b\sin\theta)$이다.
그림으로부터 $c^2 = (a - b\cos\theta)^2 + (b\sin\theta)^2 = a^2 + b^2 - 2ab\cos\theta$임을 알 수 있다.

(2) 삼각형 ABC가 둔각삼각형일 때,

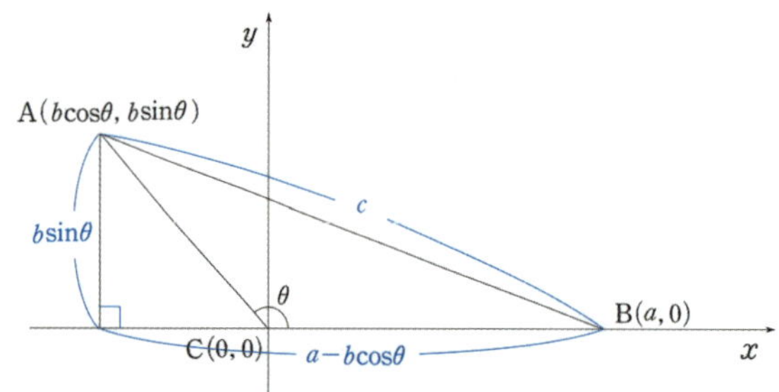

점 C는 원점, 점 B는 $(a, 0)$, 점 A는 $(b\cos\theta, b\sin\theta)$이다.
그림으로부터 $c^2 = (b\cos\theta - a)^2 + (b\sin\theta)^2 = a^2 + b^2 - 2ab\cos\theta$임을 알 수 있다.

(3) 삼각형 ABC가 직각삼각형일 때,

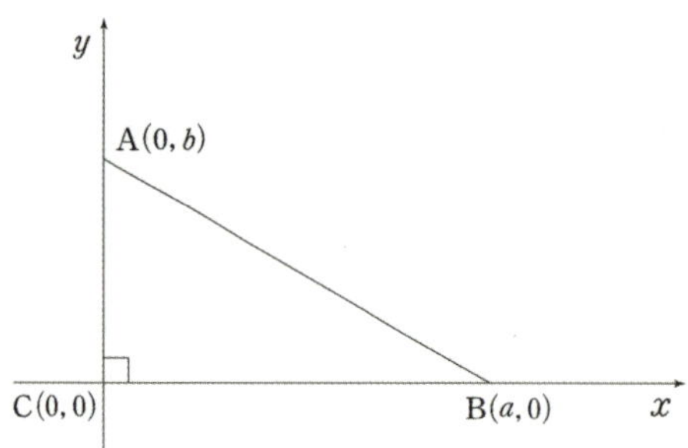

점 C는 원점, 점 B는 $(a, 0)$, 점 A는 $(0, b)$이다.
그림으로부터 $c^2 = a^2 + b^2 = a^2 + b^2 - 2ab\cos\dfrac{\pi}{2}$임을 알 수 있다.

(3) 사인법칙, 코사인법칙 활용

삼각형의 결정조건에는 **세 변의 길이가 주어질 때, 두 변의 길이와 그 끼인각이 주어질 때, 한 변의 길이와 그 양 끝각이 주어질 때**가 있다. 여기에서 주어지지 않은 나머지 변의 길이나 각에 대한 정보를 알기 위해 사인법칙이나 코사인법칙을 이용해야 한다.

각 상황에서 언제 사인법칙이 편할지, 언제 코사인법칙이 편할지 구분하는 것은 중요하다. 이를 고려하지 않고 무작정 사인법칙이나 코사인법칙을 쓴다면 구하려고 하는 변이나 각과 관련된 식이 너무 복잡해질 수 있다. 언제 사인법칙이 더 편하고 언제 코사인법칙이 더 편할지 알려주도록 하겠다.

세 변의 길이가 주어질 때는 코사인법칙을 이용하는 것이 유리하다. 코사인법칙을 이용하여 세 각에 대한 정보를 쉽게 알 수 있다.

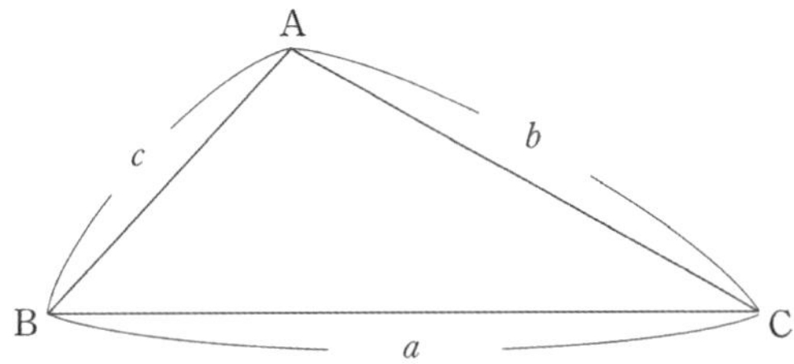

코사인법칙을 이용하면 $\cos \angle \text{A} = \dfrac{b^2 + c^2 - a^2}{2bc}$, $\cos \angle \text{B} = \dfrac{a^2 + c^2 - b^2}{2ac}$, $\cos \angle \text{C} = \dfrac{a^2 + b^2 - c^2}{2ab}$ 이다.

또한, 헤론 공식 $\sqrt{s(s-a)(s-b)(s-c)}\left(s = \dfrac{a+b+c}{2}\right)$ 을 이용하여 삼각형의 넓이를 쉽게 구할 수 있다.

두 변의 길이와 그 끼인각이 주어질 때는 코사인법칙을 이용하는 것이 유리하다. 코사인법칙을 이용하여 나머지 한 변의 길이를 쉽게 알 수 있다. 이후 나머지 두 각에 대한 정보도 코사인법칙이나 사인법칙을 이용하면 쉽게 알 수 있다.

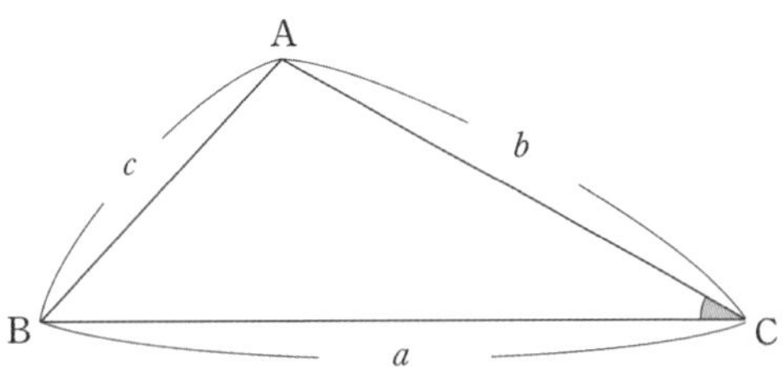

코사인법칙을 이용하면 $c^2 = a^2 + b^2 - 2ab\cos \angle \text{C}$ 로 나머지 한 변의 길이 c 를 알 수 있다.

이후에 코사인법칙을 이용해 $\cos \angle \text{A} = \dfrac{b^2 + c^2 - a^2}{2bc}$, $\cos \angle \text{B} = \dfrac{a^2 + c^2 - b^2}{2ac}$ 를 구하거나

사인법칙을 이용해 $\sin \angle \text{A} = \dfrac{a\sin \angle \text{C}}{c}$, $\sin \angle \text{B} = \dfrac{b\sin \angle \text{C}}{c}$ 를 구할 수 있다.

한 변의 길이와 두 각의 크기가 주어질 때는 사인법칙을 이용하는 것이 유리하다. 두 각의 크기를 알면 삼각형 내각의 합이 π이므로 나머지 한 각의 크기도 아는 거나 다름이 없다. 사인법칙을 이용하여 두 변의 길이를 쉽게 알 수 있다.

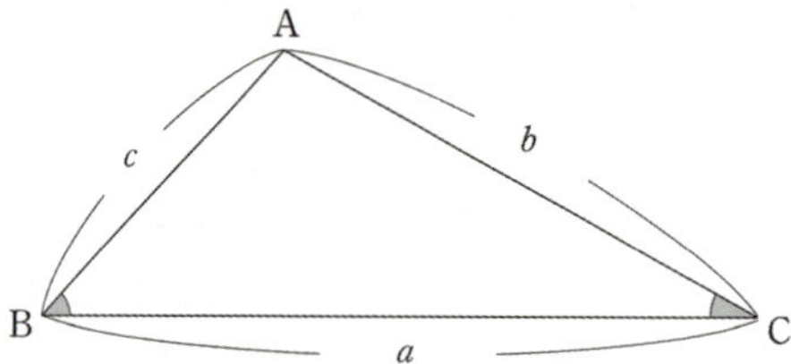

삼각형 내각의 합이 π이므로 $\angle A = \pi - (\angle B + \angle C)$이다.

사인법칙을 이용해 $b = \dfrac{a \sin \angle B}{\sin \angle A}$, $c = \dfrac{a \sin \angle C}{\sin \angle A}$를 구할 수 있다.

※ 두 변의 길이와 끼인각이 아닌 각 하나가 주어질 때는 삼각형의 결정조건은 아니다. 그럼에도 불구하고 코사인법칙이나 사인법칙을 적절히 이용하여 나머지 한 변의 길이와 나머지 두 각에 대한 정보를 알 수 있다.

두 변의 길이와 끼인각이 아닌 각 하나가 주어질 때는 코사인법칙을 이용하는 것이 유리하다. 코사인법칙을 이용하여 나머지 한 변의 길이를 쉽게 알 수 있다. 이후 나머지 두 각에 대한 정보도 코사인법칙이나 사인법칙을 이용하면 쉽게 알 수 있다.

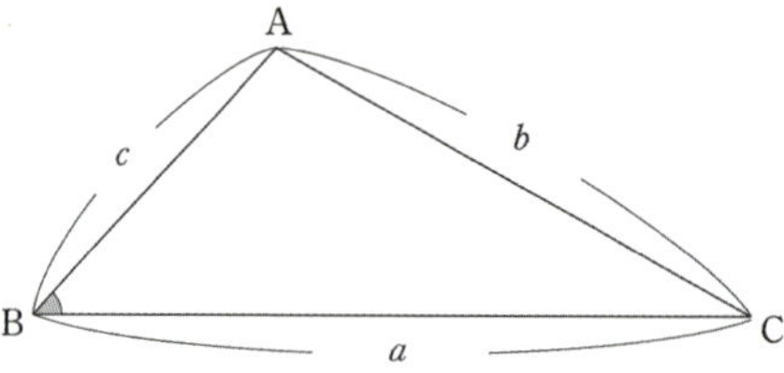

코사인법칙을 이용하면 $b^2 = a^2 + c^2 - 2ac \cos \angle B$로 나머지 한 변의 길이 c를 알 수 있다.

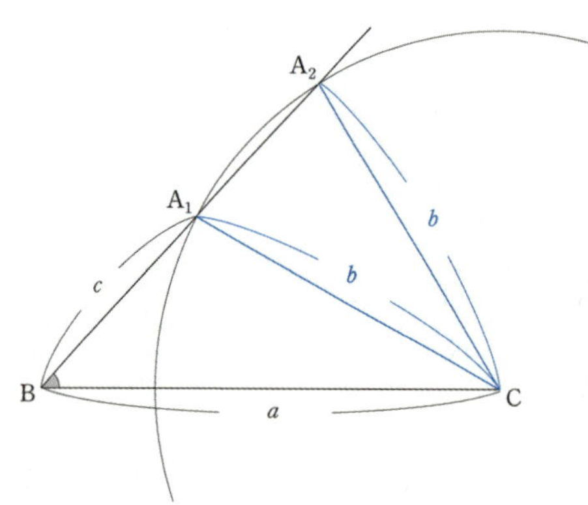

다만, 다루는 삼각형에 따라 위 그림과 같이 **점 A의 위치가 점 A_1이거나 점 A_2일 수 있다.**

$b^2 = a^2 + c^2 - 2ac \cos \angle B$를 이용해 나머지 한 변의 길이 c를 구할 때, **c에 대한 이차방정식이 나오는 이유도** 이 때문이다.

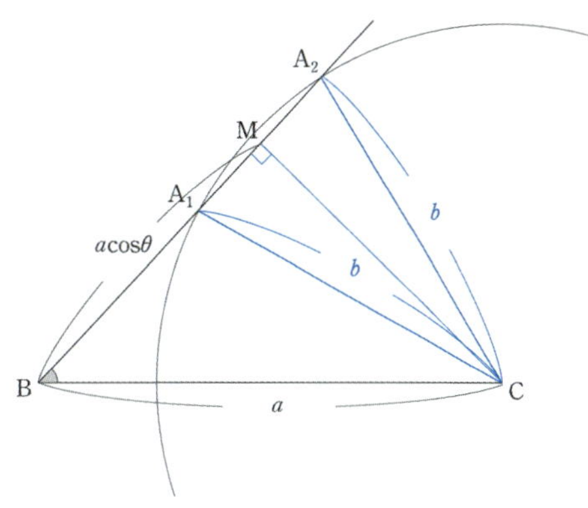

$\angle \mathrm{B} = \theta$로 두고 c에 대한 **이차방정식** $b^2 = a^2 + c^2 - 2ac \cos \angle \mathrm{B}$를 **정리**하면
$c = a\cos\theta \pm \sqrt{b^2 - a^2\sin^2\theta}$ 이다.
$\overline{\mathrm{BM}} = a\cos\theta$이므로 점 A의 위치가 점 A_1이면 $c = a\cos\theta - \sqrt{b^2 - a^2\sin^2\theta}$ 이고,
점 A의 위치가 점 A_2이면 $c = a\cos\theta + \sqrt{b^2 - a^2\sin^2\theta}$ 임을 알 수 있다.

점 A의 위치가 점 A_1이면 $\angle$A가 둔각이고 점 A의 위치가 점 A_2이면 $\angle$A가 예각이다.
따라서 $\angle$A가 둔각인지 예각인지에 따라 $c = a\cos\theta - \sqrt{b^2 - a^2\sin^2\theta}$ 인지
$c = a\cos\theta + \sqrt{b^2 - a^2\sin^2\theta}$ **인지를 결정할 수 있다.**

이후에 코사인법칙을 이용해 $\cos \angle \mathrm{A} = \dfrac{b^2 + c^2 - a^2}{2bc}$, $\cos \angle \mathrm{C} = \dfrac{a^2 + b^2 - c^2}{2ab}$를 구하거나
사인법칙을 이용해 $\sin \angle \mathrm{A} = \dfrac{a\sin \angle \mathrm{B}}{b}$, $\sin \angle \mathrm{C} = \dfrac{c\sin \angle \mathrm{B}}{b}$를 구할 수 있다.

만약 나머지 한 변의 길이 c가 아닌 $\sin \angle \mathrm{A}$가 필요하다면 굳이 c를 구할 필요 없이
사인법칙을 이용해 $\sin \angle \mathrm{A} = \dfrac{a\sin \angle \mathrm{B}}{b}$로 나타내면 된다.

※ 주의

사인법칙, 코사인법칙을 쓰는 것이 최선이 아닐 때도 존재한다.

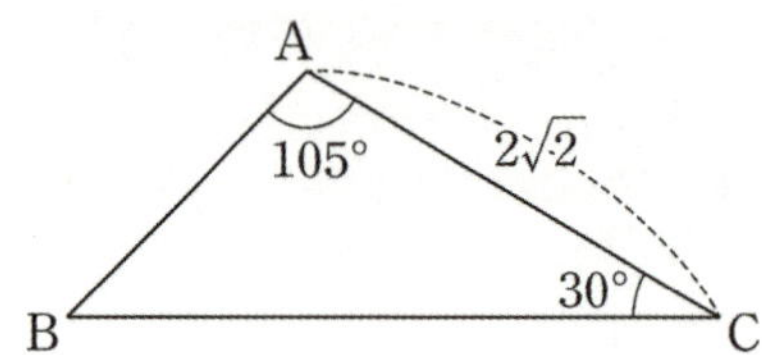

$\overline{BC}$의 길이를 구해보자. $\angle B = 45\,^\circ$이다. '어? 이거 완전 사인법칙 상황 아니냐?' 하며

$\dfrac{2\sqrt{2}}{\sin 45\,^\circ} = \dfrac{\overline{BC}}{\sin 105\,^\circ}$를 이용하려 했다면 잠깐 멈춰보자.

$\sin 105\,^\circ = \sin(45\,^\circ + 60\,^\circ)$는 삼각함수 덧셈정리를 이용해 구할 수도 있으나 그리 편한 선택은 아닐 거 같다.

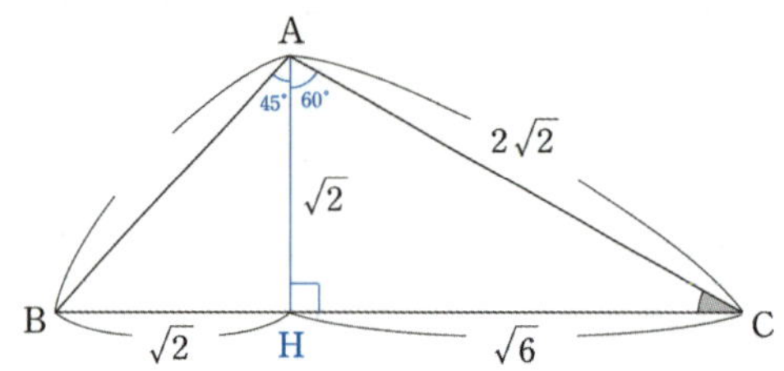

점 A에서 선분 BC에 수선의 발 H를 내려 직각삼각형 2개를 만든다.

삼각형 AHC에서 특수각 삼각비를 이용하면 $\overline{AH} = \sqrt{2}$, $\overline{CH} = \sqrt{6}$임을 쉽게 알 수 있고,

삼각형 AHB에서 특수각 삼각비를 이용하면 $\overline{BH} = \sqrt{2}$임을 쉽게 알 수 있다.

$\overline{BC} = \overline{BH} + \overline{HC} = \sqrt{2} + \sqrt{6}$이다.

따라서 사인법칙이나 코사인법칙을 이용하기 전에 수선, 특수각 삼각비를 최대한 이용해 보는 것이 좋다.

그림과 같이 길이가 2인 선분 AB를 지름으로 하는 반원 위의 점 P에 대하여 $\angle PAB = \theta$라 하자. 선분 OB 위의 점 C가 $\angle APO = \angle OPC$를 만족시킬 때, $\displaystyle\lim_{\theta\to 0+} \overline{OC}$의 값은?

(단, $0 < \theta < \dfrac{\pi}{4}$이고, 점 O는 선분 AB의 중점이다.) [3점]

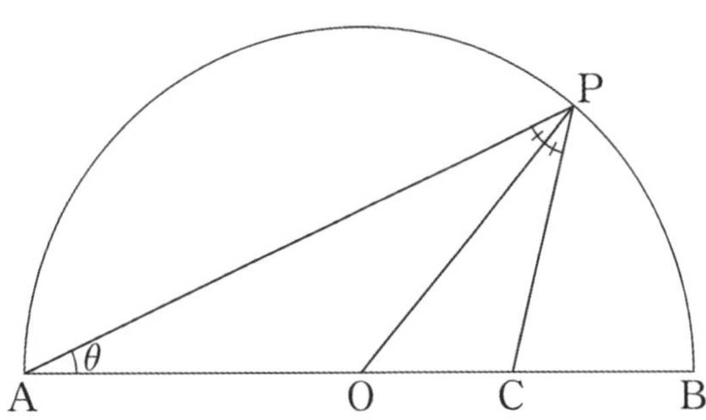

① $\dfrac{1}{12}$　　② $\dfrac{1}{6}$　　③ $\dfrac{1}{4}$　　④ $\dfrac{1}{3}$　　⑤ $\dfrac{5}{12}$

---

1. $\angle PAB = \theta$이고 $\triangle OAP$는 이등변삼각형이므로 $\angle APO = \angle OPC = \theta$이다.

2. $\overline{OP} = 1$, $\angle POB = 2\theta$, $\angle OPC = \theta$, $\angle OCP = \pi - 3\theta$이다.

   $\triangle OCP$에서 $\overline{OP}$와 세 각의 크기를 알기에 사인법칙을 활용하여 $\overline{OC}$를 표현하면 된다.

   $\dfrac{\overline{OP}}{\sin(\angle OCP)} = \dfrac{\overline{OC}}{\sin(\angle OPC)}$이므로 $\overline{OC} = \dfrac{1 \times \sin\theta}{\sin(\pi - 3\theta)} = \dfrac{\sin\theta}{\sin 3\theta}$이다.

3. $\displaystyle\lim_{\theta\to 0+} \overline{OC}$는 $\dfrac{0}{0}$꼴이므로 계산하기 전에 반드시 0의 차수를 확인하자. 분모, 분자의 0의 차수가 1이다.

   0이 아닌 상수로 수렴하는 부분을 분리해가며 계산식을 정리하겠다.

   $\displaystyle\lim_{\theta\to 0+} \overline{OC} = \lim_{\theta\to 0+} \dfrac{\sin\theta}{\sin 3\theta} = \dfrac{1}{3}$이다.

   답은 ④!!

그림과 같이 반지름의 길이가 1인 원에 외접하고 $\angle\text{CAB} = \angle\text{BCA} = \theta$인 이등변삼각형 ABC가 있다. 선분 AB의 연장선 위에 점 A가 아닌 점 D를 $\angle\text{DCB} = \theta$가 되도록 잡는다. 삼각형 BCD의 넓이를 $S(\theta)$라 할 때, $\displaystyle\lim_{\theta\to 0+}\{\theta\times S(\theta)\}$의 값은? (단, $0 < \theta < \dfrac{\pi}{4}$) [4점]

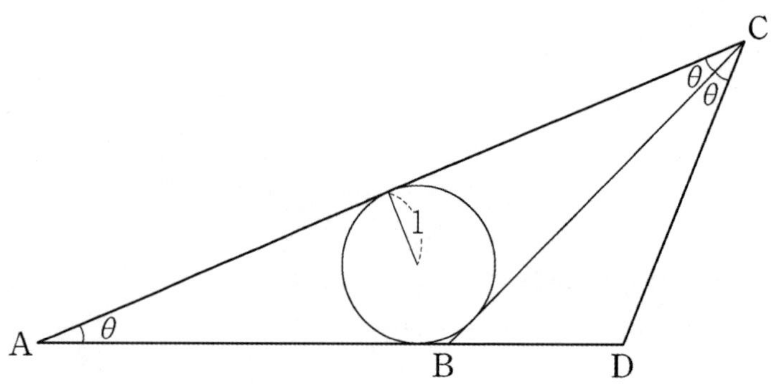

① $\dfrac{2}{3}$ ② $\dfrac{8}{9}$ ③ $\dfrac{10}{9}$ ④ $\dfrac{4}{3}$ ⑤ $\dfrac{14}{9}$

1. **새부리를 닮은 내접원 꼴이다. 내접원의 중심에서 접점을 잇고 직각을 표시하자.**

   $\triangle \mathrm{ABC}$는 이등변삼각형이므로 $\overline{\mathrm{AB}} = \overline{\mathrm{BC}}$를 그림에 꼭 표시하자.

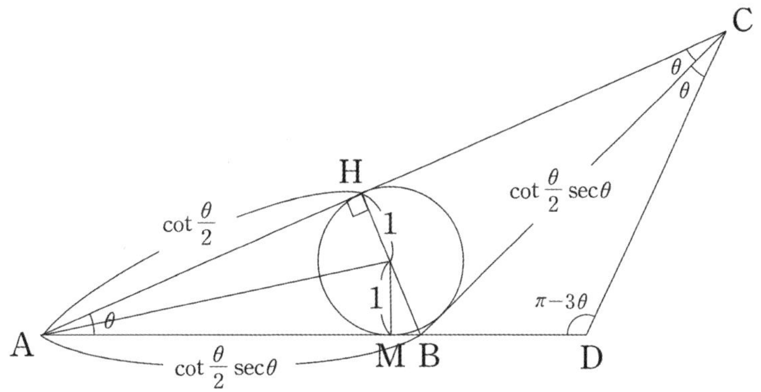

   원의 중심을 O라 하면, $\overline{\mathrm{AO}}$는 $\angle\mathrm{CAB}$를 이등분한다.

   점 O에서 $\overline{\mathrm{AC}}$ 위로의 수선의 발을 H, $\overline{\mathrm{AB}}$ 위로의 수선의 발을 M이라 하자.

   $\overline{\mathrm{AH}} = \overline{\mathrm{CH}} = \overline{\mathrm{AM}} = \cot\dfrac{\theta}{2}$ 이다.

   $\triangle\mathrm{BAH}$에서 $\overline{\mathrm{AB}} = \overline{\mathrm{AH}}\sec\theta = \cot\dfrac{\theta}{2}\sec\theta$이므로 $\overline{\mathrm{BC}} = \cot\dfrac{\theta}{2}\sec\theta$이다.

2. $\triangle\mathrm{BCD}$의 넓이를 구하기 위해서는 $\overline{\mathrm{CD}}$의 길이를 구해야 한다.

   $\triangle\mathrm{ACD}$에서 $\overline{\mathrm{AC}}$와 세 각의 크기를 알기에 사인법칙을 활용하여 $\overline{\mathrm{CD}}$를 표현하면 된다.

   $\triangle\mathrm{ADC}$에서 $\overline{\mathrm{AC}} = 2\cot\dfrac{\theta}{2}$, $\angle\mathrm{A} = \theta$, $\angle\mathrm{D} = \pi - 3\theta$이다.

   $\sin(\pi - 3\theta) = \sin 3\theta$이므로 $\dfrac{\overline{\mathrm{AC}}}{\sin\angle\mathrm{D}} = \dfrac{\overline{\mathrm{CD}}}{\sin\angle\mathrm{A}}$에서 $\dfrac{2\cot\dfrac{\theta}{2}}{\sin 3\theta} = \dfrac{\overline{\mathrm{CD}}}{\sin\theta}$이다.

   따라서 $\overline{\mathrm{CD}} = \dfrac{2\sin\theta\cot\dfrac{\theta}{2}}{\sin 3\theta}$이고 $S(\theta) = \dfrac{1}{2}\times\overline{\mathrm{BC}}\times\overline{\mathrm{CD}}\times\sin\theta = \dfrac{\sin\theta\tan\theta\cot^2\dfrac{\theta}{2}}{\sin 3\theta}$이다.

3. $\displaystyle\lim_{\theta\to 0+}\{\theta\times S(\theta)\}$는 $\dfrac{0}{0}$ 꼴이므로 계산하기 전에 반드시 0의 차수를 확인하자.

   분모, 분자의 0의 차수가 3이다. 0이 아닌 상수로 수렴하는 부분을 분리해가며 계산식을 정리하겠다.

   $$\lim_{\theta\to 0+}\{\theta\times S(\theta)\} = \lim_{\theta\to 0+}\dfrac{\theta\times\sin\theta\tan\theta\cot^2\dfrac{\theta}{2}}{\sin 3\theta} = \lim_{\theta\to 0+}\dfrac{\theta\times\sin\theta\tan\theta}{\sin 3\theta\tan^2\dfrac{\theta}{2}} = \dfrac{1}{\dfrac{3}{4}} = \dfrac{4}{3}$$ 이다.

   답은 ④!!

그림과 같이 반지름의 길이가 1 이고 중심각의 크기가 $\dfrac{\pi}{3}$ 인 부채꼴 OAB 가 있다. 호 AB 위의 점 P 를 지나고 선분 OB 와 평행한 직선이 선분 OA 와 만나는 점을 Q 라 하고 $\angle AOP = \theta$ 라 하자. 점 A 를 지름의 한 끝점으로 하고 지름이 선분 AQ 위에 있으며 선분 PQ 에 접하는 반원의 반지름의 길이를 $r(\theta)$ 라 할 때, $\displaystyle\lim_{\theta \to 0+} \dfrac{r(\theta)}{\theta} = a + b\sqrt{3}$ 이다. $a^2 + b^2$ 의 값을 구하시오.

$\left(\text{단, } 0 < \theta < \dfrac{\pi}{3} \text{ 이고, } a,\, b \text{ 는 유리수이다.}\right)$ [4점]

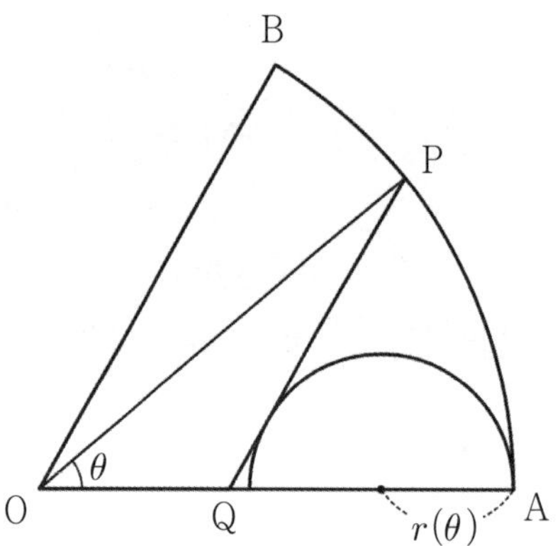

1. $\overline{OB}$와 $\overline{PQ}$가 평행함을 그림에 나타내자.

또한, 반원의 중심 O'을 표시하고 접점을 잇고 직각을 표시한다.

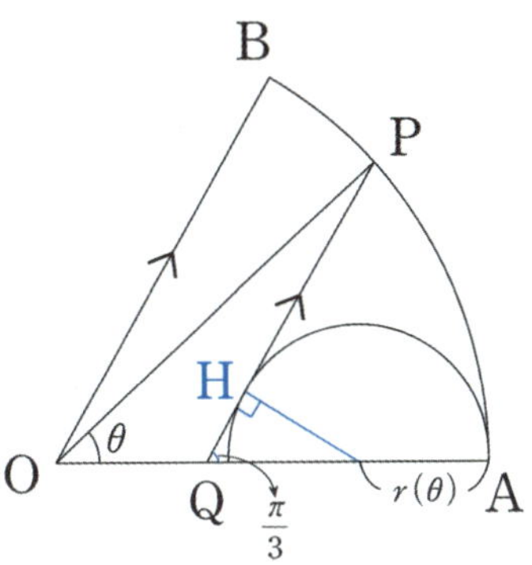

$\overline{OB}$와 $\overline{PQ}$가 평행하므로 $\angle PQA = \dfrac{\pi}{3}$ 이다.

반원의 중심을 O'이라 하면 $\overline{O'Q} = \dfrac{2}{\sqrt{3}} r(\theta)$ 이므로 $\overline{OQ} = 1 - \overline{AQ} = 1 - \left(\dfrac{2}{\sqrt{3}} + 1\right) r(\theta)$ 이다.

2. $\overline{OP} = 1$, $\angle AOP = \theta$, $\angle OQP = \dfrac{2\pi}{3}$, $\angle OPQ = \dfrac{\pi}{3} - \theta$ 이다.

$\triangle OPQ$에서 $\overline{OP}$와 세 각의 크기를 알기에 사인법칙을 활용하여 $\overline{OQ}$를 표현하면 된다.

$\dfrac{\overline{OP}}{\sin(\angle OQP)} = \dfrac{\overline{OQ}}{\sin(\angle OPQ)}$ 이므로 $\overline{OQ} = \dfrac{2}{\sqrt{3}} \sin\left(\dfrac{\pi}{3} - \theta\right)$ 이다.

3. $\overline{OQ} = \dfrac{2}{\sqrt{3}} \sin\left(\dfrac{\pi}{3} - \theta\right) = 1 - \left(\dfrac{2}{\sqrt{3}} + 1\right) r(\theta)$ 이다.

따라서 $r(\theta) = \dfrac{1 - \dfrac{2}{\sqrt{3}} \sin\left(\dfrac{\pi}{3} - \theta\right)}{\dfrac{2}{\sqrt{3}} + 1}$ 이다.

$\lim\limits_{\theta \to 0+} \dfrac{r(\theta)}{\theta} = \lim\limits_{\theta \to 0+} r'(\theta) = \lim\limits_{\theta \to 0+} \dfrac{2\cos\left(\dfrac{\pi}{3} - \theta\right)}{2 + \sqrt{3}} = \dfrac{1}{2 + \sqrt{3}} = 2 - \sqrt{3}$ 이다.

$a = 2$, $b = -1$ 이므로 $a^2 + b^2 = 5$ 이다.

답은 5!!

※ $\lim\limits_{\theta \to 0+} \dfrac{r(\theta)}{\theta} = \lim\limits_{\theta \to 0+} r'(\theta)$ 는 로피탈의 정리를 적용한 결과이다.

$\lim\limits_{\theta \to 0+} \dfrac{r(\theta)}{\theta}$ 는 $\dfrac{0}{0}$ 꼴이며 θ, $r(\theta)$ 는 $\theta = 0$ 에서 미분가능하다.

또한, $\dfrac{d\theta}{d\theta} = 1 \neq 0$ 이므로 로피탈 정리를 쓸 수 있다.

로피탈 정리를 적용할 때는 로피탈 정리를 쓰기 위한 조건을 반드시 따져주자.

삼각형 ABC에서 $\overline{AB}=1$이고 $\angle A = \theta$, $\angle B = 2\theta$이다. 변 AB 위의 점 D를 $\angle ACD = 2\angle BCD$가 되도록 잡는다. $\displaystyle\lim_{\theta \to 0+} \frac{\overline{CD}}{\theta} = a$일 때, $27a^2$의 값을 구하시오. (단, $0 < \theta < \dfrac{\pi}{4}$) [4점]

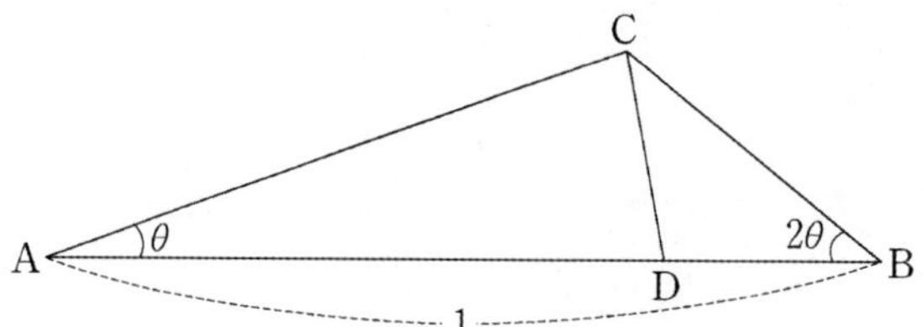

1. $\angle C = \pi - 3\theta$ 이다. $\triangle ABC$에서 $\overline{AB}$와 세 각의 크기를 알기에 사인법칙을 활용하여 $\overline{AC}$, $\overline{BC}$를 표현하자.

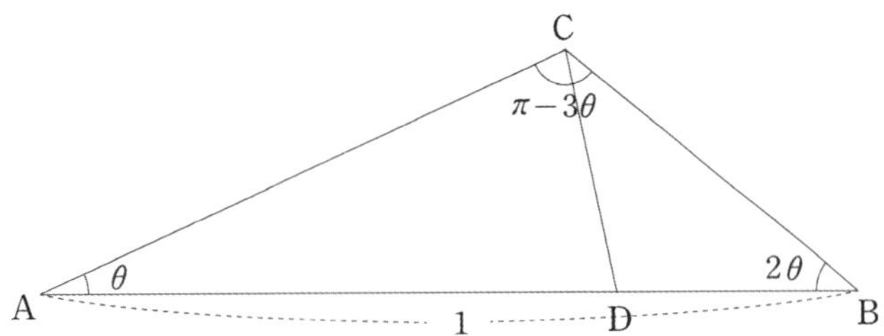

$\triangle ABC$에서 $\overline{AB}=1$, $\angle A=\theta$, $\angle B=2\theta$, $\angle C=\pi-3\theta$이다.

$\sin(\pi-3\theta)=\sin3\theta$이므로 $\dfrac{\overline{AB}}{\sin3\theta}=\dfrac{\overline{BC}}{\sin\theta}=\dfrac{\overline{AC}}{\sin2\theta}$에서 $\overline{BC}=\dfrac{\sin\theta}{\sin3\theta}$, $\overline{AC}=\dfrac{\sin2\theta}{\sin3\theta}$이다.

2. $\angle ACD=2\angle BCD$에서 $\angle ACD=\dfrac{2}{3}\pi-2\theta$, $\angle BCD=\dfrac{\pi}{3}-\theta$, $\angle ADC=\dfrac{\pi}{3}+\theta$이다.

$\triangle BCD$에서 $\overline{AC}$와 세 각의 크기를 알기에 사인법칙을 활용하여 $\overline{CD}$를 표현하자.

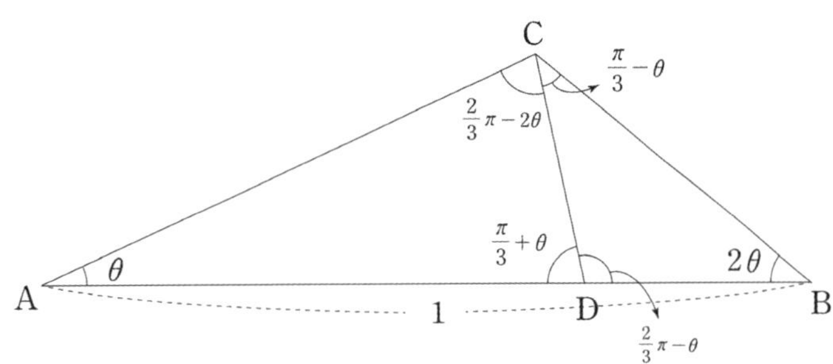

$\dfrac{\overline{AC}}{\sin(\angle ADC)}=\dfrac{\overline{CD}}{\sin\theta}$에서 $\dfrac{\dfrac{\sin2\theta}{\sin3\theta}}{\sin\left(\dfrac{\pi}{3}+\theta\right)}=\dfrac{\overline{CD}}{\sin\theta}$이므로 $\overline{CD}=\dfrac{\sin\theta\sin2\theta}{\sin3\theta\sin\left(\dfrac{\pi}{3}+\theta\right)}$이다.

3. $\displaystyle\lim_{\theta\to0+}\dfrac{\overline{CD}}{\theta}$는 $\dfrac{0}{0}$꼴이므로 계산하기 전에 반드시 0의 차수를 확인하자. 분모, 분자의 0의 차수가 2이다.

0이 아닌 상수로 수렴하는 부분을 분리해가며 계산식을 정리하겠다.

$$\lim_{\theta\to0+}\dfrac{\overline{CD}}{\theta}=\lim_{\theta\to0+}\dfrac{\sin\theta\times\sin2\theta}{\theta\times\sin3\theta\times\sin\left(\dfrac{\pi}{3}+\theta\right)}=\dfrac{2}{3}\times\dfrac{2}{\sqrt{3}}=\dfrac{4}{3\sqrt{3}}$$ 이다.

따라서 $a=\dfrac{4}{3\sqrt{3}}$이므로 $27a^2=16$이다.

답은 16!!

그림과 같이 반지름의 길이가 각각 1인 두 원 O, O'이 외접하고 있다. 원 O 위의 점 A에서 원 O'에 그은 두 접선의 접점을 각각 P, Q라 하자. $\angle AOO' = \theta$라 할 때, $\displaystyle\lim_{\theta \to 0+} \frac{\overline{PQ}}{\theta}$ 의 값은?

$($ 단, $0 < \theta < \dfrac{\pi}{2}$ $)$ [4점]

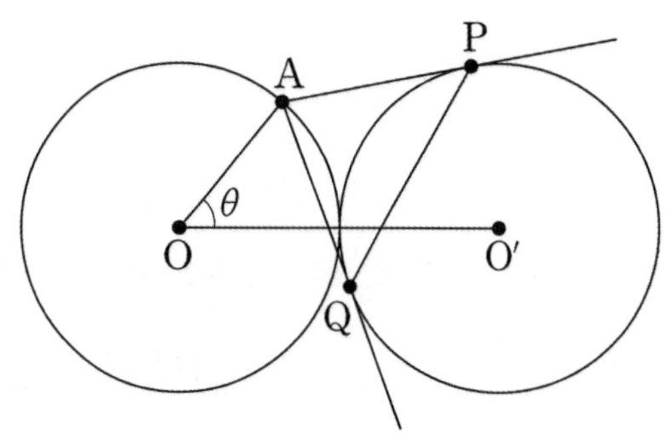

① 2 ② $\sqrt{6}$ ③ $2\sqrt{2}$ ④ $\sqrt{10}$ ⑤ $2\sqrt{3}$

1. 새부리를 닮은 내접원 꼴이다. 내접원의 중심 O'에서 접점을 잇고 직각을 표시하자.

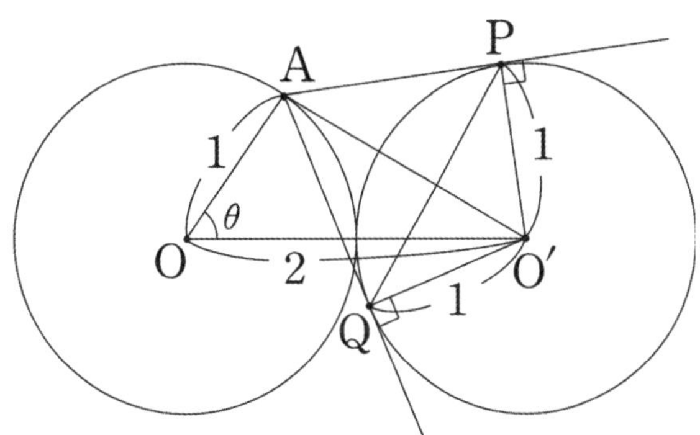

△OAO'에서 $\overline{AO}$, $\overline{OO'}$의 길이와 끼인각 $\angle AOO'$를 알기에 코사인법칙을 활용하여 $\overline{AO'}$을 표현할 수 있다. $\overline{AO}=1$, $\overline{OO'}=2$, $\angle AOO'=\theta$이다.

$$\{\overline{AO'}\}^2=\{\overline{AO}\}^2+\{\overline{OO'}\}^2-2\times\overline{AO}\times\overline{OO'}\times\cos\angle AOO'=5-4\cos\theta$$이다.

따라서 $\overline{AO'}=\sqrt{5-4\cos\theta}$, $\overline{AQ}=\overline{AP}=\sqrt{4-4\cos\theta}$이다.

2. □$APO'Q$의 넓이를 이용하여 $\overline{PQ}$의 길이를 구하자.

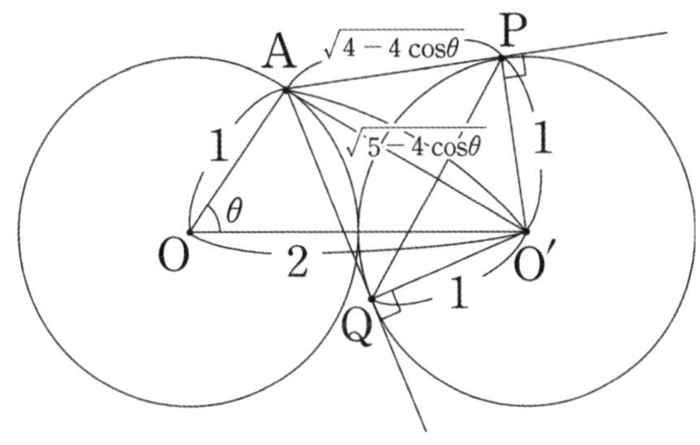

□$APO'Q$의 넓이를 $S(\theta)$라 하면

$$S(\theta)=\overline{AP}\times\overline{O'P}=\frac{1}{2}\times\overline{PQ}\times\overline{AO'}$$이므로

$$\sqrt{4-4\cos\theta}=\frac{1}{2}\times\sqrt{5-4\cos\theta}\times\overline{PQ}$$에서 $\overline{PQ}=\dfrac{2\sqrt{4-4\cos\theta}}{\sqrt{5-4\cos\theta}}$이다.

3. $\displaystyle\lim_{\theta\to0+}\dfrac{\overline{PQ}}{\theta}$는 $\dfrac{0}{0}$꼴이므로 계산하기 전에 반드시 0의 차수를 확인하자. 분모, 분자의 0의 차수가 1이다. 0이 아닌 상수로 수렴하는 부분을 분리해가며 계산식을 정리하겠다.

$$\lim_{\theta\to0+}\frac{\overline{PQ}}{\theta}=4\lim_{\theta\to0+}\frac{\sqrt{1-\cos\theta}}{\theta\times\sqrt{5-4\cos\theta}}=4\lim_{\theta\to0+}\left(\frac{1}{\sqrt{5-4\cos\theta}}\times\sqrt{\frac{1-\cos\theta}{\theta^2}}\right)$$

$$=4\times\sqrt{\frac{1}{2}}=2\sqrt{2}$$이다.

답은 ③!!

그림과 같이 길이가 2인 선분 AB를 지름으로 하는 반원의 호 위에 점 P가 있고, 선분 AB 위에 점 Q가 있다. $\angle \mathrm{PAB} = \theta$이고 $\angle \mathrm{APQ} = \dfrac{\theta}{3}$일 때, 삼각형 PAQ의 넓이를 $S(\theta)$, 선분 PB의 길이를 $l(\theta)$라 하자. $\displaystyle\lim_{\theta \to 0+} \dfrac{S(\theta)}{l(\theta)}$의 값은? $\left(\text{단, } 0 < \theta < \dfrac{\pi}{4} \right)$ [4점]

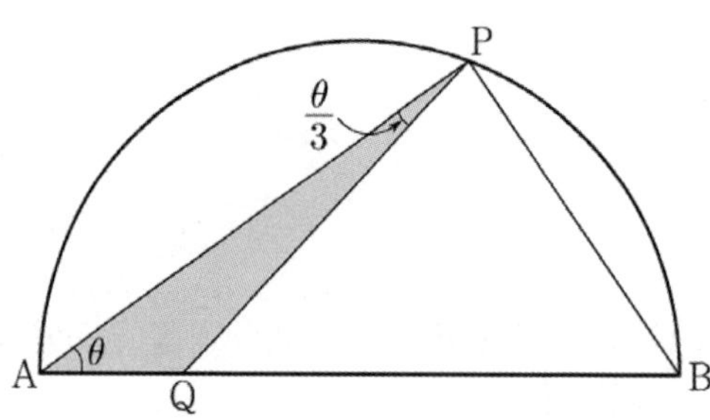

① $\dfrac{1}{12}$　　　② $\dfrac{1}{6}$　　　③ $\dfrac{1}{4}$　　　④ $\dfrac{1}{3}$　　　⑤ $\dfrac{5}{12}$

1. **반원의 중심을 먼저 표시하자.** 반원의 중심을 점 O라 하자.

$\overline{AB}= 2$, $\angle\,APB = \dfrac{\pi}{2}$ 이므로 $l(\theta)= \overline{PB} = 2\sin\theta$ 이다. 이제 $S(\theta)$를 구하자.

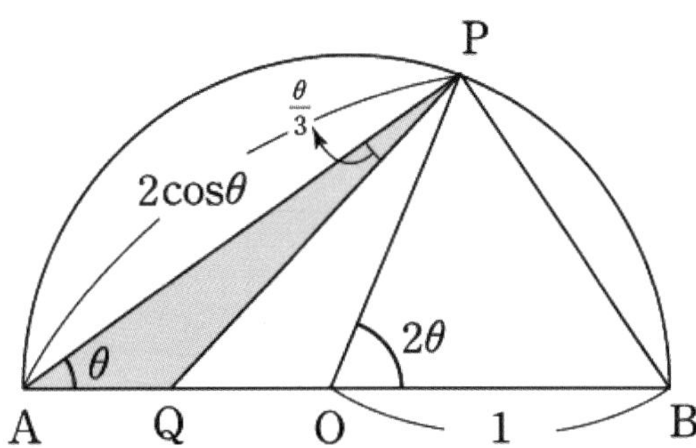

$\overline{AP}= 2\cos\theta$, $\angle\,PQA = \left(\pi - \dfrac{4}{3}\theta\right)$ 이므로 $\triangle PAQ$에서 사인법칙을 활용하여 $\overline{AQ}$를 구하자.

$$\dfrac{2\cos\theta}{\sin\left(\pi - \dfrac{4}{3}\theta\right)}= \dfrac{\overline{AQ}}{\sin\dfrac{\theta}{3}} \ \text{에서} \ \overline{AQ}= \dfrac{2\cos\theta\sin\dfrac{\theta}{3}}{\sin\dfrac{4}{3}\theta} \ \text{이다.}$$

따라서 $S(\theta)= \dfrac{1}{2}\times 2\cos\theta \times \dfrac{2\cos\theta\sin\dfrac{\theta}{3}}{\sin\dfrac{4}{3}\theta}\times \sin\theta = \dfrac{2\sin\theta\cos^{2}\theta\sin\dfrac{\theta}{3}}{\sin\dfrac{4}{3}\theta} \ \text{이다.}$

2. $\displaystyle\lim_{\theta\to 0+}\dfrac{S(\theta)}{l(\theta)}$ 는 $\dfrac{0}{0}$ 꼴이므로 계산하기 전에 반드시 0의 차수를 확인하자. 분모, 분자의 0의 차수가 1이다. 0이 아닌 상수로 수렴하는 부분을 분리해가며 계산식을 정리하겠다.

$$\lim_{\theta\to 0+}\dfrac{S(\theta)}{l(\theta)}= \lim_{\theta\to 0+}\dfrac{\dfrac{2\sin\theta\cos^{2}\theta\sin\dfrac{\theta}{3}}{\sin\dfrac{4}{3}\theta}}{2\sin\theta}= \dfrac{\dfrac{1}{3}}{\dfrac{4}{3}}= \dfrac{1}{4} \ \text{이다.}$$

답은 ③!!

그림과 같이 길이가 2인 선분 AB를 지름으로 하는 반원이 있다. 호 AB 위의 점 P와 선분 AB 위의 점 C에 대하여 $\angle PAC = \theta$일 때, $\angle APC = 2\theta$이다. $\angle ADC = \angle PCD = \dfrac{\pi}{2}$인 점 D에 대하여 두 선분 AP와 CD가 만나는 점을 E라 하자. 삼각형 DEP의 넓이를 $S(\theta)$라 할 때, $\displaystyle\lim_{\theta \to 0+} \dfrac{S(\theta)}{\theta}$의 값은? (단, $0 < \theta < \dfrac{\pi}{6}$) [4점]

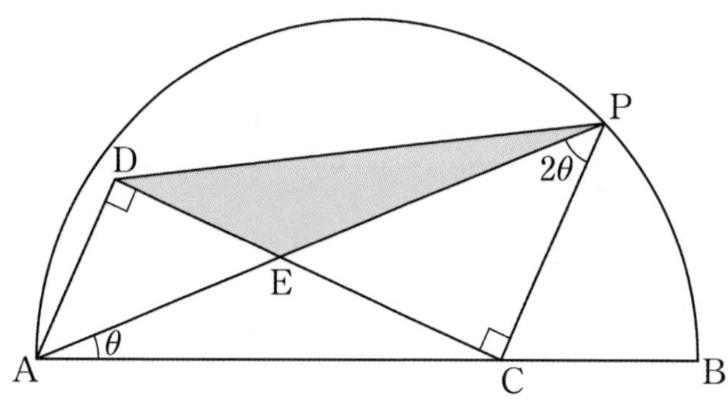

① $\dfrac{5}{9}$　　② $\dfrac{2}{3}$　　③ $\dfrac{7}{9}$　　④ $\dfrac{8}{9}$　　⑤ 1

1. $\triangle$DEP 에서 $\angle$PED $= \dfrac{\pi}{2} + 2\theta$ 이므로 $\overline{EP}$ 와 $\overline{DE}$ 를 구해야 한다.

$\overline{EP} = \overline{CP} \cdot \sec 2\theta$ 이므로 $\overline{CP}$ 를 먼저 구하자.

직각삼각형 ABP 를 이용하기 위해 보조선 $\overline{BP}$ 를 그어주자.

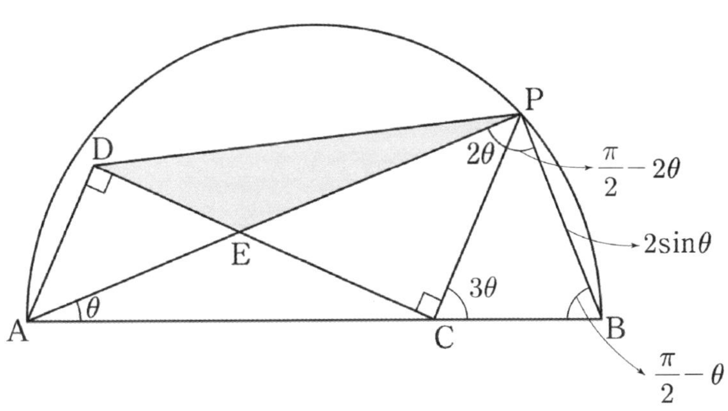

$\angle$APB $= \dfrac{\pi}{2}$ 이므로 $\angle$ABP $= \dfrac{\pi}{2} - \theta$, $\angle$CPB $= \dfrac{\pi}{2} - 2\theta$ 이다. 따라서 $\angle$PCB $= 3\theta$ 이다.

$\triangle$ABP 에서 $\overline{BP} = 2\sin\theta$ 이므로 사인법칙에 의하여

$\dfrac{2\sin\theta}{\sin 3\theta} = \dfrac{\overline{CP}}{\sin\left(\dfrac{\pi}{2} - \theta\right)} = \dfrac{\overline{BC}}{\sin\left(\dfrac{\pi}{2} - 2\theta\right)}$ 이고, $\sin\left(\dfrac{\pi}{2} - \theta\right) = \cos\theta$, $\sin\left(\dfrac{\pi}{2} - 2\theta\right) = \cos 2\theta$ 이므로

$\overline{CP} = \dfrac{2\cos\theta\sin\theta}{\sin 3\theta} = \dfrac{\sin 2\theta}{\sin 3\theta}$, $\overline{BC} = \dfrac{2\sin\theta\cos 2\theta}{\sin 3\theta}$ 이다.

따라서 $\overline{EP} = \overline{CP} \cdot \sec 2\theta = \dfrac{\sin 2\theta}{\sin 3\theta \cos 2\theta} = \dfrac{\tan 2\theta}{\sin 3\theta}$ 이다.

---

2. $\overline{AD}$ 와 $\overline{CP}$ 는 **평행하므로** $\angle$BCP $= \angle$CAD $= 3\theta$ 에서 $\angle$EAD $= 2\theta$ 이다.

$\overline{ED} = \overline{AD} \cdot \tan 2\theta = \overline{AC} \cdot \cos 3\theta \cdot \tan 2\theta$ 이므로 $\overline{AC}$ 를 구하자.

$\overline{AC} = \overline{AB} - \overline{BC} = 2 - \dfrac{2\sin\theta\cos 2\theta}{\sin 3\theta}$ 이므로 $\overline{ED} = \tan 2\theta\cos 3\theta \times \left(2 - \dfrac{2\sin\theta\cos 2\theta}{\sin 3\theta}\right)$ 이다.

따라서 $S(\theta) = \dfrac{1}{2} \times \dfrac{\tan 2\theta}{\sin 3\theta} \times \tan 2\theta\cos 3\theta \times \left(2 - \dfrac{2\sin\theta\cos 2\theta}{\sin 3\theta}\right) \times \sin\left(\dfrac{\pi}{2} + 2\theta\right)$

$= \dfrac{1}{2} \times \dfrac{\tan^2 2\theta \times \cos 2\theta}{\tan 3\theta} \times \left(2 - \dfrac{2\sin\theta\cos 2\theta}{\sin 3\theta}\right)$ 이다.

---

3. $\lim\limits_{\theta \to 0+} \dfrac{S(\theta)}{\theta}$ 는 $\dfrac{0}{0}$ 꼴이므로 계산하기 전에 반드시 0의 차수를 확인하자. 분모, 분자의 0의 차수가 2이다.

0이 아닌 상수로 수렴하는 부분을 분리해가며 계산식을 정리하겠다.

$\lim\limits_{\theta \to 0+} \dfrac{S(\theta)}{\theta} = \lim\limits_{\theta \to 0+} \dfrac{1}{2} \times \dfrac{\tan^2 2\theta \times \cos 2\theta}{\theta \tan 3\theta} \times \left(2 - \dfrac{2\sin\theta\cos 2\theta}{\sin 3\theta}\right) = \dfrac{1}{2} \times \dfrac{4}{3} \times \left(2 - \dfrac{2}{3}\right) = \dfrac{8}{9}$ 이다.

답은 ④!!

그림과 같이 길이가 2인 선분 AB를 지름으로 하는 반원이 있다. 호 AB 위에 두 점 P, Q를 $\angle \mathrm{PAB} = \theta$, $\angle \mathrm{QBA} = 2\theta$가 되도록 잡고, 두 선분 AP, BQ의 교점을 R라 하자. 선분 AB 위의 점 S, 선분 BR 위의 점 T, 선분 AR 위의 점 U를 선분 UT가 선분 AB에 평행하고 삼각형 STU가 정삼각형이 되도록 잡는다. 두 선분 AR, QR와 호 AQ로 둘러싸인 부분의 넓이를 $f(\theta)$, 삼각형 STU의 넓이를 $g(\theta)$라 할 때, $\displaystyle\lim_{\theta \to 0+} \frac{g(\theta)}{\theta \times f(\theta)} = \frac{q}{p}\sqrt{3}$ 이다. $p+q$의 값을 구하시오.

(단, $0 < \theta < \dfrac{\pi}{6}$ 이고, p와 q는 서로소인 자연수이다.)

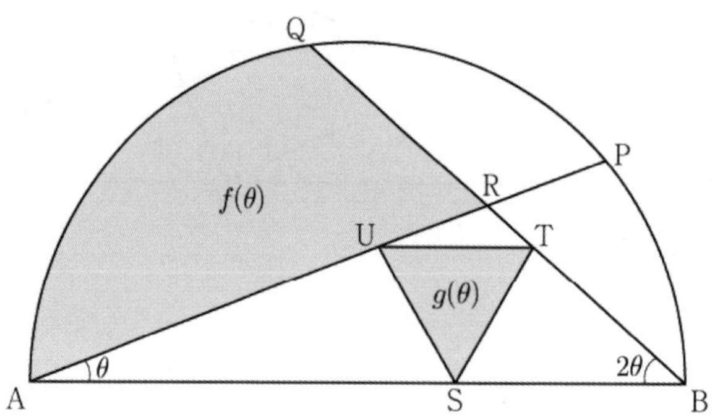

1. **반원의 중심 O 를 표시하자.** $f(\theta)$ 의 값은 부채꼴 AOQ 의 넓이에서 삼각형 BOQ 의 넓이를 더한 것에 삼각형 ARB 의 넓이를 뺀 것이다.

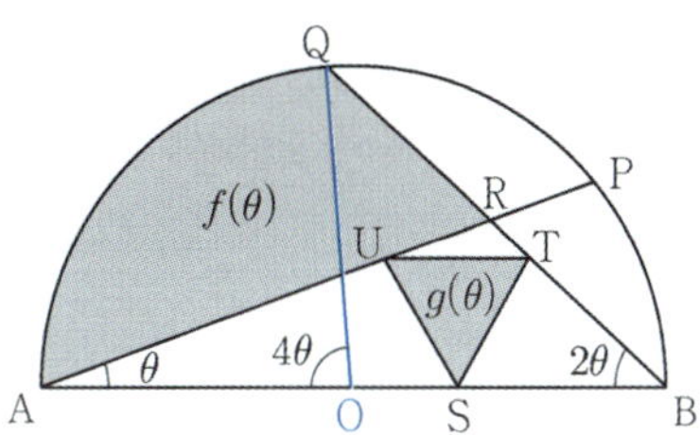

$\angle\mathrm{AOQ} = 2 \times \angle\mathrm{ABQ} = 2 \times 2\theta = 4\theta$ 이므로 부채꼴 AOQ 의 넓이는 $\dfrac{1}{2} \times 1^2 \times 4\theta = 2\theta$ 이고,

삼각형 BOQ 의 넓이는 $\dfrac{1}{2} \times 1^2 \times \sin(\pi - 4\theta) = \dfrac{1}{2}\sin 4\theta$ 이다.

삼각형 ARB 에서 $\angle\mathrm{ARB} = \pi - 3\theta$ 이고 사인법칙에 의하여

$\dfrac{2}{\sin(\pi - 3\theta)} = \dfrac{\overline{\mathrm{BR}}}{\sin\theta}$ 이므로 $\overline{\mathrm{BR}} = \dfrac{2\sin\theta}{\sin 3\theta}$ 이다.

따라서 삼각형 ARB 의 넓이는

$\dfrac{1}{2} \times \overline{\mathrm{AB}} \times \overline{\mathrm{BR}} \times \sin 2\theta = \dfrac{1}{2} \times 2 \times \dfrac{2\sin\theta}{\sin 3\theta} \times \sin 2\theta = \dfrac{2\sin\theta\sin 2\theta}{\sin 3\theta}$ 이므로

$f(\theta) = 2\theta + \dfrac{1}{2}\sin 4\theta - \dfrac{2\sin\theta\sin 2\theta}{\sin 3\theta}$ 이다.

2. $g(\theta)$ 의 값을 구하기 위하여 정삼각형 STU 의 한 변의 길이를 a 라 하자.

선분 UT 와 선분 AB 가 서로 평행하므로 $\angle\mathrm{TSB} = \dfrac{\pi}{3}$ 이다.

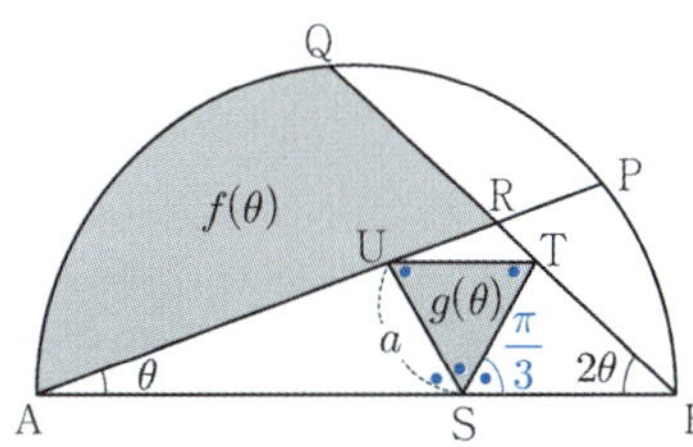

삼각형 TSB 에서 사인법칙을 활용하자. $\dfrac{a}{\sin 2\theta} = \dfrac{\overline{\mathrm{TB}}}{\sin\dfrac{\pi}{3}}$ 이므로 $\overline{\mathrm{TB}} = \dfrac{\sqrt{3}\,a}{2\sin 2\theta}$ 이다.

$\overline{\mathrm{RT}} = \overline{\mathrm{RB}} - \overline{\mathrm{TB}} = \dfrac{2\sin\theta}{\sin 3\theta} - \dfrac{\sqrt{3}\,a}{2\sin 2\theta}$ 이고 삼각형 RUT 와 삼각형 RAB 가 서로 닮음이므로

$\overline{\mathrm{RT}} : \overline{\mathrm{RB}} = \overline{\mathrm{UT}} : \overline{\mathrm{AB}}$ 에서 $\left(\dfrac{2\sin\theta}{\sin 3\theta} - \dfrac{\sqrt{3}\,a}{2\sin 2\theta} \right) : \dfrac{2\sin\theta}{\sin 3\theta} = a : 2$ 이다.

$\dfrac{2a\sin\theta}{\sin 3\theta} = 2\left(\dfrac{2\sin\theta}{\sin 3\theta} - \dfrac{\sqrt{3}\,a}{2\sin 2\theta} \right)$ 이므로 $a = \dfrac{4\sin\theta}{\sin 3\theta} \times \dfrac{\sin 2\theta\sin 3\theta}{2\sin\theta\sin 2\theta + \sqrt{3}\sin 3\theta}$ 이다.

따라서 $g(\theta) = \dfrac{\sqrt{3}}{4}a^2 = \dfrac{\sqrt{3}}{4}\left(\dfrac{4\sin\theta}{\sin 3\theta} \times \dfrac{\sin 2\theta\sin 3\theta}{2\sin\theta\sin 2\theta + \sqrt{3}\sin 3\theta} \right)^2$ 이다.

3. 0이 아닌 상수로 수렴하는 부분을 분리해가며 계산식을 정리하겠다.

$$\lim_{\theta \to 0+} \frac{g(\theta)}{\theta \times f(\theta)} = \lim_{\theta \to 0+} \frac{\dfrac{\sqrt{3}}{4}\left(\dfrac{4\sin\theta}{\sin 3\theta} \times \dfrac{\sin 2\theta \sin 3\theta}{2\sin\theta\sin 2\theta + \sqrt{3}\sin 3\theta}\right)^2}{\theta \times \left(2\theta + \dfrac{1}{2}\sin 4\theta - \dfrac{2\sin\theta\sin 2\theta}{\sin 3\theta}\right)} \text{ 에서}$$

분자와 분모를 각각 θ^2으로 나누면 다음과 같다.

$$\lim_{\theta \to 0+} \frac{g(\theta)}{\theta \times f(\theta)} = \lim_{\theta \to 0+} \frac{\dfrac{\sqrt{3}}{4}\left(\dfrac{4\sin\theta}{\sin 3\theta} \times \dfrac{\sin 2\theta \sin 3\theta}{2\theta\sin\theta\sin 2\theta + \sqrt{3}\,\theta\sin 3\theta}\right)^2}{\left(2 + \dfrac{1}{2}\dfrac{\sin 4\theta}{\theta} - \dfrac{2\sin\theta\sin 2\theta}{\theta\sin 3\theta}\right)}$$

$$= \frac{\sqrt{3}}{4} \lim_{\theta \to 0+} \frac{1}{2 + 2 - \dfrac{4}{3}} \times \left(\frac{4}{3}\right)^2 \times \left(\frac{2\theta\sin\theta\sin 2\theta + \sqrt{3}\,\theta\sin 3\theta}{\sin 2\theta \sin 3\theta}\right)^{-2}$$

$$= \frac{\sqrt{3}}{6} \times \left(0 + \frac{\sqrt{3}}{2}\right)^{-2} = \frac{2\sqrt{3}}{9} \text{ 이므로 } p = 9,\ q = 2 \text{ 에서 } p + q = 11 \text{ 이다.}$$

답은 11!!

❚ 꼭 표시해야 할 도형적 요소

수능에서는 심화 중학교 도형 문제처럼 특별한 보조선을 그을 필요가 없다. **구하려는 도형 넓이나 길이를 구하는 데에 필요한 것만 표시**하자. 표시해야 하는 도형적 요소는 이후에 잘 소개되어있다. **소개하지 않은 보조선 등을 그으면 오히려 그림이 더러워져 문제 풀기 힘들어진다.** 필요한 것만 표시했는데도 그림이 더러워진다면 그림을 여러 번 그리자!

1. 직각

구하려는 도형 넓이나 변의 길이 주변에 아는 각이나 길이가 있으면 모두 표시하는 것이 좋다. 표시하다 보면 어느 순간 구하려는 도형 길이나 넓이를 어떻게 구해야 할지 감이 잡힐 것이다.

각 중에서 특히 직각은 반드시 표시해줘야 한다. 필요한 경우 수선의 발을 적극적으로 내려 직각을 만들어 줘야 한다.

예제(11) 19학년도 6월 평가원 16번

그림과 같이 반지름의 길이가 1이고 중심각의 크기가 $\dfrac{\pi}{2}$ 인 부채꼴 OAB가 있다. 호 AB 위의 점 P 에서 선분 OA에 내린 수선의 발을 H라 하고, 호 BP 위에 점 Q를 $\angle\mathrm{POH} = \angle\mathrm{PHQ}$ 가 되도록 잡는다. $\angle\mathrm{POH} = \theta$ 일 때, 삼각형 OHQ의 넓이를 $S(\theta)$ 라 하자. $\displaystyle\lim_{\theta\to 0+}\dfrac{S(\theta)}{\theta}$ 의 값은? (단, $0 < \theta < \dfrac{\pi}{6}$)

[4점]

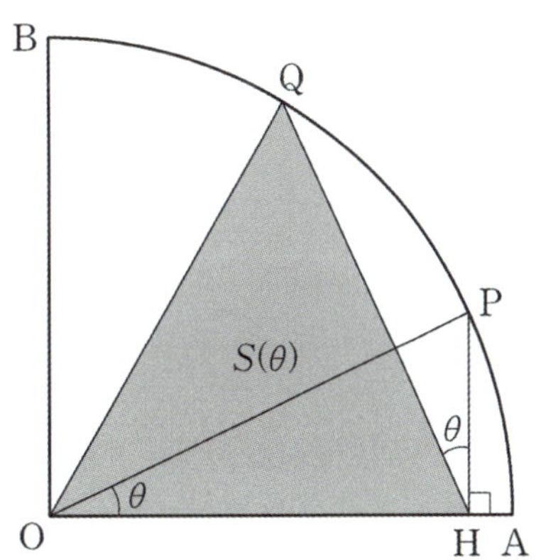

① $\dfrac{1+\sqrt{2}}{2}$ ② $\dfrac{2+\sqrt{2}}{2}$ ③ $\dfrac{3+\sqrt{2}}{2}$ ④ $\dfrac{4+\sqrt{2}}{2}$ ⑤ $\dfrac{5+\sqrt{2}}{2}$

1. $\triangle\mathrm{OHQ}$의 넓이인 $S(\theta)$를 구하면 된다.

먼저 $\triangle\mathrm{OHQ}$의 세 변 중 $\overline{\mathrm{OQ}}$의 길이는 부채꼴 OAB의 반지름의 길이이므로 1이다.

$\triangle\mathrm{OHQ}$와 관련된 정보이므로 표시하자.

$\angle\mathrm{POH} = \angle\mathrm{PHQ} = \theta$를 평가원에서 친절히 표시까지 해줬다.

$\overline{\mathrm{OP}}$와 $\overline{\mathrm{HQ}}$의 교점을 R라 하면 $\angle\mathrm{PHA} = \dfrac{\pi}{2}$, $\angle\mathrm{OHR} = \dfrac{\pi}{2} - \theta$이므로 $\angle\mathrm{ORH} = \dfrac{\pi}{2}$라는 것을

발견하기 쉽도록 평가원에서 $\angle\mathrm{PHA}$**에 직각을 표시**하는 배려까지 해주었다.

이 배려로 $\angle\mathrm{ORH} = \dfrac{\pi}{2}$임을 쉽게 알 수 있으므로 $\angle\mathrm{ORH}$**에 직각을 꼭 표시**하자!

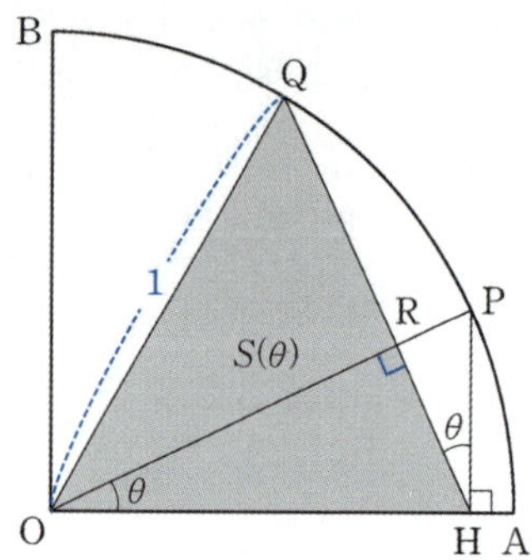

이렇게 표시하면 이제 문제의 윤곽이 어느 정도 잡힌다.

$\triangle\mathrm{OPH}$에서 $\overline{\mathrm{OP}} = 1$이므로 $\overline{\mathrm{OH}} = \cos\theta$이다.

$\triangle\mathrm{OHR}$에서 $\overline{\mathrm{OH}} = \cos\theta$이므로 $\overline{\mathrm{OR}} = \cos^2\theta$, $\overline{\mathrm{HR}} = \cos\theta\sin\theta = \dfrac{1}{2}\sin2\theta$이다.

여기까지 구했으면 $S(\theta)$를 $\overline{\mathrm{HQ}}$를 밑변으로 하고 높이를 $\overline{\mathrm{OR}}$로 하는 삼각형의 넓이로 구하면 되는구나 하고 감이 올 것이다.

※ $\overline{\mathrm{OQ}}$, $\overline{\mathrm{OH}}$의 길이를 알기에 $\overline{\mathrm{OQ}}$와 $\overline{\mathrm{OH}}$ 사이에 끼인각 $\angle\mathrm{QOH}$를 구해 넓이를 구하려고 시도할 수도 있을 것이다. 다만, $\angle\mathrm{QOR}$을 θ로 표현하기 매우 힘들다는 문제가 있다.

2. $\triangle\mathrm{OQR}$에서 $\overline{\mathrm{OQ}} = 1$, $\overline{\mathrm{OR}} = \cos^2\theta$이므로 $\overline{\mathrm{QR}} = \sqrt{1 - (\cos^2\theta)^2}$이다.

따라서 $S(\theta) = \dfrac{1}{2} \times \cos^2\theta \times \left(\dfrac{1}{2}\sin2\theta + \sqrt{1 - (\cos^2\theta)^2}\right)$이다.

$$\lim_{\theta\to0+} \dfrac{\dfrac{1}{2}\times\cos^2\theta\times\left(\dfrac{1}{2}\sin2\theta + \sqrt{1 - (\cos^2\theta)^2}\right)}{\theta}$$ 를 구하면 된다.

우리는 이 극한이 수렴할 것임을 알기에 $\displaystyle\lim_{\theta\to0+}$ 일 때 0이 아닌 상수로 수렴하는 부분을 먼저 분리하여

계산하자. $\displaystyle\lim_{\theta\to0+}\cos^2\theta = 1$이므로 식을 $\dfrac{1}{2}\times\displaystyle\lim_{\theta\to0+}\dfrac{\dfrac{1}{2}\sin2\theta + \sqrt{1 - (\cos^2\theta)^2}}{\theta}$ 와 같이 바꿀 수 있다.

$$\lim_{\theta \to 0+} \frac{\frac{1}{2}\sin 2\theta}{\theta} \text{ 이 수렴하고 } \lim_{\theta \to 0+} \frac{\sqrt{1-(\cos^2\theta)^2}}{\theta} \text{ 도 수렴하므로}$$

$$\frac{1}{2} \times \lim_{\theta \to 0+} \frac{\frac{1}{2}\sin 2\theta + \sqrt{1-(\cos^2\theta)^2}}{\theta} = \frac{1}{4} \times \lim_{\theta \to 0+} \frac{\sin 2\theta}{\theta} + \frac{1}{2} \times \lim_{\theta \to 0+} \frac{\sqrt{1-(\cos^2\theta)^2}}{\theta} \text{ 이다.}$$

$$\lim_{\theta \to 0+} \frac{\sqrt{1-\cos^4\theta}}{\theta} = \lim_{\theta \to 0+} \frac{\sqrt{(1-\cos^2\theta)(1+\cos^2\theta)}}{\theta} = \sqrt{2} \times \lim_{\theta \to 0+} \sqrt{\frac{\sin^2\theta}{\theta^2}} = \sqrt{2} \text{ 이고}$$

$$\lim_{\theta \to 0+} \frac{\sin 2\theta}{\theta} = 2 \text{ 이므로 } \frac{1}{4} \times \lim_{\theta \to 0+} \frac{\sin 2\theta}{\theta} + \frac{1}{2} \times \lim_{\theta \to 0+} \frac{\sqrt{1-(\cos^2\theta)^2}}{\theta} = \frac{1}{2} + \frac{\sqrt{2}}{2} \text{ 이다.}$$

답은 ①!!

머릿속에만 직각 표시를 하지 말고 **직접 그림 위에 직각을 표시**하자! 극한 계산을 할 때 **0이 아닌 상수로 수렴하는 부분을 먼저 분리하여 계산**하면 편하다.

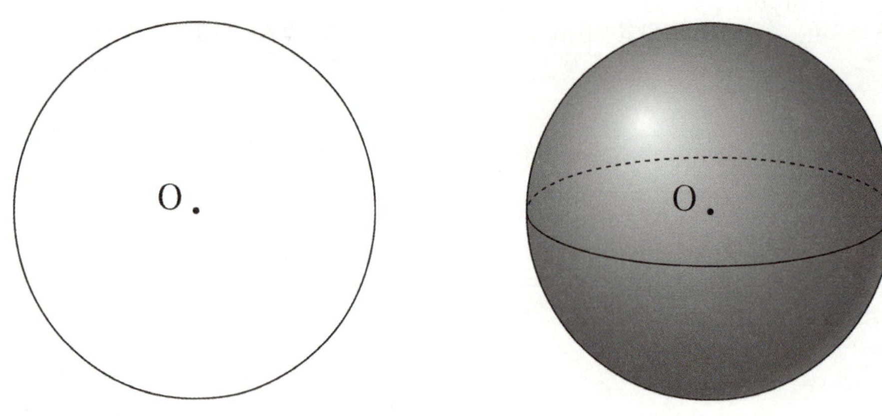

원의 정의는 '평면 위의 한 점에 이르는 거리가 일정한 평면 위 점들의 자취'이고 구의 정의는 '공간 위의 한 점에 이르는 거리가 일정한 공간 위 점들의 자취'이다. 여기에서 **'한 점'은 원과 구의 중심에 해당**하고 **'거리'는 반지름에 해당**한다. 따라서 원과 구의 중심과 반지름은 죽었다 깨어나도 표시해야 한다.

예제(12) 17년 7월 교육청 21번

그림과 같이 $\overline{AB}=2$이고 $\angle ABC = 2\angle BAC$ 를 만족하는 삼각형 ABC 가 있다. 선분 AC 를 지름으로 하는 원과 직선 AB 가 만나는 점 중 A 가 아닌 점을 P , 점 P 를 지나고 선분 BC 에 평행한 직선이 선분 AC 와 만나는 점을 Q라 하자. $\angle BAC = \theta$ 라 할 때, 삼각형 APQ 의 넓이를 $S(\theta)$ 라 하자. $\displaystyle\lim_{\theta \to 0+} \frac{S(\theta)}{\theta}$ 의 값은? (단, $0 < \theta < \dfrac{\pi}{4}$) [4점]

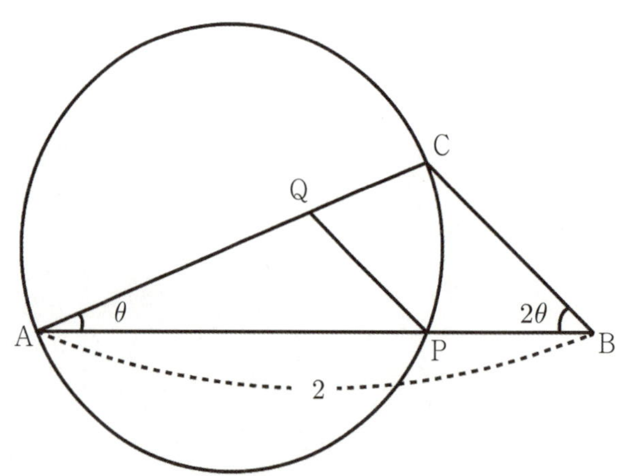

① $\dfrac{16}{27}$ ② $\dfrac{17}{27}$ ③ $\dfrac{2}{3}$ ④ $\dfrac{19}{27}$ ⑤ $\dfrac{20}{27}$

1. 원의 중심 O를 표시하자. $\overline{BC}$와 $\overline{PQ}$가 평행함을 표시하자.

점 C, 점 P를 잇자. $\angle CPB = \dfrac{\pi}{2}$이므로 직각을 표시하자.

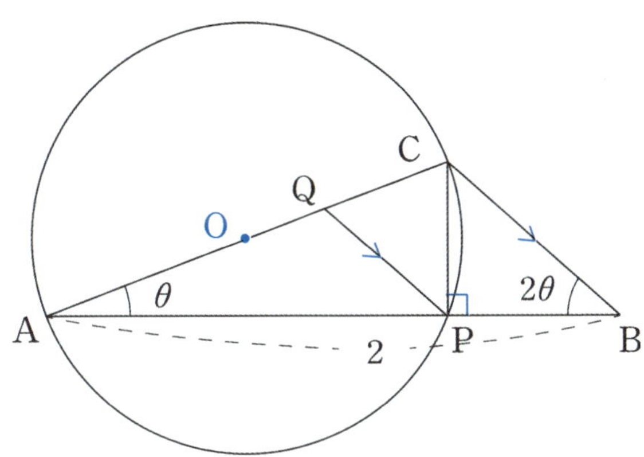

$S(\theta)$를 구하기 위해서는 $\overline{AP}$, $\overline{PQ}$를 구하면 된다.

원의 반지름을 r라 하자. $\overline{AP} = 2r\cos\theta$, $\overline{CP} = 2r\sin\theta$이다.

또한 $\angle CPB = \dfrac{\pi}{2}$이므로 $\overline{BP} = 2r\sin\theta\cot2\theta$, $\overline{BC} = 2r\sin\theta\csc2\theta = r\sec\theta$이다

$\overline{AB} = 2r\cos\theta + 2r\sin\theta\cot2\theta = 2$이므로 $r = \dfrac{1}{\cos\theta + \sin\theta\cot2\theta}$이다.

2. $\overline{BC}$와 $\overline{PQ}$는 평행하므로 $\triangle ABC$와 $\triangle APQ$는 닮음이다.
두 삼각형의 닮음비는
$\overline{AB} : \overline{AP} = 2 : 2r\cos\theta = 1 : r\cos\theta$이므로 $\overline{PQ} = \overline{BC} \times r\cos\theta = r^2$이다.

3. $S(\theta) = \triangle APQ = \dfrac{1}{2}\overline{AP} \times \overline{PQ}\sin(\angle APQ) = r^3\cos\theta\sin2\theta$이다.

$\displaystyle\lim_{\theta\to0+}\dfrac{S(\theta)}{\theta}$는 $\dfrac{0}{0}$꼴이므로 계산하기 전에 반드시 0의 차수를 확인하자. 분모, 분자의 0의 차수가 1이다.

0이 아닌 상수로 수렴하는 부분을 분리해가며 계산식을 정리하겠다.

$$\lim_{\theta\to0+} r = \lim_{\theta\to0+} \dfrac{1}{\cos\theta + \sin\theta\cot2\theta} = \lim_{\theta\to0+} \dfrac{\sin2\theta}{\cos\theta\sin2\theta + \sin\theta\cos2\theta} = \dfrac{2}{3}$$

$$\lim_{\theta\to0+}\dfrac{S(\theta)}{\theta} = \lim_{\theta\to0+}\dfrac{r^3\cos\theta\sin2\theta}{\theta} = \lim_{\theta\to0+} 2r^3 = 2\lim_{\theta\to0+} r^3 = 2\left(\lim_{\theta\to0+} r\right)^3 = \dfrac{16}{27}$$이다.

답은 ①!!

그림과 같이 길이가 4인 선분 AB를 지름으로 하고 중심이 O인 원 C가 있다. 원 C 위를 움직이는 점 P에 대하여 $\angle PAB = \theta$라 할 때, 선분 AB 위에 $\angle APQ = 2\theta$를 만족시키는 점을 Q라 하자. 직선 PQ가 원 C와 만나는 점 중 P가 아닌 점을 R라 할 때, 중심이 삼각형 AQP의 내부에 있고 두 선분 PA, PR에 동시에 접하는 원을 C'이라 하자. 원 C'이 점 O를 지날 때, 원 C'의 반지름의 길이를 $r(\theta)$, 삼각형 BQR의 넓이를 $S(\theta)$라 하자. $\displaystyle\lim_{\theta \to 0+} \frac{S(\theta)}{r(\theta)} = a$일 때, $45a$의 값을 구하시오.

(단, $0 < \theta < \dfrac{\pi}{4}$) [4점]

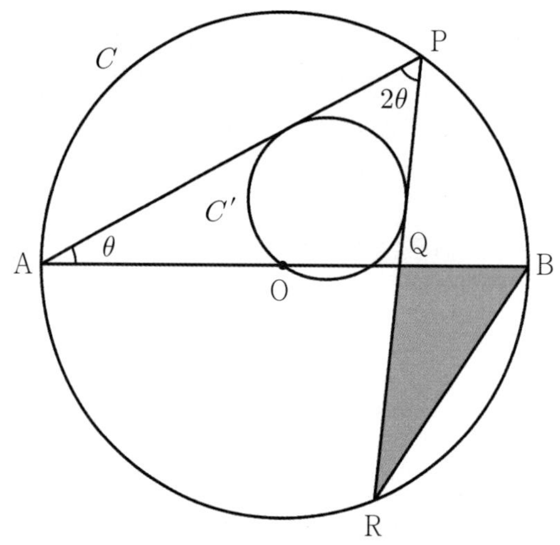

1. 원 C'의 중심을 O′이라고 하면 세 점 O, O′, P는 한 직선 위에 있다.

원 C'의 반지름을 $r(\theta)$라 하면 $\overline{O'P}=2-r(\theta)$이므로 $\sin\theta=\dfrac{r(\theta)}{2-r(\theta)}$이다.

따라서 $r(\theta)=\dfrac{2\sin\theta}{1+\sin\theta}$이다.

2. $\triangle\mathrm{PAQ}$와 $\triangle\mathrm{BRQ}$는 닮음 관계에 있다. $\angle\mathrm{ABR}=2\theta$이므로 $\overline{\mathrm{BR}}=4\cos2\theta$이다.

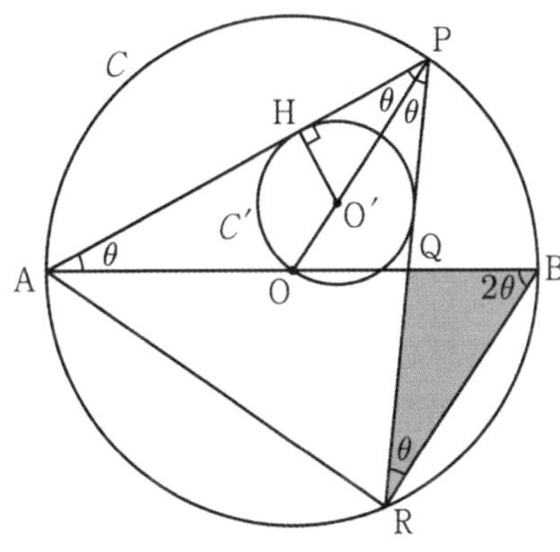

$S(\theta)=\dfrac{1}{2}\cdot\overline{\mathrm{BQ}}\cdot\overline{\mathrm{BR}}\cdot\sin2\theta=\dfrac{1}{2}\cdot\overline{\mathrm{BQ}}\cdot4\cos2\theta\cdot\sin2\theta$이다.

$\triangle\mathrm{BRQ}$에서 사인법칙을 활용하여 $\overline{\mathrm{BQ}}$의 길이를 구하자.

$\dfrac{\overline{\mathrm{BQ}}}{\sin\theta}=\dfrac{\overline{\mathrm{BR}}}{\sin(\pi-3\theta)}=\dfrac{4\cos2\theta}{\sin3\theta}$이므로 $\overline{\mathrm{BQ}}=\dfrac{4\sin\theta\cos2\theta}{\sin3\theta}$이다.

따라서 $S(\theta)=\dfrac{1}{2}\cdot\dfrac{16\sin\theta\cos^2 2\theta\sin2\theta}{\sin3\theta}=\dfrac{8\sin\theta\cos^2 2\theta\sin2\theta}{\sin3\theta}$이다.

3. $\lim\limits_{\theta\to0+}\dfrac{S(\theta)}{r(\theta)}$ 는 $\dfrac{0}{0}$ 꼴이므로 계산하기 전에 반드시 0의 차수를 확인하자. 분모, 분자의 0의 차수가 1이다.

0이 아닌 상수로 수렴하는 부분을 분리해가며 계산식을 정리하겠다.

$$\lim_{\theta\to0+}\frac{S(\theta)}{r(\theta)}=\lim_{\theta\to0+}\frac{\dfrac{8\sin\theta\cos^2 2\theta\sin2\theta}{\sin3\theta}}{\dfrac{2\sin\theta}{1+\sin\theta}}$$

$$=\lim_{\theta\to0+}\frac{\dfrac{4\cos^2 2\theta\sin2\theta}{\sin3\theta}}{\dfrac{1}{1+\sin\theta}}=\lim_{\theta\to0+}\frac{4\cos^2 2\theta\sin2\theta\times(1+\sin\theta)}{\sin3\theta}$$

$$=\lim_{\theta\to0+}\left(\frac{\sin2\theta}{\sin3\theta}\times4\cos^2 2\theta(1+\sin\theta)\right)=\frac{2}{3}\times4=\frac{8}{3}$$이다.

따라서 $a=\dfrac{8}{3}$이므로 $45a=120$이다.

답은 120!!

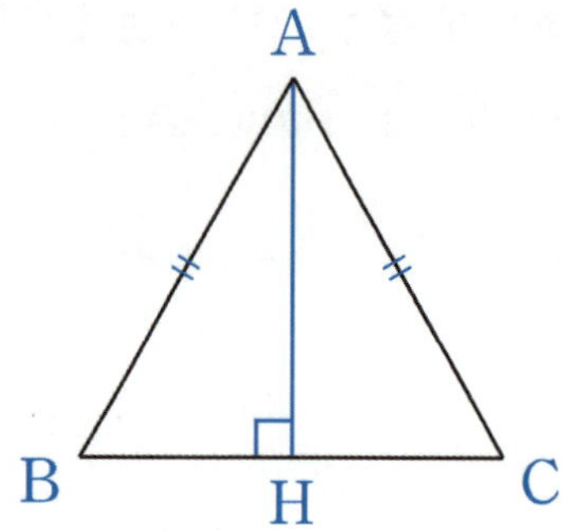

두 변의 길이가 서로 같다면 반드시 '같다'를 나타내는 표시를 해주자. 마음속으로만 생각하다가 문제를 못 풀 수 있다.

위 그림에서 $\triangle ABC$는 **이등변삼각형**이다.

$\overline{AB} = \overline{AC}$를 그림에 꼭 표시하자.

더욱 중요한 것은 $\triangle ABC$의 **수직이등분선 $\overline{AH}$ 를 반드시 그어주어야 한다는 것이다.**

왜? **직각**이 껴있기 때문이다. 정삼각형, 이등변삼각형, 직각삼각형 등 특수한 삼각형이 나오는 경우가 많다. 특수한 삼각형에서 길이, 각 등을 구하려면 직각을 이용하는 것은 필수이다.

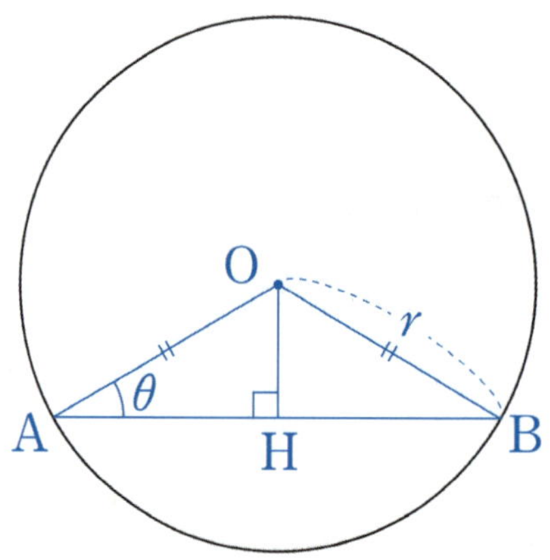

이등변삼각형의 수직이등분선이 제일 많이 활용되는 때는 원의 현의 길이를 구할 때이다.

위의 그림에서 현 AB의 길이를 구하기 위해서 $\overline{OA}$, $\overline{OB}$의 길이가 반지름 r로 각각 같다는 점을 이용하여 이등변삼각형 OAB를 만든다.

$\angle AOB$의 수직이등분선 $\overline{OH}$를 그어주자. $\angle OAB = \theta$로 주어질 때 삼각비를 이용하면 현 AB의 길이는 $2r\cos\theta$라는 것을 알 수 있다.

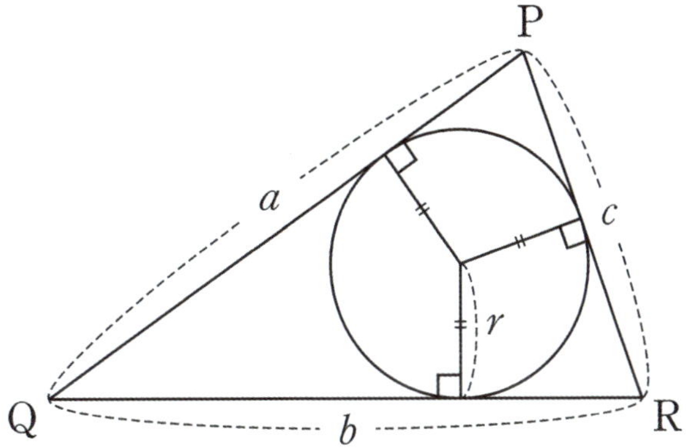

삼각형 전체와 내접원이 주어진다면 반사적으로 내접원의 중심에서 접점을 잇고 직각을 표시한다. 또한, 내접원의 중심에서 접점을 이을 때 생기는 선분은 모두 내접원의 반지름이므로 '같다'를 나타내는 표시도 한다.

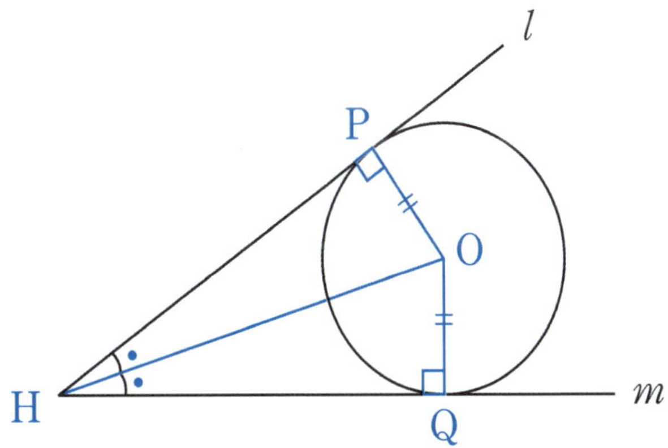

위의 그림은 두 직선이 원과 접할 때이다. **만약 원과 접하고 직선 l, 직선 m과 각각 만나도록 하는 임의의 직선 하나를 추가하면 내접원 꼴을 만들 수 있다.** 하지만 삼각형 전체와 내접원이 주어질 때와는 달리 두 직선이 원과 접할 때는 의외로 원의 중심에서 접점을 이어 직각을 표시하지 않고 반지름이 같다는 표시를 안 하는 경우가 많다. 이러면 $\triangle OHQ \equiv \triangle OHP$를 발견하기 힘들어 필요한 길이나 넓이를 구하는 데에 방해가 된다.

두 직선이 원과 접할 때도 위의 그림과 같이 꼭 표시해줬으면 하는 마음에서 위의 그림과 같은 꼴에 '새 부리'라는 이름을 붙여 주었다. 원을 앵무새의 눈, 원의 중심을 앵무새의 동공, 사각형 $OPHQ$를 앵무새의 부리라고 생각하면 된다. **앵무새의 부리를 완성하기 위해서는 $\overline{OH}$ 를 그어주어야 하고** 이를 그어준다면 앵무새의 머리가 완성되고 $\triangle OHQ \equiv \triangle OHP$를 쉽게 발견할 수 있을 것이다.

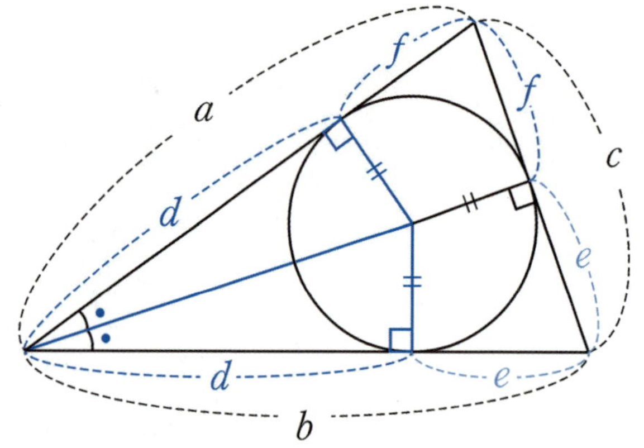

d의 길이는? $d+e+f=\dfrac{a+b+c}{2}$, $e+f=c$이므로 $d=\dfrac{a+b-c}{2}$이다.

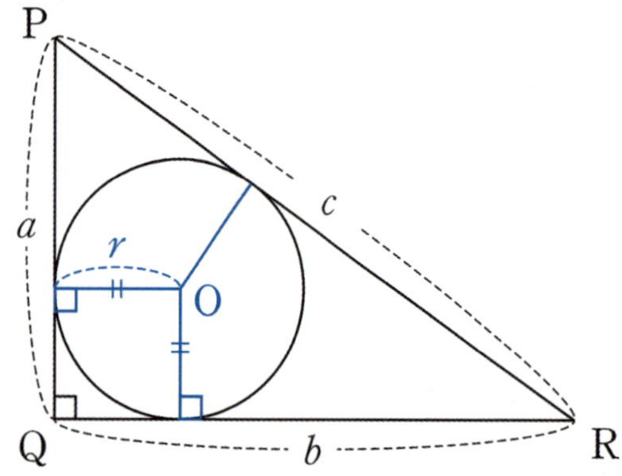

$\triangle\,\mathrm{PQR}$이 직각삼각형일 때, 내접원의 반지름 r의 길이는?

위에서 구한 방식으로 구하면 $r=\dfrac{a+b-c}{2}$이다.

이전에 배웠던 내접원이 있을 때 삼각형의 넓이를 구하는 방법을 이용하면 어떨까?

$\triangle\,\mathrm{PQR}$의 넓이는 밑변$\times$높이를 이용하면 $\dfrac{1}{2}ab$이다. 이는 $\triangle\,\mathrm{POQ}$, $\triangle\,\mathrm{QOR}$, $\triangle\,\mathrm{POR}$ 각각의 넓이의 합과 같아야 한다.

$\triangle\,\mathrm{POQ}$, $\triangle\,\mathrm{QOR}$, $\triangle\,\mathrm{POR}$의 밑변은 각각 $\overline{\mathrm{PQ}}$, $\overline{\mathrm{QR}}$, $\overline{\mathrm{PR}}$이고 밑변의 길이는 각각 a, b, c이다. 이때 $\triangle\,\mathrm{POQ}$, $\triangle\,\mathrm{QOR}$, $\triangle\,\mathrm{POR}$의 높이는 내접원의 반지름 r로 같다.

따라서 $\triangle\,\mathrm{PQR}$의 넓이는 $\dfrac{1}{2}r(a+b+c)$이다. $\dfrac{1}{2}ab=\dfrac{1}{2}(a+b+c)r$이므로 $r=\dfrac{ab}{a+b+c}$이다.

$r=\dfrac{a+b-c}{2}$와 $r=\dfrac{ab}{a+b+c}$를 비교하면 $r=\dfrac{a+b-c}{2}$의 표현이 더 간단하기에 문제 풀기에 더 좋은 형태임을 알 수 있다.

그림과 같이 지름의 길이가 2이고, 두 점 A, B를 지름의 양 끝점으로 하는 반원 위에 점 C가 있다. 삼각형 ABC의 내접원의 중심을 O, 중심 O에서 선분 AB와 선분 BC에 내린 수선의 발을 각각 D, E라 하자. $\angle ABC = \theta$이고, 호 AC의 길이를 l_1, 호 DE의 길이를 l_2라 할 때, $\displaystyle\lim_{\theta \to 0+} \frac{l_1}{l_2}$의 값은?

(단, $0 < \theta < \dfrac{\pi}{2}$이다.) [3점]

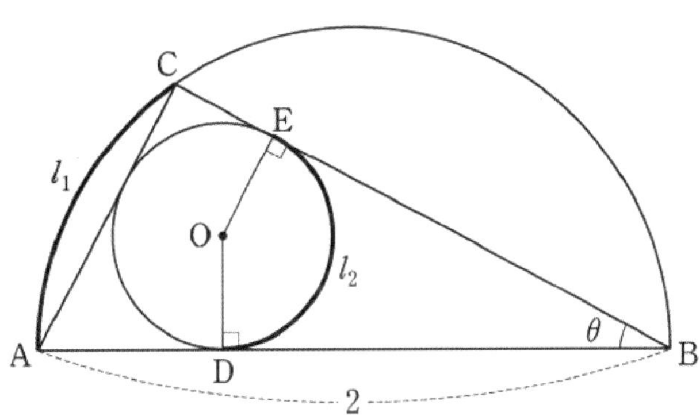

① 1 　　② $\dfrac{\pi}{4}$ 　　③ $\dfrac{\pi}{3}$ 　　④ $\dfrac{2}{\pi}$ 　　⑤ $\dfrac{3}{\pi}$

---

1. **반원의 중심 O'을 표시하자.**

   $\overset{\frown}{AC}$의 원주각은 $\angle ABC = \theta$이므로 $\overset{\frown}{AC}$의 중심각 $\angle AO'C = 2\angle ABC = 2\theta$이다.
   따라서 $l_1 = 2\theta$이다.

2. **$\angle ACB = \dfrac{\pi}{2}$이므로 직각을 표시하자.**

   직각삼각형 ABC에서 $\overline{AC} = 2\sin\theta$, $\overline{BC} = 2\cos\theta$이므로 이전에 배웠듯이

   내접원의 반지름 $r = \overline{OE} = \dfrac{2\sin\theta + 2\cos\theta - 2}{2} = \sin\theta + \cos\theta - 1$로 표현이 가능하다.

   $\angle DOE = \pi - \theta$이므로 $l_2 = (\pi - \theta)(\sin\theta + \cos\theta - 1)$이다.

3. $\displaystyle\lim_{\theta \to 0+} \frac{l_1}{l_2}$는 $\dfrac{0}{0}$꼴이므로 계산하기 전에 반드시 0의 차수를 확인하자. 분모, 분자의 0의 차수가 1이다.

   0이 아닌 상수로 수렴하는 부분을 분리해가며 계산식을 정리하겠다.

   $$\lim_{\theta \to 0+} \frac{l_1}{l_2} = \lim_{\theta \to 0+} \frac{2\theta}{(\pi - \theta)(\sin\theta + \cos\theta - 1)} = \frac{2}{\pi} \lim_{\theta \to 0+} \frac{1}{\dfrac{\sin\theta}{\theta} - \dfrac{1 - \cos\theta}{\theta}} = \frac{2}{\pi} \text{이다.}$$

   답은 ④!!

▎추가적 도형 성질

원과 특수한 삼각형을 제외한 중학교 도형을 완전히 잊은 경우가 있다. **무게중심, 외심, 각 이등분선, 원주각, 원에 내접하는 사각형, 원과 비례 관계 정도는 기억하자.** 또한, 원의 반지름, 중심각을 이용하여 원 위의 점의 좌표를 잡는 방법을 짚고 넘어가겠다.

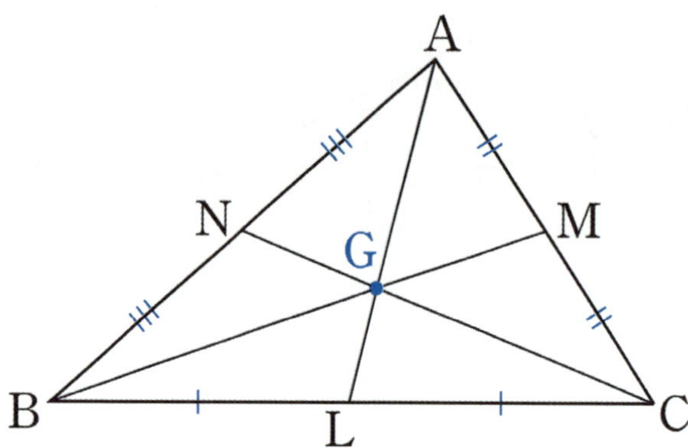

삼각형의 중선은 한 꼭짓점과 그 대변의 중점을 연결한 선을 뜻한다. 삼각형에는 세 개의 중선이 있는데, **이 세 개의 중선의 교점이 바로 무게중심이다.**

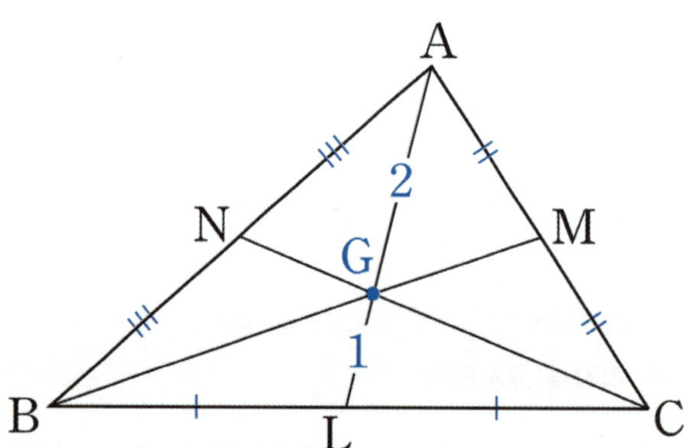

무게중심을 점 G라 하자. $\overline{AG} : \overline{GL} = 2 : 1$ **이다. 마찬가지로** $\overline{BG} : \overline{GM} = 2 : 1$, $\overline{CG} : \overline{GN} = 2 : 1$ **이다.** 평가원에 기출을 풀기 위한 무게중심의 성질의 끝이다. 까먹지 말자.

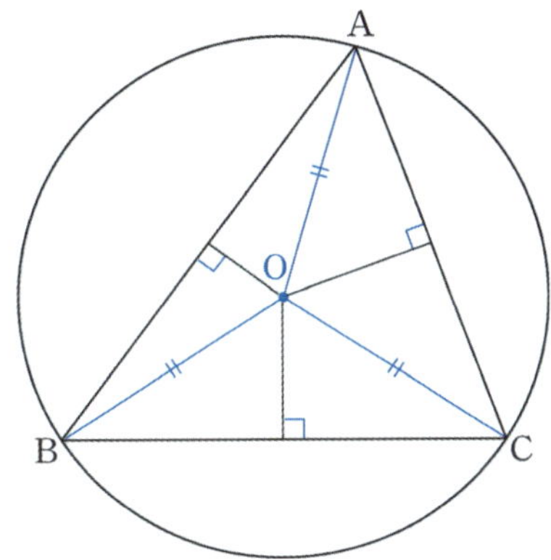

삼각형의 내심은 '새 부리를 닮은 내접원 꼴'을 다루면서 필요한 부분을 모두 다루었다. 삼각형 외심을 살펴보자.
삼각형에서 각 변의 수직이등분선의 교점을 외심이라 한다. 따라서 외심은 곧 삼각형의 외접원의 중심이다.
위 그림의 외심인 점 O에서 삼각형의 각 꼭짓점까지의 거리는 같다.

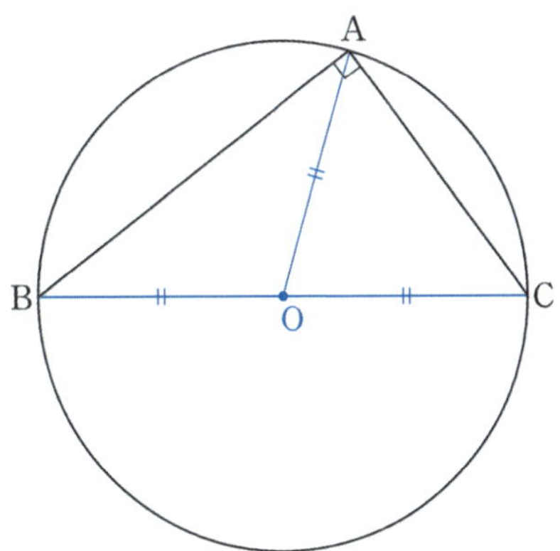

직각삼각형의 외심의 위치는 일반적인 삼각형과 달리 특이하다.
$\overline{BC}$**가 외접원의 지름이므로 직각삼각형 $\triangle ABC$의 외심은 빗변의 중점 O이다.**

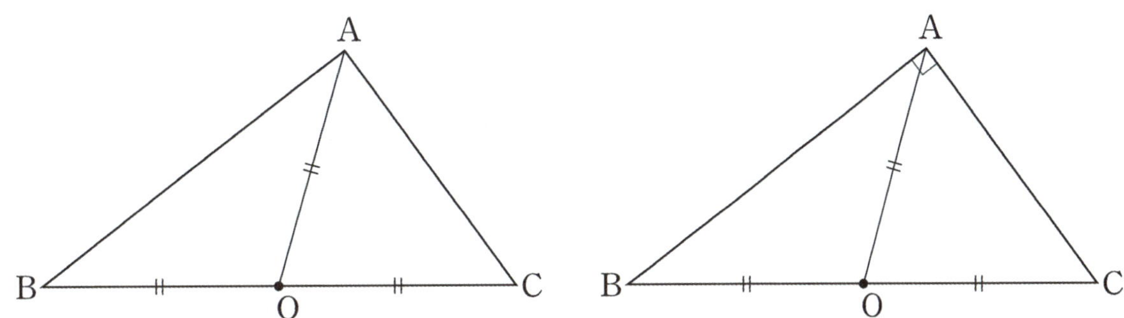

따라서 왼쪽과 같은 그림을 보면 **점 O가 외심임을 인지하고 외접원을 떠올리며** $\angle BAC = \dfrac{\pi}{2}$**임을 알아야 한다.**

이후 오른쪽 그림처럼 직각 표시를 해주자. 숨겨진 직각을 찾는 것은 중요한 과제이다.
평가원에 기출을 풀기 위한 외심의 성질의 끝이다. 까먹지 말자.

각의 이등분선의 성질을 정리해보겠다.

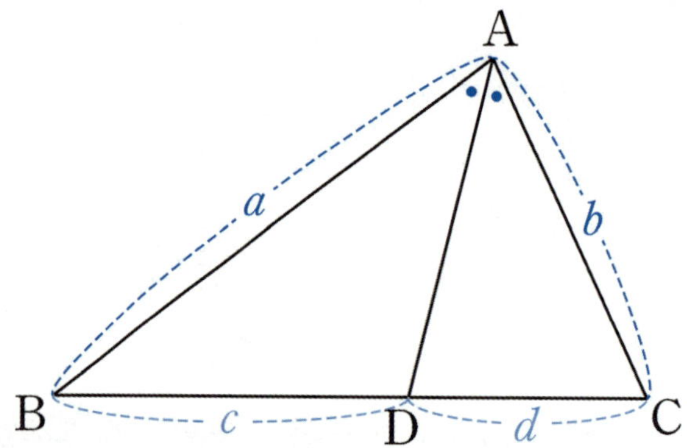

직선 AD가 ∠BAC를 이등분하면 $a:b=c:d$**이다.**
평가원에 기출을 풀기 위한 각의 이등분선의 성질의 끝이다. 까먹지 말자.

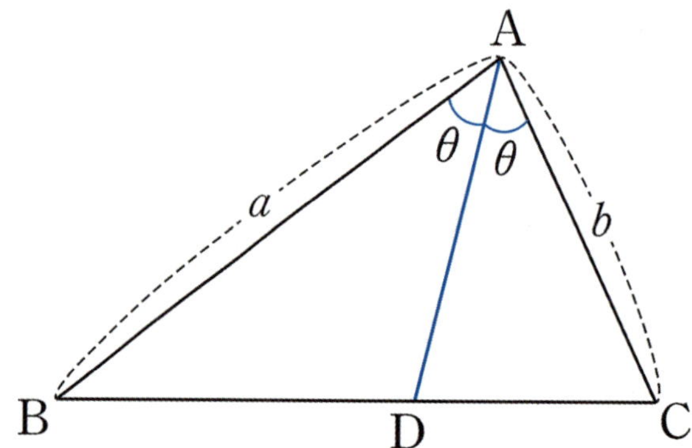

$\overline{\text{AD}}$ **길이를** a, b, θ **로 표현하면?** 각 이등분선의 성질을 쓰라고 낸 것 같은가? 사실 아니다.
이걸 각의 이등분선의 성질을 이용해 풀려면 코사인법칙을 이용해도 복잡하다.
넓이에서 $\triangle\text{ABC} = \triangle\text{ABD} + \triangle\text{ADC}$**를 이용**하면 어떨까?
$\triangle\text{ABD}$, $\triangle\text{ADC}$**의 공통변이** $\overline{\text{AD}}$**이므로** $\overline{\text{AD}}$ 길이를 a, b, θ로 표현할 수 있을 것 같다.

$\triangle\text{ABC} = \dfrac{1}{2}ab\sin2\theta$, $\triangle\text{ABD} = \dfrac{1}{2}a\,\overline{\text{AD}}\,\sin\theta$, $\triangle\text{ADC} = \dfrac{1}{2}b\,\overline{\text{AD}}\,\sin\theta$이고

$\dfrac{1}{2}ab\sin2\theta = \dfrac{1}{2}a\,\overline{\text{AD}}\,\sin\theta + \dfrac{1}{2}b\,\overline{\text{AD}}\,\sin\theta$이므로 정리하면 $\overline{\text{AD}} = \dfrac{ab\sin2\theta}{(a+b)\sin\theta}$ 이다.

그림과 같이 $\overline{AB}=1$, $\angle B = \dfrac{\pi}{2}$ 인 직각삼각형 ABC에서 $\angle C$를 이등분하는 직선과 선분 AB의 교점을 D, 중심이 A 이고 반지름의 길이가 $\overline{AD}$ 인 원과 선분 AC의 교점을 E 라 하자. $\angle A = \theta$일 때, 부채꼴 ADE의 넓이를 $S(\theta)$, 삼각형 BCE의 넓이를 $T(\theta)$라 하자. $\displaystyle\lim_{\theta \to 0+} \dfrac{\{S(\theta)\}^2}{T(\theta)}$ 의 값은? [4점]

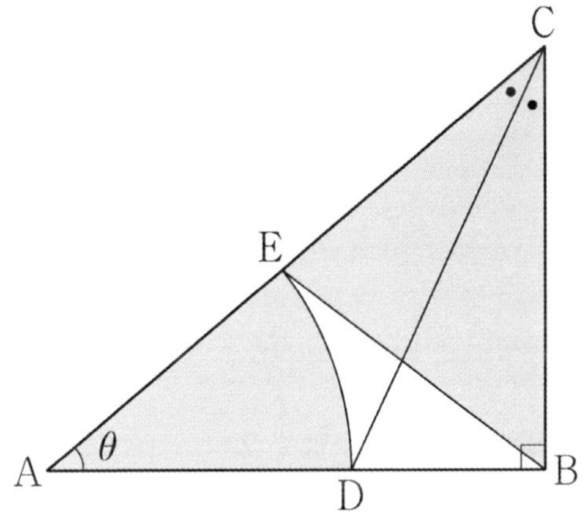

① $\dfrac{1}{4}$　　② $\dfrac{1}{2}$　　③ $\dfrac{3}{4}$　　④ 1　　⑤ $\dfrac{5}{4}$

1. 각 이등분선 성질을 이용하는 데 필요한 길이를 표시하자.

$\overline{AB}=1$임을 알고 있으므로 삼각비를 이용해

$\overline{BC}=\tan\theta$, $\overline{AC}=\sec\theta$임을 쉽게 구할 수 있다.

각의 이등분선의 성질에 의해

$\overline{AD}:\overline{DB}=\overline{AC}:\overline{BC}$ 이므로

$\overline{AD}=\dfrac{1}{1+\sin\theta}$ 이다.

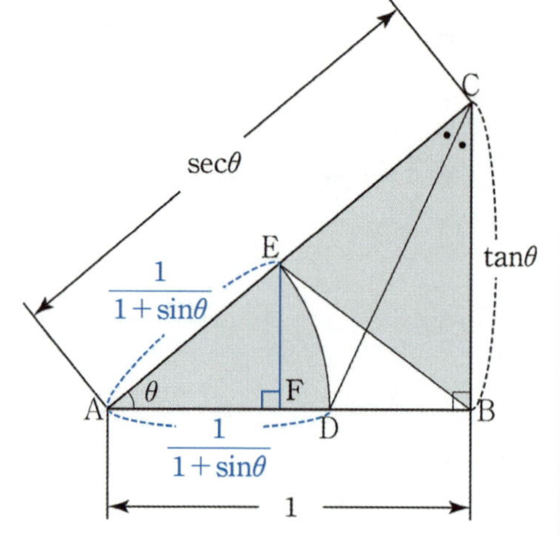

2. $S(\theta)=\dfrac{1}{2}\times\left(\dfrac{1}{1+\sin\theta}\right)^2\times\theta$ 이고 $T(\theta)$는 $\triangle$ BCE 넓이이므로

$\triangle$ ABC 넓이에서 $\triangle$ ABE 넓이를 빼서 구할 수 있다. $\triangle$ ABC 넓이는 $\dfrac{1}{2}\tan\theta$ 이다.

$\triangle$ ABE 넓이는 **밑변을 $\overline{AB}$로 두고 높이를 $\overline{EF}$로** 두면 구할 수 있다. $\overline{EF}$의 길이는

$\overline{AE}=\dfrac{1}{1+\sin\theta}$ 이므로 삼각비를 이용하면 $\dfrac{\sin\theta}{1+\sin\theta}$ 이다.

따라서 $\triangle$ ABE 넓이는 $\dfrac{1}{2}\times\dfrac{\sin\theta}{1+\sin\theta}$ 이고, $T(\theta)=\dfrac{1}{2}\left(\tan\theta-\dfrac{\sin\theta}{1+\sin\theta}\right)$ 이다.

0이 아닌 상수로 수렴하는 부분을 분리해가며 계산식을 정리하겠다.

$$\lim_{\theta\to0+}\frac{\{S(\theta)\}^2}{T(\theta)}=\lim_{\theta\to0+}\frac{\dfrac{1}{4}\left(\dfrac{1}{1+\sin\theta}\right)^4\theta^2}{\dfrac{1}{2}\dfrac{\tan\theta(1+\sin\theta-\cos\theta)}{1+\sin\theta}}$$

$$=\lim_{\theta\to0+}\frac{\theta^2}{2\tan\theta(1+\sin\theta)^3(1+\sin\theta-\cos\theta)}$$

$$=\lim_{\theta\to0+}\left\{\frac{\theta}{2\tan\theta}\times\frac{1}{(1+\sin\theta)^3}\times\frac{\theta}{1+\sin\theta-\cos\theta}\right\}$$

$$=\lim_{\theta\to0+}\left\{\frac{\theta}{2\tan\theta}\times\frac{1}{(1+\sin\theta)^3}\times\frac{1}{\dfrac{\sin\theta}{\theta}+\dfrac{1-\cos\theta}{\theta}}\right\}$$

$$=\lim_{\theta\to0+}\left\{\frac{\theta}{2\tan\theta}\times\frac{1}{(1+\sin\theta)^3}\times\frac{1}{\dfrac{\sin\theta}{\theta}+\theta\times\dfrac{1-\cos\theta}{\theta^2}}\right\}$$

$$=\frac{1}{2}\times1\times\frac{1}{1+0\times\dfrac{1}{2}}=\frac{1}{2}$$ 이므로 **답은 ②!!**

그림과 같이 길이가 2인 선분 AB를 지름으로 하는 반원의 호 AB 위에 점 P가 있다. 선분 AB의 중점을 O라 할 때, 점 B를 지나고 선분 AB에 수직인 직선이 직선 OP와 만나는 점을 Q라 하고, $\angle$OQB의 이등분선이 직선 AP와 만나는 점을 R라 하자. $\angle$OAP $= \theta$일 때, 삼각형 OAP의 넓이를 $f(\theta)$, 삼각형 PQR의 넓이를 $g(\theta)$라 하자. $\displaystyle\lim_{\theta \to 0+} \frac{g(\theta)}{\theta^4 \times f(\theta)}$ 의 값은? (단, $0 < \theta < \dfrac{\pi}{4}$) [4점]

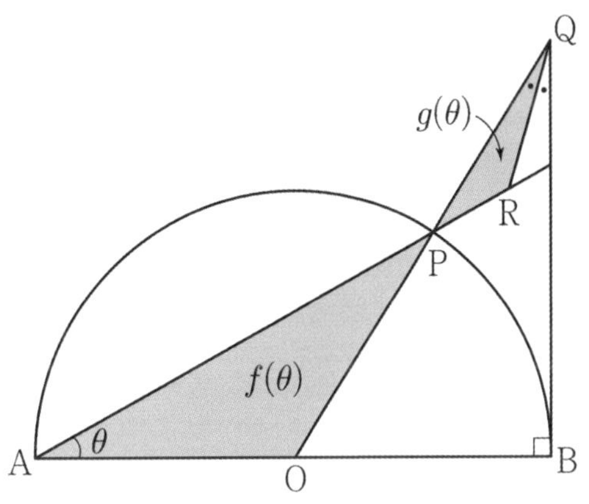

① 2   ② $\dfrac{5}{2}$ ③ 3   ④ $\dfrac{7}{2}$ ⑤ 4

1. $\overline{OA} = \overline{OP} = 1,$

   $\angle\,OAP = \angle\,OPA = \theta,$

   $\angle\,AOP = \pi - 2\theta$ 이므로

   $f(\theta) = \dfrac{1}{2}\sin(\pi - 2\theta) = \dfrac{1}{2}\sin 2\theta$ 이다.

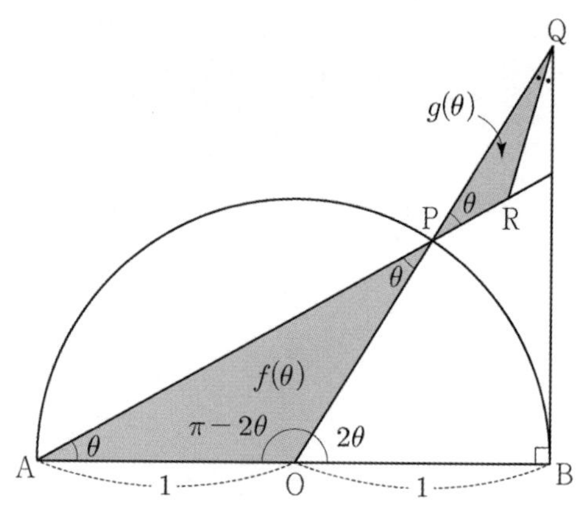

2. $\angle\,POB = 2\theta$ 에서 $\overline{OQ} = \sec 2\theta$ 이고,

   $\overline{OP} = 1$ 이므로 $\overline{PQ} = \sec 2\theta - 1$ 이다.

이때, $\angle\,PQB = \dfrac{\pi}{2} - 2\theta$ 에서 $\angle\,PQR = \dfrac{\pi}{4} - \theta$ 이므로

$\angle\,PRQ = \dfrac{3}{4}\pi$ 이다.

삼각형 PRQ 에서 사인법칙을 활용하자.

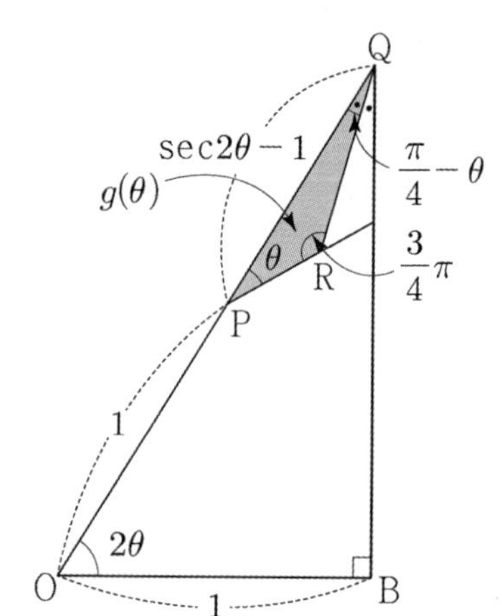

$\dfrac{\overline{PQ}}{\sin\dfrac{3}{4}\pi} = \dfrac{\overline{PR}}{\sin\left(\dfrac{\pi}{4} - \theta\right)}$ 이므로

$\overline{PR} = \overline{PQ} \times \dfrac{\sin\left(\dfrac{\pi}{4} - \theta\right)}{\sin\dfrac{3}{4}\pi} = (\sec 2\theta - 1)(\cos\theta - \sin\theta)$ 이다.

따라서 $g(\theta) = \dfrac{1}{2} \times \overline{PR} \times \overline{PQ} \times \sin\theta = \dfrac{1}{2}(\sec 2\theta - 1)^2 \times (\cos\theta - \sin\theta) \times \sin\theta$ 이다.

3. 0이 아닌 상수로 수렴하는 부분을 분리해가며 계산식을 정리하겠다.

$$\lim_{\theta \to 0+} \dfrac{g(\theta)}{\theta^4 \times f(\theta)} = \lim_{\theta \to 0+} \dfrac{\dfrac{1}{2}(\sec 2\theta - 1)^2 \times (\cos\theta - \sin\theta) \times \sin\theta}{\theta^4 \times \dfrac{1}{2}\sin 2\theta}$$

$$= \lim_{\theta \to 0+}\left\{ \dfrac{(\sec 2\theta - 1)^2}{\theta^4} \times \dfrac{(\cos\theta - \sin\theta) \times \sin\theta}{\sin 2\theta} \right\} = \lim_{\theta \to 0+}\left(\dfrac{\sec 2\theta - 1}{\theta^2}\right)^2 \times \dfrac{1}{2}$$

$$= \lim_{\theta \to 0+}\left(\dfrac{1 - \cos 2\theta}{\cos 2\theta \times \theta^2}\right)^2 \times \dfrac{1}{2} = \left(\dfrac{1}{2} \times 2^2\right)^2 \times \dfrac{1}{2} = 2$$ 이다.

답은 ①!!

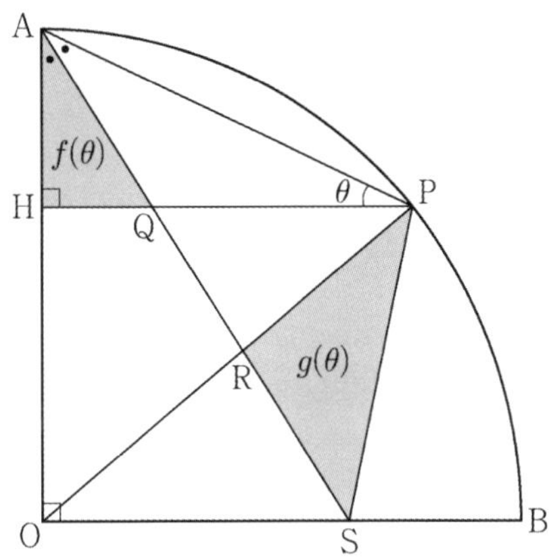

그림과 같이 반지름의 길이가 1이고 중심각의 크기가 $\dfrac{\pi}{2}$인 부채꼴 OAB가 있다. 호 AB 위의 점 P에서 선분 OA에 내린 수선의 발을 H라 하고, $\angle$OAP를 이등분하는 직선과 세 선분 HP, OP, OB의 교점을 각각 Q, R, S라 하자. $\angle$APH $= \theta$일 때, 삼각형 AQH의 넓이를 $f(\theta)$, 삼각형 PSR의 넓이를 $g(\theta)$라 하자. $\displaystyle\lim_{\theta \to 0+} \dfrac{\theta^3 \times g(\theta)}{f(\theta)} = k$일 때, $100k$의 값을 구하시오. (단, $0 < \theta < \dfrac{\pi}{4}$) [4점]

---

1. 직각삼각형 AHP에서 $\angle$APH $= \theta$ 이므로

$\angle$PAH $= \dfrac{\pi}{2} - \theta$이고 삼각형 AOP에서

$\overline{OA} = \overline{OP} = 1$이므로 $\angle$APO $= \angle$OAP $= \dfrac{\pi}{2} - \theta$이다.

따라서 $\angle$AOP $= \pi - \left(\dfrac{\pi}{2} - \theta\right) \times 2 = 2\theta$이므로

삼각형 HOP에서 $\overline{OH} = \cos 2\theta$이고
$\overline{AH} = 1 - \cos 2\theta$이다.

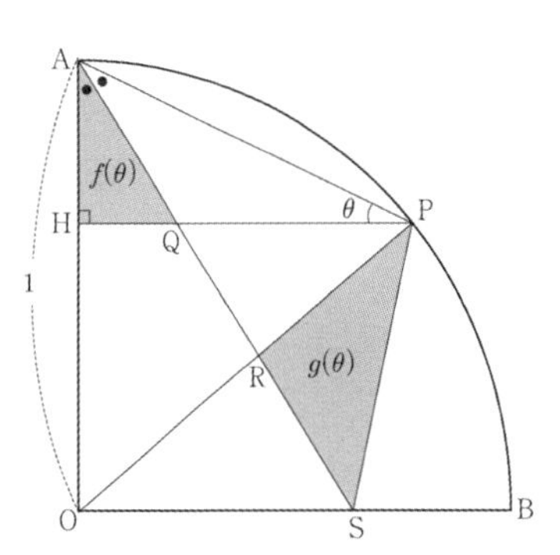

$\angle$OAP $= \dfrac{\pi}{2} - \theta$에서 $\angle$HAQ $= \dfrac{\pi}{4} - \dfrac{\theta}{2}$이므로

$\overline{HQ} = \overline{AH} \times \tan\left(\dfrac{\pi}{4} - \dfrac{\theta}{2}\right) = (1 - \cos 2\theta)\tan\left(\dfrac{\pi}{4} - \dfrac{\theta}{2}\right)$이다.

따라서 삼각형 AQH 의 넓이는

$f(\theta) = \dfrac{1}{2} \times (1 - \cos 2\theta) \times (1 - \cos 2\theta)\tan\left(\dfrac{\pi}{4} - \dfrac{\theta}{2}\right)$

$\quad = \dfrac{1}{2}(1 - \cos 2\theta)^2 \tan\left(\dfrac{\pi}{4} - \dfrac{\theta}{2}\right)$이다.

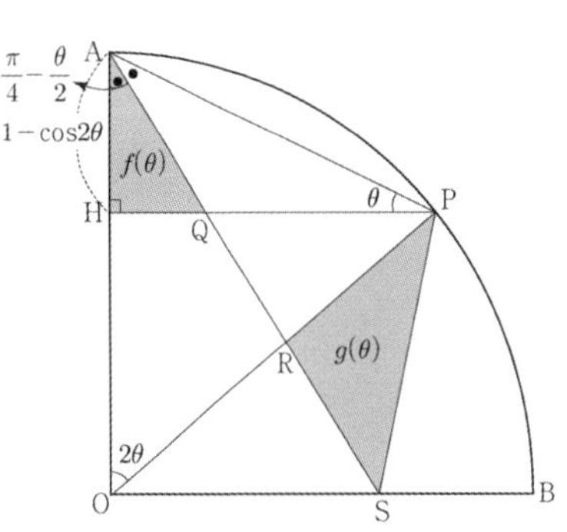

2. 삼각형 PSR 의 넓이는 삼각형 OPS 의 넓이에서
삼각형 ORS 의 넓이를 뺀 것과 같다.

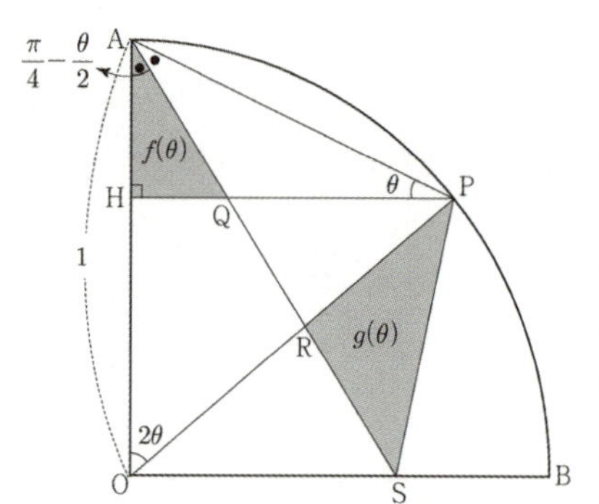

먼저 삼각형 OPS 의 넓이를 구하자. $\overline{OP}=1$ 이고

삼각형 AOS 에서 $\overline{OS}=\tan\left(\dfrac{\pi}{4}-\dfrac{\theta}{2}\right)$ 이므로

삼각형 OPS 의 넓이는

$\dfrac{1}{2}\times 1\times\tan\left(\dfrac{\pi}{4}-\dfrac{\theta}{2}\right)\times\sin\left(\dfrac{\pi}{2}-2\theta\right)$ 이다.

이제 삼각형 ORS 의 넓이를 구하자.

이등변삼각형 OAP 에서 $\angle AOP=2\theta$, $\overline{OA}=1$ 이므로 $\overline{AP}=2\sin\theta$ 이다.

삼각형 OAP 에서 각의 이등분선의 성질에 의하여

$\overline{OR}:\overline{RP}=1:2\sin\theta$ 이므로

$\overline{OR}=1\times\dfrac{1}{1+2\sin\theta}$ 이다.

따라서 삼각형 ORS 의 넓이는

$\dfrac{1}{2}\times\dfrac{1}{1+2\sin\theta}\times\tan\left(\dfrac{\pi}{4}-\dfrac{\theta}{2}\right)\times\sin\left(\dfrac{\pi}{2}-2\theta\right)$ 이므로

삼각형 PSR 의 넓이는

$g(\theta)=\dfrac{1}{2}\tan\left(\dfrac{\pi}{4}-\dfrac{\theta}{2}\right)\sin\left(\dfrac{\pi}{2}-2\theta\right)\left(1-\dfrac{1}{1+2\sin\theta}\right)$ 이다.

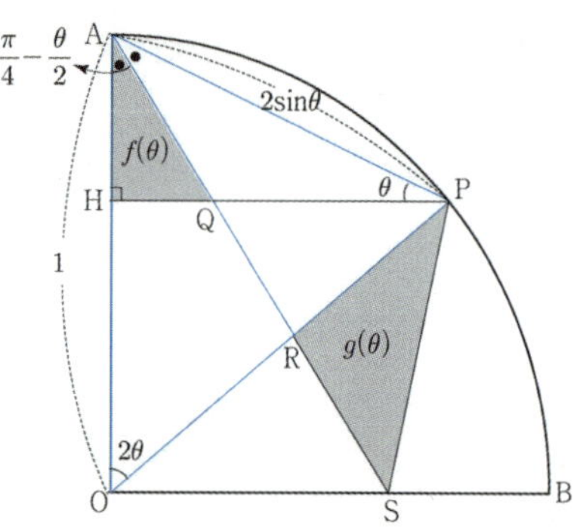

3. 계산하기 전에 미리 식을 간단히 정리하자.

$$f(\theta)=\frac{1}{2}(1-\cos 2\theta)^2\tan\left(\frac{\pi}{4}-\frac{\theta}{2}\right)=\frac{(1-\cos 2\theta)^2(1+\cos 2\theta)^2\tan\left(\dfrac{\pi}{4}-\dfrac{\theta}{2}\right)}{2(1+\cos 2\theta)^2}$$

$$=\frac{(1-\cos^2 2\theta)^2\tan\left(\dfrac{\pi}{4}-\dfrac{\theta}{2}\right)}{2(1+\cos 2\theta)^2}=\frac{(\sin^2 2\theta)^2\tan\left(\dfrac{\pi}{4}-\dfrac{\theta}{2}\right)}{2(1+\cos 2\theta)^2}=\frac{\sin^4 2\theta\,\tan\left(\dfrac{\pi}{4}-\dfrac{\theta}{2}\right)}{2(1+\cos 2\theta)^2}$$

$$g(\theta)=\frac{1}{2}\tan\left(\frac{\pi}{4}-\frac{\theta}{2}\right)\sin\left(\frac{\pi}{2}-2\theta\right)\left(1-\frac{1}{1+2\sin\theta}\right)$$

$$=\frac{1}{2}\tan\left(\frac{\pi}{4}-\frac{\theta}{2}\right)\times\cos 2\theta\times\frac{1+2\sin\theta-1}{1+2\sin\theta}=\frac{\tan\left(\dfrac{\pi}{4}-\dfrac{\theta}{2}\right)\cos 2\theta\sin\theta}{1+2\sin\theta}$$ 이다.

4. $\displaystyle\lim_{\theta \to 0+} \dfrac{\theta^3 \times g(\theta)}{f(\theta)}$ 는 $\dfrac{0}{0}$ 꼴이므로 계산하기 전에 반드시 0의 차수를 확인하자.

분모, 분자의 차수가 4 이다. 0 이 아닌 상수로 수렴하는 부분을 분리해가며 계산식을 정리하겠다.

$$\lim_{\theta \to 0+} \frac{\theta^3 \times g(\theta)}{f(\theta)} = \lim_{\theta \to 0+} \frac{\theta^3 \times \dfrac{\tan\left(\dfrac{\pi}{4} - \dfrac{\theta}{2}\right)\cos 2\theta \sin\theta}{1+2\sin\theta}}{\dfrac{\sin^4 2\theta \tan\left(\dfrac{\pi}{4} - \dfrac{\theta}{2}\right)}{2(1+\cos 2\theta)^2}}$$

$$= \lim_{\theta \to 0+} \frac{\theta^3 \tan\left(\dfrac{\pi}{4} - \dfrac{\theta}{2}\right)\cos 2\theta \sin\theta \times 2(1+\cos 2\theta)^2}{(1+2\sin\theta) \times \sin^4 2\theta \tan\left(\dfrac{\pi}{4} - \dfrac{\theta}{2}\right)}$$

$$= \lim_{\theta \to 0+} \frac{\theta^3 \sin\theta \times 2 \times (1+1)^2}{\sin^4 2\theta}$$

$$= \lim_{\theta \to 0+} 8 \times \frac{\theta^4}{\sin^4 2\theta} \times \frac{\sin\theta}{\theta} = \frac{8}{2^4} = \frac{1}{2}$$

이므로 $100k = 100 \times \dfrac{1}{2} = 50$ 이다.

답은 50!!

※ 다른 풀이

1. 삼각형 AOP 는 $\overline{\mathrm{OA}} = \overline{\mathrm{OP}}$ 인 이등변삼각형이므로
   점 O 에서 선분 AP 에 수선을 긋고 수직을 표시하자.
   점 O 에서 선분 AP 에 내린 수선의 발을 M 이라 하자.

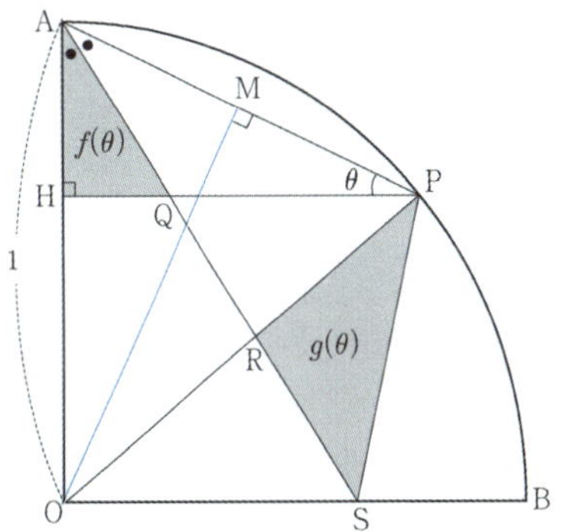

삼각형 AHP 에서 $\angle \mathrm{PAH} = \dfrac{\pi}{2} - \theta$ 이므로

$\angle \mathrm{OPA} = \angle \mathrm{OAP} = \dfrac{\pi}{2} - \theta$ 이다.

즉, $\angle \mathrm{OPH} = \dfrac{\pi}{2} - 2\theta$, $\angle \mathrm{PAQ} = \angle \mathrm{QAH} = \dfrac{\pi}{4} - \dfrac{\theta}{2}$.

이때, $\angle \mathrm{POM} = \angle \mathrm{AOM} = \theta$ 이다.

삼각형 POH 에서 $\overline{\mathrm{OH}} = \cos 2\theta$ 이므로
$\overline{\mathrm{AH}} = 1 - \cos 2\theta$ 이고,
삼각형 QAH 에서 $\overline{\mathrm{AH}} = 1 - \cos 2\theta$ 이므로
$\overline{\mathrm{HQ}} = (1-\cos 2\theta) \times \tan\left(\dfrac{\pi}{4} - \dfrac{\theta}{2}\right)$ 이다.

따라서 $f(\theta) = \dfrac{1}{2} \times (1-\cos 2\theta)^2 \times \tan\left(\dfrac{\pi}{4} - \dfrac{\theta}{2}\right)$ 이다.

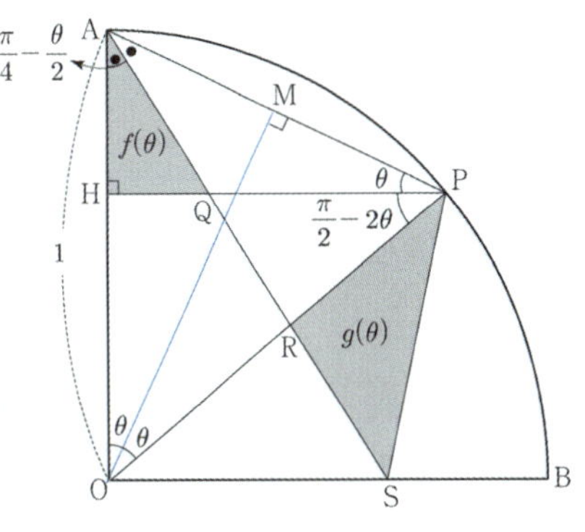

2. 삼각형 OPM 에서 $\overline{PM} = \sin\theta$ 이므로 $\overline{AP} = 2\sin\theta$ 이다. 삼각형 ARP 에서 사인법칙을 활용하자.

$$\angle ARP = \pi - \left(\frac{\pi}{4} - \frac{\theta}{2}\right) - \left(\frac{\pi}{2} - \theta\right) = \frac{\pi}{4} + \frac{3}{2}\theta \text{ 이므로}$$

$$\frac{\overline{PR}}{\sin(\angle PAR)} = \frac{\overline{AP}}{\sin(\angle ARP)},$$

$$\overline{PR} = 2\sin\theta \times \frac{\sin\left(\dfrac{\pi}{4} - \dfrac{\theta}{2}\right)}{\sin\left(\dfrac{\pi}{4} + \dfrac{3}{2}\theta\right)} \text{ 이다.}$$

점 S 에서 선분 OP 에 내린 수선의 발을 N 이라 하자.

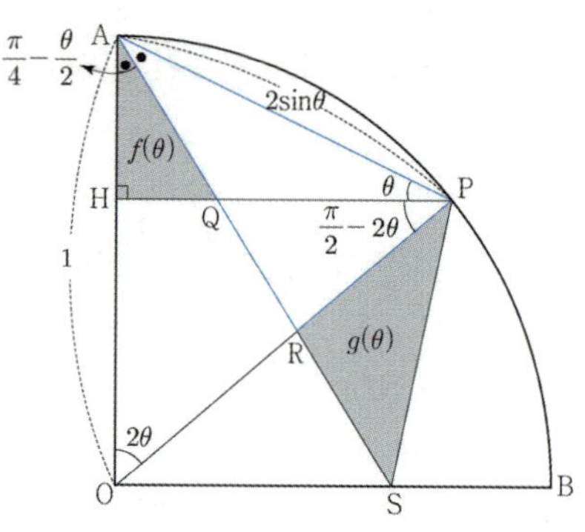

삼각형 AOS 에서 $\overline{OS} = \tan\left(\dfrac{\pi}{4} - \dfrac{\theta}{2}\right)$ 이고,

$$\angle OSN = \angle \frac{\pi}{2} - \angle NOS = \angle AOP = 2\theta \text{ 이므로}$$

$$\overline{SN} = \overline{OS} \times \cos 2\theta = \tan\left(\frac{\pi}{4} - \frac{\theta}{2}\right) \times \cos 2\theta \text{ 이다.}$$

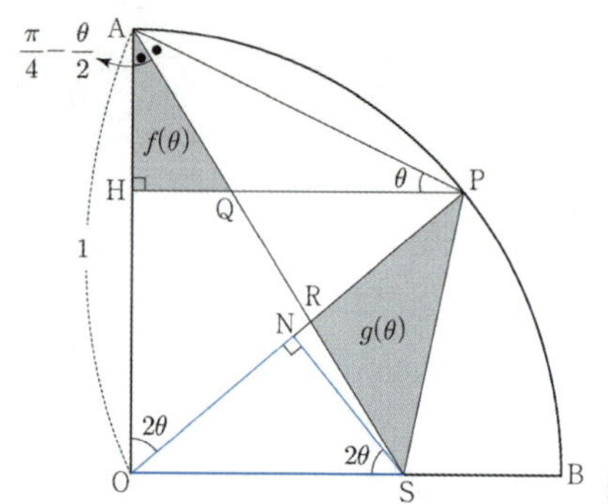

따라서

$$g(\theta) = \frac{1}{2} \times \overline{PR} \times \overline{SN}$$

$$= \sin\theta \times \frac{\sin\left(\dfrac{\pi}{4} - \dfrac{\theta}{2}\right)}{\sin\left(\dfrac{\pi}{4} + \dfrac{3}{2}\theta\right)} \times \tan\left(\frac{\pi}{4} - \frac{\theta}{2}\right) \times \cos 2\theta$$

이다.

3. $\displaystyle \lim_{\theta \to 0+} \frac{\theta^3 \times g(\theta)}{f(\theta)}$ 는 $\dfrac{0}{0}$ 꼴이므로 계산하기 전에 반드시 0의 차수를 확인하자.

분모, 분자의 차수가 4 이다. 0 이 아닌 상수로 수렴하는 부분을 분리해가며 계산식을 정리하겠다.

$$\lim_{\theta \to 0+} \frac{\theta^3 \times g(\theta)}{f(\theta)} = \lim_{\theta \to 0+} \frac{\theta^3 \times \sin\theta \times \dfrac{\sin\left(\dfrac{\pi}{4} - \dfrac{\theta}{2}\right)}{\sin\left(\dfrac{\pi}{4} + \dfrac{3}{2}\theta\right)} \times \tan\left(\dfrac{\pi}{4} - \dfrac{\theta}{2}\right) \times \cos 2\theta}{\dfrac{1}{2} \times (1 - \cos 2\theta)^2 \times \tan\left(\dfrac{\pi}{4} - \dfrac{\theta}{2}\right)}$$

$$= \lim_{\theta \to 0+} \frac{\theta^4 \times \dfrac{\dfrac{\sqrt{2}}{2}}{\dfrac{\sqrt{2}}{2}} \times 1 \times 1}{\dfrac{1}{2} \times \left\{\dfrac{1}{2} \times (2\theta)^2\right\}^2 \times 1} = \lim_{\theta \to 0+} \frac{\theta^4}{2\theta^4} = \frac{1}{2}$$

$$= \lim_{\theta \to 0+} 8 \times \frac{\theta^4}{\sin^4 2\theta} \times \frac{\sin\theta}{\theta} = \frac{8}{2^4} = \frac{1}{2} \text{ 이므로 } 100k = 100 \times \frac{1}{2} = 50 \text{이다.}$$

답은 50!!

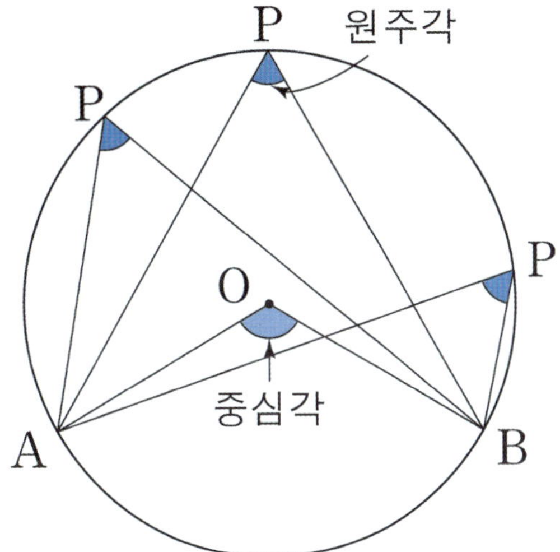

호 AB에 대한 중심각은 ∠AOB이고 호 AB에 대한 원주각은 ∠APB이다.
점 P가 원 위에 어디에 있든 **호 AB에 대한 중심각의 크기는 원주각의 크기의 2배**이다. 증명은 아래와 같다.

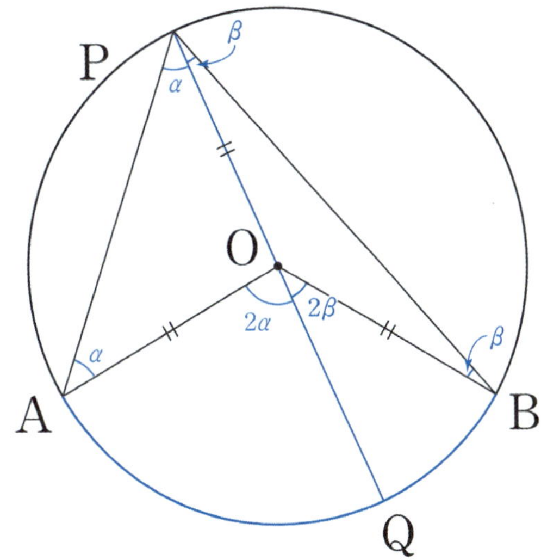

원의 반지름 길이는 모두 같으므로 △OAP, △OBP는 이등변삼각형이다. ∠OPA의 크기를 α로 두고
∠OPB의 크기를 β로 두자. 호 AB에 대한 원주각 ∠APB의 크기는 $\alpha+\beta$이다.
△OAP의 외각 ∠AOQ의 크기는 2α이고 △OBP의 외각 ∠BOQ의 크기는 2β이다.
호 AB에 대한 중심각 ∠AOB의 크기는 $2\alpha+2\beta$이므로 호 AB에 대한 원주각 ∠APB의 크기의 2배이다.

원주각이 기억 안 난다면 원의 중심과 원 위의 서로 다른 두 점을 이어 만든 이등변삼각형을 이용해도 되지만
긋는 반지름의 수가 너무 많아지면 그림을 알아보기가 힘들다. **웬만하면 원주각을 바로 알아보고 필요한 각을
구하자.**

그림과 같이 좌표평면 위에 중심이 $O(0,\ 0)$이고 점 $A(1,\ 0)$을 지나는 원 C_1 위의 제1 사분면 위의 점을 P 라 하자. 점 P 를 원점에 대하여 대칭이동시킨 점을 Q , x 축에 대하여 대칭이동시킨 점을 R 라 하자. 선분 QR 를 지름으로 하는 원 C_2 와 두 선분 PQ , AQ 와의 교점을 각각 M , N 이라 하자. $\angle POA = \theta$ 라 할 때, 두 삼각형 MQN , PNR 의 넓이를 각각 $S(\theta)$, $T(\theta)$ 라 하자.

$$\lim_{\theta \to 0+} \frac{\theta^2 \times S(\theta)}{T(\theta)}$$ 의 값은? [4점]

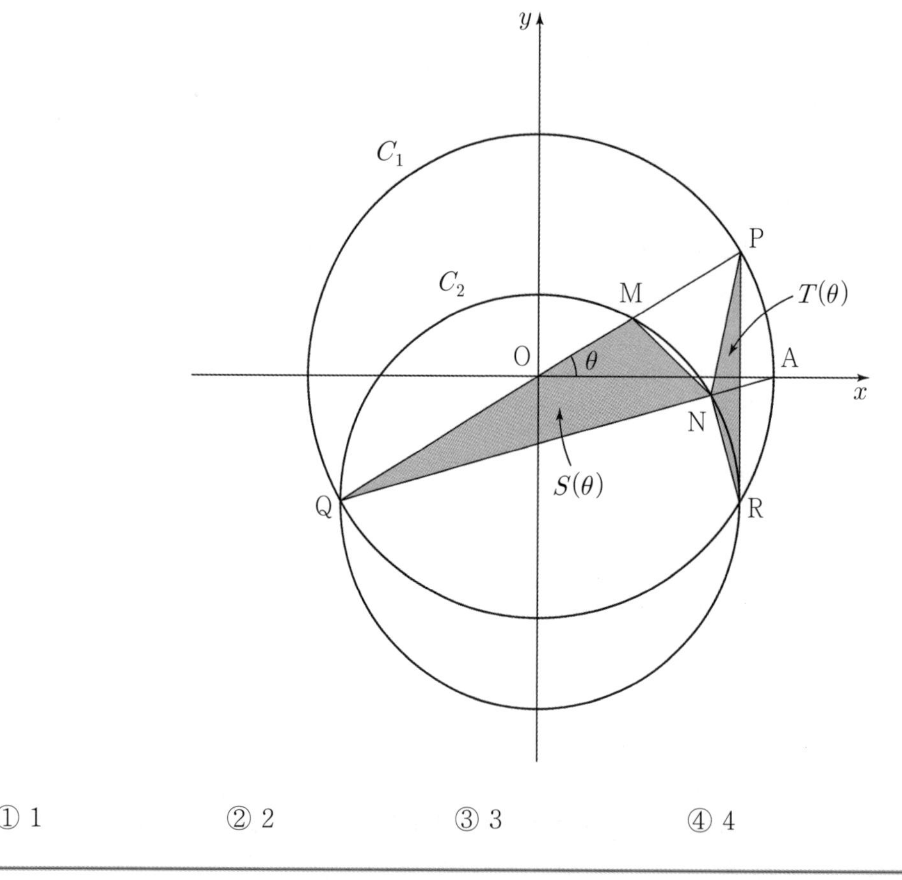

① 1 ② 2 ③ 3 ④ 4 ⑤ 5

1. 점 P 의 x축 위로의 수선의 발을 점 C라고 하자.

점 P 를 x 축에 대하여 대칭이동시킨 점이 R 이므로

$\angle\text{PCO} = \dfrac{\pi}{2}$ 이다.

$\angle\text{PCO}$에 **직각 표시**를 하자. **원 C_2의 지름 $\overline{\text{QR}}$을 그어주고 원의 중심 B를 꼭 찍어주자.**

원 C_1의 반지름을 알고 있으니 $\overline{\text{PR}} = 2\sin\theta$ 임이 바로 보인다. $T(\theta)$ 를 구하기 위해서는 밑변 $\overline{\text{PR}}$ 에 대한 높이만을 알아내면 된다.

점 P 를 x 축에 대하여 대칭이동시킨 점이 R 이므로 $\overset{\frown}{\text{PA}} = \overset{\frown}{\text{AR}}$ 이고 $\angle\text{PQA}$ 는 중심각 $\angle\text{POA}$ 의 원주각이므로 $\angle\text{PQA} = \angle\text{AQR} = \dfrac{\theta}{2}$ 이다.

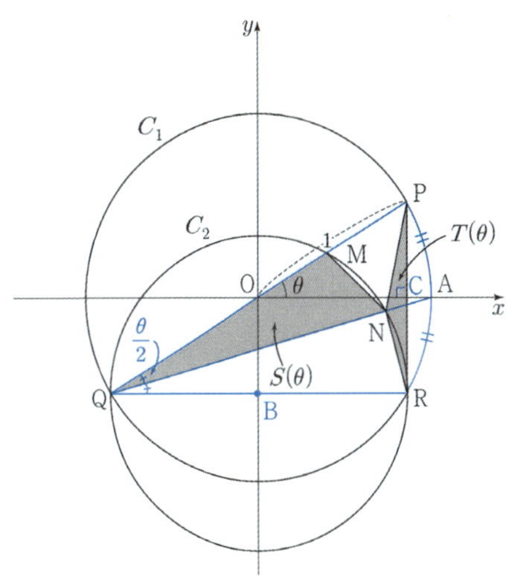

2. $\angle\text{PRQ} = \dfrac{\pi}{2}$ 이므로 $\angle\text{PRQ}$에도 **직각 표시**를 하자.

$T(\theta)$ 를 구하기 위해 **밑변 $\overline{\text{PR}}$ 에 대한 높이가 필요하므로 점 N 에서 $\overline{\text{PR}}$로 수선의 발 D 를 떨어뜨리고 직각 표시**를 한다. $S(\theta)$ 를 구하기 위해서 $\overline{\text{QN}}$ 의 **길이도 필요하므로 이등변삼각형 BQN 을 만들고 수직이등분선을 그어준다.**

원 C_2의 반지름의 길이를 구해보자.

$\overline{\text{OP}} = 1$이므로 삼각비를 이용하면 $\overline{\text{OC}} = \cos\theta$ 이다.

$\overline{\text{OC}} = \overline{\text{BR}}$이므로 원 C_2의 반지름은 $\cos\theta$ 이다.

$\overline{\text{BQ}} = \cos\theta$이므로 삼각비를 이용하면

$\overline{\text{QN}} = 2\cos\theta\cos\dfrac{\theta}{2}$ 이다.

이제 $S(\theta)$ 를 위해서 $\overline{\text{QM}}$ 의 길이만 알아내면 된다.

한편 $\overline{\text{ND}}$를 위해 **점 N 에서 $\overline{\text{QR}}$로 수선의 발 E를 떨어뜨렸다.**

$\overline{\text{BN}} = \cos\theta$이므로 삼각비를 이용하면 $\overline{\text{BE}} = \cos^2\theta$이다.

따라서 $\overline{\text{ER}}$의 길이는 $\cos\theta - \cos^2\theta$이고 $\overline{\text{ND}} = \overline{\text{ER}}$이므로

$\overline{\text{ND}} = \cos\theta - \cos^2\theta = 2\cos\theta\sin^2\dfrac{\theta}{2}$ 이다.

따라서 $T(\theta) = \dfrac{1}{2} \times 2\sin\theta \times 2\cos\theta\sin^2\dfrac{\theta}{2} = 2\sin\theta\cos\theta\sin^2\dfrac{\theta}{2}$ 이다.

※ 삼각함수 2배각 공식에서 $\cos 2x = 1 - 2\sin^2 x$이므로 $1 - \cos\theta = 2\sin^2\dfrac{\theta}{2}$이다.

3. $\overline{QM}$ 의 **길이를 구하기 위해** **이등변삼각형** BQM 을 **만들고** **수직이등분선**을 **그어준다.**

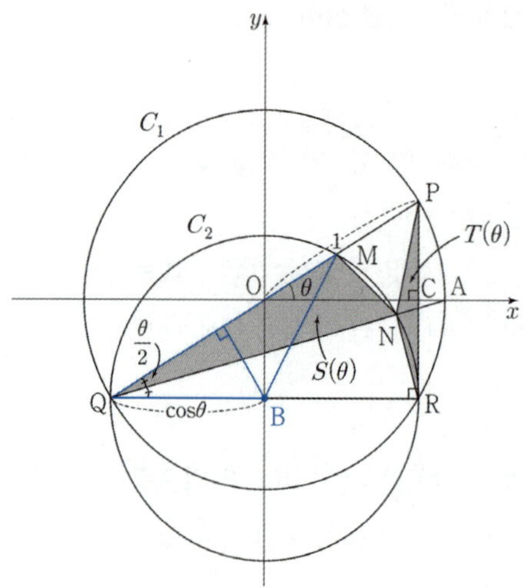

$\overline{BQ} = \cos\theta$ 이므로 삼각비를 이용하면 $\overline{QM} = 2\cos^2\theta$ 이다.

따라서 $S(\theta)$ 는 $\dfrac{1}{2} \times \overline{QM} \times \overline{QN} \times \sin\dfrac{\theta}{2}$ 이므로

$$S(\theta) = \frac{1}{2} \times 2\cos^2\theta \times 2\cos\theta\cos\frac{\theta}{2} \times \sin\frac{\theta}{2} = 2\cos^3\theta\cos\frac{\theta}{2}\sin\frac{\theta}{2} = \cos^3\theta\sin\theta \text{ 이다.}$$

※ 삼각함수 2배각 공식에서 $\sin2x = 2\cos x\sin x$ 이므로 $2\cos\dfrac{\theta}{2}\sin\dfrac{\theta}{2} = \sin\theta$ 이다.

4. $\displaystyle\lim_{\theta \to 0+} \dfrac{\theta^2 \times S(\theta)}{T(\theta)}$ 는 $\dfrac{0}{0}$ 꼴이므로 계산하기 전에 **반드시 0의 차수를 확인하자.**

분모, 분자의 0의 차수가 3이다.

0이 아닌 상수로 수렴하는 부분을 분리해가며 계산식을 정리하겠다.

$$\lim_{\theta \to 0+} \frac{\theta^2 \times S(\theta)}{T(\theta)} = \lim_{\theta \to 0+} \frac{\theta^2 \times \cos^3\theta\sin\theta}{2\sin\theta\cos\theta\sin^2\dfrac{\theta}{2}} = \lim_{\theta \to 0+}\left\{\cos^2\theta \times \frac{\theta^2\sin\theta}{2\sin\theta\sin^2\dfrac{\theta}{2}}\right\}$$

$$= 1 \times 2 = 2 \text{ 이다.}$$

답은 ②!!

※ 원주각을 이용하지 않고 $\angle PQA = \angle AQR = \dfrac{\theta}{2}$ 을 구하는 방법은 다음과 같다.

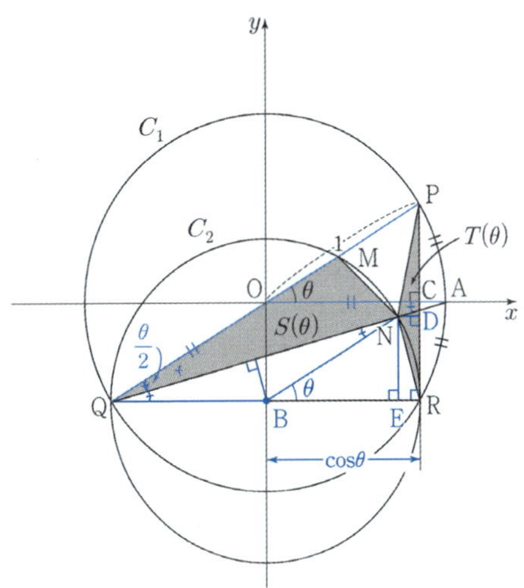

$\triangle OAQ$는 **이등변삼각형**이고 외각 $\angle POA$이 θ이므로 $\angle PQA = \dfrac{\theta}{2}$ 이다.

직선 OA와 직선 QR이 평행이므로 $\angle POA = \angle PQR = \theta$이다. 따라서 $\angle AQR = \dfrac{\theta}{2}$ 이다.

그래도 웬만하면 원주각을 바로 알아보고 필요한 각을 구하자.

comment

그림이 불가피하게 복잡해질 때는 그림을 필요한 만큼 새로 그려주자.
새로 그리지 않고 같은 그림을 계속 이용하면 실수가 자주 나온다.

$\dfrac{0}{0}$ **꼴의 극한 계산 전에 분모, 분자의 0의 차수를 꼭 확인하자.**

극한 계산을 할 때 **0이 아닌 상수로 수렴하는 부분을 먼저 분리**하여 계산하면 편하다.

그림과 같이 $\overline{AB}=\overline{AC}=4$인 이등변삼각형 ABC에 외접하는 원 O가 있다. 점 C를 지나고 원 O에 접하는 직선과 직선 AB의 교점을 D라 하자. $\angle CAB=\theta$라 할 때, 삼각형 BDC의 넓이를 $S(\theta)$라 하자. $\displaystyle\lim_{\theta\to 0+}\frac{S(\theta)}{\theta^3}$의 값을 구하시오. (단, $0<\theta<\dfrac{\pi}{3}$) [4점]

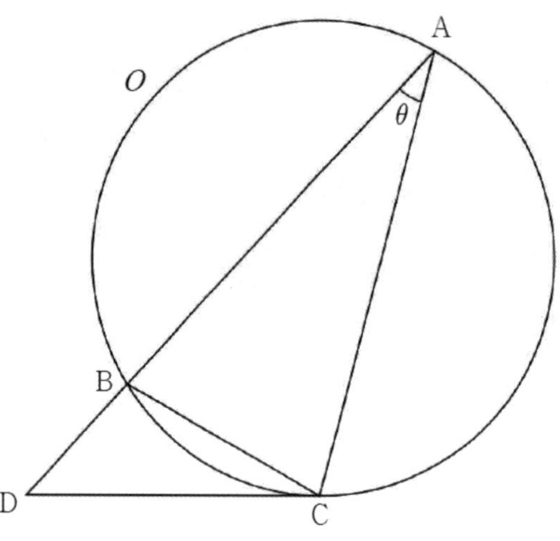

1. 원에 내접하는 삼각형이다. **원의 중심 O를 표시하자.**

$\overline{CD}$와 원이 접하므로 $\overline{OC}$를 긋고 **직각 표시를 하자.**

$\triangle ABC$가 **이등변삼각형이므로** 점 A에서 $\overline{BC}$ **위로의 수선을 긋고 그 수선의 발을 M이라 하자.**

$\triangle OBC$도 **이등변삼각형이므로** $\overline{OB}$를 **그어주자.** 이후 알아낼 수 있는 각과 길이를 표시하자.

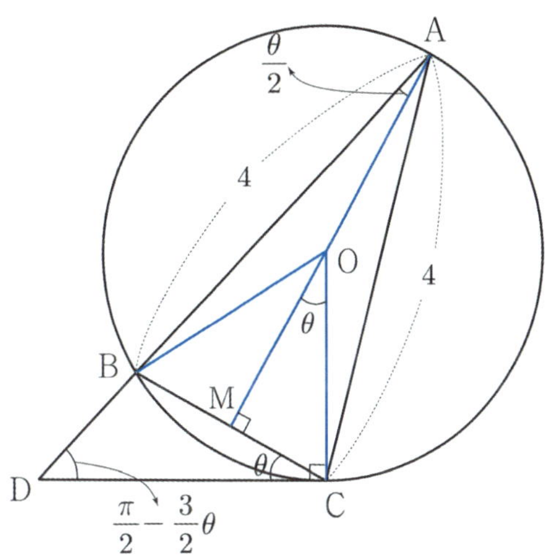

$\triangle AOB$에서 $\overline{OB} = 2\sec\dfrac{\theta}{2}$이다.

중심각의 크기는 원주각의 크기의 두 배이므로

$\angle BOM = \theta$, $\overline{BM} = 2\sec\dfrac{\theta}{2}\sin\theta$, $\overline{BC} = 4\sec\dfrac{\theta}{2}\sin\theta$이다.

$\angle BOM = \angle COM = \theta$에서 $\angle OCM = \dfrac{\pi}{2} - \theta$, $\angle BCD = \theta$이고,

$\angle CBD = \dfrac{\pi}{2} + \dfrac{\theta}{2}$이므로 $\angle BDC = \dfrac{\pi}{2} - \dfrac{3}{2}\theta$이다.

2. 사인법칙을 활용하여 $\overline{CD}$를 구하자.

$\triangle ACD$에서 $\dfrac{\overline{CD}}{\sin\theta} = \dfrac{\overline{AC}}{\sin\left(\dfrac{\pi}{2} - \dfrac{3}{2}\theta\right)} = \dfrac{4}{\cos\dfrac{3}{2}\theta}$이므로 $\overline{CD} = 4\sin\theta\sec\dfrac{3}{2}\theta$이다.

따라서 $S(\theta) = \dfrac{1}{2}\times\overline{BC}\times\overline{CD}\times\sin\theta = 8\sin^3\theta\sec\dfrac{\theta}{2}\sec\dfrac{3}{2}\theta$이다.

3. $\displaystyle\lim_{\theta\to 0+}\dfrac{S(\theta)}{\theta^3}$는 $\dfrac{0}{0}$ 꼴이므로 계산하기 전에 **반드시 0의 차수를 확인하자. 분모, 분자의 0의 차수가**

3이다. 0이 아닌 상수로 수렴하는 부분을 분리해가며 계산식을 정리하겠다.

$\displaystyle\lim_{\theta\to 0+}\dfrac{S(\theta)}{\theta^3} = \lim_{\theta\to 0+}\dfrac{8\sin^3\theta\sec\dfrac{\theta}{2}\sec\dfrac{3}{2}\theta}{\theta^3} = 8$이다.

답은 8!!

※ 다른 풀이

1. $S(\theta)$를 구하기 위해 $\triangle \mathrm{BCD}$의 넓이를 구하자.

   점 A에서 $\overline{\mathrm{BC}}$에 내린 수선의 발을 M이라 하면 $\angle \mathrm{BAM} = \dfrac{\theta}{2}$이다.

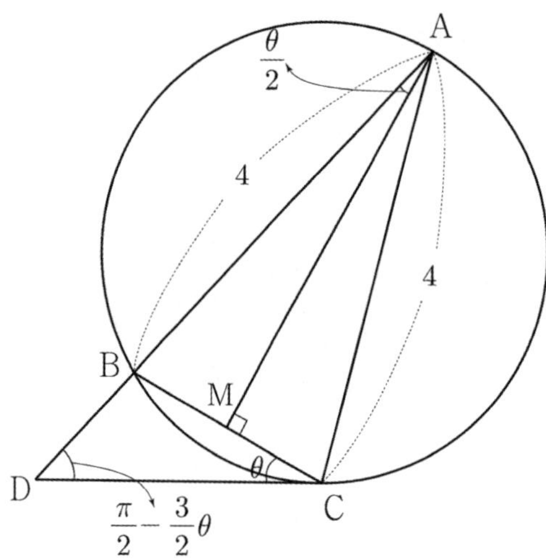

   이등변삼각형 ABC에서 $\overline{\mathrm{BM}} = 4\sin\dfrac{\theta}{2}$이므로 $\overline{\mathrm{BC}} = 8\sin\dfrac{\theta}{2}$이다.

   원에서 접선과 현이 이루는 각의 크기는 원주각의 크기와 같으므로 $\angle \mathrm{BCD} = \angle \mathrm{BAC} = \theta$이다.

   $\angle \mathrm{CBD} = \dfrac{\pi}{2} + \dfrac{\theta}{2}$이므로 $\angle \mathrm{BDC} = \dfrac{\pi}{2} - \dfrac{3}{2}\theta$이다.

2. 사인법칙을 활용하여 $\overline{\mathrm{CD}}$를 구하자.

   $\triangle \mathrm{BCD}$에서 $\dfrac{\overline{\mathrm{CD}}}{\sin\left(\dfrac{\pi}{2} + \dfrac{\theta}{2}\right)} = \dfrac{\overline{\mathrm{BC}}}{\sin\left(\dfrac{\pi}{2} - \dfrac{3}{2}\theta\right)}$에서 $\dfrac{\overline{\mathrm{CD}}}{\cos\dfrac{\theta}{2}} = \dfrac{8\sin\dfrac{\theta}{2}}{\cos\dfrac{3}{2}\theta}$,

   $\overline{\mathrm{CD}} = \dfrac{8\sin\dfrac{\theta}{2}\cos\dfrac{\theta}{2}}{\cos\dfrac{3}{2}\theta} = 4\sin\theta\sec\dfrac{3}{2}\theta$이다.

   따라서 $S(\theta) = \dfrac{1}{2} \times \overline{\mathrm{BC}} \times \overline{\mathrm{CD}} \times \sin\theta = 16\sin\dfrac{\theta}{2}\sin^2\theta\sec\dfrac{3}{2}\theta$이다.

3. $\displaystyle\lim_{\theta \to 0+} \dfrac{S(\theta)}{\theta^3}$ 는 $\dfrac{0}{0}$ 꼴이므로 계산하기 전에 **반드시 0의 차수를 확인하자.**

   분모, 분자의 0의 차수가 3이다.

   0이 아닌 상수로 수렴하는 부분을 분리해가며 계산식을 정리하겠다.

   $\displaystyle\lim_{\theta \to 0+} \dfrac{S(\theta)}{\theta^3} = \lim_{\theta \to 0+} \dfrac{16\sin\dfrac{\theta}{2}\sin^2\theta\sec\dfrac{3}{2}\theta}{\theta^3} = 8$이다.

   답은 8!!

그림과 같이 길이가 2인 선분 AB를 지름으로 하는 반원이 있다. 선분 AB의 중점을 O라 할 때, 호 AB 위에 두 점 P, Q를 $\angle POA = \theta$, $\angle QOB = 2\theta$가 되도록 잡는다. 두 선분 PB, OQ의 교점을 R라 하고, 점 R에서 선분 PQ에 내린 수선의 발을 H라 하자. 삼각형 POR의 넓이를 $f(\theta)$, 두 선분 RQ, RB와 호 QB로 둘러싸인 부분의 넓이를 $g(\theta)$라 할 때, $\lim\limits_{\theta \to 0+} \dfrac{f(\theta) + g(\theta)}{\overline{RH}} = \dfrac{q}{p}$이다. $p+q$의 값을 구하시오. (단, $0 < \theta < \dfrac{\pi}{3}$이고, p와 q는 서로소인 자연수이다.) [4점]

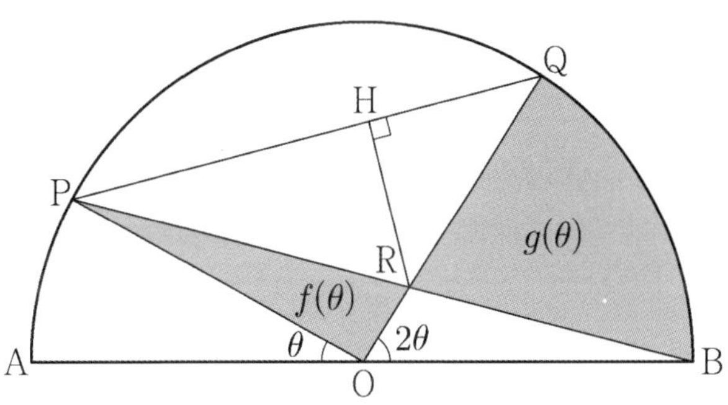

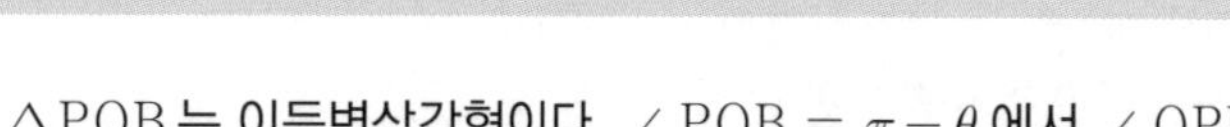

1. $\triangle \mathrm{POB}$ 는 이등변삼각형이다. $\angle \mathrm{POB} = \pi - \theta$ 에서 $\angle \mathrm{OPB} = \angle \mathrm{OBP} = \dfrac{\theta}{2}$ 이다.

   $\triangle \mathrm{POQ}$ 는 이등변삼각형이다. **원주각의 성질에 의하여** $\angle \mathrm{BPQ} = \dfrac{1}{2} \angle \mathrm{BOQ} = \theta$ **이다.**

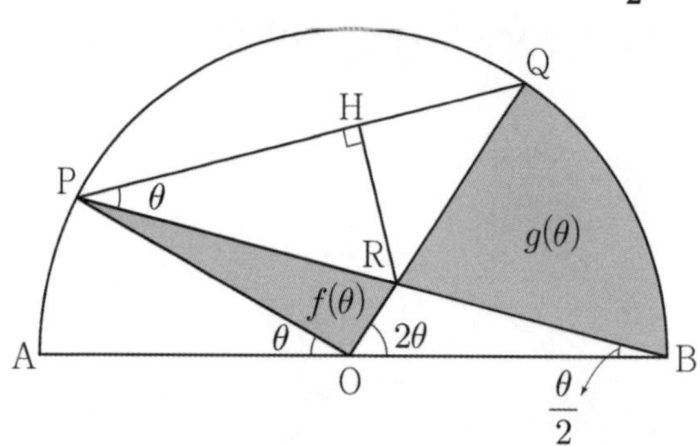

2. $\overline{\mathrm{RH}} = \overline{\mathrm{PR}}\sin\theta$ 에서 $\overline{\mathrm{PR}}$ 를 구하자. $\triangle \mathrm{POR}$ 에서 사인법칙을 활용하자.

$$\frac{\overline{\mathrm{PR}}}{\sin(\angle \mathrm{POR})} = \frac{\overline{\mathrm{PO}}}{\sin(\angle \mathrm{PRO})} = \frac{\overline{\mathrm{OR}}}{\sin(\angle \mathrm{OPR})} \text{ 에서}$$

$$\frac{\overline{\mathrm{PR}}}{\sin(\pi - 3\theta)} = \frac{1}{\sin\dfrac{5}{2}\theta} = \frac{\overline{\mathrm{OR}}}{\sin\dfrac{\theta}{2}} \text{ 이므로 } \overline{\mathrm{PR}} = \frac{\sin 3\theta}{\sin\dfrac{5}{2}\theta} , \ \overline{\mathrm{OR}} = \frac{\sin\dfrac{\theta}{2}}{\sin\dfrac{5}{2}\theta} \text{ 이다.}$$

따라서 $\overline{\mathrm{RH}} = \overline{\mathrm{PR}}\sin\theta = \dfrac{\sin 3\theta \sin\theta}{\sin\dfrac{5}{2}\theta}$ 이다.

3. $f(\theta)$ 를 구하기 위해 $\triangle \mathrm{POR}$ 의 넓이를 구하자.

$$f(\theta) = \frac{1}{2} \times \overline{\mathrm{PO}} \times \overline{\mathrm{PR}} \times \sin(\angle \mathrm{OPR}) = \frac{1}{2} \times \frac{\sin 3\theta}{\sin\dfrac{5}{2}\theta} \times \sin\dfrac{\theta}{2} \text{ 이다.}$$

4. $g(\theta)$ 를 구하기 위해 도형 QRB 를 살펴보자.

도형 QRB 의 넓이를 직접적으로 구하긴 어려워 보인다.
부채꼴 BOQ 의 넓이에서 삼각형 ORB 의 넓이를 빼서 구하자.

부채꼴 BOQ 의 넓이는 $\dfrac{1}{2} \times 1^2 \times 2\theta = \theta$ 이고,

삼각형 ORB 의 넓이는 $\dfrac{1}{2} \times \overline{\mathrm{OB}} \times \overline{\mathrm{OR}} \times \sin(\angle \mathrm{ROB})$

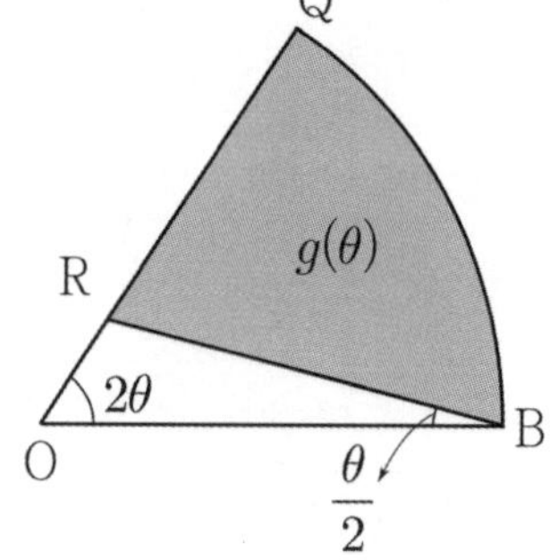

$$= \frac{1}{2} \times 1 \times \frac{\sin\dfrac{\theta}{2}}{\sin\dfrac{5}{2}\theta} \times \sin 2\theta \text{ 이므로 } g(\theta) = \theta - \frac{\sin\dfrac{\theta}{2}\sin 2\theta}{2\sin\dfrac{5}{2}\theta} \text{ 이다.}$$

5. $\displaystyle\lim_{\theta \to 0+} \dfrac{f(\theta)+g(\theta)}{\overline{\mathrm{RH}}}$ 는 $\dfrac{0}{0}$ 꼴이므로 계산하기 전에 **반드시 0의 차수를** 확인하자.

분모, 분자의 0의 차수가 1이다.

0이 아닌 상수로 수렴하는 부분을 분리해가며 계산식을 정리하겠다.

$$\lim_{\theta \to 0+} \frac{f(\theta)+g(\theta)}{\overline{\mathrm{RH}}} = \lim_{\theta \to 0+} \frac{\dfrac{\sin 3\theta \sin \dfrac{\theta}{2}}{2\sin \dfrac{5}{2}\theta} + \theta - \dfrac{\sin \dfrac{\theta}{2} \sin 2\theta}{2\sin \dfrac{5}{2}\theta}}{\dfrac{\sin 3\theta \sin \theta}{\sin \dfrac{5}{2}\theta}} = \frac{\dfrac{3 \times \dfrac{1}{2}}{2 \times \dfrac{5}{2}} + 1 - \dfrac{\dfrac{1}{2} \times 2}{2 \times \dfrac{5}{2}}}{\dfrac{3}{\dfrac{5}{2}}}$$

$$= \frac{\dfrac{3}{10} + 1 - \dfrac{1}{5}}{\dfrac{6}{5}} = \frac{3 + 10 - 2}{12} = \frac{11}{12} \ \text{이다.}$$

따라서 $p = 12$, $q = 11$ 이므로 $p + q = 23$

답은 23!!

$\triangle \mathrm{OBR}$을 $h(\theta)$로 두어 $f(\theta)+g(\theta) = \{f(\theta)+h(\theta)\} + \{g(\theta)+h(\theta)\} - 2h(\theta)$로 풀어도 좋다.

$\triangle \mathrm{OBP}$의 넓이는 $f(\theta)+h(\theta) = \dfrac{1}{2}\sin\theta$이고, 부채꼴 OBQ의 넓이는 $g(\theta)+h(\theta) = \theta$이다.

좌표평면에서 원점을 중심으로 하고 반지름의 길이가 2인 원 C와 두 점 $\mathrm{A}(2,0)$, $\mathrm{B}(0,-2)$가 있다. 원 C 위의 있고 x좌표가 음수인 점 P에 대하여 $\angle \mathrm{PAB} = \theta$라 하자. 점 $\mathrm{Q}(0, 2\cos\theta)$에서 직선 BP에 내린 수선의 발을 R라 하고, 두 점 P와 R 사이의 거리를 $f(\theta)$라 할 때,

$\displaystyle\int_{\frac{\pi}{6}}^{\frac{\pi}{3}} f(\theta)\,d\theta$ 의 값은? [4점]

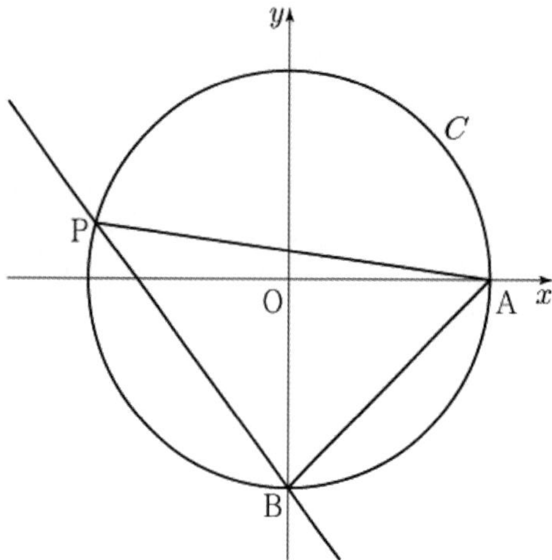

① $\dfrac{2\sqrt{3}-3}{2}$ ② $\sqrt{3}-1$ ③ $\dfrac{3\sqrt{3}-3}{2}$ ④ $\dfrac{2\sqrt{3}-1}{2}$ ⑤ $\dfrac{4\sqrt{3}-3}{2}$

1. 원 C 가 y 축과 만나는 점 중 B 가 아닌 점을 C 라 하자.

   호 BP 의 원주각 $\angle$PAB $= \theta$ 이고

   $\angle$PCB $= \theta$ 역시 호 BP 의 원주각이므로

   $\angle$PCB $= \theta$ 이다.

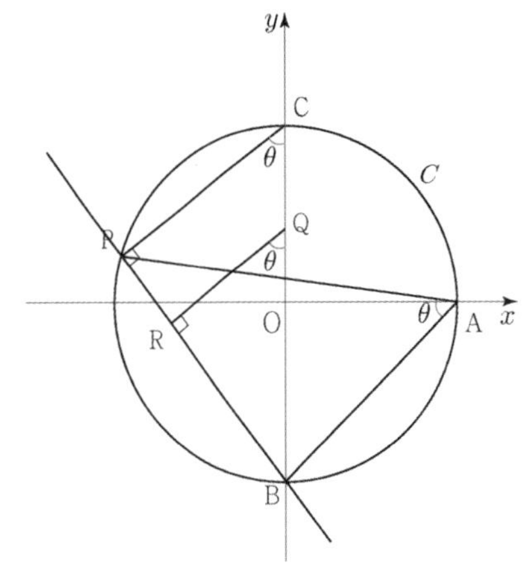

각 CPB 가 지름에 대한 원주각이므로 $\angle$CPB $= \dfrac{\pi}{2}$ 이고

점 Q 의 직선 BP 위로의 수선의 발이 R 이므로

$\angle$QRB $= \dfrac{\pi}{2}$ 이다.

따라서 $\angle$PCB $= \angle$RQB ($\because$ 동위각)이다.

$f(\theta) = \overline{PB} - \overline{RB}$ 이므로 두 선분 PB, RB 의 길이를 구하자.

2. 직각삼각형 PBC 에서 $\overline{BC} = 4$ 이므로 $\overline{PB} = 4\sin\theta$ 이고 직각삼각형 RBQ 에서 $\overline{BQ} = 2 + 2\cos\theta$

이므로 $\overline{RB} = (2 + 2\cos\theta)\sin\theta$ 이다.

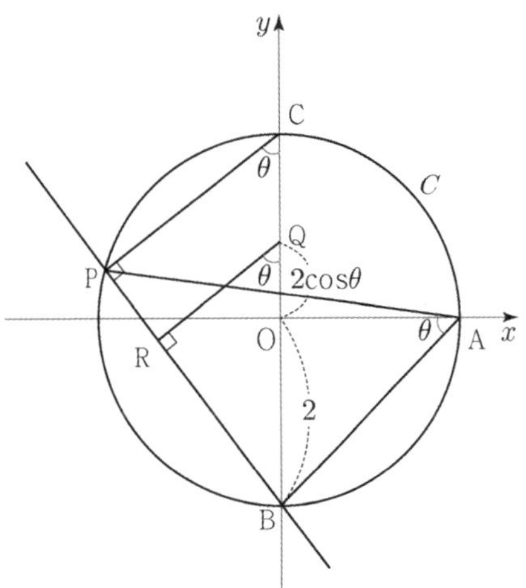

따라서 $f(\theta) = 4\sin\theta - (2 + 2\cos\theta)\sin\theta = 2\sin\theta(1 - \cos\theta)$ 이다.

3. $\displaystyle\int_{\frac{\pi}{6}}^{\frac{\pi}{3}} \{2\sin\theta(1 - \cos\theta)\}d\theta$ 를 계산하기 위하여 $\cos\theta = t$ 로 치환하면

$\cos\dfrac{\pi}{6} = \dfrac{\sqrt{3}}{2}$, $\cos\dfrac{\pi}{3} = \dfrac{1}{2}$ 이고 $\sin\theta d\theta = -dt$ 이므로

$$\int_{\frac{\pi}{6}}^{\frac{\pi}{3}} \{2\sin\theta(1 - \cos\theta)\}d\theta = \int_{\frac{\sqrt{3}}{2}}^{\frac{1}{2}} 2(1 - t)(-dt) = \int_{\frac{1}{2}}^{\frac{\sqrt{3}}{2}} (2 - 2t)dt$$

$$= \left[2t - t^2\right]_{\frac{1}{2}}^{\frac{\sqrt{3}}{2}} = \frac{2\sqrt{3} - 3}{2}$$ 이다.

답은 ①!!

사인법칙, 코사인법칙과 결합하여 종종 기출에 등장하는 도형이 있다. 바로 원에 내접하는 사각형이다. **이와 관련된 문제를 풀기 위해 원에 내접하는 사각형의 성질 하나 정도만 알면 된다.**

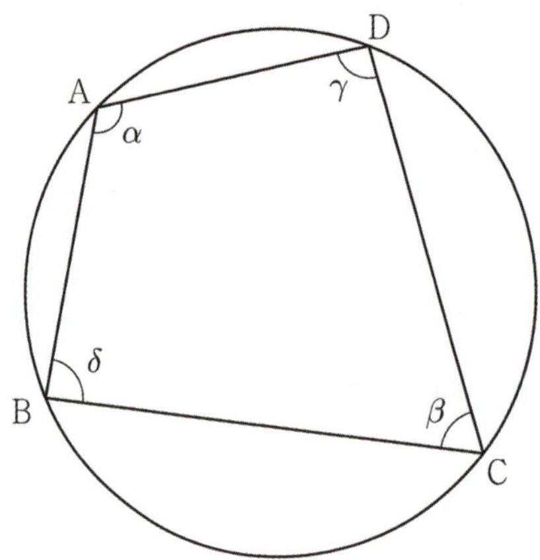

바로 원에 내접하는 사각형에서 한 쌍의 대각의 합은 $180\,^\circ$ 라는 점이다.
위 그림에서 $\alpha + \beta = 180\,^\circ$, $\gamma + \delta = 180\,^\circ$ 이다.

증명은 다음과 같다.

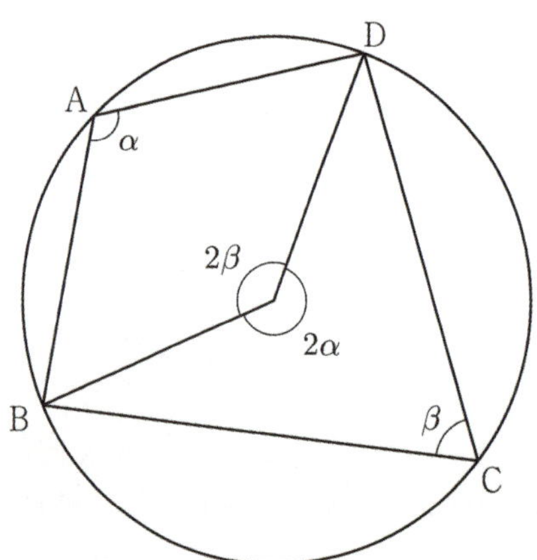

원의 중심 O를 먼저 표시하자. $\angle BAD$의 크기를 α로 두고 $\angle BCD$의 크기를 β로 두자.
$\angle BAD$는 호 BCD에 대한 원주각이므로 호 BCD의 중심각인 $\angle BOD$의 크기는 2α이다.
$\angle BCD$는 호 BAD에 대한 원주각이므로 호 BAD의 중심각인 $\angle BCD$의 크기는 2β이다.
$2\alpha + 2\beta = 360\,^\circ$ 이므로 $\alpha + \beta = 180\,^\circ$ 이다.
따라서 원에 내접하는 사각형에서 한 쌍의 대각의 합은 $180\,^\circ$ 이다.

사각형의 '외접원'이 그려져 있지 않더라도, 대각의 합이 $180\,^\circ$ 라면 외접원을 떠올릴 수 있어야 한다.

원에 내접하는 사각형 ABCD에 대하여 $\overline{AB}=1$, $\overline{BC}=3$, $\overline{CD}=4$, $\overline{DA}=6$이다. 사각형 ABCD의 넓이는? [4점]

① $5\sqrt{2}$　　　② $6\sqrt{2}$　　　③ $7\sqrt{2}$　　　④ $8\sqrt{2}$　　　⑤ $9\sqrt{2}$

1. 조건에 맞는 그림을 그려주자.

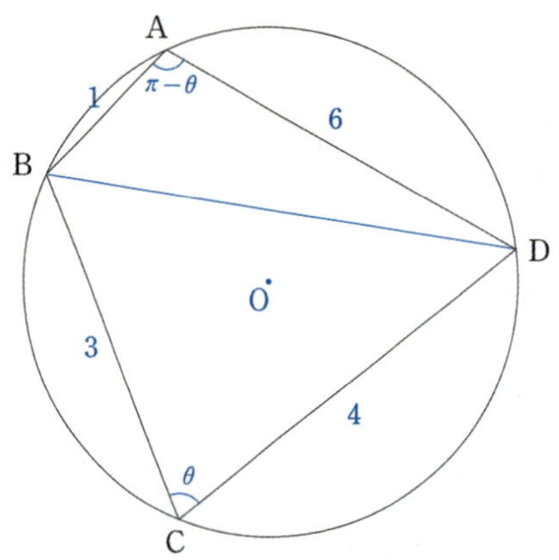

원의 중심 O를 꼭 찍어주자. 사각형 $ABCD$의 넓이를 구하기 위해서는 삼각형 BCD와 삼각형 ABD의 넓이를 각각 구한 후 합하면 된다. 이러기 위해서 **선분 BD를 그어 주자.**

$\angle BCD$의 크기를 θ로 두면 사각형 $ABCD$는 원에 내접하는 사각형이기에
$\angle BCD$의 대각인 $\angle BAD$의 크기는 $\pi - \theta$이다.

2. 선분 BD는 삼각형 BCD와 삼각형 ABD의 공통변이다.

삼각형 BCD에서 코사인법칙을 이용하면 $\overline{BD}^2 = 3^2 + 4^2 - 24\cos\theta$로 표현할 수 있다.

삼각형 ABD에서 코사인법칙을 이용하면 $\overline{BD}^2 = 1^2 + 6^2 - 12\cos(\pi - \theta)$로 표현할 수 있다.

$\overline{BD}^2 = 3^2 + 4^2 - 24\cos\theta = 1^2 + 6^2 - 12\cos(\pi - \theta)$이므로 $25 - 24\cos\theta = 37 + 12\cos\theta$이다.

이를 정리하면 $\cos\theta = -\dfrac{1}{3}$이다.

3. 삼각형 BCD의 넓이는 $\dfrac{1}{2} \times 3 \times 4 \times \sin\theta = 6 \times \dfrac{2\sqrt{2}}{3} = 4\sqrt{2}$이고,

삼각형 ABD의 넓이는 $\dfrac{1}{2} \times 1 \times 6 \times \sin(\pi - \theta) = 3 \times \dfrac{2\sqrt{2}}{3} = 2\sqrt{2}$이므로

사각형 $ABCD$의 넓이는 $4\sqrt{2} + 2\sqrt{2} = 6\sqrt{2}$이다.

답은 ②!!

원에서 제일 중요한 것은 다름 아닌 중심과 반지름이다.

원과 직선이 등장할 때는 앞서 설명했던 원의 중심, 수직이등분선, 원과 접점을 잇는 직선 등을 확실히 그어 준다면 문제를 풀어내는 데에 전혀 지장이 없을 것이다.

다만, 원과 비례와 관련된 몇몇 공식을 기억해두면 관련 문항을 풀기에 수월하기에 소개하도록 하겠다.

(1) 두 현과 교점

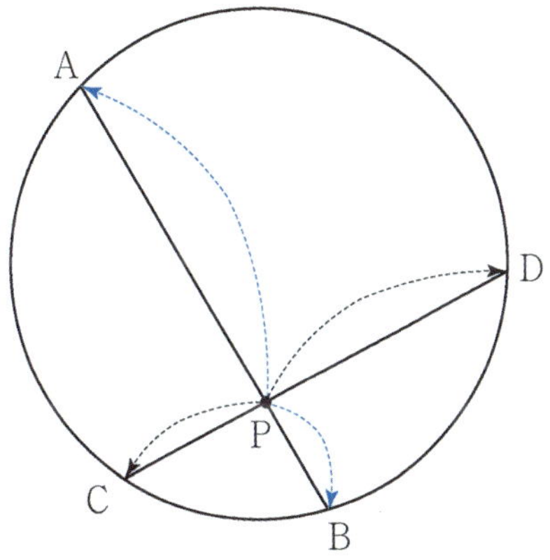

두 현 $\overline{AB}$, $\overline{CD}$의 교점을 점 P라 하자. $\overline{PA} \times \overline{PB} = \overline{PC} \times \overline{PD}$ 가 성립한다. 증명은 다음과 같다.

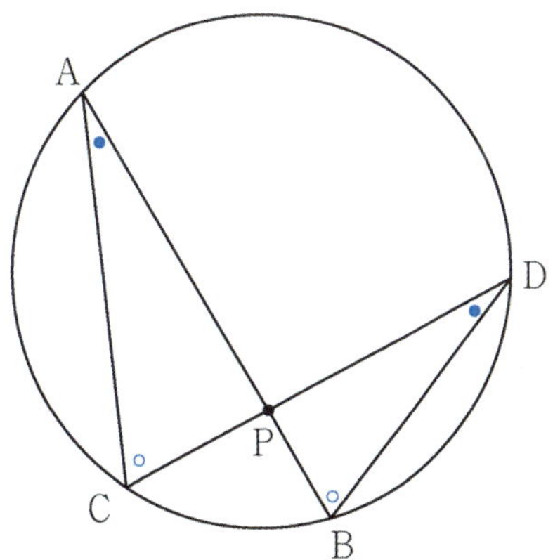

$\angle PAC = \angle PDB$ ($\because$ 호 BC의 원주각), $\angle PCA = \angle PDB$ ($\because$ 호 AD의 원주각)이므로 $\triangle PAC$, $\triangle PDB$는 AA 닮음이다. $\overline{PA} : \overline{PD} = \overline{PC} : \overline{PB}$ 이므로 $\overline{PA} \times \overline{PB} = \overline{PC} \times \overline{PD}$ 이다.

(2) 두 할선과 교점

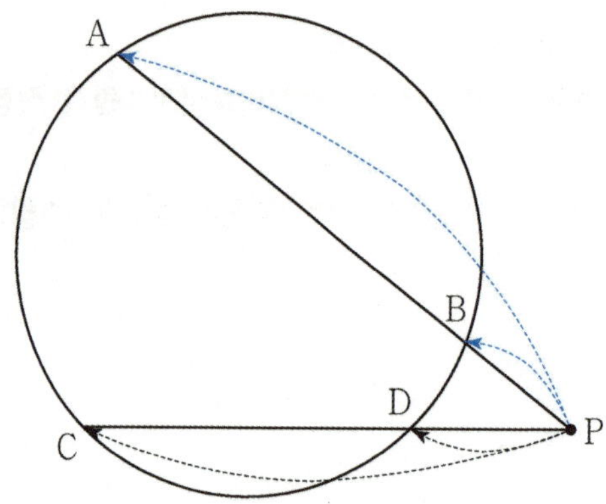

두 할선 $\overline{AB}$, $\overline{CD}$의 교점을 점 P라 하자. $\overline{PA} \times \overline{PB} = \overline{PC} \times \overline{PD}$ 가 성립한다. 증명은 다음과 같다.

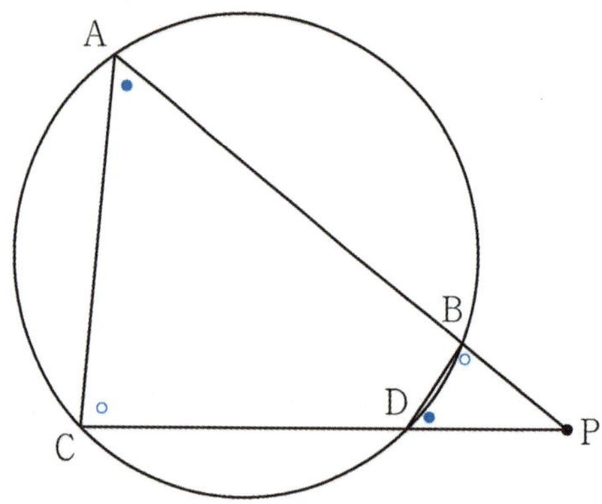

사각형 ABDC는 원에 내접하므로 $\angle CAB + \angle CDB = \pi$, $\angle ACD + \angle ABD = \pi$이다.
$\angle PAC = \angle PDB$, $\angle PAC = \angle PDB$이므로 $\triangle PAC$, $\triangle PDB$는 AA 닮음이다.
$\overline{PA} : \overline{PD} = \overline{PC} : \overline{PB}$ 이므로 $\overline{PA} \times \overline{PB} = \overline{PC} \times \overline{PD}$ 이다.

문제에서 도형적 요소를 발견하기 힘들거나 많은 생각 없이 마무리하고 싶을 때 좌표를 이용하면 좋다.

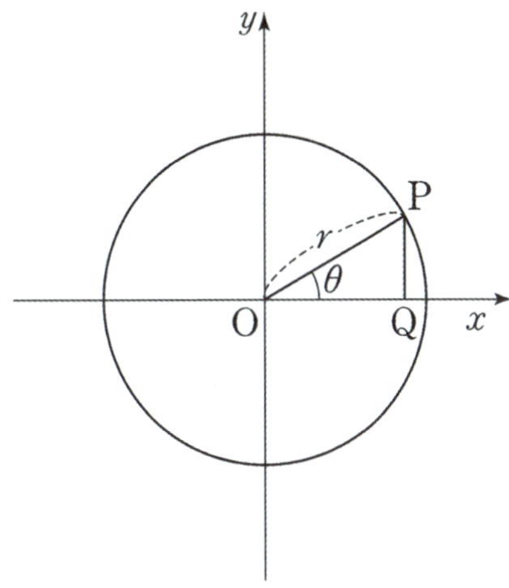

$\triangle$ OPQ에서 $\overline{\text{OP}} = r$이므로 삼각비를 이용해 점 P의 좌표를 나타낼 수 있다.

원 $x^2 + y^2 = r^2$ 위의 **점 P의 좌표는** $(r\cos\theta, r\sin\theta)$이다. θ의 값에 상관없이 항상 성립한다.

예제(23) 11학년도 6월 평가원 30번

좌표평면에서 중심이 원점 O 이고 반지름의 길이가 1인 원 위의 점 P 에서의 접선이 x축과 만나는 점을 Q , 점 A$(0, 1)$과 점 P 를 지나는 직선이 x축과 만나는 점을 R 라 하자. $\angle$QOP $= \theta$라 하고 삼각형 PQR 의 넓이를 $S(\theta)$라고 하자. $\displaystyle\lim_{\theta \to 0+} \frac{S(\theta)}{\theta^2} = \alpha$일 때, 100α의 값을 구하시오. (단, 점 P 는 제1사분면 위의 점이다.) [4점]

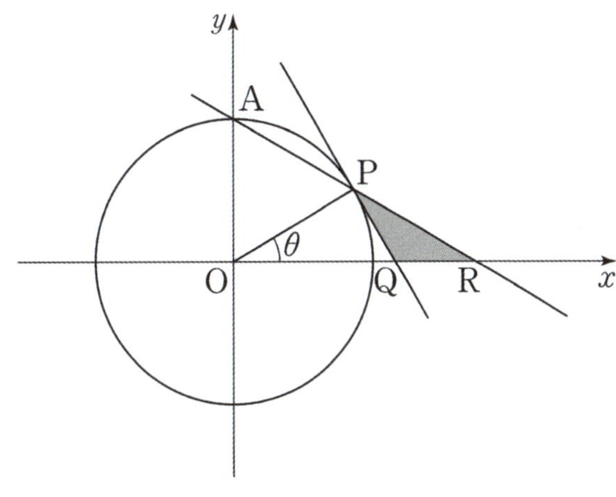

1. 직선 PQ는 **원의 접선**이므로 $\angle \mathrm{OPQ} = \dfrac{\pi}{2}$ 이다. 다른 걸 다 제쳐두고 **직각 표시**부터 하자.

평가원에서 친절히 원을 좌표축 위에 올려놓았으므로 점 P의 좌표도 잡아주자.

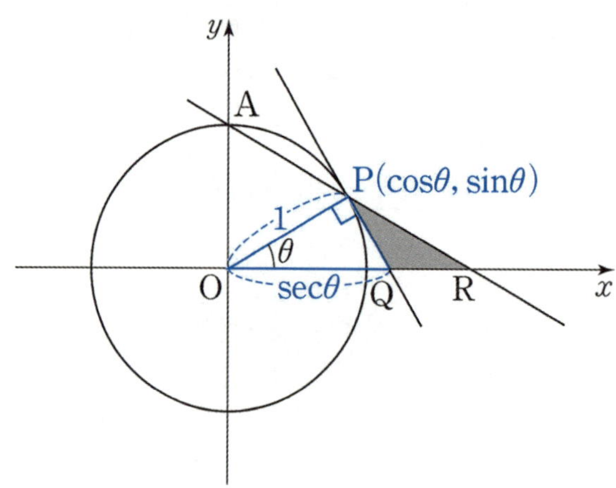

점 P의 좌표는 $(\cos\theta, \sin\theta)$이다. $\triangle\mathrm{OPQ}$는 직각삼각형이고 $\overline{\mathrm{OP}} = 1$이므로 삼각비를 이용하여 $\overline{\mathrm{OQ}} = \sec\theta$인 것을 쉽게 찾아낼 수 있다. 점 Q의 좌표는 $(\sec\theta, 0)$이다.

삼각형 PQR의 넓이 $S(\theta)$를 구하기 위해서는 **밑변을 $\overline{\mathrm{QR}}$로 둘 때 높이가** $\sin\theta$이므로 $\overline{\mathrm{QR}}$의 길이만 구하면 된다. 점 Q의 좌표는 이미 아니까 점 R의 좌표만 구하면 된다.

직선 AP의 방정식은 $y = \dfrac{\sin\theta - 1}{\cos\theta}x + 1$ 이므로 x 절편은 $x = \dfrac{\cos\theta}{1 - \sin\theta} = \dfrac{1 + \sin\theta}{\cos\theta}$ 이다. 따라서 점 R의 좌표는 $\left(\dfrac{1 + \sin\theta}{\cos\theta}, 0\right)$ 이다.

2. $S(\theta) = \dfrac{1}{2}\left(\dfrac{1 + \sin\theta}{\cos\theta} - \dfrac{1}{\cos\theta}\right)\sin\theta = \dfrac{1}{2}\tan\theta\sin\theta$ 이다.

$\displaystyle\lim_{\theta \to 0+}\dfrac{S(\theta)}{\theta^2}$ 는 $\dfrac{0}{0}$꼴이므로 계산하기 전에 **반드시 0의 차수를 확인**하자.

분모, 분자의 0의 차수가 2이다.
0이 아닌 상수로 수렴하는 부분을 분리해가며 계산식을 정리하겠다.

$\displaystyle\lim_{\theta \to 0+}\dfrac{S(\theta)}{\theta^2} = \lim_{\theta \to 0+}\dfrac{\tan\theta\sin\theta}{2\theta^2} = \lim_{\theta \to 0+}\dfrac{1}{2} \cdot \dfrac{\tan\theta}{\theta} \cdot \dfrac{\sin\theta}{\theta} = \dfrac{1}{2}$ 이므로 $100\alpha = 50$이다.

답은 50!!

---

comment

원 위의 점의 좌표를 $(r\cos\theta, r\sin\theta)$로 잡아 쉽게 풀자.

$\dfrac{0}{0}$**꼴의 극한 계산 전에 분모, 분자의 0의 차수를 꼭 확인**하자.

극한 계산을 할 때 0이 아닌 상수로 수렴하는 부분을 먼저 분리하여 계산하면 편하다.

Chapter
02
수열의 극한, 급수 – 대수

수열의 극한

1. 수열의 극한의 기본 성질

두 수열 $\{a_n\}$, $\{b_n\}$이 수렴하고 $\lim\limits_{n \to \infty} a_n = \alpha$, $\lim\limits_{n \to \infty} b_n = \beta$ (α, β는 상수)일 때,

(1) $\lim\limits_{n \to \infty} ca_n = c \times \lim\limits_{n \to \infty} a_n = c\alpha$ (단, c는 상수)

(2) $\lim\limits_{n \to \infty} (a_n \pm b_n) = \lim\limits_{n \to \infty} a_n \pm \lim\limits_{n \to \infty} b_n = \alpha \pm \beta$

(3) $\lim\limits_{n \to \infty} (a_n \times b_n) = \lim\limits_{n \to \infty} a_n \times \lim\limits_{n \to \infty} b_n = \alpha\beta$

(4) $\lim\limits_{n \to \infty} \dfrac{a_n}{b_n} = \dfrac{\lim\limits_{n \to \infty} a_n}{\lim\limits_{n \to \infty} b_n} = \dfrac{\alpha}{\beta}$ (단, $b_n \neq 0$, $\beta \neq 0$)

수열의 극한의 기본 성질은 **두 수열이 모두 수렴할 때만** 성립한다. 만약 수렴하지 않는다면 그 성질을 쓸 수 없다.
$a_n = \dfrac{1}{n^2}$, $b_n = n^2$을 예로 들어보자.

$\lim\limits_{n \to \infty} a_n = 0$, $\lim\limits_{n \to \infty} b_n = \infty$ 이므로 $\lim\limits_{n \to \infty} a_n \times \lim\limits_{n \to \infty} b_n = 0 \times \infty$ 이지만 $\lim\limits_{n \to \infty} (a_n \times b_n) = \lim\limits_{n \to \infty} \left(\dfrac{1}{n^2} \times n^2 \right) = 1$ 이다.

$c_n = \dfrac{1}{n^2}$, $d_n = n$을 예로 들어보자.

$\lim\limits_{n \to \infty} c_n = 0$, $\lim\limits_{n \to \infty} d_n = \infty$ 이므로 $\lim\limits_{n \to \infty} c_n \times \lim\limits_{n \to \infty} d_n = 0 \times \infty$ 이지만 $\lim\limits_{n \to \infty} (c_n \times d_n) = \lim\limits_{n \to \infty} \left(\dfrac{1}{n^2} \times n \right) = 0$ 이다.

$e_n = \dfrac{1}{n}$, $f_n = n^2$을 예로 들어보자.

$\lim\limits_{n \to \infty} e_n = 0$, $\lim\limits_{n \to \infty} f_n = \infty$ 이므로 $\lim\limits_{n \to \infty} e_n \times \lim\limits_{n \to \infty} f_n = 0 \times \infty$ 이지만 $\lim\limits_{n \to \infty} (c_n \times f_n) = \lim\limits_{n \to \infty} \left(\dfrac{1}{n} \times n^2 \right) = \infty$ 이다.

위의 예시들로 알 수 있듯이 **두 수열 중 하나라도 수렴하지 않는다면** 수열의 극한의 기본 성질을 이용할 수 없다. 또한, $\lim\limits_{n \to \infty} (a_n \pm b_n)$ 또는 $\lim\limits_{n \to \infty} (a_n \times b_n)$ 또는 $\lim\limits_{n \to \infty} \dfrac{a_n}{b_n}$ 이 수렴한다고 해서 두 수열 $\{a_n\}$, $\{b_n\}$이 모두 수렴하는 것은 아님을 알 수 있다. 즉, **수열의 극한의 기본 성질의 역은 성립하지 않는다.**

수열의 극한의 기본 성질 관련 문제를 풀 때 조건에 맞는 수열을 찍어 푸는 경우가 종종 있다. 쉬운 2점, 3점 문제에서는 조건에 맞는 적절한 수열을 대입하여 답을 낼 수 있으나 **난이도 있는 4점 문제에서는 조건에 맞는 적절한 수열을 찾아내기 힘든 경우가 많다.** 따라서 정석대로 '수렴하는 수열끼리만 수열의 극한의 기본 성질을 이용할 수 있음'을 인지하며 푸는 것이 제일 안전하다. 문제를 통해 보도록 하자.

예제(1) 자작문제

두 수열 $\{a_n\}$, $\{b_n\}$에 대하여 $\displaystyle\lim_{n \to \infty} a_n = \infty$, $\displaystyle\lim_{n \to \infty} (a_n - 2b_n) = 2$일 때, $\displaystyle\lim_{n \to \infty} \frac{3a_n + 2b_n}{a_n + 4b_n}$의 값은?
(단, 모든 자연수 n에 대하여 $a_n > 0$, $b_n > 0$이다.) [4점]

---

1. 수렴하는 수열끼리만 수열의 극한의 기본 성질을 이용할 수 있는데 $\displaystyle\lim_{n \to \infty} a_n = \infty$ 이 나와 좌절했을 것이다. 하지만 걱정하지 말자. $\displaystyle\lim_{n \to \infty} a_n = \infty$ 이므로 $\displaystyle\lim_{n \to \infty} \frac{1}{a_n} = 0$ 이다. 이를 이용하면 된다.

2. $\displaystyle\lim_{n \to \infty} (a_n - 2b_n) = 2$, $\displaystyle\lim_{n \to \infty} \frac{1}{a_n} = 0$로 수렴하므로 **수열의 극한의 기본 성질을 이용할 수 있다.**

$$\lim_{n \to \infty} \left\{ (a_n - 2b_n) \times \frac{1}{a_n} \right\} = \lim_{n \to \infty} (a_n - 2b_n) \times \lim_{n \to \infty} \frac{1}{a_n} = 0 \text{로부터 } \lim_{n \to \infty} \left(1 - \frac{2b_n}{a_n} \right) = 0 \text{을 구할 수 있다.}$$

따라서 $\displaystyle\lim_{n \to \infty} \frac{b_n}{a_n} = \frac{1}{2}$ 이다.

3. $\displaystyle\lim_{n \to \infty} \frac{b_n}{a_n} = \frac{1}{2}$ 을 이용하기 위해 $\displaystyle\lim_{n \to \infty} \frac{3a_n + 2b_n}{a_n + 4b_n}$ 의 분모, 분자를 a_n으로 나누어 주자.

$$\lim_{n \to \infty} \frac{3a_n + 2b_n}{a_n + 4b_n} = \lim_{n \to \infty} \frac{3 + \dfrac{2b_n}{a_n}}{1 + \dfrac{4b_n}{a_n}} = \frac{3 + 2 \times \dfrac{1}{2}}{1 + 4 \times \dfrac{1}{2}} = \frac{4}{3} \text{ 이다.}$$

답은 $\dfrac{4}{3}$!!

---

comment

$\displaystyle\lim_{n \to \infty} a_n = \infty$, $\displaystyle\lim_{n \to \infty} (a_n - 2b_n) = 2$를 만족하는 적절한 두 수열 $\{a_n\}$, $\{b_n\}$을 찾아 대입하여 푸는 방법도 있다. 예를 들어 문제의 조건을 만족하는 수열로 $a_n = n + 2$, $b_n = \dfrac{n}{2}$ 이 있다. 하지만 이를 발견하긴 쉽진 않을 것이다. **따라서 '수렴하는 수열끼리만 수열의 극한의 기본 성질을 이용할 수 있음'을 인지하며 풀도록 하자.**

수열 $\{a_n\}$ 과 $\{b_n\}$ 이

$$\lim_{n \to \infty} (n+1)a_n = 2, \quad \lim_{n \to \infty} (n^2+1)b_n = 7$$

을 만족시킬 때, $\displaystyle\lim_{n \to \infty} \frac{(10n+1)b_n}{a_n}$ 의 값을 구하시오. (단, $a_n \neq 0$) [3점]

1. $\displaystyle\lim_{n \to \infty} (n+1)a_n = 2$, $\displaystyle\lim_{n \to \infty} (n^2+1)b_n = 7$으로 **수렴하므로**

   수열의 극한의 기본 성질을 이용 할 수 있다.

   이를 활용하기 위해서는 $\dfrac{(10n+1)b_n}{a_n} = \dfrac{(n^2+1)b_n}{(n+1)a_n} \times \dfrac{(n+1)(10n+1)}{(n^2+1)}$ 로 바꿔주자.

2. $\displaystyle\lim_{n \to \infty} \frac{(10n+1)b_n}{a_n} = \lim_{n \to \infty} \left\{ \frac{(n^2+1)b_n}{(n+1)a_n} \times \frac{(n+1)(10n+1)}{(n^2+1)} \right\} = \frac{7}{2} \times 10 = 35$ 이다.

   답은 35!!

comment

$\displaystyle\lim_{n \to \infty} (n+1)a_n = 2$, $\displaystyle\lim_{n \to \infty} (n^2+1)b_n = 7$를 만족하는 적절한 두 수열 $\{a_n\}$, $\{b_n\}$을 찾아 대입하여 푸는 방법도 있다.

예를 들어 문제의 조건을 만족하는 수열로 $a_n = \dfrac{2}{n}$, $b_n = \dfrac{7}{n^2}$ 이 있다.

하지만 이를 발견하긴 쉽진 않을 것이다. **따라서 '수렴하는 수열끼리만 수열의 극한의 기본 성질을 이용 할 수 있음'을 인지하며 풀도록 하자.**

닫힌 구간 $[-2,\,5]$ 에서 정의된 함수 $y=f(x)$ 의 그래프가 그림과 같다.

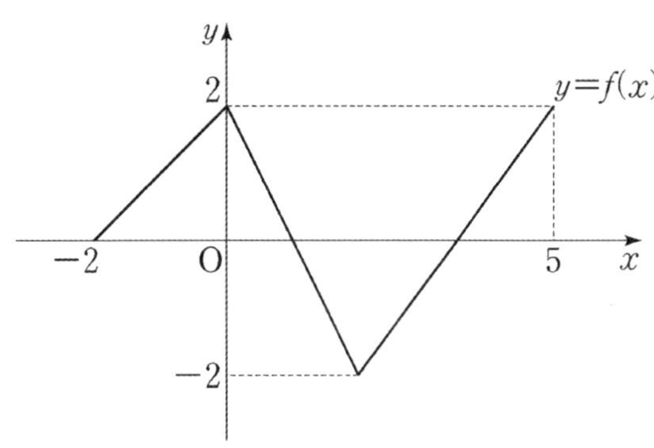

$$\lim_{n \to \infty} \frac{|\,nf(a)-1\,|-nf(a)}{2n+3}=1$$ 을 만족시키는 상수 a 의 개수는? [4점]

① 1   ② 2   ③ 3   ④ 4   ⑤ 5

---

1. $|\,nf(a)-1\,|$ 의 절댓값을 풀어서 $\displaystyle\lim_{n \to \infty} \frac{|\,nf(a)-1\,|-nf(a)}{2n+3}=1$ 이 되게 하는 $f(a)$ 의 범위를 구해보자.

$nf(a) \ge 1$ 이면 $\displaystyle\lim_{n \to \infty} \frac{|\,nf(a)-1\,|-nf(a)}{2n+3}=\lim_{n \to \infty}\frac{-1}{2n+3}=0$ 이다.

$nf(a) < 1$ 이면 $\displaystyle\lim_{n \to \infty} \frac{|\,nf(a)-1\,|-nf(a)}{2n+3}=\lim_{n \to \infty}\frac{1-2nf(a)}{2n+3}=-f(a)$ 이다.

따라서 $-f(a)=1$ 이고 $f(a)=-1$ 이다.

2. 함수 $y=f(x)$ 의 그래프와 직선 $y=-1$ 의 그래프의 교점의 개수를 구하자.

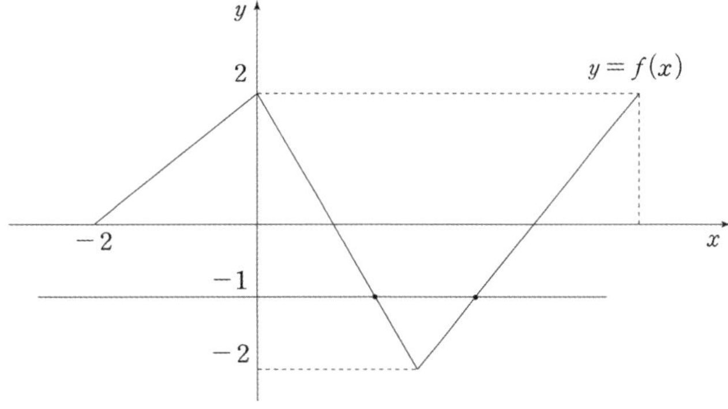

교점의 개수가 2이므로 상수 a 의 개수는 2이다.

답은 ②!!

함수 $f(x) = \begin{cases} x+2 & (x \le 0) \\ -\dfrac{1}{2}x & (x > 0) \end{cases}$ 의 그래프가 그림과 같다.

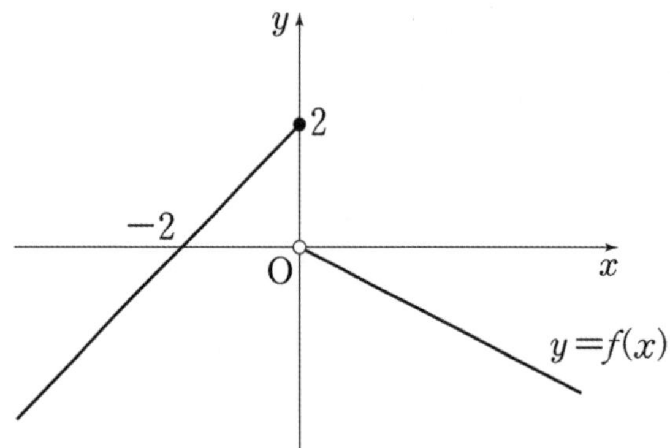

수열 $\{a_n\}$ 은 $a_1 = 1$ 이고

$$a_{n+1} = f\big(f(a_n)\big) \ (n \ge 1)$$

을 만족시킬 때, $\displaystyle\lim_{n \to \infty} a_n$ 의 값은? [4점]

① $\dfrac{1}{3}$ ② $\dfrac{2}{3}$ ③ 1 ④ $\dfrac{4}{3}$ ⑤ $\dfrac{5}{3}$

---

1. $a_1 > 0$ 이므로 $f(a_1) = -\dfrac{1}{2}a_1 < 0$, $a_2 = f(f(a_1)) = -\dfrac{1}{2}a_1 + 2 > 0$ 이다.

n 에 자연수를 대입하다 보면 귀납적으로 $a_n > 0$ 임을 알 수 있다. 따라서 $a_{n+1} = -\dfrac{1}{2}a_n + 2$ 이다.

2. 우리는 $\displaystyle\lim_{n \to \infty} a_n$ 이 수렴할 것임을 알고 있다. **$\displaystyle\lim_{n \to \infty} a_n$ 이 수렴할 때, $\displaystyle\lim_{n \to \infty} a_n = \lim_{n \to \infty} a_{n+1}$ 이다.**

$\displaystyle\lim_{n \to \infty} a_n = k$ 라 하고 $a_{n+1} = -\dfrac{1}{2}a_n + 2$ 의 양변에 $\lim$ 을 취하면 $\displaystyle\lim_{n \to \infty} a_{n+1} = \lim_{n \to \infty}\left(-\dfrac{1}{2}a_n + 2\right)$ 이다.

$k = -\dfrac{1}{2}k + 2$ 이므로 $k = \dfrac{4}{3}$ 이다. 따라서 $\displaystyle\lim_{n \to \infty} a_n = \dfrac{4}{3}$ 이다.

답은 ④!!

두 수열 $\{a_n\}$, $\{b_n\}$이 수렴하고 $\displaystyle\lim_{n\to\infty} a_n = \alpha$, $\displaystyle\lim_{n\to\infty} b_n = \beta$ (α, β는 상수)일 때,

(1) 모든 자연수 n에 대하여 $a_n \leq b_n$이면 $\alpha \leq \beta$이다.

> ※ **모든 자연수 n에 대하여 $a_n < b_n$이지만 $\displaystyle\lim_{n\to\infty} a_n = \lim_{n\to\infty} b_n$인 경우도 있다.**
>
> 예를 들어 $a_n = 1 - \dfrac{1}{n}$, $b_n = 1 + \dfrac{1}{n}$이면 모든 자연수 n에 대하여 $a_n < b_n$이지만
>
> $\displaystyle\lim_{n\to\infty} a_n = \lim_{n\to\infty} b_n = 1$이다.

(2) 수열 $\{c_n\}$이 모든 자연수 n에 대하여 $a_n \leq c_n \leq b_n$을 만족시키고 $\alpha = \beta$이면 $\displaystyle\lim_{n\to\infty} c_n = \alpha$이다.

> ※ **수열 $\{c_n\}$이 모든 자연수 n에 대하여 $a_n < c_n < b_n$을 만족시키고**
>
> **$\alpha = \beta$일 때에도 $\displaystyle\lim_{n\to\infty} c_n = \alpha$이다.**

수열 $\{a_n\}$에 대하여 곡선 $y = x^2 - (n+1)x + a_n$은 x축과 만나고, 곡선 $y = x^2 - nx + a_n$은 x축과 만나지 않는다. $\displaystyle\lim_{n\to\infty}\frac{a_n}{n^2}$의 값은? [3점]

① $\dfrac{1}{20}$　　　② $\dfrac{1}{10}$　　　③ $\dfrac{3}{20}$　　　④ $\dfrac{1}{5}$　　　⑤ $\dfrac{1}{4}$

1. 이차방정식 $x^2 - (n+1)x + a_n = 0$의 판별식을 D_1이라 하자.

$y = x^2 - (n+1)x + a_n$은 x축과 만나기 위해서는 $D_1 = (n+1)^2 - 4a_n \geq 0$을 만족해야 한다.

정리하면 $a_n \leq \dfrac{(n+1)^2}{4}$이다.

이차방정식 $x^2 - nx + a_n = 0$의 판별식을 D_2라 하자.

$y = x^2 - nx + a_n$은 x축과 만나지 않으려면 $D_2 = n^2 - 4a_n < 0$을 만족해야 한다.

정리하면 $a_n > \dfrac{n^2}{4}$이다.

즉, $\dfrac{n^2}{4} < a_n \leq \dfrac{(n+1)^2}{4}$일 때 문제의 조건을 모두 만족한다.

2. $n^2 > 0$이므로 $\dfrac{n^2}{4n^2} < \dfrac{a_n}{n^2} \leq \dfrac{(n+1)^2}{4n^2}$이다.

$\displaystyle\lim_{n\to\infty}\frac{n^2}{4n^2} = \lim_{n\to\infty}\frac{(n+1)^2}{4n^2} = \frac{1}{4}$이므로 $\displaystyle\lim_{n\to\infty}\frac{a_n}{n^2} = \frac{1}{4}$이다.

답은 ⑤!!

자연수 n에 대하여 직선 $y = n$과 함수 $y = \tan x$의 그래프가 제1사분면에서 만나는 점의 x좌표를 작은 수부터 크기순으로 나열할 때, n번째 수를 a_n이라 하자. $\displaystyle\lim_{n \to \infty} \frac{a_n}{n}$의 값은? [4점]

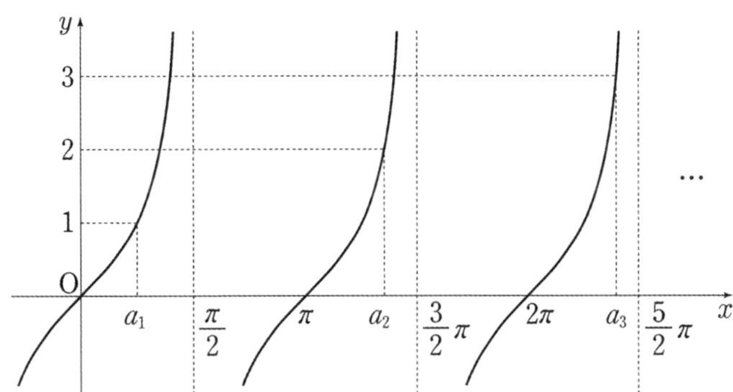

① $\dfrac{\pi}{4}$　　　② $\dfrac{\pi}{2}$　　　③ $\dfrac{3}{4}\pi$　　　④ π　　　⑤ $\dfrac{5}{4}\pi$

---

1. $\tan a_n = n$에서

$$0 < a_1 < \frac{\pi}{2}, \ \pi < a_2 < \frac{3}{2}\pi, \ 2\pi < a_3 < \frac{5}{2}\pi \ \cdots \ (n-1)\pi < a_n < (n-1)\pi + \frac{\pi}{2} \text{이다.}$$

따라서 $\dfrac{(n-1)}{n}\pi < \dfrac{a_n}{n} < \dfrac{(n-1)}{n}\pi + \dfrac{\pi}{2n}$이다.

2. $\displaystyle\lim_{n \to \infty} \frac{(n-1)}{n}\pi = \lim_{n \to \infty} \left\{ \frac{(n-1)}{n}\pi + \frac{\pi}{2n} \right\} = \pi$이므로 $\displaystyle\lim_{n \to \infty} \frac{a_n}{n} = \pi$이다.

답은 ④!!

등비수열 $\{r^n\}$의 수렴과 발산은 공비 r의 값의 범위에 따라 다음과 같다.

(1) $r > 1$일 때, $\lim\limits_{n \to \infty} r^n = \infty$으로 발산한다.

(2) $r = 1$일 때, $\lim\limits_{n \to \infty} r^n = 1$으로 수렴한다.

(3) $-1 < r < 1$일 때, $\lim\limits_{n \to \infty} r^n = 0$으로 수렴한다.

(4) $r \leq -1$일 때, 수열 $\{r^n\}$은 진동한다.

정리를 하면 수열 $\{r^n\}$이 수렴하기 위한 필요충분조건은 $-1 < r \leq 1$이다.
이에 더해 수열 $\{ar^n\}$이 수렴하기 위한 필요충분조건은 $a = 0$ 또는 $-1 < r \leq 1$임도 알 수 있다.

$r = -1$이면, 수열 $\{r^n\}$은 $-1, 1, -1, 1, \cdots$이므로 진동한다. $r < -1$이면 $|r| > 1$이므로 $\lim\limits_{n \to \infty} |r^n| = \infty$이고, n이 커질 때 r^n의 부호가 교대로 바뀌므로 수열 $\{r^n\}$은 진동한다.

이를 바탕으로 등비수열의 극한 관련 문제를 위한 tip을 주자면 다음과 같다.
함수 $f(x)$가 x^n이 포함된 극한으로 정의된 경우 x의 값의 범위를
$x > 1,\ x = 1,\ -1 < x < 1,\ x < -1$로 나누어 각각의 극한값을 구한다.

> ※ 편의상 '$x > 1$ 또는 $x < -1$'를 간편하게 $|x| > 1$로 **표현할 수 있으나 익숙지 않으면 정의역 범위 관련**
> **실수가 종종 발생한다.**
> 따라서 $|x| > 1$ 대신 약간 귀찮더라도 '$x > 1$ 또는 $x < -1$'을 이용하는 것을 권장한다.

(1) $x > 1$ 또는 $x < -1$일 때, $\lim\limits_{n \to \infty} \dfrac{1}{x^n} = 0$임을 이용하여 $f(x)$를 구한다.

(2) $x = 1$일 때, $x = 1$을 직접 대입하여 $f(1)$의 값을 구한다.

(3) $-1 < x < 1$일 때, $\lim\limits_{n \to \infty} x^n = 0$임을 이용하여 $f(x)$를 구한다.

(4) $x = -1$일 때, $x = -1$을 직접 대입하여 $f(-1)$의 값을 구한다.

수열 $\{a_n\}$에 대하여 $\lim\limits_{n \to \infty} \dfrac{5^n a_n}{3^n + 1}$이 0이 아닌 상수일 때, $\lim\limits_{n \to \infty} \dfrac{a_n}{a_{n+1}}$의 값은? [3점]

① $\dfrac{2}{3}$ ② $\dfrac{4}{5}$ ③ $\dfrac{5}{3}$ ④ $\dfrac{9}{5}$ ⑤ $\dfrac{8}{3}$

1. 수열 $\{b_n\} = \dfrac{5^n}{3^n + 1}$ 이라 하고, $\lim\limits_{n \to \infty} \dfrac{5^n a_n}{3^n + 1} = \lim\limits_{n \to \infty} a_n b_n = k$ 라 하겠다.

2. $\lim\limits_{n \to \infty} a_n b_n = \lim\limits_{n \to \infty} a_{n+1} b_{n+1} = k$ 로 수렴하고,

$$\lim_{n \to \infty} \frac{b_{n+1}}{b_n} = \lim_{n \to \infty} \left(\frac{3^n + 1}{5^n} \times \frac{5^{n+1}}{3^{n+1} + 1} \right) = \frac{5}{3}$$ 로

수렴하므로 수열의 극한의 기본 성질을 이용할 수 있다.

이를 활용하기 위해서 $\dfrac{a_n}{a_{n+1}} = \dfrac{(a_n b_n) \times b_{n+1}}{(a_{n+1} b_{n+1}) \times b_n}$ 로 바꿔주자.

$$\lim_{n \to \infty} \frac{a_n}{a_{n+1}} = \lim_{n \to \infty} \frac{(a_n b_n) \times b_{n+1}}{(a_{n+1} b_{n+1}) \times b_n} = \lim_{n \to \infty} \frac{a_n b_n}{a_{n+1} b_{n+1}} \times \lim_{n \to \infty} \frac{b_{n+1}}{b_n} = 1 \times \frac{5}{3} = \frac{5}{3}$$ 이다.

답은 ③!!

함수 $f(x) = \lim\limits_{n \to \infty} \dfrac{\left(x^2 + \dfrac{1}{2}\right)^n - 2}{\left(x^2 + \dfrac{1}{2}\right)^n + 2}$ 에 대하여 $f\left(\dfrac{\sqrt{2}}{2}\right) + \lim\limits_{x \to \frac{\sqrt{2}}{2}-} f(x)$ 의 값은? [4점]

① $-\dfrac{4}{3}$ 　　 ② -1 　　 ③ 0 　　 ④ 1 　　 ⑤ $\dfrac{4}{3}$

1. 함수 $f(x)$를 $x^2 + \dfrac{1}{2}$의 범위에 따라 나눠서 구해보자. 모든 실수 x에 대하여 $x^2 + \dfrac{1}{2} > 0$이다.

(1) $x^2 + \dfrac{1}{2} > 1$: $\displaystyle\lim_{n \to \infty} \dfrac{1}{\left(x^2 + \dfrac{1}{2}\right)^n} = 0$이므로 $f(x) = \displaystyle\lim_{n \to \infty} \dfrac{\left(x^2 + \dfrac{1}{2}\right)^n - 2}{\left(x^2 + \dfrac{1}{2}\right)^n + 2} = 1$ 이다.

(2) $x^2 + \dfrac{1}{2} = 1$: $\left(x^2 + \dfrac{1}{2}\right)^n = 1$이므로 $f(x) = \displaystyle\lim_{n \to \infty} \dfrac{\left(x^2 + \dfrac{1}{2}\right)^n - 2}{\left(x^2 + \dfrac{1}{2}\right)^n + 2} = -\dfrac{1}{3}$ 이다.

(3) $0 < x^2 + \dfrac{1}{2} < 1$: $\displaystyle\lim_{n \to \infty} \left(x^2 + \dfrac{1}{2}\right)^n = 0$이므로 $f(x) = \displaystyle\lim_{n \to \infty} \dfrac{\left(x^2 + \dfrac{1}{2}\right)^n - 2}{\left(x^2 + \dfrac{1}{2}\right)^n + 2} = -1$이다.

정리하면 $f(x)$는 다음과 같다.

$$f(x) = \begin{cases} -1 & \left(|x| < \dfrac{\sqrt{2}}{2}\right) \\[2mm] -\dfrac{1}{3} & \left(|x| = \dfrac{\sqrt{2}}{2}\right) \\[2mm] 1 & \left(|x| > \dfrac{\sqrt{2}}{2}\right) \end{cases}$$

2. $y = f(x)$의 그래프 개형은 아래와 같다.

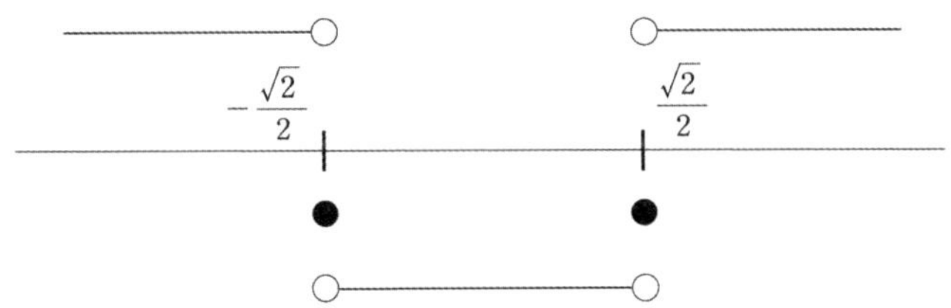

따라서 $f\left(\dfrac{\sqrt{2}}{2}\right) + \displaystyle\lim_{x \to \frac{\sqrt{2}}{2}-} f(x) = -\dfrac{1}{3} + (-1) = -\dfrac{4}{3}$이다.

답은 ①!!

두 함수 $f(x) = \lim\limits_{n \to \infty} \dfrac{2x^{2n+2}+1}{x^{2n}+2}$, $g(x) = \sin(k\pi x)$에 대하여 방정식 $f(x) = g(x)$가 실근을 갖지 않을 때, $60k$의 최댓값을 구하시오. [4점]

1. 함수 $f(x)$를 x의 범위에 따라 나눠서 구해보자.

(1) $|x| > 1 : \lim\limits_{n \to \infty} \dfrac{1}{x^{2n}} = 0$이므로 $f(x) = \lim\limits_{n \to \infty} \dfrac{2x^{2n+2}+1}{x^{2n}+2} = \lim\limits_{n \to \infty} \dfrac{2x^2 + \dfrac{1}{x^{2n}}}{1 + \dfrac{2}{x^{2n}}} = 2x^2$ 이다.

(2) $|x| = 1 : x^{2n} = 1$, $x^{2n+2} = 1$이므로 $f(x) = \lim\limits_{x \to \infty} \dfrac{2x^{2n+2}+1}{x^{2n}+2} = 1$ 이다.

(3) $|x| < 1 : \lim\limits_{n \to \infty} x^n = 0$이므로 $f(x) = \lim\limits_{x \to \infty} \dfrac{2x^{2n+2}+1}{x^{2n}+2} = \dfrac{1}{2}$ 이다.

2. 두 함수 $f(x)$와 $g(x)$의 그래프를 그려서 k값을 구해보자.

일단, 함수 $g(x) = \sin(k\pi x)$의 주기는 $\dfrac{2\pi}{k\pi} = \dfrac{2}{k}$이다.

k가 최대일 때 주기는 최소가 된다.

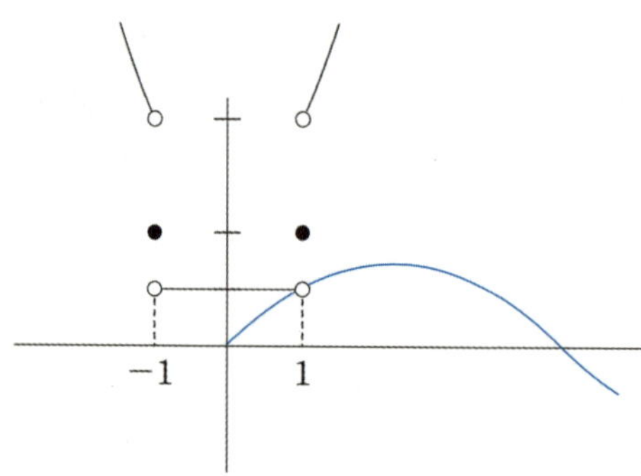

위 그림과 같이 **함수 $g(x)$의 그래프가 점 $\left(1, \dfrac{1}{2}\right)$을 지날 때 k는 최댓값을 갖는다.**

$g(1) = \sin k\pi = \dfrac{1}{2}$이고 $f(x) = g(x)$가 실근을 갖지 않을 때, k의 최댓값은 $\dfrac{1}{6}$이다.

따라서 $60k = 10$이다.

답은 10!!

함수 $f(x)=\begin{cases}\displaystyle\lim_{n\to\infty}\dfrac{x\,(x^{2n}-x^{-2n})}{x^{2n}+x^{-2n}} & (x\neq 0)\\[2mm] 0 & (x=0)\end{cases}$ 에 대하여 방정식 $f(x)=(x-k)^2$의 서로 다른 실근의

개수가 3인 실수 k의 범위는 $a<k<b$이다. 상수 $a,\ b$에 대하여 $a+b$의 값은? [5점]

① $\dfrac{1}{4}$ ② -1 ③ 0 ④ 1 ⑤ $\dfrac{4}{3}$

1. 함수 $f(x)$를 x의 범위에 따라 나눠서 구해보자.

(1) $|x| > 1$: $\lim\limits_{n \to \infty} \dfrac{1}{x^{2n}} = 0$이므로 $f(x) = \lim\limits_{n \to \infty} \dfrac{x(x^{2n} - x^{-2n})}{x^{2n} + x^{-2n}} = x$ 이다.

(2) $|x| = 1$: $x^{2n} = 1$이므로 $f(x) = \lim\limits_{n \to \infty} \dfrac{x(x^{2n} - x^{-2n})}{x^{2n} + x^{-2n}} = 0$ 이다.

(3) $|x| < 1$: $\lim\limits_{n \to \infty} x^{2n} = 0$이므로 $f(x) = \lim\limits_{n \to \infty} \dfrac{x(x^{2n} - x^{-2n})}{x^{2n} + x^{-2n}} = -x$ 이다.

정리하면 $f(x)$는 다음과 같다.

$$f(x) = \begin{cases} -x & (|x| < 1) \\ 0 & (|x| = 1) \\ x & (|x| > 1) \end{cases}$$

2. $y = f(x)$의 그래프 개형은 아래와 같다.

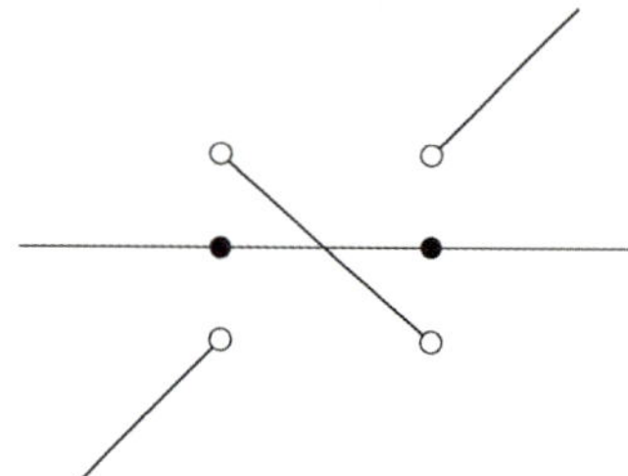

$y = f(x)$, $y = (x-k)^2$의 교점의 개수가 3이 되도록 하는 $y = (x-k)^2$의 그래프 개형은 아래와 같다.

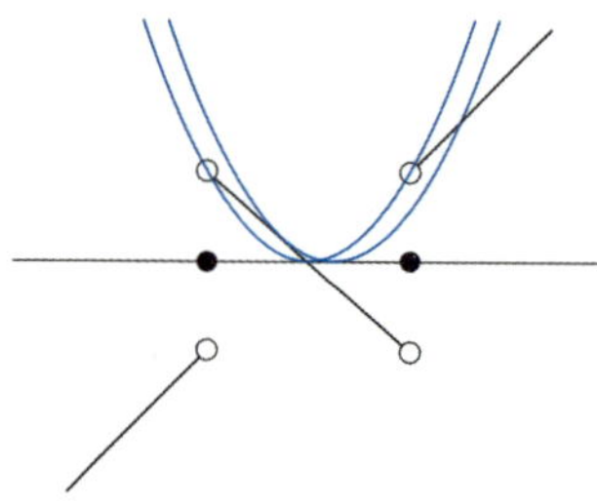

$y = -x$와 $y = (x-k)^2$이 접할 때 접점의 x좌표를 t라고 하자.

$-t = (t-k)^2$, $-1 = 2(t-k)$이므로 $t = -\dfrac{1}{4}$, $k = \dfrac{1}{4}$이다.

따라서 $y = f(x)$, $y = (x-k)^2$의 교점의 개수가 3이 되도록 하는 k의 범위는 $0 < k < \dfrac{1}{4}$이다.

$a = 0$, $b = \dfrac{1}{4}$, $a + b = 0 + \dfrac{1}{4} = \dfrac{1}{4}$이다.

답은 ①!!

※ $y = (x-k)^2$이 그래프 개형을 그릴 때 tip

‘$y = x^2$은 $(1, 1)$을 지난다.’를 이용하면 문제 조건에 맞는 $y = (x-k)^2$의 그래프 개형을 보다 명확하게 그릴 수 있다.

실수 a에 대하여 함수 $f(x)$를

$$f(x) = \lim_{n \to \infty} \frac{(a-2)x^{2n+1} + 2x}{3x^{2n} + 1}$$

라 하자. $(f \circ f)(1) = \dfrac{5}{4}$가 되도록 하는 모든 a의 값의 합은? [4점]

① $\dfrac{11}{2}$ ② $\dfrac{13}{2}$ ③ $\dfrac{15}{2}$ ④ $\dfrac{17}{2}$ ⑤ $\dfrac{19}{2}$

1. x의 범위를 나누어 함수 $f(x) = \lim_{n \to \infty} \dfrac{(a-2)x^{2n+1} + 2x}{3x^{2n} + 1}$ 를 구해보자.

(1) $x > 1$: $f(x) = \dfrac{(a-2)x}{3}$ 이다.

(2) $x = 1$: $f(1) = \dfrac{(a-2)+2}{1+3} = \dfrac{a}{4}$ 이다.

(3) $-1 < x < 1$: $f(x) = 2x$ 이다.

(4) $x = -1$: $f(-1) = \dfrac{-(a-2)-2}{1+3} = -\dfrac{a}{4}$ 이다.

(5) $x < -1$: $f(x) = \dfrac{(a-2)x}{3}$ 이다.

※ 귀찮더라도 모든 x의 범위에서 함수 $f(x)$를 구하는 것이 문제를 안전하게 푸는 방법이다.

2. $f(1) = \dfrac{a}{4}$ 이므로 $(f \circ f)(1) = f\left(\dfrac{a}{4}\right) = \dfrac{5}{4}$ 가 되는 모든 a를 구해보자.

(1) $\dfrac{a}{4} > 1$: $f\left(\dfrac{a}{4}\right) = \dfrac{a(a-2)}{12} = \dfrac{5}{4}$에서 $a^2 - 2a - 15 = (a+3)(a-5) = 0$이므로 $a = 5$이다.

(2) $\dfrac{a}{4} = 1$: $f\left(\dfrac{a}{4}\right) = 1$이므로 $(f \circ f)(1) = f\left(\dfrac{a}{4}\right) = \dfrac{5}{4}$에 모순이다.

(3) $-1 < \dfrac{a}{4} < 1$: $f\left(\dfrac{a}{4}\right) = \dfrac{a}{2} = \dfrac{5}{4}$에서 $a = \dfrac{5}{2}$ 이다.

(4) $\dfrac{a}{4} = -1$: $f\left(\dfrac{a}{4}\right) = 1$이므로 $(f \circ f)(1) = f\left(\dfrac{a}{4}\right) = \dfrac{5}{4}$에 모순이다.

(5) $\dfrac{a}{4} < -1$: $f\left(\dfrac{a}{4}\right) = \dfrac{a(a-2)}{12} = \dfrac{5}{4}$에서 $a^2 - 2a - 15 = (a+3)(a-5) = 0$이므로
$a < -4$에 모순이다.

(1), (2), (3), (4), (5)에 의하여 모든 a의 값의 합은 $5 + \dfrac{5}{2} = \dfrac{15}{2}$ 이다.

답은 ③!!

함수 $f(x)$를

$$f(x) = \lim_{n \to \infty} \frac{ax^{2n} + bx^{2n-1} + x}{x^{2n} + 2} \quad (a, \ b \text{는 양의 상수})$$

라 하자. 자연수 m에 대하여 방정식 $f(x) = 2(x-1) + m$의 실근의 개수를 c_m이라 할 때, $c_k = 5$인 자연수 k가 존재한다. $k + \displaystyle\sum_{m=1}^{\infty} (c_m - 1)$의 값을 구하시오. [4점]

1. 함수 $f(x)$를 구간에 따라 구하면 다음과 같다.

$$f(x) = \begin{cases} a + \dfrac{b}{x} & (x > 1) \\[2mm] \dfrac{a+b+1}{3} & (x = 1) \\[2mm] \dfrac{x}{2} & (-1 < x < 1) \\[2mm] \dfrac{a-b-1}{3} & (x = -1) \\[2mm] a + \dfrac{b}{x} & (x < -1) \end{cases}$$

이때, $a > 0$, $b > 0$ 이므로 구간에 따라 방정식 $f(x) = 2(x-1) + m$ 의 실근의 개수를 파악하자.

① $x > 1$ 에서 $f(x) = a + \dfrac{b}{x}$ 이다.

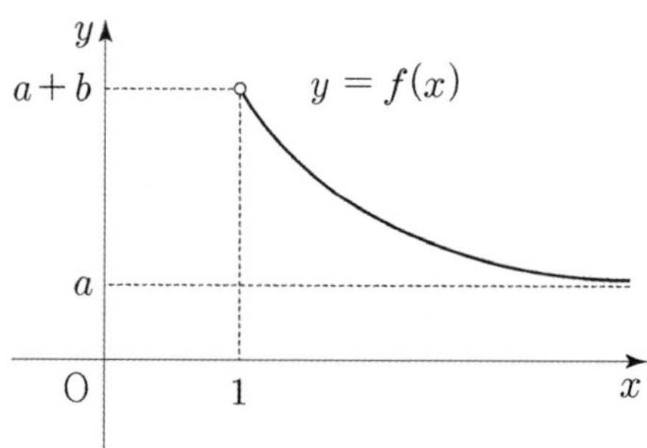

이때, 직선 $y = 2(x-1) + m$ 의 기울기는 양수이므로

$x > 1$ 에서 곡선 $y = f(x)$ 와 직선 $y = 2(x-1) + m$ 의 교점의 개수는 0 또는 1이다.

② $x = 1$ 에서 $f(x) = \dfrac{a+b+1}{3}$ 이므로

$m = \dfrac{a+b+1}{3}$ 이면 직선 $y = 2(x-1) + m$ 은 점 $\left(1, \dfrac{a+b+1}{3}\right)$ 을 지나고,

$m \neq \dfrac{a+b+1}{3}$ 이면 직선 $y = 2(x-1) + m$ 은 점 $\left(1, \dfrac{a+b+1}{3}\right)$ 을 지나지 않는다.

③ $-1 < x < 1$ 에서 $f(x) = \dfrac{x}{2}$ 이다.

이때, 직선 $y = 2(x-1) + m$ 의

기울기는 $\dfrac{1}{2}$ 보다 크므로

$-1 < x < 1$ 에서 곡선 $y = f(x)$ 와

직선 $y = 2(x-1) + m$ 의 교점의 개수는 0 또는 1이다.

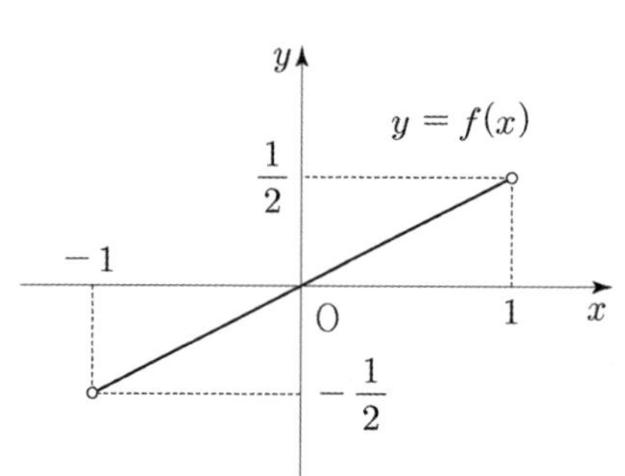

④ $x = -1$ 에서 $f(x) = \dfrac{a-b-1}{3}$ 이므로

$m = \dfrac{a-b+11}{3}$ 이면 직선 $y = 2(x-1)+m$ 은 점 $\left(-1, \dfrac{a-b-1}{3}\right)$ 을 지나고,

$m \neq \dfrac{a-b+11}{3}$ 이면 직선 $y = 2(x-1)+m$ 은 점 $\left(-1, \dfrac{a-b-1}{3}\right)$ 을 지나지 않는다.

⑤ $x < -1$ 에서 $f(x) = a + \dfrac{b}{x}$ 이다.

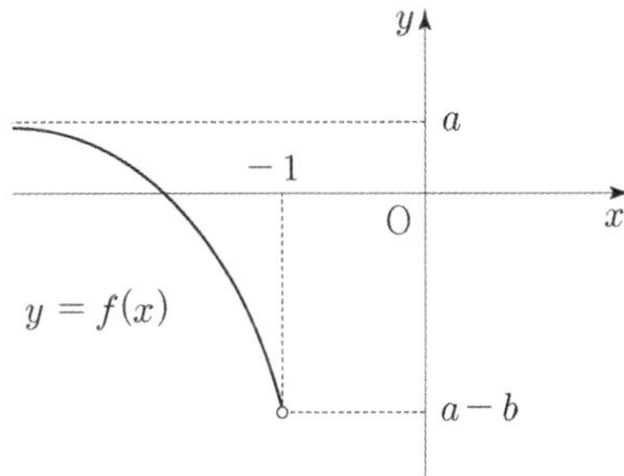

이때, 직선 $y = 2(x-1)+m$ 의 기울기는 양수이므로
$x > 1$ 에서 곡선 $y = f(x)$ 와 직선 $y = 2(x-1)+m$ 의 교점의 개수는 0 또는 1이다.
①~⑤에 의하여 방정식 $f(x) = 2(x-1)+m$ 의 실근의 개수의 최댓값은 5이고,
$c_k = 5$ 인 자연수 k 가 존재하므로 직선 $y = 2(x-1)+k$ 는 각 구간에서 곡선 $y = f(x)$ 와
교점을 한 개씩 갖는다.

---

2. **직선 $y = 2(x-1)+k$ 가 두 점 $\left(1, \dfrac{a+b+1}{3}\right)$, $\left(-1, \dfrac{a-b-1}{3}\right)$ 을 지나므로**

$k = \dfrac{a+b+1}{3} = \dfrac{a-b+11}{3}$ **에서 $b+1 = 11-b$ 이므로 $b = 5$ 이다.**

또한, $k = \dfrac{a+b+1}{3} = \dfrac{a}{3}+2$ 이므로 $k > 2$ 이다.

---

3. 나머지 구간에서 곡선 $y = f(x)$ 와 직선 $y = 2(x-1)+\dfrac{a}{3}+2$ 가 교점을 갖는 경우를 알아보자.

$g(x) = 2(x-1)+\dfrac{a}{3}+2$ 라 하자.

① $x > 1$ 에서 $f(x) = a + \dfrac{5}{x}$ 이다.

이때, 직선 $y = g(x)$ 와 곡선 $y = f(x)$ 가 교점을
갖기 위해서는 $g(1) = \dfrac{a}{3}+2 < a+5$ 이어야 한다.
$a > 0$ 인 실수 a 에 대하여 항상 성립한다.

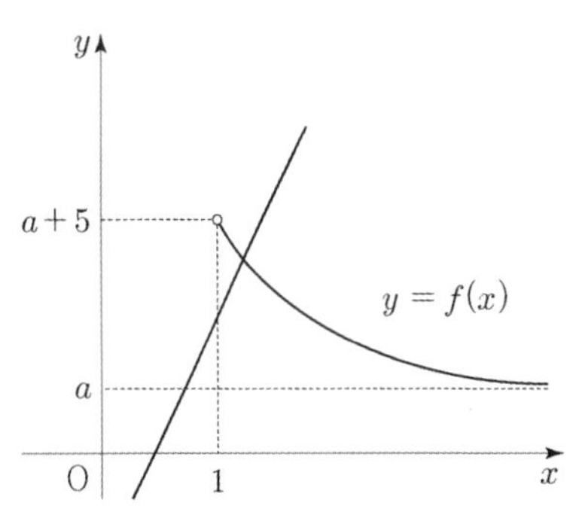

② $-1 < x < 1$ 에서 $f(x) = \dfrac{x}{2}$ 이다.

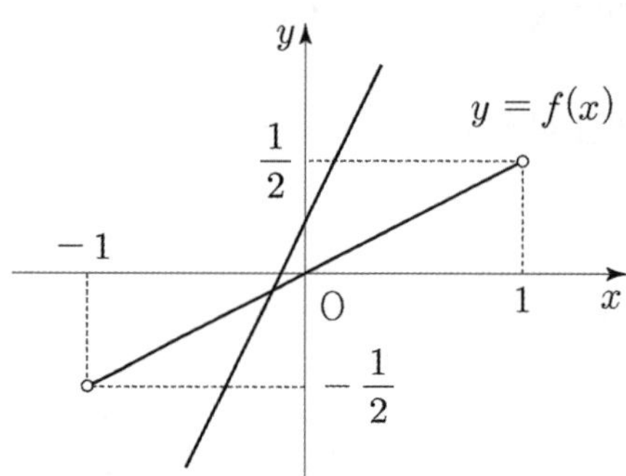

이때, 직선 $y = g(x)$ 와 곡선 $y = f(x)$ 가 교점을 갖기 위해서는

$g(-1) = \dfrac{a}{3} - 2 < -\dfrac{1}{2}$, $g(1) = \dfrac{a}{3} + 2 > \dfrac{1}{2}$ 이어야 한다.

따라서 a 의 값의 범위는 $0 < a < \dfrac{9}{2}$ 이다.

③ $x < -1$ 에서 $f(x) = a + \dfrac{5}{x}$ 이다.

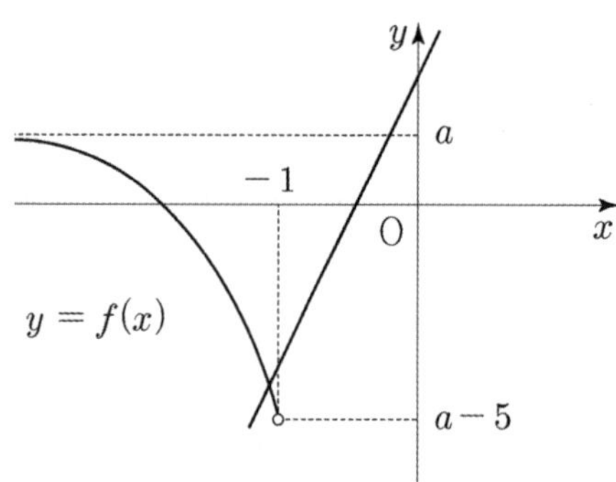

이때, 직선 $y = g(x)$ 가 곡선 $y = f(x)$ 와 교점을 갖기 위해서는

$g(-1) = \dfrac{a}{3} - 2 > a - 5$ 이어야 한다. 따라서 a 의 값의 범위는 $0 < a < \dfrac{9}{2}$ 이다.

①~③에 의하여 $0 < a < \dfrac{9}{2}$ 이고, $k = \dfrac{a}{3} + 2$ 에서 $2 < k < \dfrac{7}{2}$ 이므로

자연수 k 의 값은 $k = 3$ 이고, 이때, $a = 3$ 이다.

4. 이제 $g(x) = 2(x-1) + m$ 이라 하자.

$g(1) = m$, $g(-1) = m - 4$ 이므로 구간에 따라 방정식 $f(x) = 2(x-1) + m$ 의 실근의 개수를 구해 보자.

① $x > 1$ 에서 $g(1) = m < 8$ 일 때, 방정식 $f(x) = 2(x-1) + m$ 는 실근을 가지므로 자연수 m 의 값의 범위는 $1 \leq m \leq 7$ 이다.

② $-1 < x < 1$ 에서 $g(-1) = m - 4 < -\dfrac{1}{2}$, $g(1) = m > \dfrac{1}{2}$ 일 때, 방정식 $f(x) = 2(x-1) + m$ 는 실근을 가지므로 자연수 m 의 값의 범위는 $1 \leq m \leq 3$ 이다.

③ $x < -1$ 에서 $g(-1) = m - 4 > -2$ 일 때, 방정식 $f(x) = 2(x-1) + m$ 는 실근을 가지므로 자연수 m 의 값의 범위는 $m \geq 3$ 이다.

④ $x = \pm 1$ 일 때, $m = 3$ 일 때만 방정식 $f(x) = 2(x-1) + m$ 는 실근을 갖는다.

①~④에 의하여
$c_1 = c_2 = 2$,
$c_3 = 5$,
$c_4 = c_5 = c_6 = c_7 = 2$,
$c_8 = c_9 = c_{10} = \cdots = 1$ 이므로
$$k + \sum_{m=1}^{\infty} (c_m - 1) = 3 + (1 + 1 + 4 + 1 + 1 + 1 + 1) = 13 \text{ 이다.}$$

답은 13!!

함수

$$f(x)= \lim_{n \to \infty} \frac{x^{2n+1} - x}{x^{2n} + 1}$$

에 대하여 실수 전체의 집합에서 정의된 함수 $g(x)$가 다음 조건을 만족시킨다.

$2k - 2 \leq |x| < 2k$일 때,

$$g(x)= (2k-1) \times f\left(\frac{x}{2k-1}\right)$$

이다. (단, k는 자연수이다.)

$0 < t < 10$인 실수 t에 대하여 직선 $y = t$가 함수 $y = g(x)$의 그래프와 만나지 않도록 하는 모든 t의 값의 합을 구하시오. [4점]

1. 함수가 복잡하게 '보이게끔' 등장했다. 문제를 풀이함에 있어서 복잡한 함수를 최대한 간단하게 다룰 수 있다면 좋을 것이다.

$$g(x) = (2k-1)f\left(\frac{x}{2k-1}\right) = (2k-1)\lim_{n \to \infty} \frac{\left(\frac{x}{2k-1}\right)^{2n+1} - \frac{x}{2k-1}}{\left(\frac{x}{2k-1}\right)^{2n} + 1} \ \text{이므로}$$

x 의 값의 범위를 나누어 함수 $g(x)$ 를 완성하면

$$g(x) = \begin{cases} x & (2k-1 < |x| < 2k) \\ -x & (2k-2 \le |x| < 2k-1) \\ 0 & (|x| = 2k-1) \end{cases}$$

이다. (여기서 k 는 임의의 자연수라고 보아야 할 것이다.)

2. 함수 $g(x)$ 의 그래프를 그리면, 직선 $y = t$ 가 곡선 $y = g(x)$ 와 만나지 않도록 하는 모든 t 의 값이 $1, 3, 5, 7, 9$ 임을 쉽게 알 수 있다. 여기서 함수 $g(x)$ 의 그래프를 그릴 때, $0 < t < 10$ 인 것에 착안하여 $g(x) > 0$ 인 부분만 그려도 괜찮다.

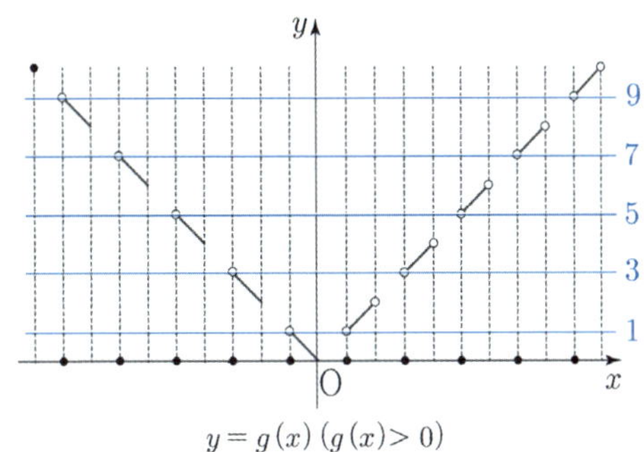

구하는 값은 등차수열의 합에 의하여 $5 \times 5 = 25$ 이다.

답은 25!!

등비수열 $\{a_n\}$ 이

$$\sum_{n=1}^{\infty}\left(\left|\,a_n\,\right|+a_n\right)=\frac{40}{3},\quad \sum_{n=1}^{\infty}\left(\left|\,a_n\,\right|-a_n\right)=\frac{20}{3}$$

을 만족시킨다. 부등식

$$\lim_{n\to\infty}\sum_{k=1}^{2n}\left((-1)^{\frac{k(k+1)}{2}}\times a_{m+k}\right)>\frac{1}{700}$$

을 만족시키는 모든 자연수 m 의 값의 합을 구하시오.

1. $a_1 = a\,(a \neq 0)$ 이라 하고, 등비수열 $\{a_n\}$ 의 공비를 $r\,(-1 < r < 1)$ 이라 하자.

주어진 조건에서 $\displaystyle\sum_{n=1}^{\infty} a_n = \frac{a}{1-r} = \frac{10}{3}$, $\displaystyle\sum_{n=1}^{\infty} |a_n| = \frac{|a|}{1-|r|} = 10$

$\dfrac{3a}{1-r} = \dfrac{|a|}{1-|r|}$ 이므로 $-1 < r < 0$, $\dfrac{3a}{1-r} = \dfrac{|a|}{1+r}$

따라서 $\dfrac{3}{1-r} = \dfrac{\pm 1}{1+r}$, $r = -\dfrac{1}{2}$, $a > 0$, $a = 5$

2. $\dfrac{k(k+1)}{2} = \displaystyle\sum_{i=1}^{k} i$ 이므로

자연수 $k\,(k \geq 1)$ 에 대하여 $\dfrac{k(k+1)}{2}$ 의 값은

k 를 4 로 나눈 나머지가 1 , 2 일 때 홀수이고 3 , 0 일 때 짝수이다.

3. $2n$ 을 4 로 나눈 나머지가 2 이면

$$\sum_{k=1}^{2n} (-1)^{\frac{k(k+1)}{2}} \times a_{m+k} = -\left(a_{m+1} + a_{m+2} + \cdots + a_{m+2n-1} + a_{m+2n}\right)$$
$$+ \left(a_{m+3} + a_{m+4} + \cdots + a_{m+2n-3} + a_{m+2n-2}\right)$$

$$\lim_{n \to \infty} \sum_{k=1}^{\frac{n+1}{2}} -\left(a_{m+1} + a_{m+2}\right)\left(-\frac{1}{2}\right)^{4k-4} = \sum_{n=1}^{\infty} -\left(a_{m+1} + a_{m+2}\right)\left(-\frac{1}{2}\right)^{4n-4} = \alpha ,$$

$$\lim_{n \to \infty} \sum_{k=1}^{\frac{n-1}{2}} \left(a_{m+3} + a_{m+4}\right)\left(-\frac{1}{2}\right)^{4k-4} = \sum_{n=1}^{\infty} \left(a_{m+3} + a_{m+4}\right)\left(-\frac{1}{2}\right)^{4n-4} = \beta$$

$$\alpha = \frac{-a_{m+1} - a_{m+2}}{1 - \frac{1}{16}} , \quad \beta = \frac{a_{m+3} + a_{m+4}}{1 - \frac{1}{16}}$$

$$\lim_{n \to \infty} \sum_{k=1}^{2n} \left((-1)^{\frac{k(k+1)}{2}} \times a_{m+k}\right) = \alpha + \beta = \frac{16}{15} a_{m+1}\left(-1 + \frac{1}{2} + \frac{1}{4} - \frac{1}{8}\right) = -\frac{2}{5} a_{m+1}$$

4. $2n$ 을 4 로 나눈 나머지가 0 이면

$$\sum_{k=1}^{2n}(-1)^{\frac{k(k+1)}{2}}\times a_{m+k}=-\left(a_{m+1}+a_{m+2}+\cdots+a_{m+2n-3}+a_{m+2n-2}\right)$$
$$+\left(a_{m+3}+a_{m+4}+\cdots+a_{m+2n-1}+a_{m+2n}\right)$$

$$\lim_{n\to\infty}\sum_{k=1}^{\frac{n}{2}}-\left(a_{m+1}+a_{m+2}\right)\left(-\frac{1}{2}\right)^{4k-4}=\sum_{n=1}^{\infty}-\left(a_{m+1}+a_{m+2}\right)\left(-\frac{1}{2}\right)^{4n-4}=\alpha,$$

$$\lim_{n\to\infty}\sum_{k=1}^{\frac{n}{2}}\left(a_{m+3}+a_{m+4}\right)\left(-\frac{1}{2}\right)^{4k-4}=\sum_{n=1}^{\infty}\left(a_{m+3}+a_{m+4}\right)\left(-\frac{1}{2}\right)^{4n-4}=\beta$$

$$\lim_{n\to\infty}\sum_{k=1}^{2n}\left((-1)^{\frac{k(k+1)}{2}}\times a_{m+k}\right)=\alpha+\beta=\frac{16}{15}a_{m+1}\left(-1+\frac{1}{2}+\frac{1}{4}-\frac{1}{8}\right)=-\frac{2}{5}a_{m+1}$$

5. 3.과 4.에서 $-\dfrac{2}{5}a_{m+1}=-2\left(-\dfrac{1}{2}\right)^{m}>\dfrac{1}{700}$, $\left(-\dfrac{1}{2}\right)^{m}<-\dfrac{1}{1400}$

m 은 홀수인 자연수이고 $\left(-\dfrac{1}{2}\right)^{9}<-\dfrac{1}{1400}<\left(-\dfrac{1}{2}\right)^{11}$ 이므로

주어진 조건을 만족시키는 자연수 m 은 9 이하의 모든 홀수이다.

따라서 $1+3+5+7+9=5\times5=25$

답은 25!!

※ 3.에서의 '$2n$ 을 4 로 나눈 나머지가 2'인 경우에서의 부분합

$$\sum_{k=1}^{\frac{n+1}{2}}-\left(a_{m+1}+a_{m+2}\right)\left(-\frac{1}{2}\right)^{4k-4}+\sum_{k=1}^{\frac{n-1}{2}}\left(a_{m+3}+a_{m+4}\right)\left(-\frac{1}{2}\right)^{4k-4}$$ 과

4.에서의 '$2n$ 을 4 로 나눈 나머지가 0'인 경우에서의 부분합

$$\sum_{k=1}^{\frac{n}{2}}-\left(a_{m+1}+a_{m+2}\right)\left(-\frac{1}{2}\right)^{4k-4}+\sum_{k=1}^{\frac{n}{2}}\left(a_{m+3}+a_{m+4}\right)\left(-\frac{1}{2}\right)^{4k-4}$$ 을 통하여

두 경우에서의 '급수의 합은 같음'을 인지하자.

즉, $2n$ 의 값이 갖는 두 가지의 특성에 관계없이 '급수의 합'은 같다.

▌급수

$$\sum_{n=1}^{\infty} a_n = \lim_{n \to \infty} \sum_{k=1}^{n} a_k = a_1 + a_2 + \cdots + a_n + \cdots 를 \ 급수라고 \ 한다.$$

$$S_n = \sum_{k=1}^{n} a_k 라 \ 할 \ 때, \ \sum_{n=1}^{\infty} a_n = \lim_{n \to \infty} \sum_{k=1}^{n} a_k = \lim_{n \to \infty} S_n = S 이면 \ 급수 \ \sum_{n=1}^{\infty} a_n 은 \ S 에 \ 수렴한다고 \ 한다.$$

$$급수 \ \sum_{n=1}^{\infty} a_n 의 \ 값이 \ 존재하지 \ 않으면 \ 발산한다고 \ 한다.$$

두 급수 $\displaystyle\sum_{n=1}^{\infty} a_n = \alpha, \ \sum_{n=1}^{\infty} b_n = \beta$ 로 수렴하면

(1) $\displaystyle\sum_{n=1}^{\infty} (a_n \pm b_n) = \sum_{n=1}^{\infty} a_n \pm \sum_{n=1}^{\infty} b_n = \alpha \pm \beta$

(2) $\displaystyle\sum_{n=1}^{\infty} c a_n = c \sum_{n=1}^{\infty} a_n = c\alpha$ (단, c 는 상수.)

※ $\displaystyle\sum_{n=1}^{\infty} a_n b_n \neq \sum_{n=1}^{\infty} a_n \sum_{n=1}^{\infty} b_n$ 이다. 왜 그럴까? $\displaystyle\sum_{n=1}^{\infty} a_n b_n = a_1 b_1 + a_2 b_2 + a_3 b_3 \cdots$ 이고,

$$\sum_{n=1}^{\infty} a_n \sum_{n=1}^{\infty} b_n = (a_1 + a_2 + \cdots) \times (b_1 + b_2 + \cdots) = a_1 b_1 + a_1 b_2 + \cdots + a_2 b_1 + a_2 b_2 + \cdots 이다.$$

※ $\displaystyle\sum_{n=1}^{\infty} \frac{b_n}{a_n} \neq \frac{\displaystyle\sum_{n=1}^{\infty} b_n}{\displaystyle\sum_{n=1}^{\infty} a_n}$ 이다. 왜 그럴까? $\displaystyle\sum_{n=1}^{\infty} \frac{b_n}{a_n} = \frac{b_1}{a_1} + \frac{b_2}{a_2} + \cdots$ 이고, $\dfrac{\displaystyle\sum_{n=1}^{\infty} b_n}{\displaystyle\sum_{n=1}^{\infty} a_n} = \dfrac{b_1 + b_2 + \cdots}{a_1 + a_2 + \cdots}$ 이다.

급수의 기본 성질은 **두 급수가 모두 수렴할 때만** 성립한다. 만약 수렴하지 않는다면 그 성질을 쓸 수 없다.

$a_n = 1, \ b_n = -1$ 을 예로 들어보자.

$\displaystyle\sum_{n=1}^{\infty} a_n = \infty, \ \sum_{n=1}^{\infty} b_n = -\infty$ 이지만 $\displaystyle\sum_{n=1}^{\infty} (a_n + b_n) = 0$ 이다.

위의 예시로 알 수 있듯이 **두 급수 중 하나라도 수렴하지 않는다면** 급수의 기본 성질을 이용할 수 없다.

또한, $\displaystyle\sum_{n=1}^{\infty} a_n \pm b_n$ 이 수렴한다고 해서 두 수열 $\displaystyle\sum_{n=1}^{\infty} a_n, \ \sum_{n=1}^{\infty} b_n$ 이 모두 수렴하는 것은 아님을 알 수 있다.

즉, **급수의 기본 성질의 역은 성립하지 않는다.**

(1)급수 $\displaystyle\sum_{n=1}^{\infty} a_n$이 수렴하면 $\displaystyle\lim_{n\to\infty} a_n = 0$이다.

$\displaystyle\sum_{n=1}^{\infty} a_n = S$로 수렴한다고 하자. $S_n = \displaystyle\sum_{k=1}^{n} a_k$라 하면 $a_n = S_n - S_{n-1}\,(n \geq 2)$, $S_1 = a_1$이다.

$\displaystyle\lim_{n\to\infty} S_n = S$, $\displaystyle\lim_{n\to\infty} S_{n-1} = S$이므로 $\displaystyle\lim_{n\to\infty} a_n = \lim_{n\to\infty}(S_n - S_{n-1}) = \lim_{n\to\infty} S_n - \lim_{n\to\infty} S_{n-1} = S - S = 0$이다.

(2)'급수 $\displaystyle\sum_{n=1}^{\infty} a_n$이 수렴하면 $\displaystyle\lim_{n\to\infty} a_n = 0$이다.'의 대우인 '$\displaystyle\lim_{n\to\infty} a_n \neq 0$이면 급수 $\displaystyle\sum_{n=1}^{\infty} a_n$이 발산한다.'도 참이다.

$a_n = 1 - \dfrac{1}{n}$를 예시로 들어보자. $\displaystyle\lim_{n\to\infty} a_n = \lim_{n\to\infty}\left(1 - \dfrac{1}{n}\right) = 1 \neq 0$이기에 급수 $\displaystyle\sum_{n=1}^{\infty} a_n$이 발산한다고 바로 결론을 내릴 수 있다.

(3)'급수 $\displaystyle\sum_{n=1}^{\infty} a_n$이 수렴하면 $\displaystyle\lim_{n\to\infty} a_n = 0$이다.'의 역인 '$\displaystyle\lim_{n\to\infty} a_n = 0$이면 급수 $\displaystyle\sum_{n=1}^{\infty} a_n$이 수렴한다.'는 거짓이다.

$a_n = \dfrac{1}{n}$를 예시로 들어보자. $\displaystyle\lim_{n\to\infty} a_n = \lim_{n\to\infty} \dfrac{1}{n} = 0$이지만

$\displaystyle\sum_{n=1}^{\infty} \dfrac{1}{n} = 1 + \dfrac{1}{2} + \left(\dfrac{1}{3} + \dfrac{1}{4}\right) + \left(\dfrac{1}{5} + \dfrac{1}{6} + \dfrac{1}{7} + \dfrac{1}{8}\right) + \cdots \geq 1 + \dfrac{1}{2} + 2 \times \dfrac{1}{4} + 4 \times \dfrac{1}{8} + \cdots = 1 + \dfrac{1}{2} + \dfrac{1}{2} + \cdots$로

$\displaystyle\sum_{n=1}^{\infty} a_n$이 ∞로 발산함을 알 수 있다.

3. 부분분수를 이용한 급수의 계산

고등학교 교육과정 내에서 **급수 $\displaystyle\sum_{n=1}^{\infty} a_n$의 값을 직접 계산하는 문제는 크게 '부분분수'를 이용하거나 '등비급수의 합'**을 이용한다. 이를 인지하고 급수의 합을 계산하는 문제에 접근하면 어렵지 않게 풀릴 것이다.

부분분수 관련 급수의 합 계산은 $\dfrac{1}{AB} = \dfrac{1}{B-A}\left(\dfrac{1}{A} - \dfrac{1}{B}\right)$을 이용하면 된다.

$\dfrac{1}{AB} = \dfrac{1}{B-A}\left(\dfrac{1}{A} - \dfrac{1}{B}\right)$을 이용하여 급수 $\displaystyle\sum_{n=1}^{\infty} a_n$의 일반항 a_n을 부분분수 형태로 바꾼 후 $\displaystyle\sum_{n=1}^{\infty} a_n$을 계산한다.

$\displaystyle\sum_{n=1}^{\infty} \dfrac{1}{n(n+1)} = 1 - \dfrac{1}{2} + \dfrac{1}{2} - \dfrac{1}{3} + \dfrac{1}{3} \cdots = 1$

$\displaystyle\sum_{n=1}^{\infty} \dfrac{1}{n(n+2)} = \dfrac{1}{2} \times \left(1 - \dfrac{1}{3} + \dfrac{1}{2} - \dfrac{1}{4} + \dfrac{1}{3} - \dfrac{1}{5} + \dfrac{1}{4} - \dfrac{1}{6} + \cdots\right) = \dfrac{1}{2} \times \left(1 + \dfrac{1}{2}\right) = \dfrac{3}{4}$

$\displaystyle\sum_{n=1}^{\infty} \dfrac{1}{3n(3n+3)} = \dfrac{1}{3} \times \left(\dfrac{1}{3} - \dfrac{1}{6} + \dfrac{1}{6} - \dfrac{1}{9} + \cdots\right) = \dfrac{1}{3} \times \dfrac{1}{3} = \dfrac{1}{9}$

위 예시들은 부분분수를 이용한 급수의 계산의 대표적 예시들이다.

두 수열 $\{a_n\}$, $\{b_n\}$에 대하여

$$a_n + b_n = 2 + \frac{1}{n} \ (n = 1, 2, 3, \cdots)$$

일 때, 옳은 것만을 <보기>에서 있는 대로 고른 것은? [4점]

<보　기>

ㄱ. $\displaystyle\lim_{n \to \infty} (a_n + b_n) = 2$

ㄴ. 수열 $\{a_n\}$ 이 수렴하면 수열 $\{b_n\}$ 도 수렴한다.

ㄷ. $\displaystyle\sum_{n=1}^{\infty} a_n$ 이 수렴하면 $\displaystyle\sum_{n=1}^{\infty} b_n$ 도 수렴한다.

① ㄱ　　　　② ㄱ, ㄴ　　　　③ ㄱ, ㄷ　　　　④ ㄴ, ㄷ　　　　⑤ ㄱ, ㄴ, ㄷ

---

1. $\displaystyle\lim_{n \to \infty} (a_n + b_n) = \lim_{n \to \infty} \left(2 + \frac{1}{n}\right) = 2$이므로 선지 (ㄱ)은 참.

2. $\displaystyle\lim_{n \to \infty} (a_n + b_n) = 2$, $\displaystyle\lim_{n \to \infty} a_n$ 이 모두 수렴하므로 **수열의 극한의 기본 성질을 이용할 수 있다.**

   $\displaystyle\lim_{n \to \infty} b_n = \lim_{n \to \infty} \{(a_n + b_n) - a_n\} = 2 - \lim_{n \to \infty} a_n$으로 수열 $\{b_n\}$ 도 수렴한다.

   선지 (ㄴ)은 참.

3. $\displaystyle\sum_{n=1}^{\infty} a_n$ 이 수렴하면 $\displaystyle\lim_{n \to \infty} a_n = 0$이다. $\displaystyle\lim_{n \to \infty} (a_n + b_n) = 2$이므로 $\displaystyle\lim_{n \to \infty} b_n = 2$이다.

   $\displaystyle\lim_{n \to \infty} b_n = 2 \neq 0$이면 $\displaystyle\sum_{n=1}^{\infty} b_n$ 은 수렴하지 않는다.

   선지 (ㄷ)은 거짓.

답은 ②!!

comment

'급수 $\displaystyle\sum_{n=1}^{\infty} a_n$이 수렴하면 $\displaystyle\lim_{n \to \infty} a_n = 0$이다.'와 이 명제의 대우인 '$\displaystyle\lim_{n \to \infty} a_n \neq 0$이면 급수 $\displaystyle\sum_{n=1}^{\infty} a_n$ 이 발산한다.' 가 모두 참임을 기억하자.

수열 $\{a_n\}$에 대하여 $\displaystyle\sum_{n=1}^{\infty}\left(na_n - \frac{n^2+1}{2n+1}\right)=3$일 때, $\displaystyle\lim_{n\to\infty}\left(a_n^2+2a_n+2\right)$의 값은? [4점]

① $\dfrac{13}{4}$ ② 3 ③ $\dfrac{11}{4}$ ④ $\dfrac{5}{2}$ ⑤ $\dfrac{9}{4}$

1. 급수 $\displaystyle\sum_{n=1}^{\infty}\left(n\cdot a_n - \frac{n^2+1}{2n+1}\right)$가 수렴하므로 극한 $\displaystyle\lim_{n\to\infty}\left(n\cdot a_n - \frac{n^2+1}{2n+1}\right)=0$이다.

2. $\displaystyle\lim_{n\to\infty}\frac{1}{n}=0$, $\displaystyle\lim_{n\to\infty}\left(n\cdot a_n - \frac{n^2+1}{2n+1}\right)=0$**으로 수렴하므로 수열의 극한의 기본 성질을 이용할 수 있다.**

$$\lim_{n\to\infty}\frac{1}{n}\times\lim_{n\to\infty}\left(n\cdot a_n - \frac{n^2+1}{2n+1}\right)=\lim_{n\to\infty}\left(a_n - \frac{n^2+1}{n(2n+1)}\right)=0\text{이다.}$$

$$\lim_{n\to\infty}\left(a_n - \frac{n^2+1}{n(2n+1)}\right)=0,\ \lim_{n\to\infty}\frac{n^2+1}{2n^2+n}=\frac{1}{2}\text{ 으로 수렴하므로}$$

수열의 극한의 기본 성질을 이용할 수 있다. 따라서 $\displaystyle\lim_{n\to\infty}a_n=\lim_{n\to\infty}\frac{n^2+1}{2n^2+n}=\frac{1}{2}$ 이다.

3. 따라서 $\displaystyle\lim_{n\to\infty}\left(a_n^2+2a_n+2\right)=\left(\frac{1}{2}\right)^2+2\cdot\frac{1}{2}+2=\frac{13}{4}$이다.

답은 ①!!

두 수열 $\{a_n\}$, $\{b_n\}$ 이 다음 조건을 만족시킨다.

> (가) $\displaystyle\sum_{k=1}^{n}(a_k+b_k)=\dfrac{1}{n+1}$ $(n \geq 1)$
>
> (나) $\displaystyle\lim_{n\to\infty} n^2 b_n = 2$

$\displaystyle\lim_{n\to\infty} n^2 a_n$ 의 값은? [4점]

① -3 ② -2 ③ -1 ④ 0 ⑤ 1

---

1. 조건 (가)를 이용하여 a_n+b_n을 먼저 구해보자.

$$a_n+b_n = \sum_{k=1}^{n}(a_k+b_k) - \sum_{k=1}^{n-1}(a_k+b_k) = \frac{1}{n+1} - \frac{1}{n} = \frac{-1}{n(n+1)} \text{ 이다.}$$

2. $\displaystyle\lim_{n\to\infty} n^2 a_n$을 구해보자.

$\displaystyle\lim_{n\to\infty} n^2 b_n = 2$, $\displaystyle\lim_{n\to\infty}(a_n+b_n) = \lim_{n\to\infty}\frac{-1}{n(n+1)} = 0$로 **수렴하므로**

수열의 극한의 기본 성질을 이용할 수 있다.

이를 활용하기 위해서 $n^2 a_n = n^2\{(a_n+b_n) - b_n\}$으로 바꿔주자.

$$\lim_{n\to\infty} n^2 a_n = \lim_{n\to\infty} n^2\{(a_n+b_n)-b_n\} = \lim_{n\to\infty} n^2(a_n+b_n) - \lim_{n\to\infty} n^2 b_n$$

$$= \lim_{n\to\infty}\frac{-n^2}{n(n+1)} - 2 = -3 \text{이다.}$$

답은 ①!!

좌표평면에서 직선 $x-3y+3=0$ 위에 있는 점 중에서 x좌표와 y좌표가 자연수인 모든 점의 좌표를 각각

$$(a_1,\ b_1),\ (a_2,\ b_2),\ \cdots,\ (a_n,\ b_n),\cdots$$

이라 할 때, $\displaystyle\sum_{n=1}^{\infty}\frac{1}{a_n b_n}$ 의 값은? (단, $a_1 < a_2 < \cdots < a_n < \cdots$ 이다.) [3점]

① 1 ② $\dfrac{1}{2}$ ③ $\dfrac{1}{3}$ ④ $\dfrac{1}{4}$ ⑤ $\dfrac{1}{5}$

1. $x-3y+3=0$를 정리하면 $x=3y-3$이다. **y가 2 이상의 자연수이면 x 역시 자연수이다.**
   y좌표를 기준으로 직선 $x-3y+3=0$ 위에 있는 점 중에서 x좌표와 y좌표가 자연수인 점을 찾아보자.
   x좌표와 y좌표가 모두 자연수인 첫 번째 점은 $(3,\ 2)$이므로 $b_1=2$이다.
   차례로 $b_2=3,\ b_3=4,\ \cdots,\ b_n=n+1$으로 잡자.

2. $a_n-3b_n+3=0$이므로 $a_n=3(n+1)-3=3n$이다.

3. 따라서 $\displaystyle\sum_{n=1}^{\infty}\frac{1}{a_n b_n}=\sum_{n=1}^{\infty}\frac{1}{3n(n+1)}=\frac{1}{3}\sum_{n=1}^{\infty}\left(\frac{1}{n}-\frac{1}{n+1}\right)=\frac{1}{3}$ 이다.

답은 ③!!

수열 $\{a_n\}$ 에 대하여 집합

$$A = \left\{ x \mid x^2 - 1 < a < x^2 + 2x, \ x \text{는 자연수} \right\}$$

가 공집합이 되도록 하는 자연수 a 를 작은 수부터 크기순으로 나열할 때, n 번째 수를 a_n 이라 하자. 예를 들어, $a = 3$ 은 $x^2 - 1 < a < x^2 + 2x$ 를 만족시키는 자연수 x 가 존재하지 않는 첫 번째 수이므로 $a_1 = 3$ 이다. $\displaystyle\sum_{n=1}^{\infty} \frac{1}{a_n}$ 의 값은? [4점]

① $\dfrac{1}{2}$ ② $\dfrac{3}{4}$ ③ 1 ④ $\dfrac{5}{4}$ ⑤ $\dfrac{3}{2}$

---

1. 집합 A 에서 x 의 범위를 a 를 이용해 나타내보자.

좌변의 $x^2 - 1 < a$ 에서 $-\sqrt{a+1} < x < \sqrt{a+1}$ 이고,

우변의 $a < x^2 + 2x$ 에서 $x > -1 + \sqrt{a+1}$ 또는 $x < -1 - \sqrt{a+1}$ 이다.

이 둘을 동시에 만족하는 x 의 범위는 a 가 자연수이므로 $-1 + \sqrt{a+1} < x < \sqrt{a+1}$ 이다.

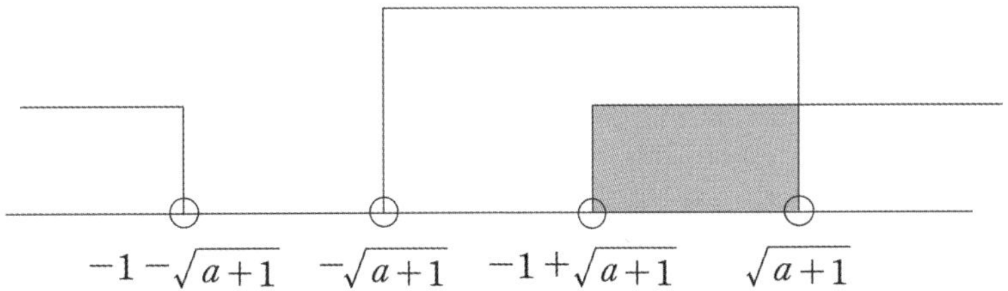

---

2. $-1 + \sqrt{a+1} < x < \sqrt{a+1}$ 에서 $-1 + \sqrt{a+1}$ 과 $\sqrt{a+1}$ 의 차이는 1이기에

$-1 + \sqrt{a+1}$, $\sqrt{a+1}$ 이 자연수인 경우, 범위 내에 자연수 x 가 존재하지 않는다.

따라서 $a_n + 1 = (n+1)^2$, $a_n = (n+1)^2 - 1 = n(n+2)$ 이다.

---

3. $\displaystyle\sum_{n=1}^{\infty} \frac{1}{n(n+2)} = \frac{1}{2} \sum_{n=1}^{\infty} \left(\frac{1}{n} - \frac{1}{n+2} \right) = \frac{1}{2} \times \left(1 + \frac{1}{2} \right) = \frac{3}{4}$ 이다.

답은 ②!!

4. 등비급수

등비급수는 등비수열의 급수이다. 등비수열은 일반항이 $a_n = a_1 r^{n-1}$으로 나타나는 수열이며,

급수는 $\sum\limits_{k=1}^{\infty} a_k$ 혹은 $\lim\limits_{n\to\infty} \sum\limits_{k=1}^{n} a_k$을 의미하므로 등비급수는 자연스럽게 $\lim\limits_{n\to\infty} \sum\limits_{k=1}^{n} a_1 r^{k-1}$으로 표현됨을 알 수 있다.

수학 I 에서 등비수열의 합 $\sum\limits_{k=1}^{n} a_1 r^{k-1} = \dfrac{a_1(1-r^n)}{1-r}$ 을 배웠으므로,

이를 적용하면 등비급수는 $\lim\limits_{n\to\infty} \dfrac{a_1(1-r^n)}{1-r}$ 임을 알 수 있다.

이때, 이 식에 포함된 r^n 항 때문에 r의 값에 따라 등비급수가 수렴할지 발산할지가 결정된다.
이에 대한 수렴/발산을 정리하면 다음과 같다.

$$\text{등비급수 } \sum_{k=1}^{\infty} a_1 r^{k-1} = a_1 + a_1 r + \cdots \ \text{(단, } a_1 \neq 0)\text{은}$$

$$① \ |r| < 1 \ \text{일 때, } \sum_{k=1}^{\infty} a_1 r^{k-1} = \frac{a_1}{1-r}$$

$$② \ |r| \geq 1 \ \text{일 때, } \sum_{k=1}^{\infty} a_1 r^{k-1} \text{는 발산한다.}$$

따라서 급수 $\sum\limits_{k=1}^{\infty} a_k$가 수렴한다는 조건이 있다면 $\lim\limits_{n\to\infty} a_n = 0$이라는 것을 알아차리는 것은 기본이며, 여기에 문제의 조건에 '수열 $\{a_n\}$은 등비수열이다.' 라는 어구가 있다면 '공비의 절댓값이 1 미만이구나.'까지 알아차려야 한다.

또한 눈치가 빠른 친구들은 박스에서 특이한 어떤 조건을 봤을 것이다. **바로 $a_1 \neq 0$ 이란 조건**이다.
이 페이지에서 등비급수의 수렴성을 조사하면서 우리는 r에만 집중했다. (정확히는 r^n 항 때문이다.)

하지만 $a_1 = 0$이라면 등비수열 $\{a_n\}$은 모든 항이 0인 상수 수열이 된다. 따라서 r의 값에 관계없이 항상 수렴하게 되므로, a_1이 0인지 아닌지 판단하는 것 역시 수렴성 판단에 중요한 포인트가 된다.

등비급수 $\displaystyle\sum_{n=1}^{\infty}(x+1)\left(1-\dfrac{x}{4}\right)^{n-1}$ 의 합이 존재하도록 하는 모든 정수 x의 합을 구하시오. [4점]

1. 등비급수에서 $a_1 = x+1$, $r = 1 - \dfrac{x}{4}$ 의 형태를 띄고 있다.

   (1) $a_1 = 0$일 때, 수렴함을 쉽게 알 수 있다. $(x = -1)$

   (2) $a_1 \neq 0$일 때, $|r| < 1$이어야 하므로 $-1 < 1 - \dfrac{x}{4} < 1$, $0 < x < 8$ 이다.

   따라서 모든 정수들은 $-1, 1, 2, 3, 4, 5, 6, 7$ 로 합은 27이다.

답은 27!!

comment

하지만 수능에선 이와 같은 것으로 변별하려 하지 않을 것이다.

r의 범위를 나누는 것은 r^n의 극한의 수렴과 발산을 조사하는 중요한 과정이지만 첫째항이 0이냐 아니냐를 판단하는 건 그렇게 중요하지 않기 때문이다. 이상한 것에 꽂히지 말 것.

우리는 수능이란 시험을 준비하고 있음에 포커스를 맞추자.

공비가 같은 두 등비수열 $\{a_n\}$, $\{b_n\}$에 대하여 $a_1 - b_1 = 1$이고 $\displaystyle\sum_{n=1}^{\infty} a_n = 8$, $\displaystyle\sum_{n=1}^{\infty} b_n = 6$일 때,

$\displaystyle\sum_{n=1}^{\infty} a_n b_n$의 값을 구하시오. [4점]

1. 등비수열 $\{a_n\}$, $\{b_n\}$에 대한 등비급수의 수렴값이 각각 8, 6으로 나와 있으므로 공비의 범위는 신경 쓰지 않아도 된다. 단순히 공식을 적용하면 된다.

$$\sum_{n=1}^{\infty} a_n = \frac{a_1}{1-r} = 8, \quad \sum_{n=1}^{\infty} b_n = \frac{b_1}{1-r} = 6 \text{에서}$$

$$a_1 - b_1 = 8(1-r) - 6(1-r) = 2 - 2r = 1 \text{로부터 } r = \frac{1}{2} \text{임을 알 수 있다.}$$

$\dfrac{a_1}{1-r} = 8$, $\dfrac{b_1}{1-r} = 6$에 각각 $r = \dfrac{1}{2}$을 대입하면 $a_1 = 4$, $b_1 = 3$이다.

2. 수열 $\{a_n b_n\}$은 두 등비수열의 곱으로 표현되어있으므로 공비는 $r^2 = \dfrac{1}{4}$임을 알 수 있다.

따라서 $\displaystyle\sum_{n=1}^{\infty} a_n b_n = \dfrac{4 \times 3}{1 - \dfrac{1}{4}} = 16$ 이다.

답은 16!!

※ 주의!

$$\sum_{n=1}^{\infty} a_n b_n \neq \sum_{n=1}^{\infty} a_n \times \sum_{n=1}^{\infty} b_n. \text{ 절대 착각하지 말 것!}$$

모든 항이 양의 실수인 수열 $\{a_n\}$ 이

$$a_1 = k, \quad a_n a_{n+1} + a_{n+1} = ka_n^2 + ka_n \ (n \geq 1)$$

을 만족시키고 $\displaystyle\sum_{n=1}^{\infty} a_n = 5$ 일 때, 실수 k 의 값은? (단, $0 < k < 1$) [3점]

① $\dfrac{5}{6}$ ② $\dfrac{4}{5}$ ③ $\dfrac{3}{4}$ ④ $\dfrac{2}{3}$ ⑤ $\dfrac{1}{2}$

1. 두 번째 식을 정리해 보자. $a_{n+1}(a_n + 1) = ka_n(a_n + 1)$ 이고 수열 $\{a_n\}$ 의 모든 항이 양의 실수이므로 $a_{n+1} = ka_n$ 이다. 따라서 $a_n = k^n$ 으로 등비수열이다.

2. $\displaystyle\sum_{n=1}^{\infty} a_n = \sum_{n=1}^{\infty} k^n = \frac{k}{1-k} = 5$ 이므로 $k = \dfrac{5}{6}$ 이다.

답은 ①!!

※ 이번 교육과정에서 수열의 목표는 '점화식을 이용한 일반항 찾기'가 아닌 **'수열 $\{a_n\}$ 의 n 에 자연수 대입으로 귀납적으로 규칙 찾기'**이다.
다만, **등차수열을 나타내는 점화식** $2a_{n+1} = a_n + a_{n+2}$ **와 등비수열을 나타내는 점화식** $(a_{n+1})^2 = a_n a_{n+2}$ **은 알아두자!**

2 보다 큰 자연수 n 에 대하여 $(-3)^{n-1}$ 의 n 제곱근 중 실수인 것의 개수를 a_n 이라 할 때, $\displaystyle\sum_{n=3}^{\infty} \frac{a_n}{2^n}$ 의 값은? [4점]

① $\dfrac{1}{6}$ ② $\dfrac{1}{4}$ ③ $\dfrac{1}{3}$ ④ $\dfrac{5}{12}$ ⑤ $\dfrac{1}{2}$

우선 들어가기 전에 n의 제곱근과 제곱근 n의 차이부터 확인하자.

$$\begin{cases} n\text{의 제곱근} = \pm\sqrt{n} \\ \text{제곱근 } n = \sqrt{n} \end{cases}$$

간단하지만 막상 까먹는 사람들이 많다. 한 번만 잡고 가자.

1. $(-3)^{n-1}$은 n이 짝수이냐, 홀수이냐에 따라 음수인지 양수인지가 갈린다.

   n이 짝수일 경우, $(-3)^{n-1}$은 음수이다. 따라서 $(-3)^{n-1}$의 n제곱근 중 실수는 없다.
   따라서 $a_{2k} = 0$이다. (k는 자연수.)

   n이 홀수일 경우, $(-3)^{n-1}$은 양수이다. 따라서 $(-3)^{n-1}$의 n제곱근 중 실수는 1개다.
   따라서 $a_{2k-1} = 1$이다. (k는 자연수.)

2. 따라서 $\displaystyle\sum_{n=3}^{\infty} \frac{a_n}{2^n} = \left(\frac{1}{2^3} + \frac{1}{2^5} + \frac{1}{2^7} + \cdots \right)$이다. 이를 계산하면 $\dfrac{\frac{1}{2^3}}{1 - \frac{1}{2^2}} = \dfrac{1}{6}$이다.

답은 ①!!

수열 $\{a_n\}$은 등비수열이고, 수열 $\{b_n\}$을 모든 자연수 n에 대하여

$$b_n = \begin{cases} -1 & (a_n \le -1) \\ a_n & (a_n > -1) \end{cases}$$

이라 할 때, 수열 $\{b_n\}$은 다음 조건을 만족시킨다.

(가) 급수 $\displaystyle\sum_{n=1}^{\infty} b_{2n-1}$은 수렴하고 그 합은 -3이다.

(나) 급수 $\displaystyle\sum_{n=1}^{\infty} b_{2n}$은 수렴하고 그 합은 8이다.

$b_3 = -1$일 때, $\displaystyle\sum_{n=1}^{\infty} |a_n|$의 값을 구하시오. [4점]

1. 두 급수 $\displaystyle\sum_{n=1}^{\infty} b_{2n-1}$, $\displaystyle\sum_{n=1}^{\infty} b_{2n}$ 이 각각 음수, 양수로 수렴하는 것에서

등비급수의 수렴 조건인 $r \neq 0$, $|r| < 1$ (단, r은 등비수열 $\{a_n\}$의 공비)가 떠올라야 한다.

또한 $b_3 = -1$ 이므로 $a_3 \leq -1$ 이고, $a_1 = \dfrac{a_3}{r^2} < -1$ 임도 알 수 있다.

따라서 $b_1 = b_3 = -1$ 이다.

---

2. 조건 (가)에서

$$\sum_{n=1}^{\infty} b_{2n-1} = b_1 + b_3 + b_5 + b_7 + \cdots = -3 \ \text{이므로}$$

$b_5 + b_7 + \cdots = -1 \ \cdots (①)$ 임을 알 수 있는데,

$a_1 < -1$, $0 < r^2 < 1$ 이므로 모든 자연수 n에 대하여

$a_{2n-1} = a_1 \left(r^2 \right)^{n-1} < 0$ 임을 알 수 있으므로

$b_{2n-1} = -1$ 또는 $b_{2n-1} = a_{2n-1} < 0$ 일 것이다.

(n이 커질수록 $\left| a_{2n-1} \right|$의 값이 작아진다는 것 또한 알 수 있어야 한다.)

(①)에서 힌트를 얻으면,

$n \geq 3$인 모든 자연수 n에 대하여 $-1 < a_{2n-1} < 0$ 이어야만

조건 (가)가 만족됨을 알 수 있을 것이다.

따라서 (①)에서 $b_5 + b_7 + \cdots = a_5 + a_7 + \cdots = \dfrac{a_1 r^4}{1 - r^2} = -1 \ \cdots (②)$ 이다.

---

3. $0 < r < 1$ 이면 모든 자연수 n에 대하여 $a_n < 0 \Rightarrow b_n < 0$ 이므로

조건 (나)에 모순이 됨을 쉽게 알 수 있다.

따라서 $-1 < r < 0$ 이고, 모든 자연수 n에 대하여 $a_{2n} > 0$ 이므로

$$\sum_{n=1}^{\infty} b_{2n} = \frac{a_1 r}{1 - r^2} = 8 \ \cdots (③) \ \text{이다.}$$

(②)와 (③)을 연립하면 $r = -\dfrac{1}{2}$ 이고, 이를 (③)에 대입하면 $a_1 = -12$ 이므로

$a_n = (-12)\left(-\dfrac{1}{2} \right)^{n-1}$ 이다. 따라서 $\displaystyle\sum_{n=1}^{\infty} \left| a_n \right| = \sum_{n=1}^{\infty} 12 \left(\dfrac{1}{2} \right)^{n-1} = \dfrac{12}{1 - \dfrac{1}{2}} = 24$ 이다.

답은 24!!

첫째항과 공비가 각각 0이 아닌 두 등비수열 $\{a_n\}$, $\{b_n\}$에 대하여 두 급수 $\displaystyle\sum_{n=1}^{\infty} a_n$, $\displaystyle\sum_{n=1}^{\infty} b_n$이 각각 수렴하고

$$\sum_{n=1}^{\infty} a_n b_n = \left(\sum_{n=1}^{\infty} a_n\right) \times \left(\sum_{n=1}^{\infty} b_n\right),$$

$$3 \times \sum_{n=1}^{\infty} |a_{2n}| = 7 \times \sum_{n=1}^{\infty} |a_{3n}|$$

이 성립한다. $\displaystyle\sum_{n=1}^{\infty} \frac{b_{2n-1} + b_{3n+1}}{b_n} = S$일 때, $120S$의 값을 구하시오. [4점]

1. 두 등비수열 $\{a_n\}$, $\{b_n\}$ 의 공비를 각각 r_a, r_b 라 하자.

두 급수 $\displaystyle\sum_{n=1}^{\infty} a_n$, $\displaystyle\sum_{n=1}^{\infty} b_n$ 이 각각 수렴하므로 $|r_a| < 1$, $|r_b| < 1$ 이고,

$0 < r_a r_b < 1$ 이므로 등비수열 $\{a_n b_n\}$ 도 수렴한다.

등비급수의 합 공식에 의하여

$$\sum_{n=1}^{\infty} a_n b_n = \frac{a_1 b_1}{1 - r_a r_b}, \quad \sum_{n=1}^{\infty} a_n = \frac{a_1}{1 - r_a}, \quad \sum_{n=1}^{\infty} b_n = \frac{b_1}{1 - r_b} \text{ 이므로}$$

$$\frac{a_1 b_1}{1 - r_a r_b} = \frac{a_1}{1 - r_a} \times \frac{b_1}{1 - r_b} \Rightarrow r_a r_b = \frac{r_a + r_b}{2} \cdots (①) \text{ 이다.}$$

2. 두 등비수열 $|a_{2n}|$, $|a_{3n}|$ 의 공비는 각각 $|r_a{}^2|$, $|r_a{}^3|$ 이므로 등비급수의 합 공식에 의하여

$$3 \times \sum_{n=1}^{\infty} |a_{2n}| = \frac{3|a_2|}{1 - |r_a{}^2|}, \quad 7 \times \sum_{n=1}^{\infty} |a_{3n}| = \frac{7|a_3|}{1 - |r_a{}^3|} \text{ 이다. (단, } |r_a| \neq 1)$$

$|a_2| = |a_1 r_a|$, $|a_3| = |a_1 r_a{}^2|$ 이므로

$$\frac{3}{1 - |r_a{}^2|} = \frac{7|r_a|}{1 - |r_a{}^3|} \Rightarrow 4|r_a{}^3| - 7|r_a| + 3 = 0 \Rightarrow (|r_a| - 1)(2|r_a| - 1)(2|r_a| + 3) = 0$$

에서 $|r_a| = \dfrac{1}{2}$ 이다.

$r_a = \dfrac{1}{2}$ 을 $(①)$ 에 대입하면 $\dfrac{r_b}{2} = \dfrac{\dfrac{1}{2} + r_b}{2} \Rightarrow 0 = \dfrac{1}{4}$ 이므로 모순이고,

$r_a = -\dfrac{1}{2}$ 을 $(①)$ 에 대입하면 $-\dfrac{r_b}{2} = \dfrac{-\dfrac{1}{2} + r_b}{2} \Rightarrow r_b = \dfrac{1}{4}$ 이다.

3. $\dfrac{b_{2n-1} + b_{3n+1}}{b_n} = \dfrac{b_1 \times \left\{ \left(\dfrac{1}{4}\right)^{2n-2} + \left(\dfrac{1}{4}\right)^{3n} \right\}}{b_1 \times \left(\dfrac{1}{4}\right)^{n-1}} = \left(\dfrac{1}{4}\right)^{n-1} + \left(\dfrac{1}{4}\right)^{2n+1}$ 이므로

급수의 성질 및 등비급수의 합 공식에 의하여

$$\sum_{n=1}^{\infty} \frac{b_{2n-1} + b_{3n+1}}{b_n} = \sum_{n=1}^{\infty} \left(\frac{1}{4}\right)^{n-1} + \sum_{n=1}^{\infty} \left(\frac{1}{4}\right)^{2n+1} = \frac{1}{1 - \dfrac{1}{4}} + \frac{\left(\dfrac{1}{4}\right)^3}{1 - \left(\dfrac{1}{4}\right)^2} = \frac{81}{60} \text{ 이다.}$$

따라서 $120S = 162$ 이다.

답은 162!!

$\log x$의 정수 부분과 소수 부분을 각각 $f(x)$, $g(x)$로 하는 기출문제를 종종 볼 수 있다. 하지만 이와 관련된 문제는 평가원, 수능에서 출제되기 어렵다. 07 교육과정에서는 $\log x$의 정수 부분을 '지표', 소수 부분을 '가수'로 소개하였다. 하지만 **저번 교육과정인 09 교육과정에서부터 로그의 지표, 가수 부분이 아예 빠졌고 $\log x$의 '지표'를 '정수 부분'으로, '가수'를 '소수 부분'으로 용어를 바꾸어 출제하지도 않았다.** 따라서 이번 교육과정인 15 개정 교육과정에서도 로그의 지표, 가수 관련 문제가 출제될 가능성은 매우 희박하다.

하지만 수학적 사고력, 로그의 이해, 정수 조건을 다루는 연습을 위해 교재에 몇몇 문제를 넣어두었다. 넘어가도 좋지만 공부해도 해가 될 건 없다.

로그의 정수 부분, 소수 부분 관련 문제는 어떻게 풀면 될까?
$\log x$의 정수 부분과 소수 부분을 각각 $f(x)$, $g(x)$로 하자. **$\log x = f(x) + g(x)$, $f(x) = k$ (k는 정수), $0 \leq g(x) < 1$을 써둔 다음 문제풀이를 진행하면 된다.** 패턴이 일정해서 익숙해지면 전혀 어렵지 않다.

예제(26) 14학년도 수능 A형 20번

양의 실수 x에 대하여 $\log x$의 정수 부분과 소수 부분을 각각 $f(x)$, $g(x)$라 하자. 자연수 n에 대하여 $f(x) - (n+1)g(x) = n$을 만족시키는 모든 x의 값의 곱을 a_n이라 할 때, $\displaystyle\lim_{n\to\infty}\frac{\log a_n}{n^2}$의 값은? [4점]

① 1 ② $\dfrac{3}{2}$ ③ 2 ④ $\dfrac{5}{2}$ ⑤ 3

---

1. $\log x = f(x) + g(x)$이므로 $x = 10^{f(x)+g(x)}$이다.

$0 \leq g(x) < 1$이므로 $g(x) = \dfrac{f(x) - n}{n+1}$에서 $n \leq f(x) < 2n+1$이다.

$f(x) = k$일 때, $f(x) + g(x) = k + \dfrac{k-n}{n+1}$이므로 $x = 10^{k + \frac{k-n}{n+1}}$에서 $a_n = 10^{\sum\limits_{k=n}^{2n}\left(k + \frac{k-n}{n+1}\right)}$이다.

따라서 $\log a_n = \displaystyle\sum_{k=n}^{2n}\left(k + \frac{k-n}{n+1}\right) = \sum_{k=n}^{2n}\left(\frac{n+2}{n+1}k - \frac{n}{n+1}\right)$

$= \dfrac{n+2}{n+1} \times \dfrac{(n+1)(n+2n)}{2} - \dfrac{n(n+1)}{n+1} = \dfrac{3n(n+2)}{2} - n$이다.

2. $\displaystyle\lim_{n\to\infty}\frac{\log a_n}{n^2} = \lim_{n\to\infty}\frac{\dfrac{3n(n+2)}{2} - n}{n^2} = \dfrac{3}{2}$이다.

답은 ②!!

양수 t 에 대하여 $\log t$ 의 정수 부분과 소수 부분을 각각 $f(t)$, $g(t)$ 라 하자. 자연수 n 에 대하여

$$f(t) = 9n\left\{g(t) - \frac{1}{3}\right\}^2 - n$$

을 만족시키는 서로 다른 모든 $f(t)$ 의 합을 a_n 이라 할 때, $\displaystyle\lim_{n\to\infty}\frac{a_n}{n^2}$ 의 값은? [4점]

① 4　　　　② $\dfrac{9}{2}$　　　　③ 5　　　　④ $\dfrac{11}{2}$　　　　⑤ 6

---

1. $0 \le g(t) < 1$ 에서 $-\dfrac{1}{3} \le g(t) - \dfrac{1}{3} < \dfrac{2}{3}$ 이고

$0 \le \left(g(t) - \dfrac{1}{3}\right)^2 < \dfrac{4}{9}$ 이므로 $-n \le 9n\left(g(t) - \dfrac{1}{3}\right)^2 - n \le 3n$ 이다.

따라서 $-n \le f(t) < 3n$ 이다.

2. $a_n = \dfrac{(3n - 1 - n)}{2} \times 4n = 2n(2n - 1)$ 이다.

따라서 $\displaystyle\lim_{n\to\infty}\frac{a_n}{n^2} = \lim_{n\to\infty}\frac{2n(2n-1)}{n^2} = 4$ 이다.

답은 ①!!

Chapter

03

수열의 극한,
등비급수의 활용 – 기하

▌수열의 극한 – 기하 Advice

기본적인 평면도형을 대하는 태도는 Chapter 1과 다른 바가 없다. 수열의 극한과 기하가 버무려진 몇몇 예제들을 풀어보며 배운 태도를 강화하도록 하자.

예제(1) 10학년도 수능 나형 25번

그림과 같이 한 변의 길이가 2인 정사각형 A와 한 변의 길이가 1인 정사각형 B는 변이 서로 평행하고, A의 두 대각선의 교점과 B의 두 대각선의 교점이 일치하도록 놓여 있다. A와 A의 내부에서 B의 내부를 제외한 영역을 R이라 하자. 2 이상인 자연수 n에 대하여 한 변의 길이가 $\dfrac{1}{n}$인 작은 정사각형을 다음 규칙에 따라 R에 그린다.

> (가) 작은 정사각형의 한 변은 A의 한 변에 평행하다.
> (나) 작은 정사각형들의 내부는 서로 겹치지 않도록 한다.

이와 같은 규칙에 따라 R에 그릴 수 있는 한 변의 길이가 $\dfrac{1}{n}$인 작은 정사각형의 있는 개수를 a_n이라 하자.

예를 들어, $a_2 = 12$, $a_3 = 20$이다. $\displaystyle\lim_{n\to\infty} \dfrac{a_{2n+1} - a_{2n}}{a_{2n} - a_{2n-1}} = c$라 할 때, $100c$의 값을 구하시오. [4점]

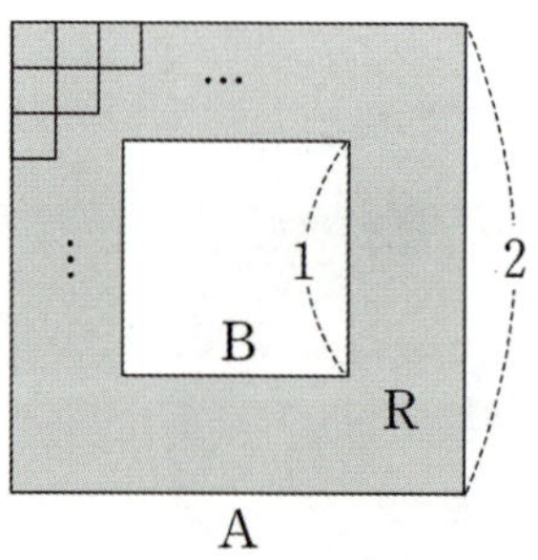

1. 발문에서 $a_2 = 12$와 $a_3 = 20$을 줬으므로 그림을 그려서 이해해보자.

(1) a_{2n}

$a_2 = 12$이 나오는 과정을 살펴보자. 한 변의 길이가 $\dfrac{1}{2}$인 정사각형을 빼곡히 채워보겠다.

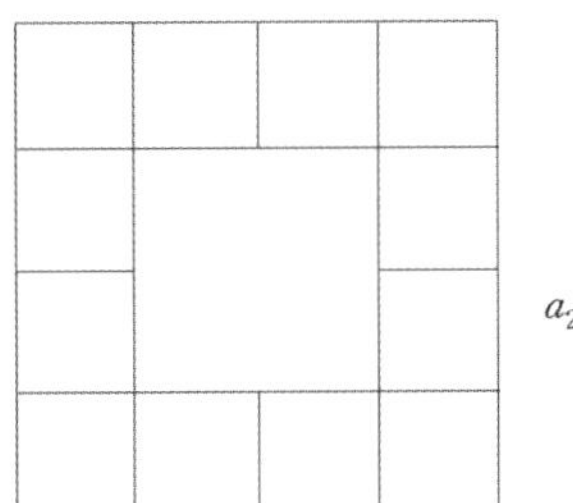

다음과 같이 12개의 정사각형이 채워짐을 알 수 있다.
이제 여기서 a_{2n}을 파악해보자.

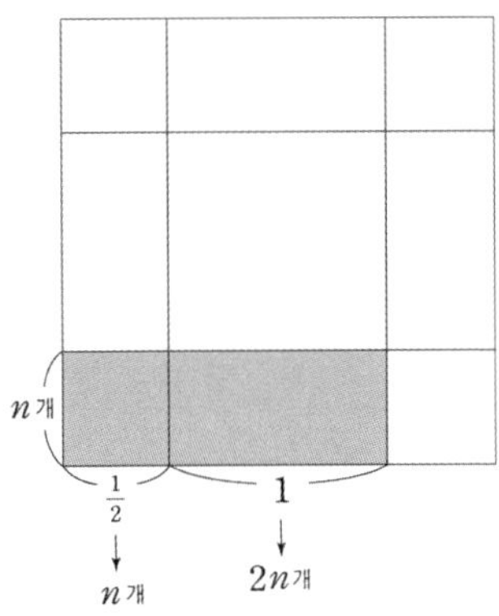

밑변의 길이가 $\dfrac{3}{2}$이고 높이가 $\dfrac{1}{2}$인 직사각형이 4개가 존재한다.

하나의 직사각형에는 작은 정사각형이 $3n^2$개 들어가므로 $a_{2n} = 4 \times 3n^2 = 12n^2$이다.

(2) a_{2n+1}

$a_3 = 20$이 나오는 과정을 살펴보자.

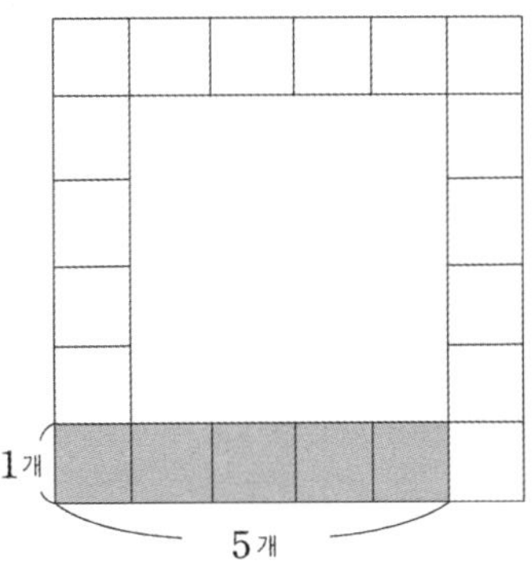

다음과 같이 20개의 정사각형이 채워짐을 알 수 있다.

이제 여기서 a_{2n+1}을 파악해보자.

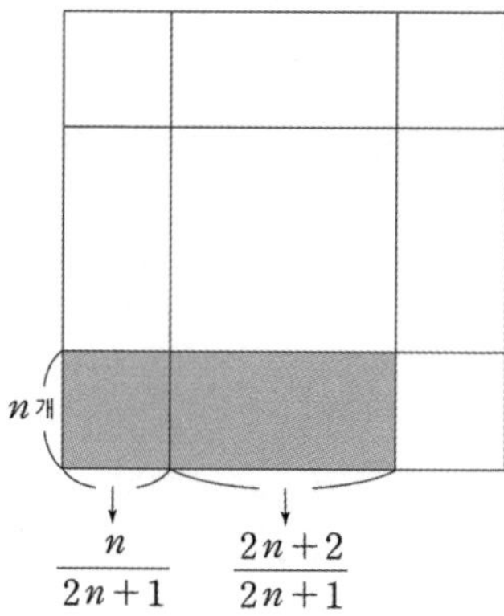

밑변의 길이가 $\dfrac{3n+2}{2n+1}$ 이고 높이가 $\dfrac{n}{2n+1}$ 인 직사각형이 4개가 존재한다.

하나의 직사각형에는 작은 정사각형이 $n \times (3n+2)$개 들어가므로 $a_{2n+1} = 4 \times (3n^2 + 2n)$이다.

2. a_{2n-1}을 구하고 c의 값을 구하자.

$$a_{2n-1} = a_{2(n-1)+1} = 4 \times \left\{ 3(n-1)^2 + 2(n-1) \right\}$$
$$= 4\{(n-1)(3n-1)\} = 4(3n^2 - 4n + 1) \text{이다.}$$
$$a_{2n} - a_{2n-1} = 12n^2 - (12n^2 - 16n + 4) = 16n - 4,$$

$a_{2n+1} - a_{2n} = 12n^2 + 8n - 12n^2 = 8n$이므로 $\displaystyle \lim_{n \to \infty} \frac{a_{2n+1} - a_{2n}}{a_{2n} - a_{2n-1}} = \lim_{n \to \infty} \frac{8n}{16n-4} = \frac{1}{2}$이다.

따라서 $c = \dfrac{1}{2}$ 이므로 $100c = 50$이다.

답은 50!!

그림과 같이 한 변의 길이가 4 인 정삼각형 ABC 와 점 A 를 지나고 직선 BC 와 평행한 직선 l 이 있다. 자연수 n 에 대하여 중심 O_n 이 변 AC 위에 있고 반지름의 길이가 $\sqrt{3}\left(\dfrac{1}{2}\right)^{n-1}$ 인 원이 직선 AB 와 직선 l 에 모두 접한다. 이 원과 직선 AB가 접하는 점을 P_n, 직선 O_nP_n 과 직선 l 이 만나는 점을 Q_n 이라 하자. 삼각형 BO_nQ_n 의 넓이를 S_n 이라 할 때, $\displaystyle\lim_{n\to\infty} 2^n S_n = k$ 이다. k^2 의 값을 구하시오. [4점]

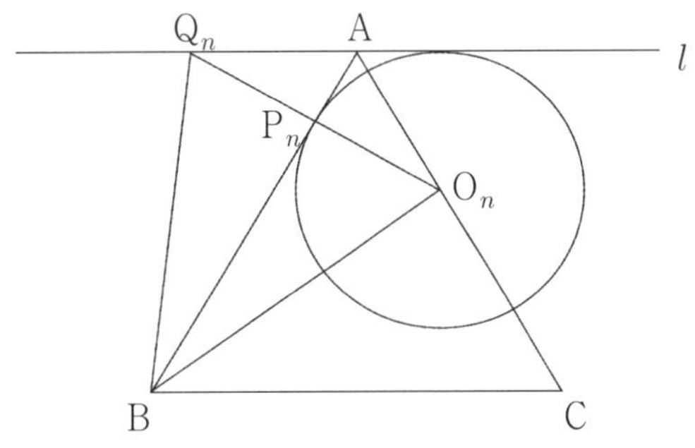

1. 원의 반지름의 길이를 r로 두고 구할 수 있는 선분의 길이와 각의 크기는 전부 구해보자.
   원의 중심과 접점을 잇고 직각을 표시하자.

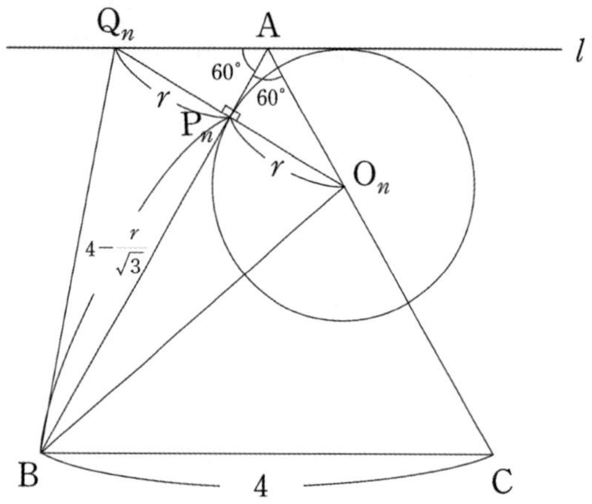

점 P_n은 원과 선분 AB의 접점이므로 $\overline{AB} \perp \overline{O_nQ_n}$이다. $\angle P_n = \dfrac{\pi}{2}$이다.

$\angle A = \dfrac{\pi}{3}$이므로 $\angle AO_nP_n = \dfrac{\pi}{6}$이고 $\overline{AP_n} = r\tan\dfrac{\pi}{6} = \dfrac{r}{\sqrt{3}}$이다.

엇각으로 $\angle BAQ_n = \angle ABC = \dfrac{\pi}{3}$이므로 $\triangle AP_nQ_n$과 $\triangle AP_nO_n$은 합동이다.
$\overline{P_nQ_n} = \overline{P_nO_n} = r$이다. $\overline{O_nQ_n} = \overline{O_nP_n} + \overline{P_nQ_n} = 2r$이다.

$\triangle BO_nQ_n$의 넓이 $S_n = \dfrac{1}{2} \times \overline{O_nQ_n} \times \overline{BP_n}$ 이므로 $\overline{BP_n}$을 구하자.

$\overline{AB} = 4$이므로 $\overline{BP_n} = \overline{AB} - \overline{AP_n} = 4 - \dfrac{r}{\sqrt{3}}$이다.

$$S_n = \dfrac{1}{2} \times \overline{O_nQ_n} \times \overline{BP_n} = \dfrac{1}{2} \times 2r\left(4 - \dfrac{r}{\sqrt{3}}\right)$$
$$= \sqrt{3}\left(\dfrac{1}{2}\right)^{n-1} \times \left(4 - \left(\dfrac{1}{2}\right)^{n-1}\right) = \sqrt{3}\left(\dfrac{1}{2}\right)^{n-3} - \sqrt{3}\left(\dfrac{1}{2}\right)^{2n-2}$$이다.

2. $\displaystyle\lim_{n\to\infty} 2^n S_n = \lim_{n\to\infty}\left\{2^n \times \sqrt{3} \times \left(\left(\dfrac{1}{2}\right)^{n-3} - \left(\dfrac{1}{2}\right)^{2n-2}\right)\right\} = \sqrt{3} \times \lim_{n\to\infty}\left\{8 - \left(\dfrac{1}{2}\right)^{n-2}\right\} = 8\sqrt{3}$이다.

$k = 8\sqrt{3}$이므로 $k^2 = 64 \times 3 = 192$이다.

답은 192!!

그림과 같이 크기가 $60°$인 $\angle\mathrm{AOB}$의 이등분선 위에 $\overline{\mathrm{OC_1}}=2$인 점 $\mathrm{C_1}$을 잡아 점 $\mathrm{C_1}$을 중심으로 하고 반직선 OA와 OB에 접하는 원 $\mathrm{C_1}$을 그릴 때, 원 $\mathrm{C_1}$과 반직선 OA, OB와의 접점을 각각 $\mathrm{P_1}$, $\mathrm{Q_1}$이라 하자. 점 $\mathrm{C_1}$을 지나고 반직선 OA와 OB에 접하는 두 원 중에서 큰 원의 중심을 $\mathrm{C_2}$, 원 $\mathrm{C_2}$와 반직선 OA, OB와의 접점을 각각 $\mathrm{P_2}$, $\mathrm{Q_2}$라 하고, 원 $\mathrm{C_1}$과 원 $\mathrm{C_2}$가 만나는 점을 각각 $\mathrm{A_1}$, $\mathrm{B_1}$이라 할 때, 사각형 $\mathrm{A_1C_1B_1C_2}$의 넓이를 S_1이라 하자. 점 $\mathrm{C_2}$를 지나고 반직선 OA와 OB에 접하는 두 원 중에서 큰 원의 중심을 $\mathrm{C_3}$, 원 $\mathrm{C_3}$과 반직선 OA, OB와의 접점을 각각 $\mathrm{P_3}$, $\mathrm{Q_3}$이라 하고, 원 $\mathrm{C_2}$와 원 $\mathrm{C_3}$이 만나는 점을 각각 $\mathrm{A_2}$, $\mathrm{B_2}$라 할 때, 사각형 $\mathrm{A_2C_2B_2C_3}$의 넓이를 S_2라 하자. 이와 같은 과정을 계속하여 n번째 얻은 도형의 넓이를 S_n이라 할 때, $\displaystyle\lim_{n\to\infty}\dfrac{S_n}{4^n+3^n}$의 값은? [4점]

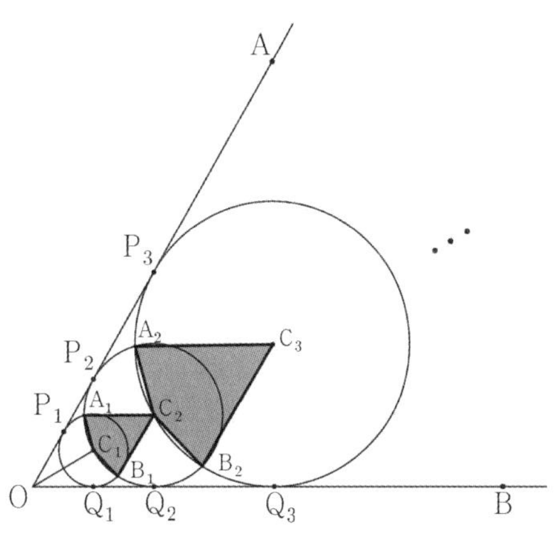

① $\dfrac{1}{4}$ ② $\dfrac{\sqrt{2}}{2}$ ③ $\dfrac{3}{8}$ ④ $\dfrac{\sqrt{3}}{4}$ ⑤ $\dfrac{\sqrt{15}}{8}$

1. 중심이 C_1인 원의 반지름의 길이와 중심이 C_2인 원의 반지름의 길이의 비율을 구하여 닮음비를 구하자.

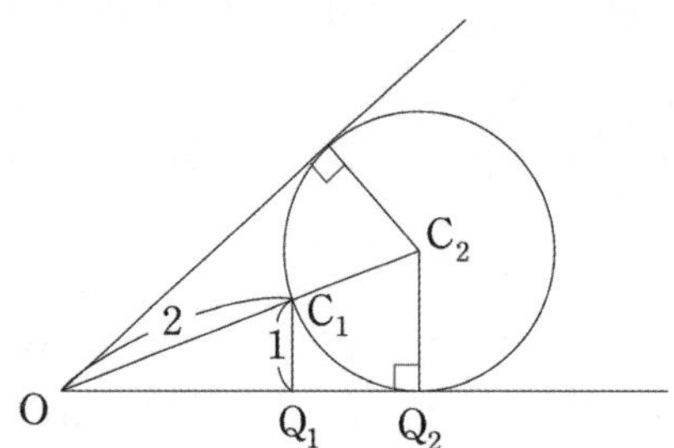

**새 부리를 닮은 내접원 꼴이 등장했다. 원의 중심과 접점을 잇고 직각 표시를 하자.
또 $\overline{OC_n}$을 그어주자.**

$\sin\dfrac{\pi}{6} = \dfrac{r}{2+r} = \dfrac{1}{2}$ 이므로 $r = 2$이다. 원 C_1의 반지름의 길이는 1, 원 C_2의 반지름의 길이는 2이다.

길이비는 $1:2$이므로 넓이비는 $1:4$이고 $S_1 : S_2 = 1 : 4$이다.

2. 이제 S_1을 구하여 S_n을 찾아보자.

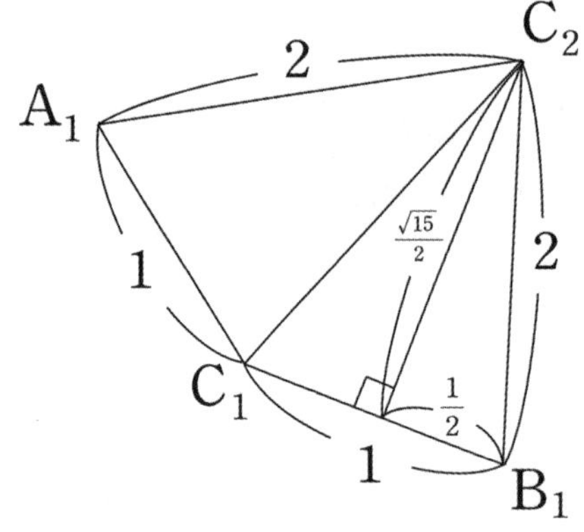

$\triangle B_1 C_2 C_1$은 이등변삼각형이다. $\overline{B_1 C_1}$의 중점을 M이라 하면 $\overline{B_1 C_1} = 1$, $\overline{B_1 M_1} = \dfrac{1}{2}$이므로

$\overline{C_2 M} = \dfrac{\sqrt{15}}{2}$이다.

따라서 $S_1 = 2 \times \dfrac{1}{2} \times \dfrac{\sqrt{15}}{2}$이고 $S_n = \dfrac{\sqrt{15}}{2} \times 4^{n-1}$이다.

3. $\displaystyle\lim_{n \to \infty} \dfrac{S_n}{4^n + 3^n} = \dfrac{\sqrt{15}}{2} \times \lim_{n \to \infty} \dfrac{4^{n-1}}{4^n + 3^n} = \dfrac{\sqrt{15}}{2} \times \dfrac{1}{4} = \dfrac{\sqrt{15}}{8}$이다.

답은 ⑤!!

자연수 n 에 대하여 점 A_n 이 함수 $y = 4^x$ 의 그래프 위의 점일 때, 점 A_{n+1} 을 다음 규칙에 따라 정한다.

(가) 점 A_1 의 좌표는 $(a, 4^a)$ 이다.

(나) (1) 점 A_n 을 지나고 x 축에 평행한 직선이 직선 $y = 2x$ 와 만나는 점을 P_n 이라 한다.

（2) 점 P_n 을 지나고 y 축에 평행한 직선이 곡선 $y = \log_4 x$ 와 만나는 점을 B_n 이라 한다.

（3) 점 B_n 을 지나고 x 축에 평행한 직선이 직선 $y = 2x$ 와 만나는 점을 Q_n 이라 한다.

（4) 점 Q_n 을 지나고 y 축에 평행한 직선이 곡선 $y = 4^x$ 와 만나는 점을 A_{n+1} 이라 한다.

점 A_n 의 x 좌표를 x_n 이라 할 때, $\displaystyle\lim_{n \to \infty} x_n$ 의 값은? [4점]

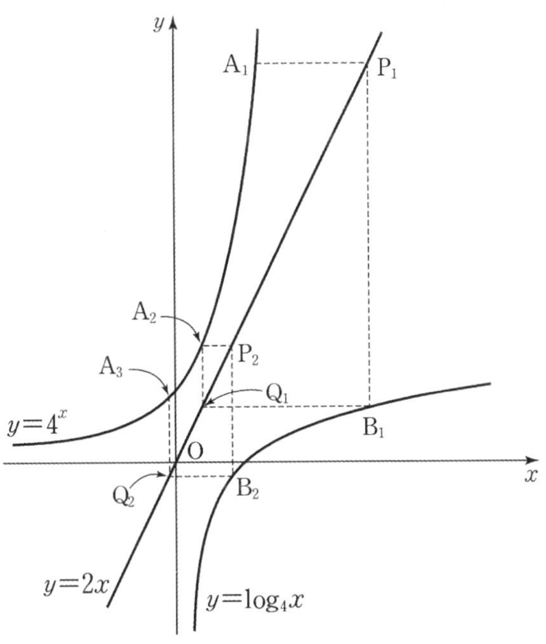

① $-\dfrac{3}{4}$ ② $-\dfrac{11}{16}$ ③ $-\dfrac{5}{8}$ ④ $-\dfrac{9}{16}$ ⑤ $-\dfrac{1}{2}$

1. x_2를 구하여 x_n과 x_{n+1}사이의 관계를 구해보자.

   x_2는 점 A_2의 x좌표이고, 이것은 점 Q_1의 x좌표와 같다.

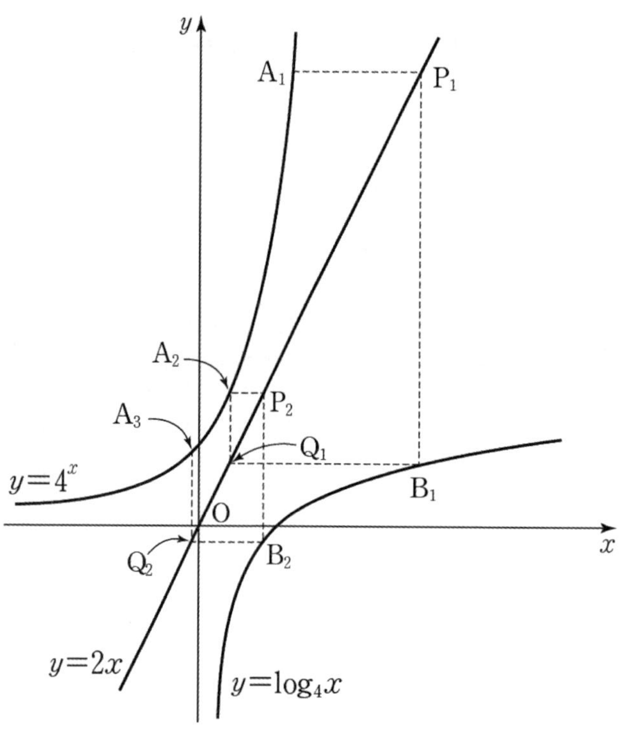

점 A_1의 좌표는 $\left(a,\, 4^a\right)$이므로 점 P_1의 좌표는 $\left(\dfrac{4^a}{2},\, 4^a\right)$이다.

점 P_1의 좌표는 $\left(\dfrac{4^a}{2},\, 4^a\right)$이므로 점 B_1의 좌표는 $\left(\dfrac{4^a}{2},\, a-\dfrac{1}{2}\right)$이다.

점 B_1의 좌표는 $\left(\dfrac{4^a}{2},\, a-\dfrac{1}{2}\right)$이므로 점 Q_1의 x좌표는 $\dfrac{a}{2}-\dfrac{1}{4}$이므로 $x_2=\dfrac{a}{2}-\dfrac{1}{4}$이다.

이를 통해 $x_{n+1}=\dfrac{x_n}{2}-\dfrac{1}{4}$임을 알 수 있다.

2. $\lim\limits_{n\to\infty} x_n$은 수렴하므로 $\lim\limits_{n\to\infty} x_n=k$라 하자.

   $\lim\limits_{n\to\infty} x_{n+1}=k$이므로 $\lim\limits_{n\to\infty} x_{n+1}=\lim\limits_{n\to\infty}\left(\dfrac{x_n}{2}-\dfrac{1}{4}\right)$에서 $k=\dfrac{k}{2}-\dfrac{1}{4}$이다.

   따라서 $k=-\dfrac{1}{2}$이므로 $\lim\limits_{n\to\infty} x_n=-\dfrac{1}{2}$이다.

답은 ⑤!!

$a > 3$인 상수 a에 대하여 두 곡선 $y = a^{x-1}$과 $y = 3^x$이 점 P에서 만난다. 점 P의 x좌표를 k라 할 때,

$$\lim_{n \to \infty} \frac{\left(\dfrac{a}{3}\right)^{n+k}}{\left(\dfrac{a}{3}\right)^{n+1} + 1}$$ 의 값은? [3점]

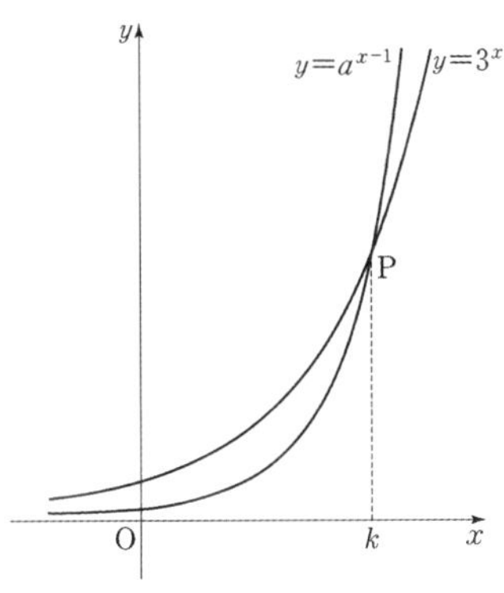

① 1　　　　② 2　　　　③ 3　　　　④ 4　　　　⑤ 5

1. $a^{k-1} = 3^k$이다. 양변을 3^{k-1}로 나누면 $\left(\dfrac{a}{3}\right)^{k-1} = 3$이다.

따라서 $\lim_{n \to \infty} \dfrac{\left(\dfrac{a}{3}\right)^{n+k}}{\left(\dfrac{a}{3}\right)^{n+1} + 1} = \left(\dfrac{a}{3}\right)^{k-1} = 3$이다.

답은 ③!!

※ $a > 3$임을 그래프로 확인하기

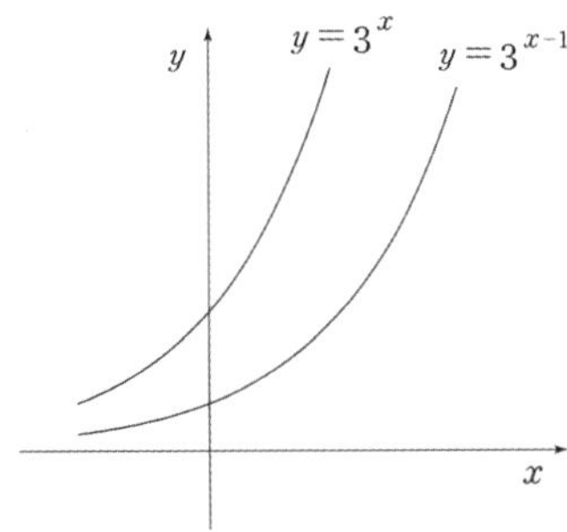

$y = 3^{x-1}$은 $y = 3^x$를 x축의 양의 방향으로 1만큼 평행이동한 그래프이다. **이 두 그래프는 만나지 않는다. 따라서 $a < 3$일 때, $k > 0$일 수 없다. $k > 0$이려면 $a > 3$이어야 한다.**

좌표평면에서 자연수 n에 대하여 두 직선 $y = \dfrac{1}{n}x$와 $x = n$이 만나는 점을 A_n, 직선 $x = n$과 x축이 만나는 점을 B_n이라 하자. 삼각형 A_nOB_n에 내접하는 원의 중심을 C_n이라 하고, 삼각형 A_nOC_n의 넓이를 S_n이라 하자. $\displaystyle\lim_{n\to\infty} \dfrac{S_n}{n}$의 값은? [4점]

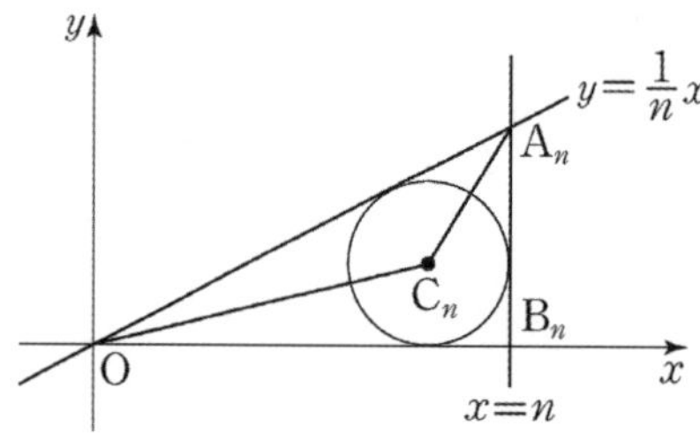

① $\dfrac{1}{12}$ ② $\dfrac{1}{6}$ ③ $\dfrac{1}{4}$ ④ $\dfrac{1}{3}$ ⑤ $\dfrac{5}{12}$

1. 새 부리를 닮은 내접원 꼴이다. 원의 중심과 접점을 잇고 직각 표시를 하자.

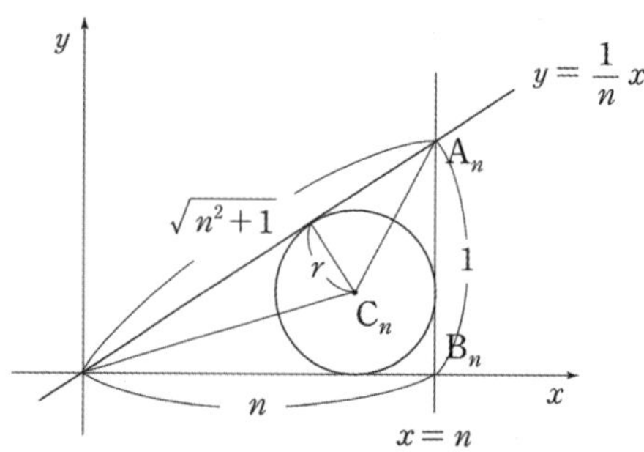

$\triangle A_nOB_n$은 직각삼각형이므로 내접하는 원의 반지름을 r라 하면

$$r = \dfrac{\overline{A_nB_n} + \overline{OB_n} - \overline{OA_n}}{2}$$ 이다.

$\overline{A_nB_n} = 1$, $\overline{OB_n} = n$이므로 피타고라스의 정리에 의해 $\overline{OA_n} = \sqrt{n^2+1}$ 이다.

따라서 $r = \dfrac{n+1-\sqrt{n^2+1}}{2}$ 이므로

$$S_n = \dfrac{1}{2} \times \dfrac{n+1-\sqrt{n^2+1}}{2} \times \sqrt{n^2+1} = \dfrac{1}{4} \times \dfrac{2n \times \sqrt{n^2+1}}{n+1+\sqrt{n^2+1}}$$ 이다.

2. $\displaystyle\lim_{n\to\infty} \dfrac{S_n}{n} = \dfrac{1}{4} \times \lim_{n\to\infty} \dfrac{2n \times \sqrt{n^2+1}}{n \times (n+1+\sqrt{n^2+1})} = \dfrac{1}{4} \times 2 \times \dfrac{1}{2} = \dfrac{1}{4}$ 이다.

답은 ③!!

등비급수의 활용 – 도형

제일 많은 문제를 보유하고 있는 유형인 도형에서의 등비급수 유형에 대해 알아보자.

선분의 길이나 도형의 넓이가 **일정한 비율로 한없이 작아질 때,** $|r| < 1$이므로 모든 선분의 길이 합 또는 모든 도형의 넓이의 합은 등비급수로 나타낸 후 $\dfrac{a}{1-r}$을 이용하여 구할 수 있다.

1. 초항을 구할 때는 이전에 배운 도형에서 꼭 표시해야 할 요소들을 지키면 된다.

2. 닮음비를 이용해 공비 r을 구한다. 공비 r을 구하기 위해 두 번째 항을 애써 구할 필요 없다.
   초항에 해당하는 도형과 두 번째 항에 해당하는 도형의 대응변의 길이비로 두 도형의 닮음비를 알 수 있다. 닮음인 두 도형의 닮음비가 $m : n$라면 넓이비는 $m^2 : n^2$이라는 점을 이용해 공비 r을 구하면 된다.

※ 두 도형이 닮음일 때, 그들의 대응변의 길이비를 닮음비라고 한다.

제일 기본문제는 다음과 같다.

예제(7) 08학년도 9월 평가원 13번

그림과 같이 한 변의 길이가 3인 정사각형을 A_1, 그 넓이를 S_1이라 하자. 정사각형 A_1에 대각선을 그어 만들어진 4개의 삼각형의 무게중심을 연결한 정사각형을 A_2, 그 넓이를 S_2라 하자. 같은 방법으로 정사각형 A_2에 대각선을 그어 만들어진 4개의 삼각형의 무게중심을 연결한 정사각형을 A_3, 그 넓이를 S_3이라 하자. 이와 같은 과정을 계속하여 $(n-1)$번째 얻은 정사각형을 A_n, 그 넓이를 S_n이라 할 때, $\displaystyle\sum_{n=1}^{\infty} S_n$의 값은? [4점]

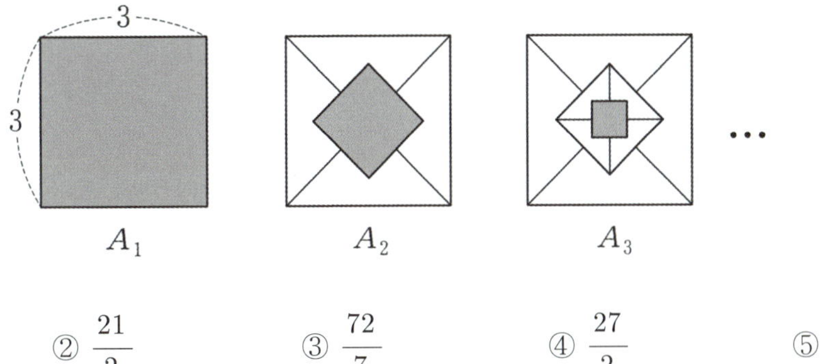

① $\dfrac{64}{7}$ ② $\dfrac{21}{2}$ ③ $\dfrac{72}{7}$ ④ $\dfrac{27}{2}$ ⑤ $\dfrac{81}{7}$

1. 교점이 O인 정사각형 A_1의 두 대각선으로 나뉜 4개의 영역 (삼각형 모양의 4개 영역)의 무게중심을 시계

방향 순서대로 P, Q, R, S라 하자. 그러면 선분 PR 또는 선분 QS는 정사각형 A_2의 대각선이 되는데,

이 두 선분은 A_1의 한 변의 길이의 $\dfrac{2}{3}$ 배가 된다. 따라서 정사각형 A_2의 대각선의 길이는 2,

한 변의 길이는 $\sqrt{2}$ 가 된다. 즉 A_1에 비해 A_2의 한 변의 길이가 $\dfrac{\sqrt{2}}{3}$ 배가 되었다.

---

2. ① **이러한 닮음은 계속 유지되고** $\{S_n\}$은 $S_1 = 9$이고 ② $r = \left(\dfrac{\sqrt{2}}{3}\right)^2 = \dfrac{2}{9}$인 등비수열임을 알 수

있으므로 ③ **$|r| < 1$을 잘 만족시키므로** $\displaystyle\sum_{n=1}^{\infty} S_n = \dfrac{9}{1 - \dfrac{2}{9}} = \dfrac{81}{7}$ 이다.

답은 ⑤!!

다른 부분은 기본적인 사항이고, 본 Chapter에서 여러분들이 기본적으로 혹은 무의식적으로 해야 할 것들은 바로 **08학년도 9월 평가원 13번**의 해설 중 ①, ②, ③에 해당하는 내용이다.

공비를 구함에 있어서 S_1과 S_2의 비를 가지고 $\dfrac{S_2}{S_1}$이 $\{S_n\}$의 공비라고 주장하기 위해서는 ①이 필요하다. 또한 우리가 구한 공비(위 문제에선 길이비)가 문제에서 묻는 공비 (위 문제에선 넓이비)와 같은지, 다르다면 어떤 작업(위 문제에선 길이비에 제곱하여 넓이비를 구한 후 이를 $\{S_n\}$의 공비라고 주장)을 해야 할지 판단하는 ② 작업이 필요하다.

마지막으로 $\displaystyle\sum_{n=1}^{\infty} S_n$ 의 수렴성을 위해 ③을 체크해준다.

다시 한 번 정리하면
① **은 첫 번째 상황의 공비가 일반적인 상황의 공비와 같은지 확인하는 것**
② **는 우리가 구한 공비가 문제에서 묻는 것과 같은 공비인지 확인하는 것**
③ **은 최종적으로 구한 공비가 등비급수를 수렴시키는 범위인지 확인하는 것이다.**

위의 것들은 본 Chapter에서 풀이의 간결성을 위해 ①, ②, ③란 기호를 사용하여 설명할 것이니 반드시 알아두자!

물론 ③은 평가원같이 정답이 존재하는 시험에서 수렴하지 않는 급수를 물어볼 순 없으므로 해설에 사용되지도 않고 학생 입장에서도 체크 안 해도 되는 부분이겠지만, ①, ②는 반드시 필요하다. ②를 체크하지 않는 것은 해당 유형의 문제를 풀지 않겠다고 하는 것과 같다.

최근엔 대부분 넓이만 묻고 있기 때문에 도형의 닮음비의 제곱비를 실제 넓이비로 생각하여 푸는 게 국룰이긴 하지만, 넓이 대신 둘레의 길이로 물어봐도 할 말이 없기 때문에 항상 문제에서 묻는 것이 무엇인지 잘 체크하자. ①, ②를 잘 확인해보며 다음 문제를 풀어보자.

그림과 같이 한 변의 길이가 2인 정사각형 $A_1B_1C_1D_1$ 에서 선분 A_1B_1 과 선분 B_1C_1 의 중점을 각각 E_1, F_1 이라 하자. 정사각형 $A_1B_1C_1D_1$ 의 내부와 삼각형 $E_1F_1D_1$ 의 외부의 공통부분에 색칠하여 얻은 그림을 R_1 이라 하자. 그림 R_1 에 선분 D_1E_1 위의 점 A_2, 선분 D_1F_1 위의 점 D_2 와 선분 E_1F_1 위의 두 점 B_2, C_2 를 꼭짓점으로 하는 정사각형 $A_2B_2C_2D_2$ 를 그리고, 정사각형 $A_2B_2C_2D_2$ 에 그림 R_1 을 얻은 것과 같은 방법으로 삼각형 $E_2F_2D_2$ 를 그리고 정사각형 $A_2B_2C_2D_2$ 의 내부와 삼각형 $E_2F_2D_2$ 의 외부의 공통부분에 색칠하여 얻은 그림을 R_2 라 하자.

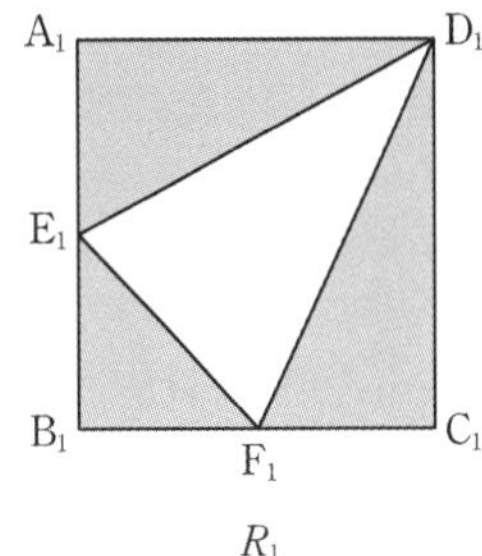

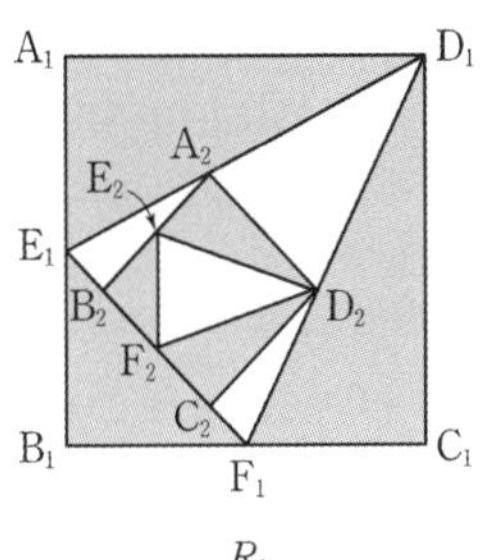

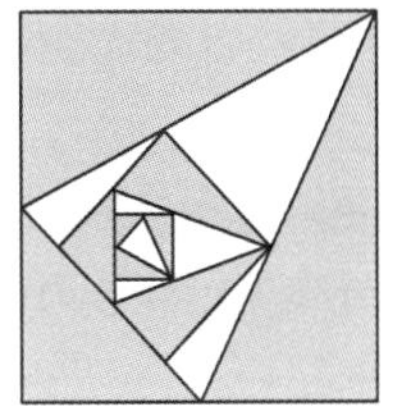

...

이와 같은 과정을 계속하여 n 번째 얻은 그림 R_n 에 색칠되어 있는 부분의 넓이를 S_n 이라 할 때, $\lim_{n \to \infty} S_n$ 의 값은? [4점]

① $\dfrac{125}{37}$ ② $\dfrac{125}{38}$ ③ $\dfrac{125}{39}$ ④ $\dfrac{25}{8}$ ⑤ $\dfrac{125}{41}$

1. 모든 삼각형들은 정사각형 내부에서 두 변의 중점 두 개와 두 변에 속하지 않은 나머지 정사각형 꼭짓점을 이어 만들어내고 있다. 즉, 일관된 약속에 의해 만들어내고 있으므로 ①을 확인하였다. R_2에서 문제를 풀면 되겠다.

$$S_1 = (\triangle A_1E_1D_1 \text{의 넓이}) + (\triangle E_1B_1F_1 \text{의 넓이}) + (\triangle D_1F_1C_1 \text{의 넓이}) = 1 + \frac{1}{2} + 1 = \frac{5}{2} \text{ 임을 알}$$

수 있다. 이제 정사각형 $A_2B_2C_2D_2$의 한 변의 길이를 $2r$라 두자. x, l, r과 같이 두지 않고 $2r$이라고 둔 이유는 첫 정사각형 $A_1B_1C_1D_1$의 한 변의 길이가 2이기 때문에 r을 구하면 그 값 자체가 길이비가 되기 때문이다. 첫 정사각형의 한 변의 길이가 5였다면 $5r$로 미지수를 뒀을 것이다.

※ 이렇게 두는 것이 기존의 방식보다 계산과정이 복잡해질 것을 염려할 수 있겠다. 아무래도 계수가 추가됐기 때문이다. 하지만 이러한 걱정은 이 유형의 문제를 한 번도 출제해보지 않은 사람들의 기우(=쓸데없는 근심)이다.

출제자는 첫 번째 넓이 계산과정에서 최대한 분수가 나오지 않도록 하는 풀이에 등장하는 모든 수에 대한 최소공배수를 첫 길이로 설정해주는 편이다.

따라서, 본인이 계산한 방법에 분수가 난무한다면
(1) 검증되지 않은 사설문제인지 확인해볼 것과
(2) 풀이에 대한 본인의 접근방식 말고 다른 접근방식이 있는지 고민해볼 것을 **추천한다.**

2. 다시 풀이로 돌아와서, 정사각형 $A_2B_2C_2D_2$의 한 변의 길이를 $2r$로 두면 $\triangle A_2E_1B_2$로부터

$$\overline{E_1B_2} : \overline{A_2B_2} = \frac{\sqrt{2}}{2} - r : 2r = 1 : 3 \text{ 이므로 } 2r = \frac{3\sqrt{2}}{5}, r = \frac{3\sqrt{2}}{10} \text{ 이다.}$$

$$\left(\because \triangle E_1F_2D_1 \text{에서 } \overline{E_1F_2} : \overline{D_1F_2} = \frac{\sqrt{2}}{2} : \sqrt{(\sqrt{5})^2 - \left(\frac{\sqrt{2}}{2}\right)^2} = 1 : 3 \right)$$

또한 ②를 체크해줘야 한다. 우리가 구하는 것은 **넓이에 대한 비**이므로 길이 비인 $r = \dfrac{3\sqrt{2}}{10}$를 바로

쓰면 안 되고 제곱하여 써야겠다. $\therefore \lim\limits_{x \to \infty} S_n = \dfrac{\dfrac{5}{2}}{1 - \left(\dfrac{3\sqrt{2}}{10}\right)^2} = \dfrac{\dfrac{5}{2}}{\dfrac{82}{100}} = \dfrac{125}{41}.$

답은 ⑤!!

comment

① 역시 ③처럼 거의 신경 쓰지 않아도 된다. 다만, 신경은 써야 하는 이유는 ①을 생략했을 때 문제가 안 풀리거나 오답으로 가는 문제가 나온 적이 있기 때문이다. 물론 평가원, 교육청, 사관 기출 15개년 중 딱 한 번 나왔다.

다음 페이지에서 관련 문제를 봐보도록 하자. 공비가 음수가 되거나 바뀐다면 믿겠습니까?
최종적으로 정리하면, ②는 필수이며 ①은 점검용, ③은 논술에서만 체크, 수능에서는 간과해도 좋음. 정도로 정리할 수 있겠다. 이제 방금 말했던 ①을 간과하고 풀었을 시에 잘못된 정답이 나오는 문제를 봐보자.

원에 다음 과정을 실행한다.

[과정]
Ⅰ. 원의 지름을 $2:1$로 내분하는 점을 잡는다.
Ⅱ. 이 원에 내접하면서 Ⅰ의 내분점에서 서로 외접하는 두 개의 원을 그린다.

지름의 길이가 6인 원이 있다. 이 원에 [과정]을 실행하여 그린 2개의 원의 내부를 색칠하여 얻어진 그림을 C_1이라 하자. 그림 C_1에서 새로 그려진 2개의 원에 각각 [과정]을 실행하여 그린 4개의 원의 내부를 제외하여 얻어진 그림을 C_2라 하자. 그림 C_2에서 새로 그려진 4개의 원에 각각 [과정]을 실행하여 그린 8개의 원의 내부를 색칠하여 얻어진 그림을 C_3이라 하자. 그림 C_3에서 새로 그려진 8개의 원에 각각 [과정]을 실행하여 그린 16개의 원의 내부를 제외하여 얻어진 그림을 C_4라 하자. 이와 같은 방법으로 n번째 얻어진 그림 C_n에서 색칠된 부분의 넓이를 S_n이라 할 때, $\displaystyle\lim_{n\to\infty}S_n=\dfrac{q}{p}\pi$ 이다. $p+q$의 값을 구하시오. (단, 모든 원의 중심은 처음 원의 한 지름 위에 있고, p와 q는 서로소인 자연수이다.) [4점]

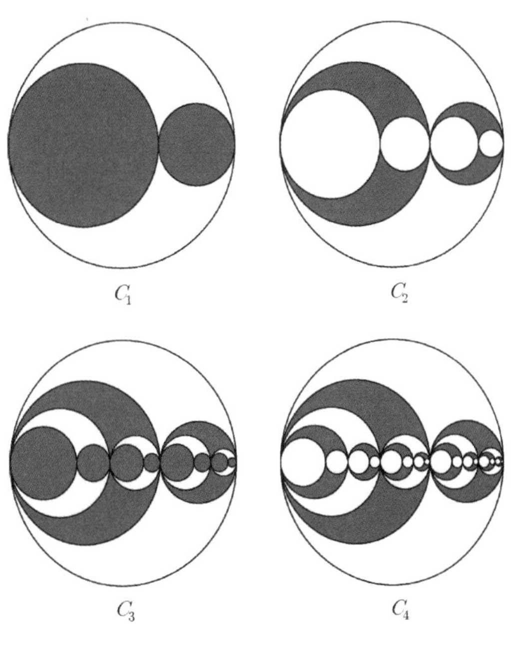

1. C_1 에서 그려진 2개 원의 넓이의 합을 A_1, C_2에서 그려진 4개의 원의 넓이의 합을 A_2, $\cdots$ C_n에서 그려진 2^n개의 원의 넓이의 합을 A_n이라 하고 C_1에 있는 흰색 원을 O_1, 검은 원 중 왼쪽의 원을 O_2, 오른쪽의 원을 O_3라 하자.

세 원 O_1, O_2, O_3의 반지름의 비는 $3:2:1$이므로 넓이의 비는 $9:4:1$이고 $A_2 = \dfrac{5}{9}A_1$임을 알 수 있다.

여기서 공비를 $\dfrac{5}{9}$로 그대로 쓰면 틀린다. 홀수 번째 과정에선 원을 칠하고 있고, 짝수 번째 과정에선 원을 빼고 있기 때문이다.

따라서
step 1. 홀수 번째 과정에선 +로, 짝수 번째 과정에선 −를 공비에 곱해주는 단계
step 2. C_{n-1}에서 그려진 원 각각에 대하여 C_n에 생기는 두 원의 넓이의 비가 O_1, O_2, O_3의 넓이의 비와 같으므로 $A_n = \dfrac{5}{9}A_{n-1}$가 여전히 유지된다는 것이라는 것을 확인하는 단계

이 두 단계를 밟아줘야 하고, 이것이 ①을 체크하는 것에 해당되겠다.

2. 정답을 내보자. 위의 과정에 의하여 그림 C_n에서 색칠된 부분의 넓이를 S_n이라 하면

A_1은 O_1의 $\dfrac{5}{9}$배인 5π이므로

$$\lim_{n \to \infty} S_n = 5\pi\left\{1 - \frac{5}{9} + \left(\frac{5}{9}\right)^2 - \left(\frac{5}{9}\right)^3 + \left(\frac{5}{9}\right)^4 + \cdots\right\} = 5\pi \times \frac{1}{1 - \left(-\dfrac{5}{9}\right)} = \frac{45}{14}\pi \text{이다.}$$

답은 59!!

앞서 말했듯이 15개년 중 딱 한 문제 나왔던 만큼 위 문제 같은 경우 매우 특수한 상황이므로 무시해도 좋을 수 있지만, 언제든 저격해도 이상할 것 없다. 또한 이젠 이과 전용 Part가 됐으니, 변별력을 위해 무슨 짓을 할지 모르므로 ①을 체크하는 습관을 들이도록 하자. 밑져야 본전.

이제 도형에서의 등비급수에 대한 기본 자세를 배웠고, 이제는 도형별 유형 학습을 해보자.
다행히도 도형이 나오는 케이스가 몇 가지 되지 않는다. 최근 문제엔 타원 쌍곡선처럼 이차곡선이 결합 되지도
않고, 정이십각형처럼 어마무시한 다각형이 나오지도 않는다. 정팔각형은 딱 한 번 나왔는데 코사인법칙을 쓰면
편해서 유제에 넣어놓도록 하겠다. 도전해보자.

따라서 우리는 다각형(삼각형, 사각형)과 원이 조합된 상황과 도형의 번식 여부에 맞춰 Type을 나눠보면 되겠다.
첫 번째 Type은 도형이 번식하지 않고 원도 등장하지 않는 다각형에 관한 유형 문제이다. 다음 문제를 보자.
※ '번식'의 정의는 뒤에서 다시 해주겠다.

예제(10) 18년 3월 교육청 나형 19번

그림과 같이 $\overline{A_1B_1}=2$, $\overline{B_1C_1}=3$인 직사각형 $A_1B_1C_1D_1$이 있다. 선분 A_1D_1을 삼등분하는 점 중에서 A_1에 가까운 점부터 차례대로 E_1, F_1이라 하고, 선분 B_1F_1과 선분 C_1E_1의 교점을 G_1이라 하자. 삼각형 $B_1G_1E_1$과 삼각형 $C_1F_1G_1$의 내부에 색칠하여 얻은 그림을 R_1이라 하자. 그림 R_1에서 선분 B_1C_1 위에 두 꼭짓점 B_2, C_2가 있고, 선분 B_1G_1 위에 꼭짓점 A_2, 선분 C_1G_1 위에 꼭짓점 D_2가 있으며 $\overline{A_2B_2} : \overline{B_2C_2}=2 : 3$인 직사각형 $A_2B_2C_2D_2$를 그린다. 선분 A_2D_2를 삼

등분하는 점 중에서 A_2에 가까운 점부터 차례대로 E_2, F_2라 하고, 선분 B_2F_2와 선분 C_2E_2의 교점을 G_2라 하자. 삼각형 $B_2G_2E_2$와 삼각형 $C_2F_2G_2$의 내부에 색칠하여 얻은 그림을 R_2라 하자. 이와 같은 과정을 계속하여 n번째 얻은 그림 R_n에 색칠되어 있는 부분의 넓이를 S_n이라 할 때, $\lim\limits_{n\to\infty} S_n$의 값은? [4점]

① $\dfrac{141}{80}$ ② $\dfrac{143}{80}$ ③ $\dfrac{29}{16}$ ④ $\dfrac{147}{80}$ ⑤ $\dfrac{149}{80}$

1.

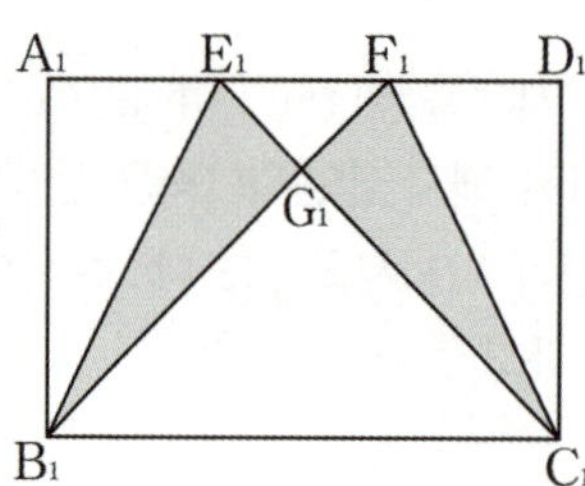

$\overline{A_1B_1} = \overline{A_1F_1} = 2$ 이므로 삼각형 $A_1B_1F_1$ 은 직각이등변삼각형이고 $\angle G_1B_1C_1 = 45°$ 이다.

$\overline{D_1C_1} = \overline{D_1E_1} = 2$ 이므로 삼각형 $D_1C_1E_1$ 은 직각이등변삼각형이고 $\angle G_1C_1B_1 = 45°$ 이다.

그러므로 $\angle B_1G_1C_1 = 90°$ 이고, 삼각형 $G_1B_1C_1$ 은 직각이등변삼각형이다.

또한, $\angle G_1E_1F_1 = 45°$, $\angle G_1F_1E_1 = 45°$ 이므로 삼각형 $G_1E_1F_1$ 도 직각이등변삼각형이다.

$\overline{B_1C_1} = 3$ 이므로 $\overline{B_1G_1} = \dfrac{3\sqrt{2}}{2}$ 이고, $\overline{E_1F_1} = 1$ 이므로 $\overline{E_1G_1} = \dfrac{\sqrt{2}}{2}$ 이다.

따라서 그림 R_n 에서 새로 색칠된 부분의 넓이를 a_n 이라 하면 $a_1 = 2 \times \left(\dfrac{1}{2} \times \dfrac{3\sqrt{2}}{2} \times \dfrac{\sqrt{2}}{2} \right) = \dfrac{3}{2}$ 이다.

2. 이제 그림 R_{n+1} 을 보자.

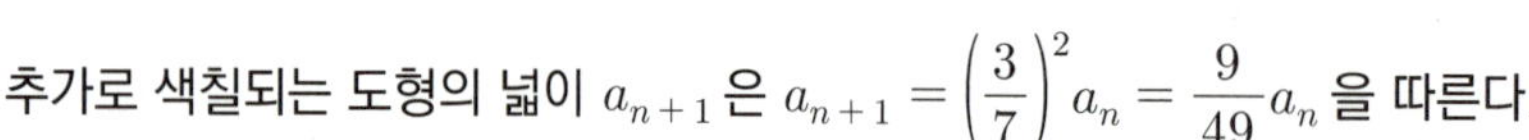

$\overline{A_{n+1}B_{n+1}} = 2x$ 라 하면 $\overline{B_{n+1}C_{n+1}} = 3x$ 이고 $\overline{B_nC_n}$
$= 2x + 3x + 2x = 7x$ 이므로

$\overline{B_{n+1}C_{n+1}} = 3x = \dfrac{3}{7}\overline{B_nC_n}$ 이다. 직사각형 $A_nB_nC_nD_n$ 과 직사각형

$A_{n+1}B_{n+1}C_{n+1}D_{n+1}$ 의 닮음비가 $1 : \dfrac{3}{7}$ 이므로, 그림 R_{n+1} 에서

추가로 색칠되는 도형의 넓이 a_{n+1} 은 $a_{n+1} = \left(\dfrac{3}{7} \right)^2 a_n = \dfrac{9}{49} a_n$ 을 따른다.

수열 $\{a_n\}$ 은 첫째항이 $\dfrac{3}{2}$ 이고 공비가 $\dfrac{9}{49}$ 인 등비수열이다.

따라서 $\displaystyle\lim_{n \to \infty} S_n = \sum_{n=1}^{\infty} a_n = \dfrac{\dfrac{3}{2}}{1 - \dfrac{9}{49}} = \dfrac{147}{80}$ 임을 알 수 있다. **답은 ④!!**

Tip 1. 교육청 ver 해설에선 일반적인 그림(그림 R_{n+1})에서 공비를 구해나갔지만 ①을 체크했다면 그림 R_2에서 모든 값들(첫 번째 넓이 및 공비 등등)을 구했어도 충분하다.

Tip 2. ★★★★★

풀이를 보면, 새로이 생겨나는 두 개의 삼각형 모양들에 대한 공비를 구한 것이 아니고 두 개의 삼각형 모양이 만들어지는 **외부의 사각형의 공비를 구했음**에 포커스를 맞춰보자. 이러한 **간접적 닮음비 찾기 Technic**은 필수 중 필수이므로, 잘 정리해놓도록 하자. 본 Technic이 쓰인 문제를 하나 더 보자.

직사각형 ABCD에서 $\overline{\mathrm{AB}} = 1$, $\overline{\mathrm{AD}} = 2$ 이다. 그림과 같이 직사각형 ABCD의 한 대각선에 의하여 만들어지는 두 직각삼각형의 내부에 두 변의 길이의 비가 $1 : 2$인 두 직사각형을 긴 변이 대각선 위에 놓이면서 두 직각삼각형에 각각 내접하도록 그리고 새로 그려진 두 직사각형 중 하나에 색칠하여 얻은 그림을 R_1이라 하자. 그림 R_1에서 새로 그려진 두 직사각형 중 색칠되어 있지 않은 직사각형에 그림 R_1을 얻는 것과 같은 방법으로 만들어지는 두 직사각형 중 하나에 색칠하여 얻은 그림을 R_2라 하자. 이와 같은 과정을 계속하여 n번째 얻은 그림 R_n에 색칠되어 있는 부분의 넓이를 S_n이라 할 때, $\lim_{n \to \infty} S_n$의 값은? [4점]

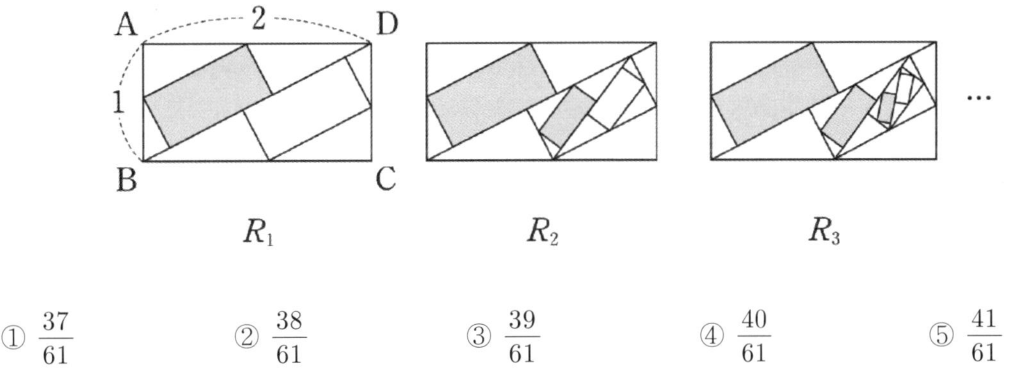

① $\dfrac{37}{61}$ ② $\dfrac{38}{61}$ ③ $\dfrac{39}{61}$ ④ $\dfrac{40}{61}$ ⑤ $\dfrac{41}{61}$

1. 그림 R_1에 칠해진 직사각형의 서로 길이가 다른 두 변의 길이를 각각 r, $2r$ 라 두고

이 직사각형의 꼭짓점 중 선분 AB 위에 있는 점을 E라 하자.

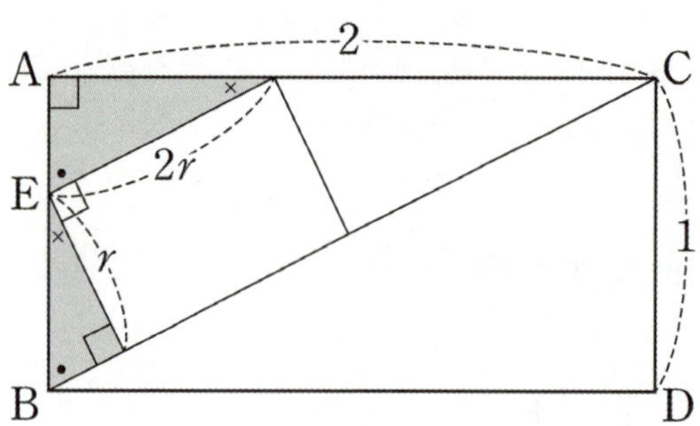

• $+\times = 90°$ 인 두 각 •, $\times$에 대하여 위 그림과 같이 각도를 표시하면 삼각형 ABC에서 $\tan$ • $= 2$임을 알 수 있으므로 그림에 칠해진 두 삼각형에서 삼각비에 의하여

$$\overline{BE} = \frac{\sqrt{5}}{2}r \ , \ \overline{AE} = \frac{2}{\sqrt{5}}r = \frac{2\sqrt{5}}{5}r \ \text{임을 알 수 있다.}$$

따라서 $1 = \overline{AB} = \frac{\sqrt{5}}{2}r + \frac{2\sqrt{5}}{5}r = \frac{9}{10}\sqrt{5}\,r$, $r = \frac{2}{9}\sqrt{5}$ 임을 알 수 있다. $S_1 = 2r^2 = \frac{40}{81}$ 이다.

2. 이제 R_2에 새로 칠해진 부분의 작은 직사각형 넓이와 S_1의 닮음비를 따져야 할 텐데, 이미 게임은 끝나있다. **왜냐하면, R_2에 새로 그려지는 그림은 사실 R_1에 칠해진 사각형과 '똑같이 생긴' 사각형에서 탄생하기 때문이다.**

즉, R_1은 두 변의 길이가 1, 2인 직사각형에서 만들어졌고 R_2의 추가되는 사각형들은 두 변의 길이가 r, $2r$인 직사각형에서 만들어졌으므로 최종 공비는 넓이이므로 $r^2 = \frac{20}{81}$을 택해주면 되겠다.

따라서 $\lim_{n \to \infty} S_n = \dfrac{\dfrac{40}{81}}{1 - \dfrac{20}{81}} = \dfrac{40}{61}$ 임을 알 수 있다.

답은 ④!!

따라서 '우리가 넓이를 구해야 하는 도형끼리 직접 비교해서 구해야 해!'라는 선입견을 반.드.시. 깨도록 하자. 간접적으로 구하는 문제가 더 많이 나온다. 이와 비슷한 유제들은 이따가 다시 다뤄보도록 하고, 다음 Type으로 넘어가자.

그림과 같이 $\overline{AB_1}=2$, $\overline{AD_1}=4$인 직사각형 $AB_1C_1D_1$이 있다. 선분 AD_1을 $3:1$로 내분하는 점을 E_1이라 하고, 직사각형 $AB_1C_1D_1$의 내부에 점 F_1을 $\overline{F_1E_1}=\overline{F_1C_1}$, $\angle E_1F_1C_1=\dfrac{\pi}{2}$가 되도록 잡고 삼각형 $E_1F_1C_1$을 그린다. 사각형 $E_1F_1C_1D_1$을 색칠하여 얻은 그림을 R_1이라 하자.

그림 R_1에서 선분 AB_1 위의 점 B_2, 선분 E_1F_1 위의 점 C_2, 선분 AE_1 위의 점 D_2와 점 A를 꼭짓점으로 하고 $\overline{AB_2}:\overline{AD_2}=1:2$인 직사각형 $AB_2C_2D_2$를 그린다. 그림 R_1을 얻은 것과 같은 방법으로 직사각형 $AB_2C_2D_2$에 삼각형 $E_2F_2C_2$를 그리고 사각형 $E_2F_2C_2D_2$를 색칠하여 얻은 그림을 R_2라 하자. 이와 같은 과정을 계속하여 n번째 얻은 그림 R_n에 색칠되어 있는 부분의 넓이를 S_n이라 할 때, $\lim\limits_{n\to\infty} S_n$의 값은? [4점]

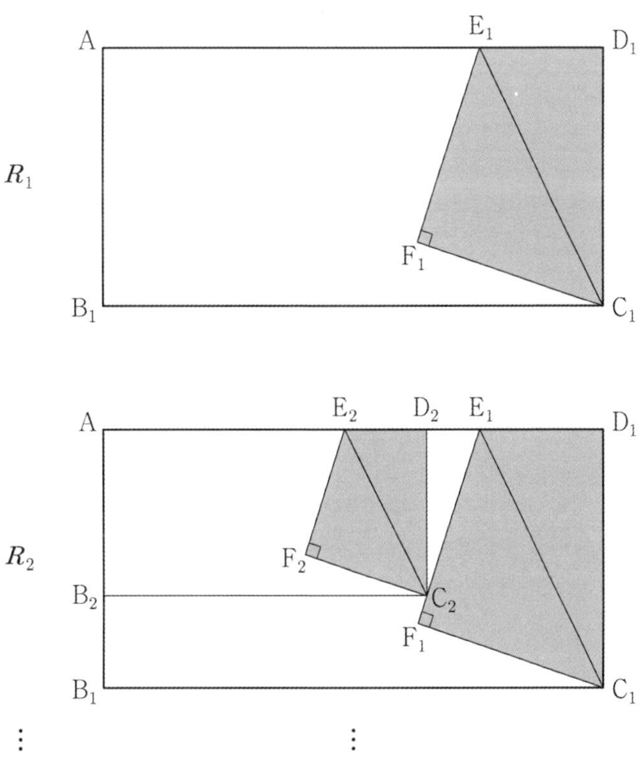

① $\dfrac{441}{103}$　② $\dfrac{441}{109}$　③ $\dfrac{441}{115}$　④ $\dfrac{441}{121}$　⑤ $\dfrac{441}{127}$

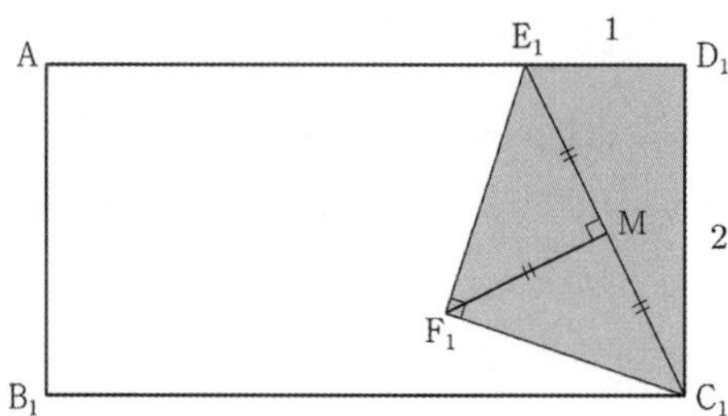

1. 먼저 S_1을 구하기 위해 R_1을 살펴보자.

$\triangle C_1 D_1 E_1$에서 $\overline{C_1 D_1} = 2$, $\overline{D_1 E_1} = 1$, $\angle C_1 D_1 E_1 = \dfrac{\pi}{2}$이므로 $\triangle C_1 D_1 E_1 = \dfrac{1}{2} \times 2 \times 1 = 1$,

$\overline{E_1 C_1}$의 중점을 M이라 하면, $\triangle C_1 E_1 F_1$은 직각이등변삼각형이므로 $\overline{E_1 C_1} = \sqrt{5}$에서

$\overline{F_1 M} = \dfrac{\sqrt{5}}{2}$이다. 따라서 $\triangle C_1 E_1 F_1 = \dfrac{1}{2} \times \sqrt{5} \times \dfrac{\sqrt{5}}{2} = \dfrac{5}{4}$이므로 $S_1 = 1 + \dfrac{5}{4} = \dfrac{9}{4}$이다.

2. 공비를 구하자. $\angle F_1 E_1 A = \theta$라 하자. $\overline{C_2 D_2} = \overline{D_2 E_1} \tan\theta$, $\overline{AD_2} = 2\overline{C_2 D_2} = 2\overline{D_2 E_1} \tan\theta$이다. 직사각형 $AB_2 C_2 D_2$의 변의 길이를 구하기 위해서는 $\tan\theta$를 구해야 한다.

$\tan\theta$를 구하기 위해 점 F_1을 지나고 $\overline{C_1 D_1}$에 평행한 보조선을 그려보자.

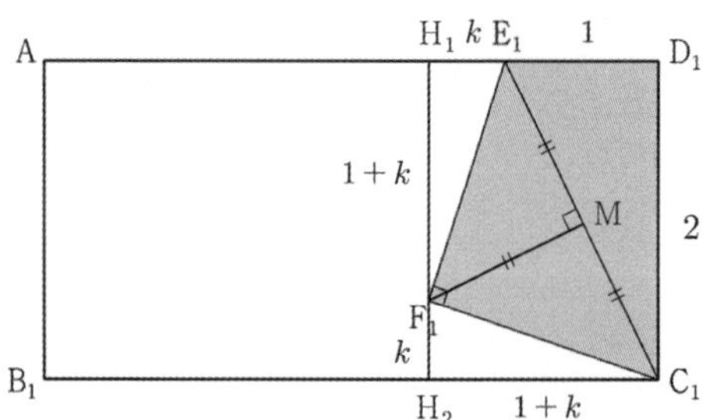

보조선이 $\overline{AD_1}$과 만나는 점을 H_1, $\overline{B_1 C_1}$과 만나는 점을 H_2라 하자. $\overline{H_1 E_1} = k$라 하면 $\overline{H_2 C_1} = 1 + k$이다.

$\overline{F_1 E_1} = \overline{F_1 C_1}$, $\angle F_1 H_1 E_1 = \angle C_1 H_2 F_1 = \dfrac{\pi}{2}$, $\angle F_1 E_1 H_1 = \angle C_1 F_1 H_2$**이므로** $\triangle F_1 E_1 H_1$**과** $\triangle C_1 F_1 H_2$**는** RHA **합동이다.**

$\overline{F_1 H_1} = \overline{C_1 H_2} = 1 + k$이다. 따라서 $\overline{H_1 H_2} = 1 + 2k = 2$이므로 $k = \dfrac{1}{2}$이다.

따라서 $\angle F_1 E_1 A = \theta$라 한다면 $\tan\theta = 3$이다.

이제 R_2를 보자.

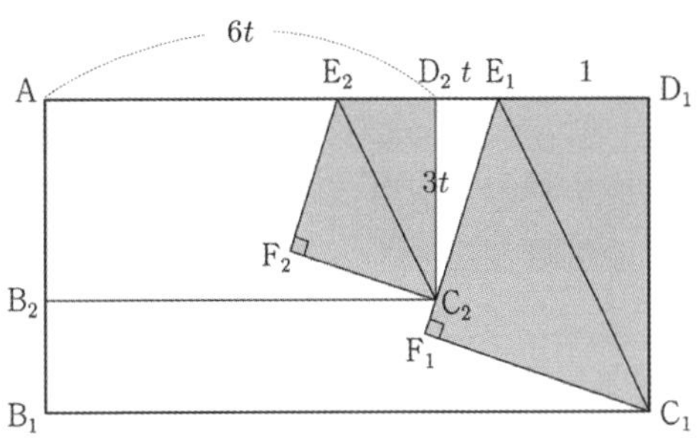

$\overline{E_1D_2}= t$라 하면 $\tan\theta = 3$이므로 $\overline{C_2D_2}= 3t$이다. $\overline{AB_2} : \overline{AD_2} = 1 : 2$이므로 $\overline{AD_2}= 6t$이다.

$\overline{A_1D_1}= 1 + 7t = 4$이므로 $t = \dfrac{3}{7}$이다.

따라서 공비는 $\left(\dfrac{1}{4}\times 6t\right)^2 = \left(\dfrac{9}{14}\right)^2$이므로 $\displaystyle\lim_{n\to\infty} S_n = \dfrac{\dfrac{9}{4}}{1-\left(\dfrac{9}{14}\right)^2} = \dfrac{196\times\dfrac{9}{4}}{196-81} = \dfrac{441}{115}$이다.

답은 ③!!

※ 덧셈정리를 이용하여 $\tan\theta$ 구하기

$\angle C_1E_1D_1 = i$라 할 때, $\tan i = 2$이고 $\theta = \dfrac{3}{4}\pi - i$이므로

$$\tan\theta = \frac{\tan\dfrac{3}{4}\pi - \tan i}{1 + \tan\dfrac{3}{4}\pi\times\tan i} = \frac{-1-2}{1-2} = 3$$이다.

원이 등장하는 Type이다. Type 3에서도 원이 나오지만, 이번 Type에선 '접함의 성질'이 거의 사용되지 않는 Type에 대해 정리해 볼까 한다.

원과 직선이 접한다면 우리가 하는 행동들은 정해져 있다. 물론 학생의 현 수준에 따라 정해져 있지 않은 학생도 있겠지만, Type 3에서 단련하면 뻔한 행동이 되게 되니 걱정 말자.

하지만 Type 2는 너무 당연해서 오히려 모르는 Type에 해당한다고 생각한다.

예제(13) 20학년도 수능 나형 18번

그림과 같이 한 변의 길이가 5인 정사각형 ABCD에 중심이 A이고 중심각의 크기가 $90°$인 부채꼴 ABD를 그린다. 선분 AD를 $3:2$로 내분하는 점을 A_1, 점 A_1을 지나고 선분 AB에 평행한 직선이 호 BD 와 만나는 점을 B_1이라 하자. 선분 A_1B_1을 한 변으로 하고 선분 DC와 만나도록 정사각형 $A_1B_1C_1D_1$을 그린 후, 중심이 D_1이고 중심각의 크기가 $90°$인 부채꼴 $D_1A_1C_1$을 그린다. 선분 DC가 호 A_1C_1, 선분 B_1C_1과 만나는 점을 각각 E_1, F_1이라 하고, 두 선분 DA_1, DE_1과 호 A_1E_1로 둘러싸인 부분과 두 선분 E_1F_1, F_1C_1과 호 E_1C_1로 둘러싸인 부분인 ⌐ 모양의 도형에 색칠하여 얻은 그림을 R_1이라 하자. 그림 R_1에서 정사각형 $A_1B_1C_1D_1$에 중심이 A_1이고 중심각의 크기가 $90°$인 부채꼴 $A_1B_1D_1$을 그린다. 선분 A_1D_1을 $3:2$로 내분하는 점을 A_2, 점 A_2를 지나고 선분 A_1B_1에 평행한 직선이 호 B_1D_1과 만나는 점을 B_2라 하자. 선분 A_2B_2를 한 변으로 하고 선분 D_1C_1과 만나도록 정사각형 $A_2B_2C_2D_2$를 그린 후, 그림 R_1을 얻은 것과 같은 방법으로 정사각형 $A_2B_2C_2D_2$에 ⌐ 모양의 도형을 그리고 색칠하여 얻은 그림을 R_2라 하자. 이와 같은 과정을 계속하여 n번째 얻은 그림 R_n에 색칠되어 있는 부분의 넓이를 S_n이라 할 때, $\lim_{n \to \infty} S_n$의 값은? [4점]

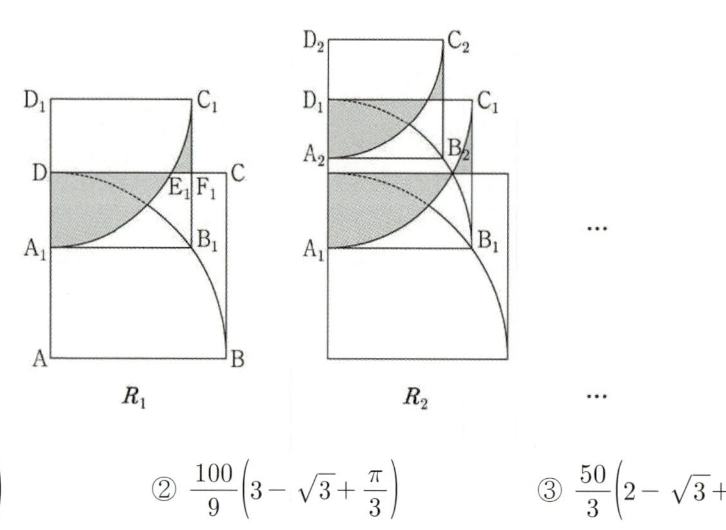

① $\dfrac{50}{3}\left(3 - \sqrt{3} + \dfrac{\pi}{6}\right)$

② $\dfrac{100}{9}\left(3 - \sqrt{3} + \dfrac{\pi}{3}\right)$

③ $\dfrac{50}{3}\left(2 - \sqrt{3} + \dfrac{\pi}{3}\right)$

④ $\dfrac{100}{9}\left(3 - \sqrt{3} + \dfrac{\pi}{6}\right)$

⑤ $\dfrac{100}{9}\left(2 - \sqrt{3} + \dfrac{\pi}{3}\right)$

1. 본 문항에서 제일 놓치기 쉬운 부분은 B_1, E_1이 원 위의 점이라는 것이다.

원의 정의는 '평면 위에서 어느 한 점으로부터 이루는 거리가 일정한 점들의 집합' 이다.

즉, 한 점으로부터의 거리를 쉽게 알아챌 수 있다는 것에 있다.

따라서 원 위에 있는 점이라는 것을 발견했다면 그 점은 원의 중심과 반드시 이어놓도록 하자.

즉, 원의 반지름을 표시하라는 것이다.

먼저 두 점 B_1, E_1은 각각 사분원 위에 있으므로 각 사분원의 중심들과 이어서 반지름을 표현해주도록 하자.

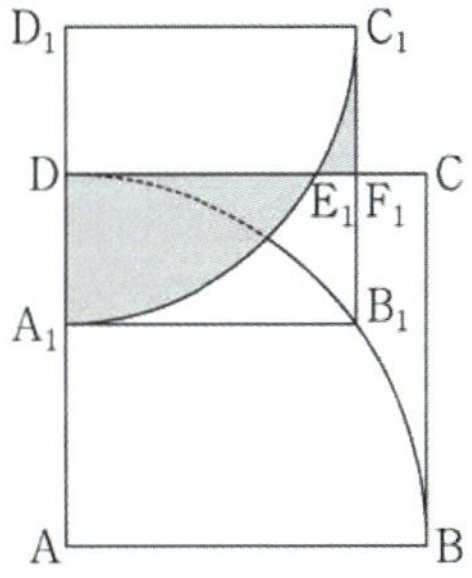

그림 R_1에서 $\overline{AA_1} = 3$, $\overline{AB_1} = 5$이므로 ($\because$ 점 B_1은 사분원 ABD 위의 한 점이므로) $\overline{A_1B_1} = 4$ 이다.

따라서 사각형 $A_1B_1C_1D_1$은 한 변의 길이가 4인 정사각형이다.

즉, ◺ 모양은 정사각형 내부에서 특정한 약속을 통해 만들어내는데 그 정사각형의 길이가 5에서 4로 바뀌었으므로 닮음비는 $\dfrac{4}{5}$, 넓이비는 $\left(\dfrac{4}{5}\right)^2 = \dfrac{16}{25}$ 임을 쉽게 알 수 있었다.

---

2. 이제 S_1을 구하자. $\overline{D_1D} = 2$, $\overline{D_1E_1} = 4$이고 ($\because$ 점 E_1은 사분원 $A_1C_1D_1$ 위의 한 점이므로)

$\angle DD_1E_1 = 60°$, $\angle C_1D_1E_1 = 30°$ 이므로

$$S_1 = \left(\dfrac{8}{3}\pi - 2\sqrt{3}\right) + \left(8 - 2\sqrt{3} - \dfrac{4}{3}\pi\right) = 8 - 4\sqrt{3} + \dfrac{4}{3}\pi$$ 임을 알 수 있다.

따라서 $\displaystyle\lim_{n\to\infty} S_n = \dfrac{8 - 4\sqrt{3} + \dfrac{4}{3}\pi}{1 - \dfrac{16}{25}} = \dfrac{25}{9}\left(8 - 4\sqrt{3} + \dfrac{4}{3}\pi\right) = \dfrac{100}{9}\left(2 - \sqrt{3} + \dfrac{\pi}{3}\right)$이다.

답은 ⑤!!

다음 예제는 19학년도 수능 문제이다. 19학년도, 20학년도 수능에 연속하여 비슷한 유형의 도형등비급수 문제가 나왔다.

그림과 같이 $\overline{OA_1} = 4$, $\overline{OB_1} = 4\sqrt{3}$ 인 직각삼각형 OA_1B_1이 있다. 중심이 O이고 반지름의 길이가 $\overline{OA_1}$인 원이 선분 OB_1과 만나는 점을 B_2라 하자. 삼각형 OA_1B_1의 내부와 부채꼴 OA_1B_2의 내부에서 공통된 부분을 제외한  모양의 도형에 색칠하여 얻은 그림을 R_1이라 하자.

그림 R_1에서 점 B_2를 지나고 선분 A_1B_1에 평행한 직선이 선분 OA_1과 만나는 점을 A_2, 중심이 O이고 반지름의 길이가 $\overline{OA_2}$인 원이 선분 OB_2와 만나는 점을 B_3이라 하자. 삼각형 OA_2B_2의 내부와 부채꼴 OA_2B_3의 내부에서 공통된 부분을 제외한 모양의 도형에 색칠하여 얻은 그림을 R_2라 하자. 이와 같은 과정을 계속하여 n번째 얻은 그림 R_n에 색칠되어 있는 부분의 넓이를 S_n이라 할 때, $\lim_{n \to \infty} S_n$의 값은? [4점]

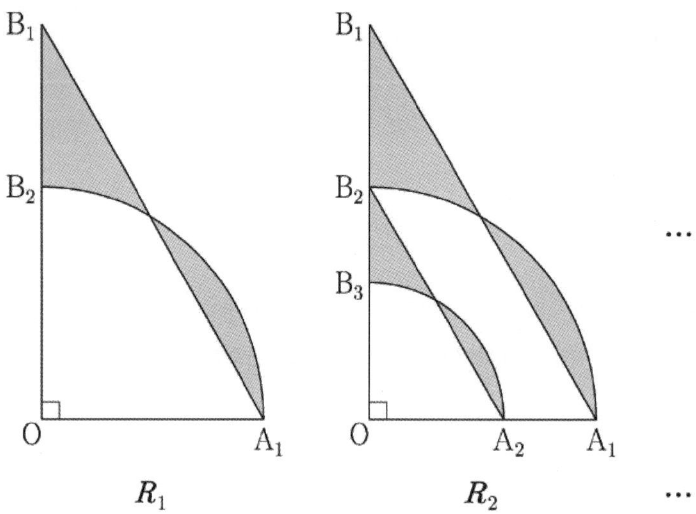

① $\dfrac{3}{2}\pi$ ② $\dfrac{5}{3}\pi$ ③ $\dfrac{11}{6}\pi$ ④ 2π ⑤ $\dfrac{13}{6}\pi$

1. 선분 A_1B_1과 호 A_1B_2가 만나는 점을 C_1이라 하면 이 점 역시 사분원 OA_1B_2 위에 있으므로 사분원의 중심인 O와 점 C_1을 연결한 후 문제를 풀도록 하자.

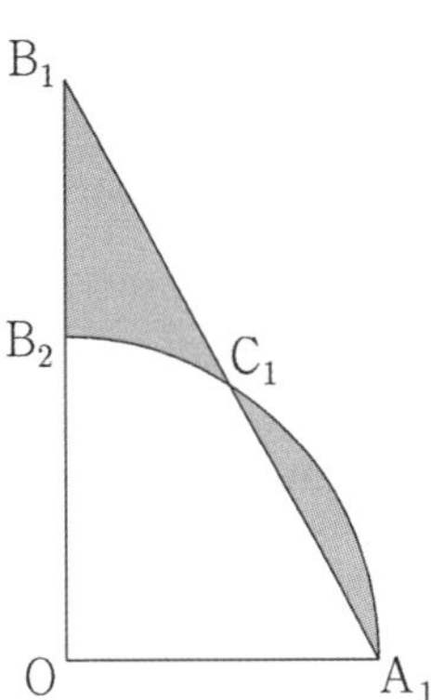

$\overline{OA_1} = 4,\ \overline{OB_1} = 4\sqrt{3}$, $\angle A_1OB_1 = 90°$ 로부터 $\angle B_1A_1O = 60° = \angle C_1A_1O$임을 알 수 있다.

부채꼴 C_1OA_1의 넓이와 삼각형 C_1OA_1의 넓이의 차는

$$16\pi \times \frac{1}{6} - \frac{\sqrt{3}}{4} \times 16 = \frac{8}{3}\pi - 4\sqrt{3} \ \cdots \ \bigcirc$$

또, $\angle C_1B_1O = 30°$ 이므로 삼각형 C_1OB_1의 넓이와 부채꼴 C_1OB_1의 넓이의 차는

$$\frac{1}{2} \times 4\sqrt{3} \times 4 \times \sin 30° - 16\pi \times \frac{1}{12} = 4\sqrt{3} - \frac{4}{3}\pi \ \cdots \ \bigcirc$$

$\bigcirc$, $\bigcirc$을 더하면 S_1이므로 $S_1 = \left(\frac{8}{3}\pi - 4\sqrt{3}\right) + \left(4\sqrt{3} - \frac{4}{3}\pi\right) = \frac{4}{3}\pi$ 이다.

2. 한편, 삼각형 OA_1B_1과 삼각형 OA_2B_2의 길이 비는 $\overline{OB_1} : \overline{OB_2} = 4\sqrt{3} : 4 = \sqrt{3} : 1$ 이므로

넓이공비는 $\dfrac{1}{\sqrt{3}}$의 제곱인 $\dfrac{1}{3}$임을 알 수 있다. 따라서 $\displaystyle\lim_{n \to \infty} S_n = \dfrac{\dfrac{4}{3}\pi}{1 - \dfrac{1}{3}} = 2\pi$이다.

답은 ④!!

다음 문제를 마지막으로 봐본 후 다음 Type 3으로 넘어가도록 하자.

그림과 같이 $\overline{A_1B_1}=3$, $\overline{B_1C_1}=1$ 인 직사각형 $OA_1B_1C_1$ 이 있다. 중심이 C_1 이고 반지름의 길이가 $\overline{B_1C_1}$ 인 원과 선분 OC_1 의 교점을 D_1, 중심이 O 이고 반지름의 길이가 $\overline{OD_1}$ 인 원과 선분 A_1B_1 의 교점을 E_1 이라 하자. 직사각형 $OA_1B_1C_1$ 에 호 B_1D_1, 호 D_1E_1, 선분 B_1E_1 로 둘러싸인 $\bigvee$ 모양의 도형을 그리고 색칠하여 얻은 그림을 R_1 이라 하자. 그림 R_1 에 선분 OA_1 위의 점 A_2 와 호 D_1E_1 위의 점 B_2, 선분 OD_1 위의 점 C_2 와 점 O 를 꼭짓점으로 하고 $\overline{A_2B_2} : \overline{B_2C_2} = 3 : 1$ 인 직사각형 $OA_2B_2C_2$ 를 그리고, 그림 R_1 을 얻은 것과 같은 방법으로 직사각형 $OA_2B_2C_2$ 에 $\bigvee$ 모양의 도형을 그리고 색칠하여 얻은 그림을 R_2 라 하자. 이와 같은 과정을 계속하여 n 번째 얻은 그림 R_n 에 색칠되어 있는 부분의 넓이를 S_n 이라 할 때, $\lim\limits_{n\to\infty} S_n$ 의 값은? [4점]

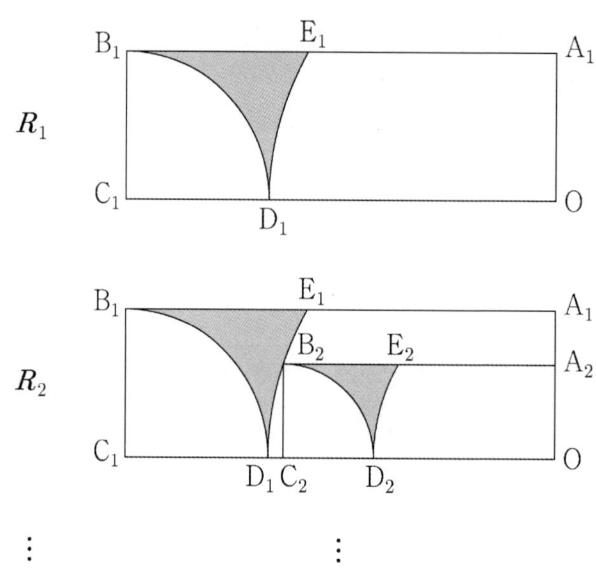

① $4 - \dfrac{2\sqrt{3}}{3} - \dfrac{7}{9}\pi$

② $5 - \dfrac{5\sqrt{3}}{6} - \dfrac{35}{36}\pi$

③ $6 - \sqrt{3} - \dfrac{7}{6}\pi$

④ $7 - \dfrac{7\sqrt{3}}{6} - \dfrac{49}{36}\pi$

⑤ $8 - \dfrac{4\sqrt{3}}{3} - \dfrac{14}{9}\pi$

1. E_1 역시 원 위의 점이므로 원의 중심인 O와 연결 후 문제풀이를 시작하자.

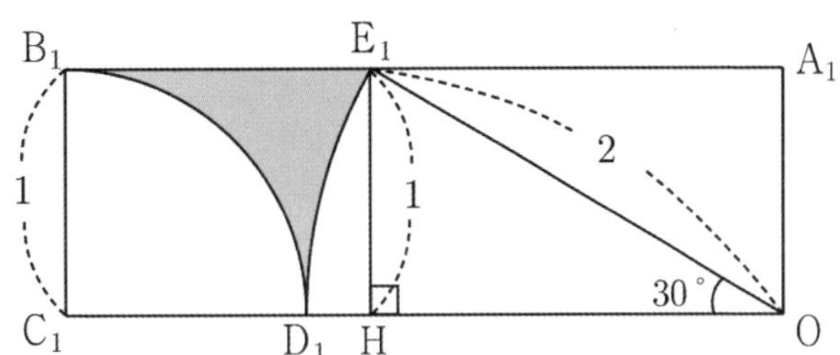

점 E_1에서 선분 C_1O에 내린 수선의 발을 H라 하면

직각삼각형 E_1HO에서 $\overline{E_1H} = 1$, $\overline{E_1O} = 2$이므로 $\angle E_1OH = 30°$이다.

S_1은 직사각형 $OA_1B_1C_1$에서 부채꼴 $C_1B_1D_1$, 부채꼴 OE_1D_1, 삼각형 E_1OA_1을 제외한

부분의 넓이이므로 $S_1 = 3 - \dfrac{\pi}{4} - \dfrac{\pi}{3} - \dfrac{\sqrt{3}}{2} = 3 - \dfrac{\sqrt{3}}{2} - \dfrac{7}{12}\pi$이다.

2.

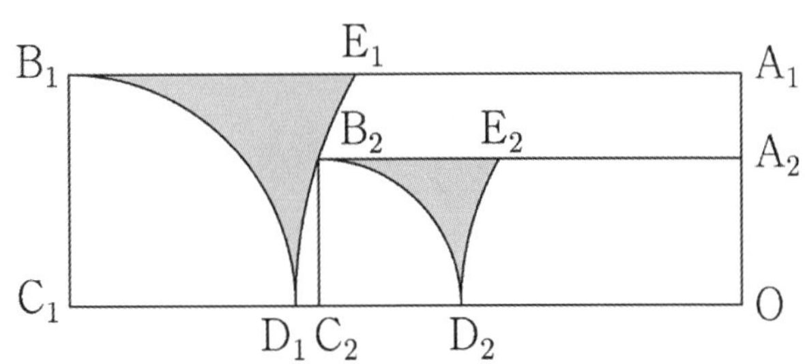

위 그림과 같이 $A_2B_2 = 3r$, $B_2C_2 = r$라 두면 $\overline{OB_2} = \sqrt{10}\,r = 2$

($\because$ 피타고라스 정리 및 B_2가 원 위의 점이라서 반지름) 이므로 $r = \dfrac{2}{\sqrt{10}}$ 이다.

따라서 S_n은 첫째항이 $S_1 = 3 - \dfrac{\sqrt{3}}{2} - \dfrac{7}{12}\pi$이고 공비가 $\left(\dfrac{2}{\sqrt{10}}\right)^2 = \dfrac{2}{5}$인 등비수열의

제 1항부터 제 n항까지의 합이므로 $\displaystyle\lim_{n \to \infty} S_n = \dfrac{3 - \dfrac{\sqrt{3}}{2} - \dfrac{7}{12}\pi}{1 - \dfrac{2}{5}} = 5 - \dfrac{5\sqrt{3}}{6} - \dfrac{35}{36}\pi$이다.

답은 ②!!

그림과 같이 $\overline{AB_1}=3$, $\overline{AC_1}=2$이고 $\angle B_1AC_1=\dfrac{\pi}{3}$인 삼각형 AB_1C_1이 있다. $\angle B_1AC_1$의 이등분선이 선분 B_1C_1과 만나는 점을 D_1, 세 점 A, D_1, C_1을 지나는 원이 선분 AB_1과 만나는 점 중 A가 아닌 점을 B_2라 할 때, 두 선분 B_1B_2, B_1D_1과 호 B_2D_1로 둘러싸인 부분과 선분 C_1D_1과 호 C_1D_1로 둘러싸인 부분인 ◁ 모양의 도형에 색칠하여 얻은 그림을 R_1이라 하자. 그림 R_1에서 점 B_2를 지나고 직선 B_1C_1에 평행한 직선이 두 선분 AD_1, AC_1과 만나는 점을 각각 D_2, C_2라 하자. 세 점 A, D_2, C_2를 지나는 원이 선분 AB_2와 만나는 점 중 A가 아닌 점을 B_3이라 할 때, 두 선분 B_2B_3, B_2D_2와 호 B_3D_2로 둘러싸인 부분과 선분 C_2D_2와 호 C_2D_2로 둘러싸인 부분인 ◁ 모양의 도형에 색칠하여 얻은 그림을 R_2라 하자. 이와 같은 과정을 계속하여 n번째 얻은 그림 R_n에 색칠되어 있는 부분의 넓이를 S_n이라 할 때, $\displaystyle\lim_{n\to\infty}S_n$의 값은? [4점]

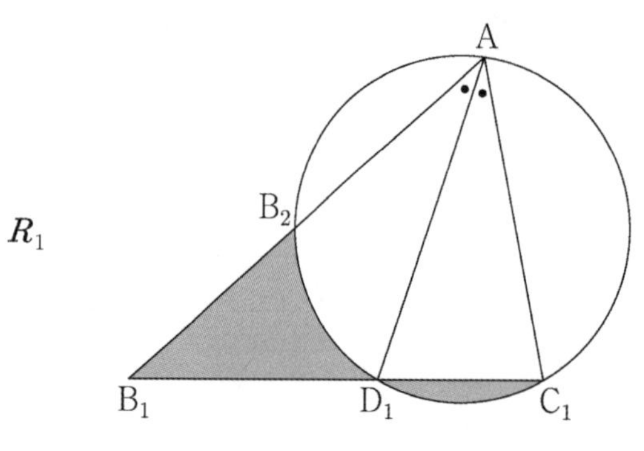
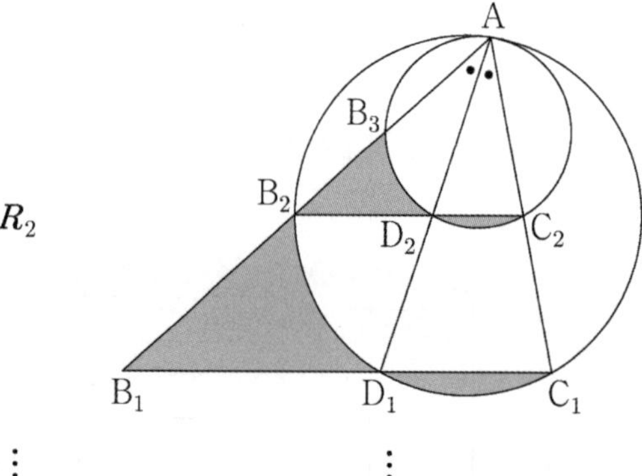

① $\dfrac{27\sqrt{3}}{46}$　　② $\dfrac{15\sqrt{3}}{23}$　　③ $\dfrac{33\sqrt{3}}{46}$　　④ $\dfrac{18\sqrt{3}}{23}$　　⑤ $\dfrac{39\sqrt{3}}{46}$

1. **원의 중심을 먼저 찍어주자.** 원의 중심을 점 O라고 하자.

$\angle D_1AC_1 = \angle D_1AB_2 = \dfrac{\pi}{6}$ 이므로 $\angle D_1OC_1 = \angle D_1OB_2 = \dfrac{\pi}{3}$ 이다.

따라서 $\triangle B_2OD_1$과 $\triangle C_1OD_1$은 합동인 정삼각형이고,

활꼴 B_2D_1과 **활꼴** C_1D_1은 합동이므로 색칠된 영역의 넓이는 $\triangle D_1B_1B_2$의 넓이와 같다.

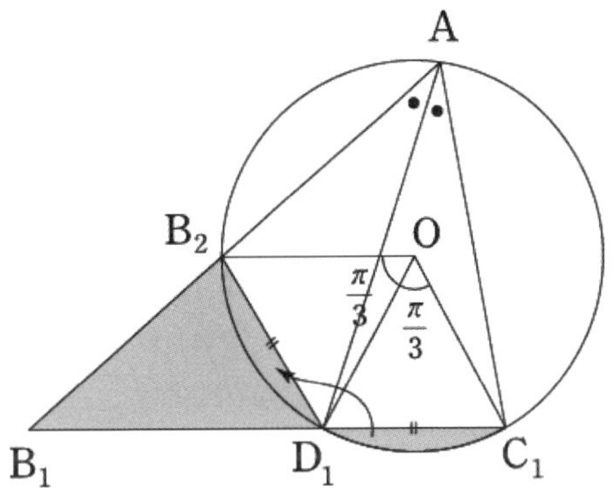

그리고 $\angle B_1D_1B_2 = \dfrac{\pi}{3} = \angle D_1B_2O$이므로 두 각은 서로 엇각이고, $\overline{OB_2} /\!/ \overline{B_1C_1}$이다.

---

2. $\triangle AB_1C_1$과 $\triangle D_1B_1B_2$에서 $\angle B_1D_1B_2 = \angle B_1AC_1 = \dfrac{\pi}{3}$, $\angle B_1$은 공통이므로

$\triangle AB_1C_1$과 $\triangle D_1B_1B_2$은 닮음이다.

두 삼각형의 닮음비를 구해보자.

길이비는 $\overline{AB_1} : \overline{D_1B_1}$ 이므로 $\overline{D_1B_1}$을 구하자.

$\triangle AB_1C_1$에서 코사인법칙을 활용하여 $\overline{B_1C_1}$을 구하면

$$\overline{B_1C_1}^2 = \overline{AB_1}^2 + \overline{AC_1}^2 - 2 \cdot \overline{AB_1} \cdot \overline{AC_1} \cdot \cos(\angle A)$$

$$= 3^2 + 2^2 - 2 \cdot 3 \cdot 2 \cdot \dfrac{1}{2} = 7 \text{에서} \ \overline{B_1C_1} = \sqrt{7} \ \text{이다.}$$

따라서 각의 이등분선의 성질에 의하여 $\overline{B_1D_1} : \overline{D_1C_1} = \overline{AB_1} : \overline{AC_1} = 3 : 2$ 이므로

$$\overline{B_1D_1} = \dfrac{3\sqrt{7}}{5} \ \text{이다.}$$

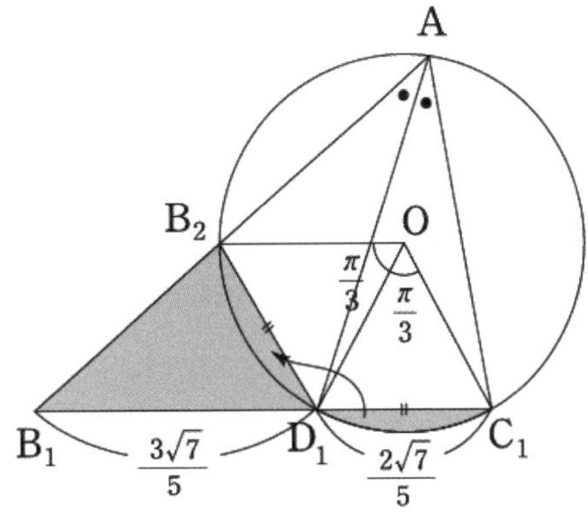

$\overline{AB_1} : \overline{D_1B_1} = 3 : \dfrac{3\sqrt{7}}{5}$ 이므로 넓이비는 $1 : \dfrac{7}{25}$ 이다.

따라서 $\triangle AB_1C_1 = \dfrac{1}{2} \times 3 \times 2 \times \sin\dfrac{\pi}{3} = \dfrac{3\sqrt{3}}{2}$ 에서 $\triangle D_1B_1B_2 = \dfrac{3\sqrt{3}}{2} \times \dfrac{7}{25} = \dfrac{21\sqrt{3}}{50}$ 이다.

3. $\triangle AB_1C_1$과 $\triangle D_1B_1B_2$에서 $\overline{AB_1} : \overline{D_1B_1} = \overline{B_1C_1} : \overline{B_1B_2}$ 이다.

따라서 $3 : \dfrac{3}{5}\sqrt{7} = \sqrt{7} : \overline{B_1B_2}$ 이므로 $\overline{B_1B_2} = \dfrac{7}{5}$, $\overline{AB_2} = \dfrac{8}{5}$ 이다.

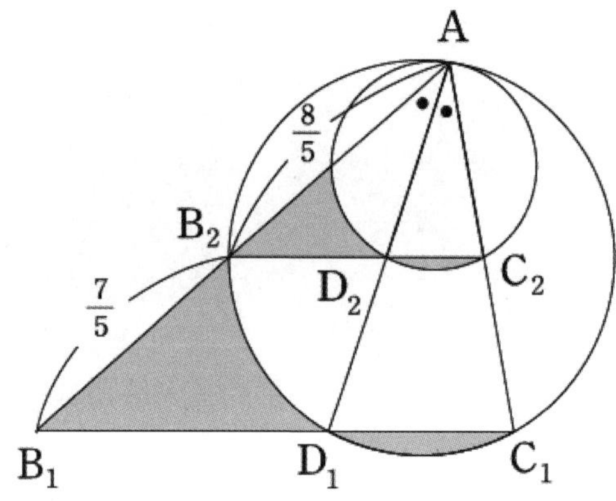

따라서 공비는 $\left(\dfrac{8}{5} \times \dfrac{1}{3}\right)^2 = \dfrac{64}{225}$ 이므로

$$\lim_{n \to \infty} S_n = \dfrac{\dfrac{21\sqrt{3}}{50}}{1 - \dfrac{64}{225}} = \dfrac{\dfrac{21\sqrt{3}}{50}}{\dfrac{161}{225}} = \dfrac{\dfrac{3\sqrt{3}}{2}}{\dfrac{23}{9}} = \dfrac{27\sqrt{3}}{46}$$ 이다.

답은 ①!!

그림과 같이 한 변의 길이가 6인 정사각형 $A_1B_1C_1D$에서 선분 A_1D를 $1:2$로 내분하는 점을 E_1이라 하고, 세 점 B_1, C_1, E_1을 지나는 원의 중심을 O_1이라 하자. 삼각형 $E_1B_1C_1$의 내부와 삼각형 $O_1B_1C_1$의 외부의 공통부분에 색칠하여 얻은 그림을 R_1이라 하자. 그림 R_1에서 선분 E_1D 위의 점 A_2, 선분 E_1C_1 위의 점 B_2, 선분 C_1D 위의 점 C_2와 점 D를 꼭짓점으로 하는 정사각형 $A_2B_2C_2D$를 그린다. 정사각형 $A_2B_2C_2D$에서 선분 A_2D를 $1:2$로 내분하는 점을 E_2라 하고, 세 점 B_2, C_2, E_2를 지나는 원의 중심을 O_2라 하자. 삼각형 $E_2B_2C_2$의 내부와 삼각형 $O_2B_2C_2$의 외부의 공통부분에 색칠하여 얻은 그림을 R_2라 하자. 이와 같은 과정을 계속하여 n번째 얻은 그림 R_n에 색칠되어 있는 부분의 넓이를 S_n이라 할 때, $\lim\limits_{n\to\infty} S_n$의 값은? [4점]

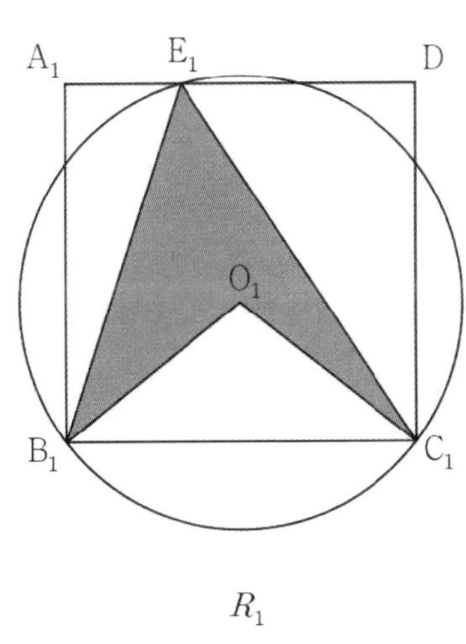

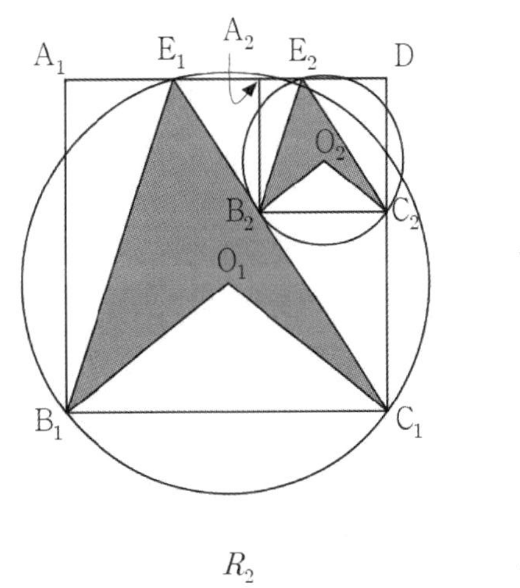

① $\dfrac{90}{7}$　② $\dfrac{275}{21}$　③ $\dfrac{40}{3}$　④ $\dfrac{95}{7}$　⑤ $\dfrac{290}{21}$

1. 점 O_1에서 $\overline{A_1 D}$에 내린 수선의 발을 M, $\overline{B_1 C_1}$에 내린 수선의 발을 N이라 하자.

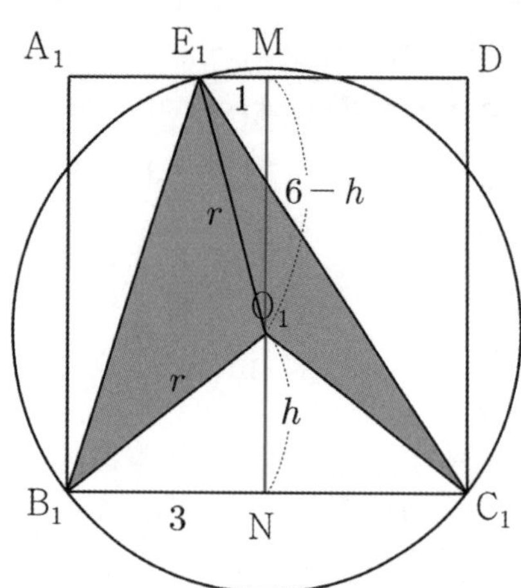

$\overline{O_1 N} = h$라 하면 $\overline{O_1 M} = 6 - h$이다. $\overline{E_1 M} = 1$, $\overline{B_1 N} = 3$이므로 원의 반지름을 r라 하자. 피타고라스 정리를 이용하겠다.

$r^2 = 3^2 + h^2 = 1^2 + (6-h)^2$에서 $9 + h^2 = h^2 - 12h + 37$이므로 $12h = 28$, $h = \dfrac{7}{3}$이다.

따라서 $S_1 = \dfrac{1}{2} \times (6-h) \times 6 = 3 \times \left(6 - \dfrac{7}{3}\right) = 18 - 7 = 11$이다.

2. 공비를 구하자.

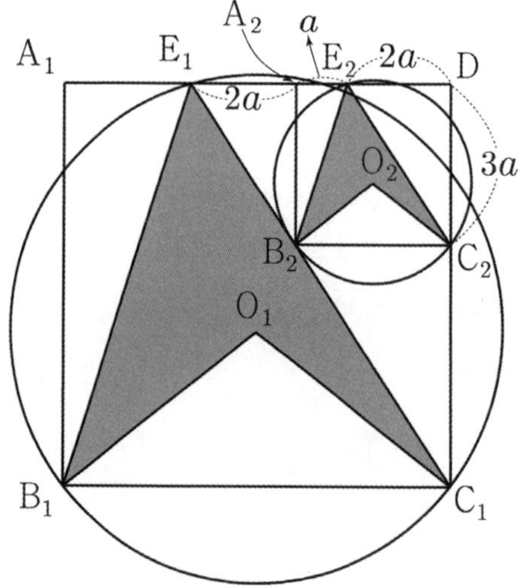

$\overline{A_2 E_2} = a$라 하면 $\overline{E_2 D} = 2a$이다. $\triangle A_2 B_2 E_1$과 $\triangle D C_2 E_2$는 합동이므로 $\overline{A_2 E_1} = 2a$이다.

따라서 $\overline{E_1 D} = 4 = 5a$에서 $a = \dfrac{4}{5}$이므로 길이 비는 $\dfrac{3a}{6} = \dfrac{2}{5}$이고, 공비는 $\dfrac{4}{25}$이다.

따라서 $\displaystyle\lim_{n \to \infty} S_n = \dfrac{11}{1 - \dfrac{4}{25}} = \dfrac{11 \times 25}{21} = \dfrac{275}{21}$이다.

답은 ②!!

3. 번식 X, 원과 [원 or 직선]이 접하는 문제

이제 원과 [원 or 직선]이 접하는 문제에 대해 알아보자.

(1) 원과 원이 접한다.

원과 원이 접할 경우 우리가 반드시 해야 하는 것은 '**접점과 두 원의 두 중심 총 세 점을 잇는 것**'이다.
이 세 점은 반드시 한 직선 위에 있을 수밖에 없고, 이로 인해 여러 가지 조건들을 찾아낼 수 있다.
원과 원이 접하는 케이스는

① 원이 외접하는 경우 / ② 원이 내접하는 경우
　　가 있는데, 각각의 케이스로 나누어 생각해보자.

① 원이 외접하는 경우

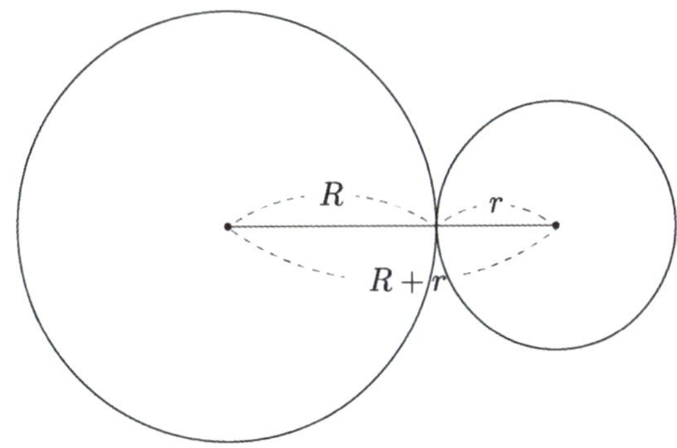

　　이 경우 두 원의 중심 사이의 거리는 두 원의 반지름의 길이의 합이 된다. 다음 예시 문항을 보자.

한 변의 길이가 4인 정사각형이 있다. 그림과 같이 크기가 같은 두 원이 서로 한 점 P_1 에서 만나고 정사각형의 두 변에 각각 접하도록 그린다. 이 때, 이 두 원은 적어도 한 변에 동시에 접한다. 정사각형의 네 변 중 원과 접하지 않는 변의 중점을 Q_1 이라 하고, 선분 P_1Q_1 을 대각선으로 하는 정사각형 R_1 을 그린다. 이때, R_1 의 한 변의 길이를 l_1 이라 하자. 마찬가지로 크기가 같은 두 원이 서로 한 점 P_2 에서 만나고 정사각형 R_1 의 두 변에 각각 접하도록 그린다. 이 때, 이 두 원은 적어도 한 변에 동시에 접한다. 정사각형 R_1 의 네 변 중 원과 접하지 않는 변의 중점을 Q_2 라 하고, 선분 P_2Q_2 를 대각선으로 하는 정사각형 R_2 를 그린다. 이때, R_2 의 한 변의 길이를 l_2 라 하자. 이와 같은 과정을 계속하여 n 번째 그린 정사각형 R_n 의 한 변의 길이를 l_n 이라 할 때, $\displaystyle\sum_{n=1}^{\infty} l_n$ 의 값은? [4점]

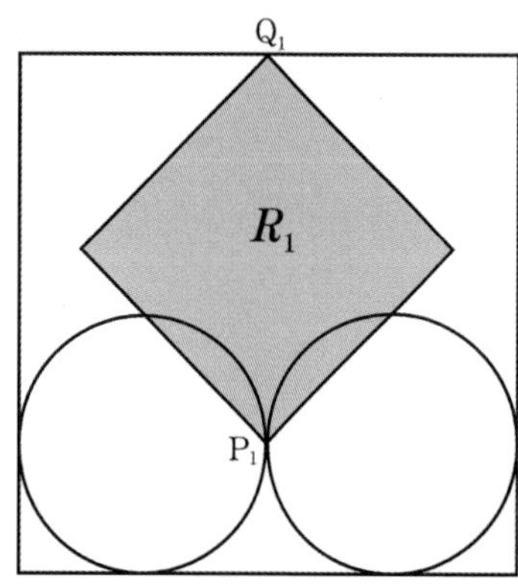

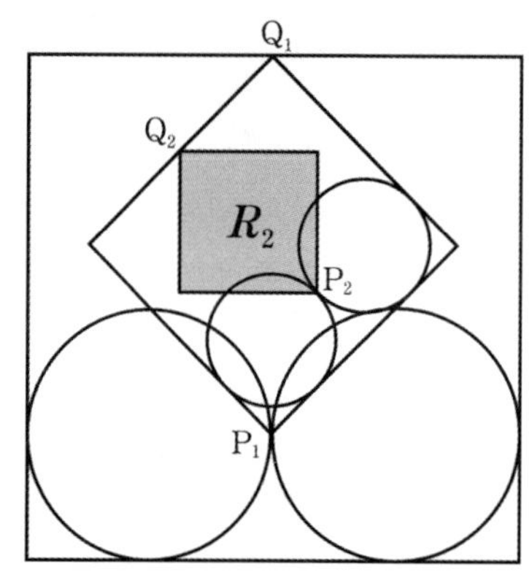

① $\dfrac{12(3+4\sqrt{2})}{23}$

② $\dfrac{24(2+\sqrt{2})}{23}$

③ $\dfrac{12(1+4\sqrt{2})}{23}$

④ $\dfrac{3(3+2\sqrt{2})}{7}$

⑤ $\dfrac{3(3+\sqrt{2})}{7}$

크기가 같으므로 각각의 반지름을 r라 하면 두 원은 외접하므로 중심 사이의 거리가 $2r$이다.
이것의 2배인 $4r$가 정사각형의 한 변의 길이와 같음을 '원이 정사각형에 접한다.'는 사실에 의해 알 수 있으므로 $r = 1$이다. 따라서 점 P_1에서 그림과 같이 한 변의 길이가 4인 정사각형의 한 변에 내린 수선의 발을 H_1이라 하면, $\overline{P_1 H_1} = 1$이므로 $\overline{P_1 Q_1} = 3$이다.

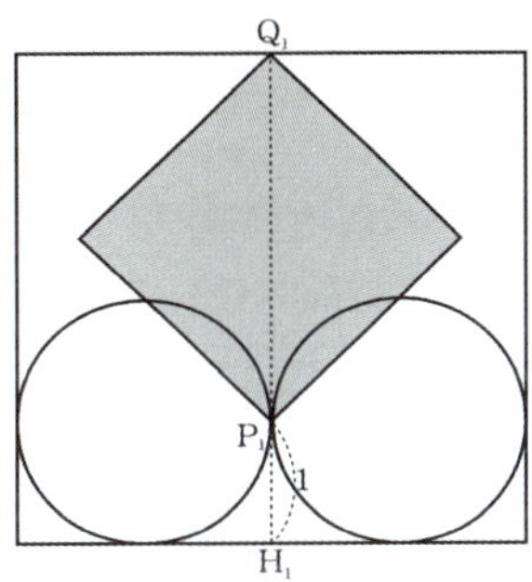

한 변의 길이비는 대각선의 길이비와 정확히 일치한다.

위의 풀이에서 자연스럽게 $\overline{P_1 Q_1}$, 즉 정사각형 R_1의 대각선이 길이가 나왔으므로 큰 정사각형의 대각선의 길이를 $4\sqrt{2}$로 구하면 (큰 정사각형의 한 변의 길이) :
(정사각형 R_1의 한 변의 길이) $= 4\sqrt{2} : 3$ 임을 간접적으로 구할 수 있음을 인지하자.

물론 이 문제 같은 경우는 어차피 l_1을 구하기 위해 $\overline{P_1 Q_1} = 3$으로부터 $l_1 = \dfrac{3}{\sqrt{2}}$임을 구해야 하기 때문에, 또 대각선으로부터 l_1을 구하기가 쉬웠기 때문에 센스가 빛나지 않았지만
문제풀이를 할 때 항상 효율적인 간접적 방법 접근의 가능성을 열어놓자.

2. $\{l_n\}$의 공비는 $\dfrac{3\sqrt{2}}{8}$, $l_1 = \dfrac{3\sqrt{2}}{2}$이므로

$$\sum_{n=1}^{\infty} l_n = \frac{\dfrac{3\sqrt{2}}{2}}{1 - \dfrac{3\sqrt{2}}{8}} = \frac{12(3 + 4\sqrt{2})}{23}$$ 이다.

답은 ①!!

② 원이 내접하는 경우

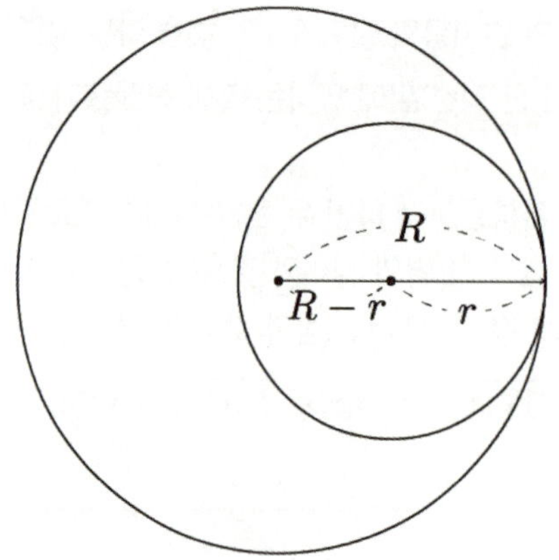

이 경우 두 원의 중심 사이의 거리는 두 원의 반지름의 길이의 차가 된다.

등비급수 Part 문제에선 그림이 주어지겠지만, 수학 I 이나 다른 미적분 문제를 풀 때 원이 접한다는 것을
'(1) 원이 외접하는 경우'만 생각하는 경우가 많다. 상당히 많다.
따라서 우리는 원이 접한다는 조건을 보았을 때 (1), (2)의 가능성을 모두 확인토록 하자.

마찬가지로 다음 문제에서 원이 내접할 때의 행동지침을 살펴보자.

예제(19) 11년 7월 교육청 나형 21번

반지름의 길이가 3인 원 O_1이 있다. 그림과 같이 원 O_1에 내접하고 서로 외접하게 그린 반지름의
길이가 같은 세 원 A_1, B_1, C_1의 중심을 지나는 원을 O_2라 하자. 원 O_2에 내접하고 서로 외접하
게 그린 반지름의 길이가 같은 세 원 A_2, B_2, C_2의 중심을 지나는 원을 O_3이라 하자. 이와 같은

과정을 계속하여 그린 원 O_n의 둘레의 길이를 l_n이라 할 때, $\displaystyle\sum_{n=1}^{\infty} l_n$의 값은? [4점]

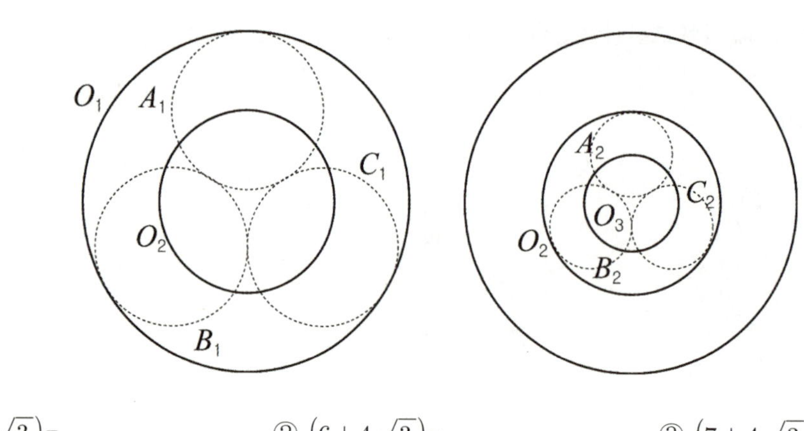

① $(5+4\sqrt{3})\pi$ ② $(6+4\sqrt{3})\pi$ ③ $(7+4\sqrt{3})\pi$

④ $(8+4\sqrt{3})\pi$ ⑤ $(9+4\sqrt{3})\pi$

1. 원 O_2의 반지름의 길이를 $3r$라 하자. 원 O_1의 반지름의 길이는 3이다.

원 A_1과 원 O_1의 접점과 두 원의 중심 총 세 점을 이으면,

두 원이 내접하고 있으므로 원 A_1의 반지름의 길이를 $3 - 3r$로 표현할 수 있다.

또한 두 원 A_1, B_1의 접점과 두 원의 중심 총 세 점을 이으면, 두 원이 외접하고 있으므로 두 원의 중심

사이 거리는 $6 - 6r$이다. ($\because$ 두 원 A_1, B_1의 반지름의 길이는 같기 때문에)

2. 원에 내접하는 정삼각형에서 다음 성질이 성립한다.

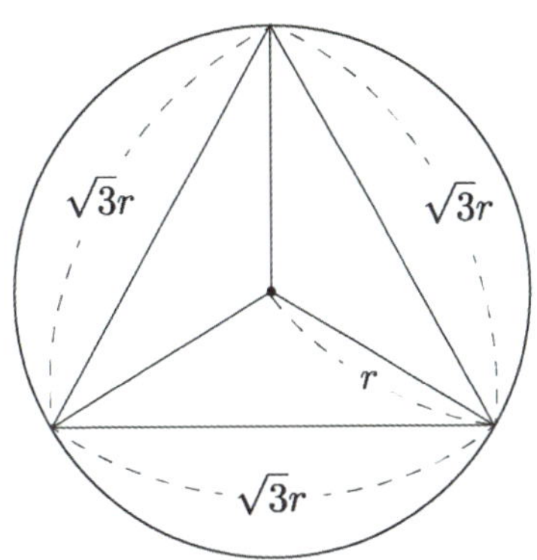

원 O_2의 반지름의 길이를 $3r$로 두었으므로 $6 - 6r = \sqrt{3} \times 3r$, $r = 4 - 2\sqrt{3}$ 이다.

O_1의 둘레의 길이는 6π이므로 $\displaystyle\sum_{n=1}^{\infty} l_n = \frac{6\pi}{1 - (4 - 2\sqrt{3})} = (6 + 4\sqrt{3})\pi$ 이다.

답은 ②!!

※ **사잇각이 $120\,^\circ$ 인 이등변삼각형의 세 변의 길이비는 $1 : 1 : \sqrt{3}$ 임을 암기하자.**

특수각 직각삼각형만큼 자주 나오는 도형이다.

(2) 원과 직선이 접한다.

원에 직선이 접하는 경우엔 항상 원의 중심과 접점을 이은 후 **수직표시**를 해주자.
이 두 점의 거리는 **원의 반지름의 길이**와 같다. 이 두 개가 문제풀이의 핵심이 된다.
따라서 본 유형의 문제를 풀 때에는 **이렇게 표현된 직각과 원의 반지름의 길이를 이용하여 삼각비 및 피타고라스를 활용하여 푸는 문제가 대다수이다.**

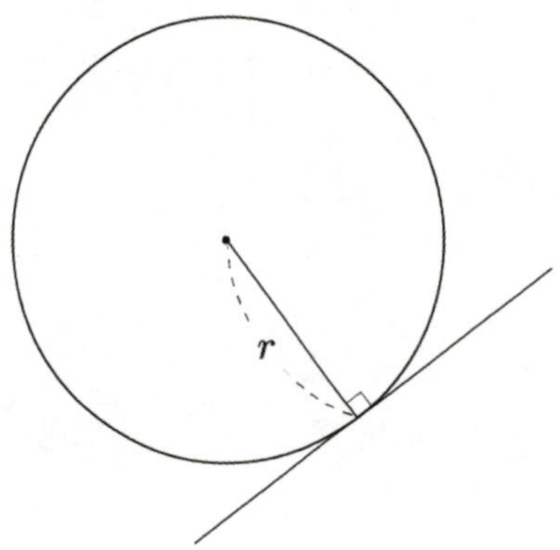

다음 페이지에서 예시 문항을 보자.

$\overline{B_1C_1} = 8$이고 $\angle B_1A_1C_1 = 120\,^\circ$인 이등변삼각형 $A_1B_1C_1$이 있다. 그림과 같이 중심이 선분 B_1C_1 위에 있고 직선 A_1B_1과 직선 A_1C_1에 동시에 접하는 원 O_1을 그리고 이등변삼각형 $A_1B_1C_1$의 내부와 원 O_1의 외부의 공통부분에 색칠하여 얻은 그림을 R_1이라 하자.

그림 R_1에서 원 O_1과 선분 B_1C_1이 만나는 점을 각각 B_2, C_2라 할 때, 삼각형 $A_1B_1C_1$ 내부의 점 A_2를 삼각형 $A_2B_2C_2$가 $\angle B_2A_2C_2 = 120\,^\circ$인 이등변삼각형이 되도록 잡는다. 중심이 선분 B_2C_2 위에 있고 직선 A_2B_2와 직선 A_2C_2에 동시에 접하는 원 O_2를 그리고 이등변삼각형 $A_2B_2C_2$의 내부와 원 O_2의 외부의 공통부분에 색칠하여 얻은 그림을 R_2라 하자.

이와 같은 과정을 계속하여 n번째 얻은 그림 R_n에 색칠되어 있는 부분의 넓이를 S_n이라 할 때, $\lim\limits_{n \to \infty} S_n$의 값은? [4점]

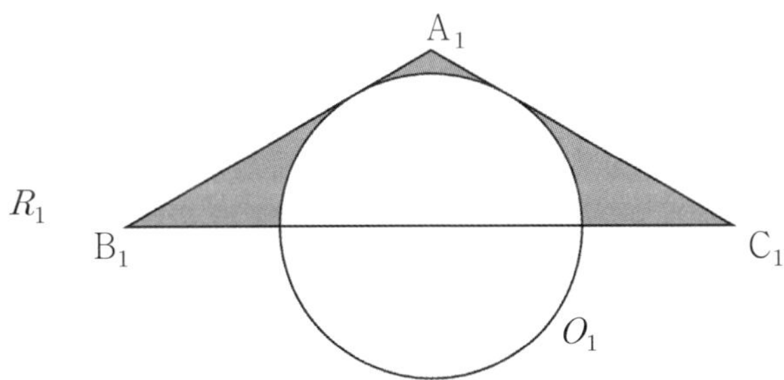

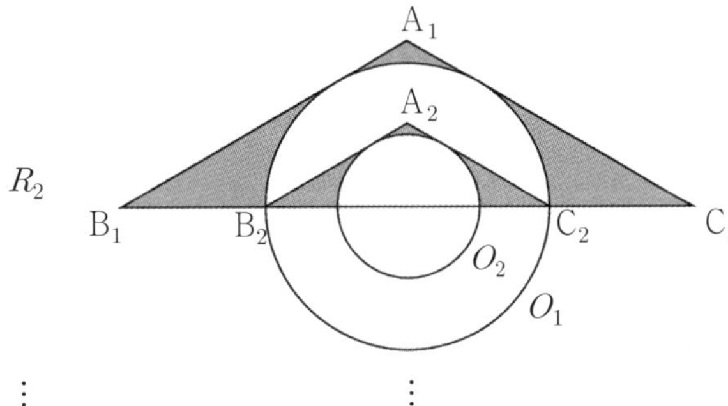

① $\dfrac{32}{3}\sqrt{3} - \dfrac{8}{3}\pi$ ② $\dfrac{32}{3}\sqrt{3} - \dfrac{4}{3}\pi$ ③ $\dfrac{64}{9}\sqrt{3} - \dfrac{8}{3}\pi$

④ $\dfrac{64}{9}\sqrt{3} - \dfrac{5}{3}\pi$ ⑤ $\dfrac{64}{9}\sqrt{3} - \dfrac{4}{3}\pi$

1.

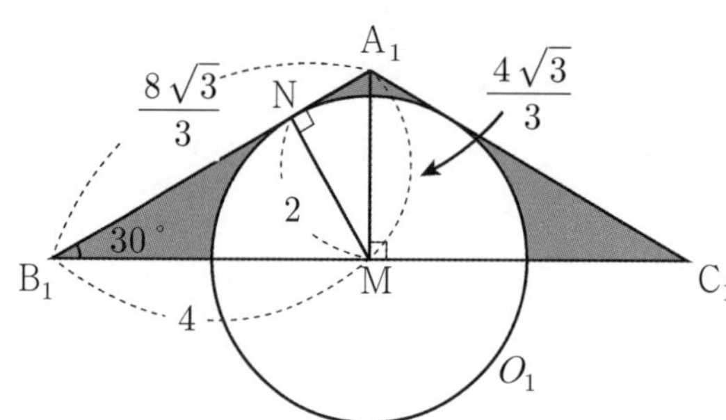

삼각형 $A_1B_1C_1$은 이등변삼각형이므로 선분 B_1C_1의 중점을 M이라 하면 원 O_1의 중심은 M이다.

원 O_1과 직선 A_1B_1이 접하는 점을 N이라 하면 $\angle A_1NM = 90°$, $\overline{MN} = 2$

($\because \overline{MN} = 4 \times \sin 30°$) 임을 알 수 있다. 위와 같이 그림을 그려놓은 후 풀자.

삼각형 A_1B_1M에서 $\overline{B_1M} = 4$, $\angle A_1B_1M = 30°$ 이고

$\overline{A_1M} = 4 \times \tan 30° = \dfrac{4\sqrt{3}}{3}$ 이므로

$S_1 = \dfrac{1}{2} \times 8 \times \dfrac{4\sqrt{3}}{3} - \dfrac{1}{2} \times 2 \times 2 \times \pi = \dfrac{16\sqrt{3}}{3} - 2\pi$ 이다.

2. 한편 그림 R_2에서 선분 B_2C_2의 길이가 4임을 알 수 있고, 이는 선분 B_1C_1의 길이의 절반이다.

따라서 삼각형 $A_1B_1C_1$과 삼각형 $A_2B_2C_2$의 닮음비가 $2:1$이므로 넓이의 비는 $4:1$이다.

따라서 S_n은 첫째항이 $\dfrac{16\sqrt{3}}{3} - 2\pi$이고 공비가 $\dfrac{1}{4}$인 등비수열의 첫째항부터 제n항까지의 합이므로

$\displaystyle \lim_{n \to \infty} S_n = \dfrac{\dfrac{16\sqrt{3}}{3} - 2\pi}{1 - \dfrac{1}{4}} = \dfrac{64\sqrt{3}}{9} - \dfrac{8\pi}{3}$ 이다.

답은 ③!!

한 변의 길이가 1인 정사각형을 R_1이라 하자. 그림과 같이 R_1의 한 꼭짓점과 정사각형 R_1의 변 위의 두 점을 세 꼭짓점으로 하는 정삼각형 하나를 그리고 이 정삼각형에 내접하는 원을 그린 후, 이 원에 내접하는 하나의 정사각형을 R_2라 하자.

정사각형 R_2의 한 꼭짓점과 정사각형 R_2의 변 위의 두 점을 세 꼭짓점으로 하는 정삼각형 하나를 그리고 이 정삼각형에 내접하는 원을 그린 후, 이 원에 내접하는 하나의 정사각형을 R_3이라 하자. 이와 같은 과정을 계속하여 n번째 얻은 정사각형을 R_n이라 하자. 정사각형 R_n의 넓이를 S_n이라 할 때, $\displaystyle\sum_{n=1}^{\infty} S_n = \dfrac{a+b\sqrt{3}}{11}$ 이다. $a+b$의 값을 구하시오. (단, a, b는 자연수이다.) [4점]

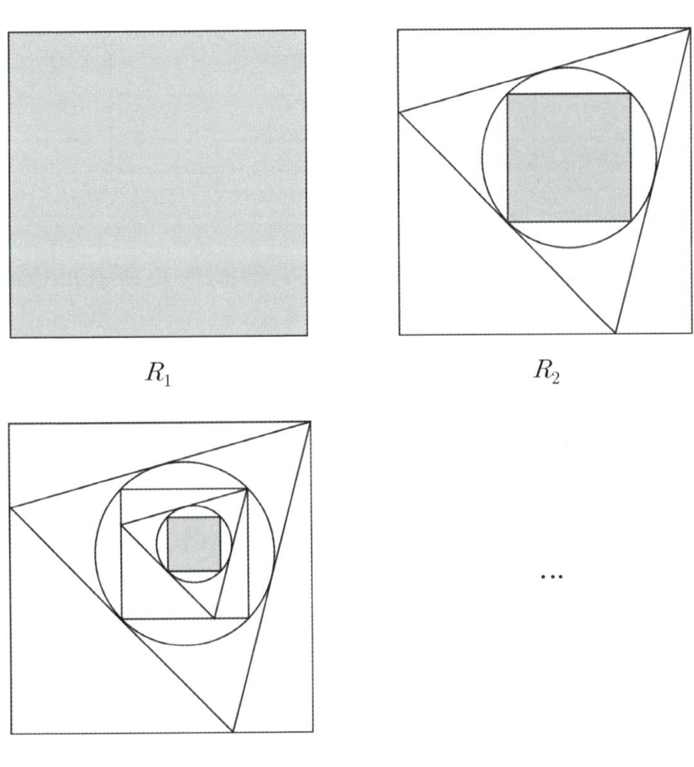

R_1

R_2

R_3

···

1. 그림과 같이 정사각형 R_1의 꼭짓점을 각각 A, B, C, D이라 하고, 문제의 조건에 따라 그린 정삼각형의 꼭짓점을 각각 C, E, F라 하자.

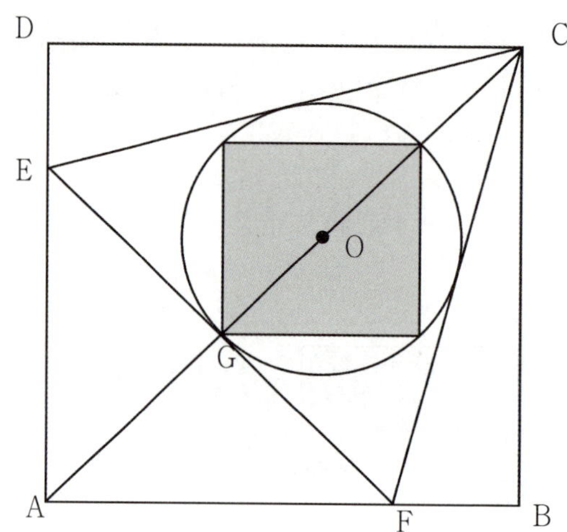

정사각형 R_2의 한 변의 길이를 r라 하면 이 값 자체가 정사각형 R_n의 길이비를 의미한다.

원의 반지름 길이는 정사각형 R_2의 대각선 길이의 절반과 같으므로 $\dfrac{\sqrt{2}}{2}r$이다.

이는 정삼각형 CEF의 높이의 $\dfrac{1}{3}$배에 해당하므로 정삼각형의 높이는 $\dfrac{3\sqrt{2}}{2}r$, 정삼각형 한 변의 길이는 $\sqrt{6}\,r$임을 알 수 있다.

따라서 직각이등변삼각형 AFE에서 선분 AE의 길이는 $\sqrt{3}\,r$임을 알 수 있으므로 선분 DE의 길이는 $1-\sqrt{3}\,r$이다.

또한 직각삼각형 CDE에서 피타고라스의 정리에 의하여 $\left(1-\sqrt{3}\,r\right)^2 + 1^2 = \left(\sqrt{6}\,r\right)^2$ 임을 알 수 있고, 이를 정리하면 $3r^2 + 2\sqrt{3}\,r - 2 = 0$, $r = \dfrac{-\sqrt{3}+3}{3}$이다.

따라서 정사각형 R_n의 넓이인 S_n의 공비는 $r^2 = \dfrac{12-6\sqrt{3}}{9} = \dfrac{4-2\sqrt{3}}{3}$이다.

2. $\displaystyle\sum_{n=1}^{\infty} S_n = \dfrac{1}{1-\dfrac{4-2\sqrt{3}}{3}} = \dfrac{3+6\sqrt{3}}{11}$, $a+b = 9$이다.

답은 9!!

마지막 한 문제를 보고 난 후 마지막 Type.4로 넘어가도록 하겠다.

좌표평면에 원 $C_1 : (x-4)^2 + y^2 = 1$이 있다. 그림과 같이 원점에서 원 C_1에 기울기가 양수인 접선 l을 그었을 때 생기는 접점을 P_1이라 하자. 중심이 직선 l 위에 있고 점 P_1을 지나며 x축에 접하는 원을 C_2라 하고 이 원과 x축의 접점을 P_2라 하자. 중심이 x축 위에 있고 점 P_2를 지나며 직선 l에 접하는 원을 C_3이라 하고 이 원과 직선 l의 접점을 P_3이라 하자.

중심이 직선 l 위에 있고 점 P_3을 지나며 x축에 접하는 원을 C_4라 하고 이 원과 x축의 접점을 P_4라 하자. 이와 같은 과정을 계속할 때, 원 C_n의 넓이를 S_n이라 하자. $\displaystyle\sum_{n=1}^{\infty} S_n$의 값은?

(단, 원 C_{n+1}의 반지름의 길이는 원 C_n의 반지름의 길이보다 작다.) [4점]

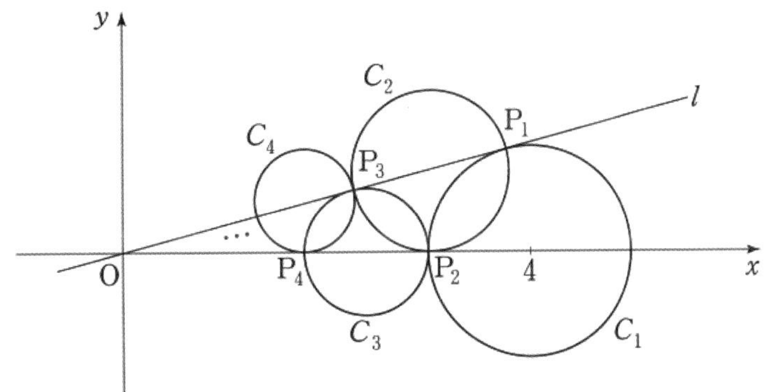

① $\dfrac{3}{2}\pi$　　② 2π　　③ $\dfrac{5}{2}\pi$　　④ 3π　　⑤ $\dfrac{7}{2}\pi$

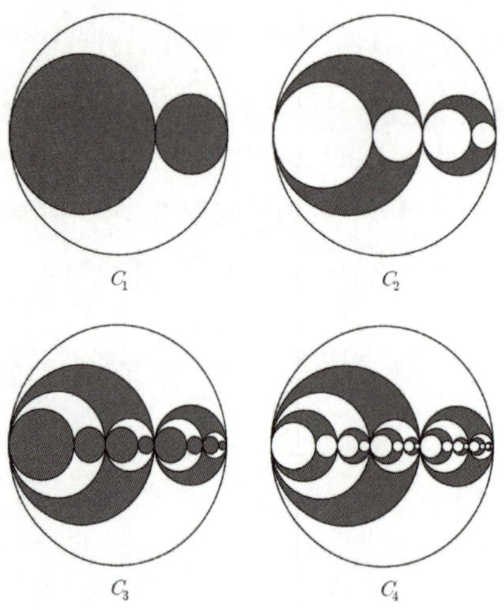

...

위 문제가 기억나는가? 이 문제에서 강조되었던 것이 무엇이었는지 생각해보자.

그렇다. ① **첫 번째 상황의 공비가 일반적인 상황의 공비와 같은지 확인하는 것**이 필요한 문제였다.

실제로 공비가 음수가 나오는 진풍경이 벌어졌었고.

어떤 측면에서 보면 이번 문제 역시 ①을 체크해야 하는 문제처럼 보일 수 있다.

왜냐하면 $C_{홀수}$ 원들은 중심들이 x축 위에 있도록 설정됐으며, $C_{짝수}$ 원들은 중심들이 접선 l 위에 있

도록 설정됐기 때문에

'아, 홀수 번째랑 짝수 번째에 만들어지는 원의 규칙이 다르니까, 공비도 다르겠구나.'

라는 합리적 의심을 가질 수 있다. 이러한 의심이 들었다면 본 Part를 제대로 공부하고 있는 것이다.

---

2. 하지만 이를 생각하지 못한 학생들과의 격차를 이 문제에서는 벌릴 수 없었다. 왜냐하면 공비가 계속 일정했기 때문이다.

이에 대해서 먼저 알아보고 넘어가자. 먼저 두 원 C_1, C_2의 위치관계를 표시해보자.

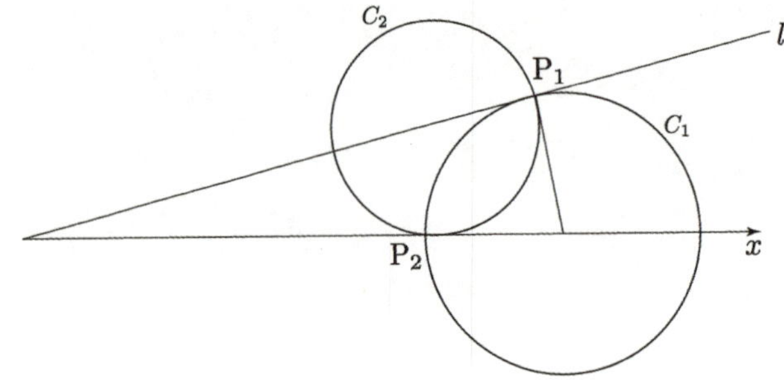

이 그림을 잘 기억해둔 상태로, 이번엔 두 원 C_2, C_3의 위치관계를 표시해보자.

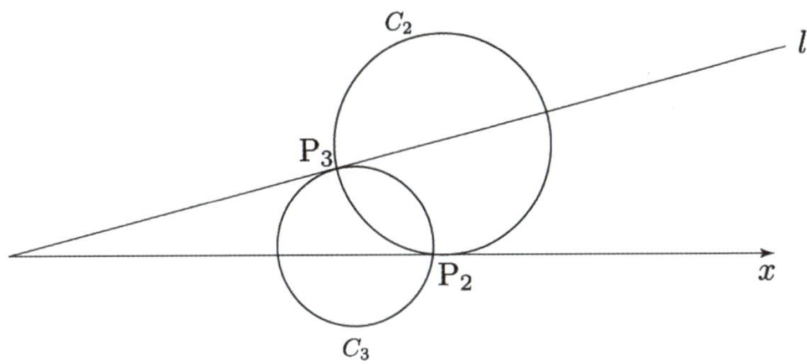

이것을 약간 비틀어서 접선 l이 x축인 척을 해보자.

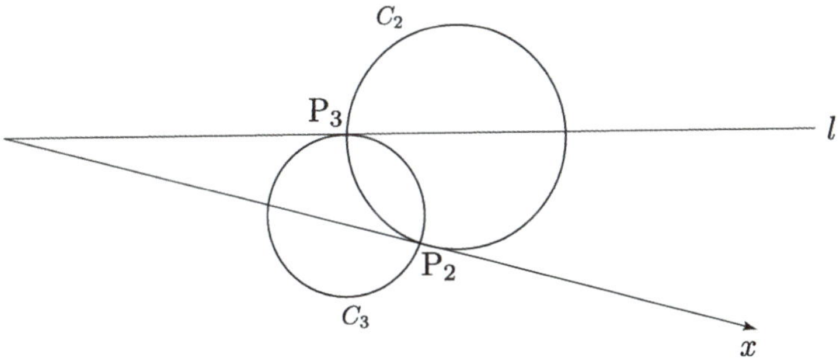

이것을 직선 l에 대하여 대칭시킨 상황을 생각해보자.

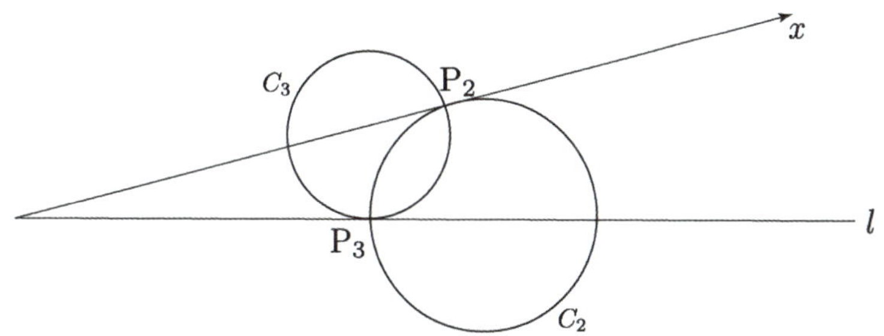

즉, 첫 번째 그림과 마지막 그림이 결국엔 같은 상황의 그림임을 알 수 있다.
따라서, 이 문제는 ① 첫 번째 상황의 공비가 일반적인 상황의 공비와 같은지 확인되었으므로
두 원 C_1, C_2로만 문제를 풀어주면 되겠다. 이제 본격적으로 문제를 풀어보자.

3.

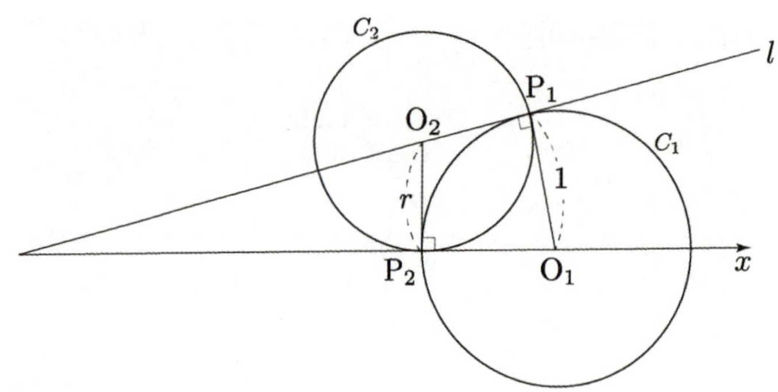

두 원 C_1, C_2의 중심을 각각 O_1, O_2라 하자. 원과 직선이 접해있으므로

두 선분 O_1P_1, O_2P_2를 긋고 **반지름 길이 표시 및 직각 표시**를 무조건 해줘야 한다.

원 C_2의 반지름의 길이는 r라 하겠다.

선분 O_1P_2의 길이는 원 C_1의 반지름의 길이인 1이다. 따라서 선분 OP_2의 길이는 3이다.

또한 삼각형 OO_1P_1에서 $\sin(\angle O_1OP_1) = \dfrac{1}{4}$임을 알 수 있으므로 $\tan(\angle O_1OP_1) = \dfrac{1}{\sqrt{15}}$인데,

직각삼각형 O_2OP_2에서도 $\tan(\angle O_1OP_1) = \tan(\angle P_2OO_2)$를 발견할 수 있다.

따라서 $\dfrac{1}{\sqrt{15}} = \dfrac{r}{3}$, $r = \dfrac{3}{\sqrt{15}}$이고, 원 C_n의 넓이인 S_n의 공비는 $r^2 = \dfrac{3}{5}$이다.

원 C_1의 넓이는 $S_1 = \pi$ 이므로 $\displaystyle\sum_{n=1}^{\infty} S_n = \dfrac{S_1}{1 - \dfrac{3}{5}} = \dfrac{5}{2}\pi$ 임을 알 수 있다.

답은 ③!!

번식이라 함은 **시행이 반복되면서 닮음인 도형이 나오지만, 추가되는 도형의 개수도 늘어나는 경우를** 의미한다.
주절주절 설명할 수 있지만, 다음 예제를 보면서 효율적으로 설명하겠다.

예제(23) 05학년도 6월 평가원 24번

그림과 같이 길이가 1 인 선분 2 개로 만든 'ㅜ' 모양의 도형을 S_0 이라 하자. 도형 S_0 의 위쪽에 있는 선분의 양끝에 길이가 $\dfrac{1}{3}$ 인 선분 2개로 만든 'ㅜ' 모양의 도형을 붙여 도형 S_1 을 만든다. 이와 같은 방법으로 도형 S_{n-1} 의 가장 위쪽에 있는 각 선분의 양끝에 길이가 $\left(\dfrac{1}{3}\right)^n$ 인 선분 2 개로 만든 'ㅜ' 모양의 도형을 붙여 도형 S_n 을 만든다. 도형 S_n 을 이루는 모든 선분의 길이의 합을 l_n 이라 할 때, $\displaystyle\lim_{n\to\infty} l_n$ 의 값을 구하시오. [4점]

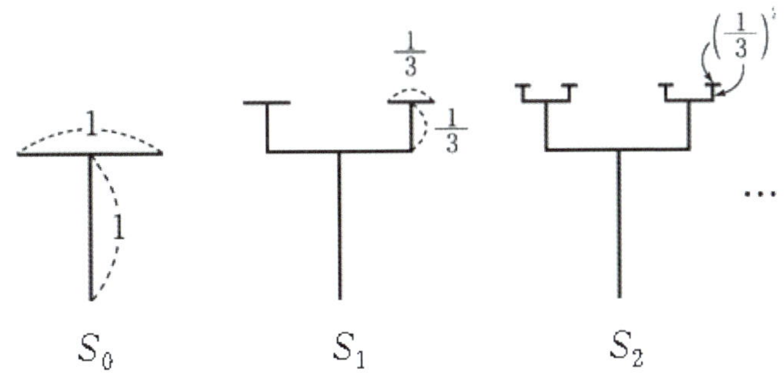

1. l_1은 2이다. S_1에서 추가된 ㅜ 모양은 S_0에 있는 ㅜ 모양에 비해 길이들이 $\dfrac{1}{3}$배가 되고,

문제에서 묻는 건 넓이가 아닌 길이이므로 이 값 그대로 공비로 해도 될 것 같다는 생각을 할 수 있다.

하지만 S_1에서 늘어나는 ㅜ 모양은 길이가 $\dfrac{2}{3}$로 짧아졌지만 개수가 2개 추가되고,

S_2에서 늘어나는 ㅜ 모양은 또 $\dfrac{2}{9}$로 짧아졌지만 개수가 2^2개 추가되는 것을 확인할 수 있다.

즉 S_1에서 늘어나는 선분의 길이는 $2 \times \left(\dfrac{1}{3}\right)^1 \times 2^1$

S_2에서 늘어나는 선분의 길이는 $2 \times \left(\dfrac{1}{3}\right)^2 \times 2^2$가 됨을 확인할 수 있으므로

$l_n = 2 \times 1 + 2^2 \times \dfrac{1}{3} + 2^3 \times \left(\dfrac{1}{3}\right)^2 \cdots + 2^{n+1}\left(\dfrac{1}{3}\right)^n$ 임을 알 수 있다.

따라서 공비는 $\dfrac{1}{3}$이 아니고 $\dfrac{2}{3}$으로 계산해줘야 하고,

$$\lim_{n \to \infty} l_n = 2 \times 1 + 2^2 \times \dfrac{1}{3} + 2^3 \times \left(\dfrac{1}{3}\right)^2 \cdots + 2^{n+1}\left(\dfrac{1}{3}\right)^n + \cdots = 2 \times \dfrac{1}{1 - \dfrac{2}{3}} = 6 \ \text{이다.}$$

답은 6!!

따라서 등비급수의 최종 공비는 다음과 같이 구해야 함을 알 수 있다.

최종 공비 = 늘어나는 개수 공비 × 도형의 넓이공비 (또는 길이공비)

Type 1, 2, 3는 늘어나는 개수 공비가 1인 상황이었으며, 도형의 넓이공비와 길이공비는 문제에 따라 묻는 것을 확인 후 채택해주면 된다. 제일 최근에 나온 변식문제를 보자.

예제(24) 20학년도 9월 평가원 나형 18번

그림과 같이 중심이 O, 반지름의 길이가 2이고 중심각의 크기가 90°인 부채꼴 OAB가 있다. 선분 OA의 중점을 C, 선분 OB의 중점을 D라 하자. 점 C를 지나고 선분 OB와 평행한 직선이 호 AB와 만나는 점을 E, 점 D를 지나고 선분 OA와 평행한 직선이 호 AB와 만나는 점을 F라 하자. 선분 CE와 선분 DF가 만나는 점을 G, 선분 OE와 선분 DG가 만나는 점을 H, 선분 OF와 선분 CG가 만나는 점을 I라 하자. 사각형 OIGH를 색칠하여 얻은 그림을 R_1이라 하자.

그림 R_1에 중심이 C, 반지름의 길이가 $\overline{CI}$, 중심각의 크기가 90°인 부채꼴 CJI와 중심이 D, 반지름의 길이가 $\overline{DH}$, 중심각의 크기가 90°인 부채꼴 DHK를 그린다. 두 부채꼴 CJI, DHK에 그림 R_1을 얻는 것과 같은 방법으로 두 개의 사각형을 그리고 색칠하여 얻은 그림을 R_2라 하자. 이와 같은 과정을 계속하여 n번째 얻은 그림 R_n에 색칠되어 있는 부분의 넓이를 S_n이라 할 때, $\lim\limits_{n \to \infty} S_n$의 값은? [4점]

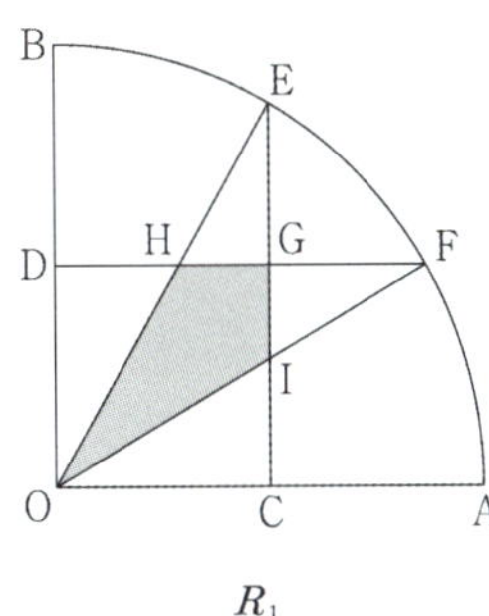

R_1

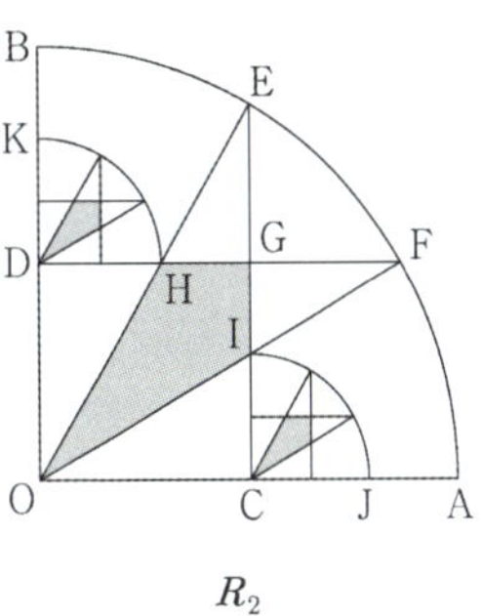

R_2

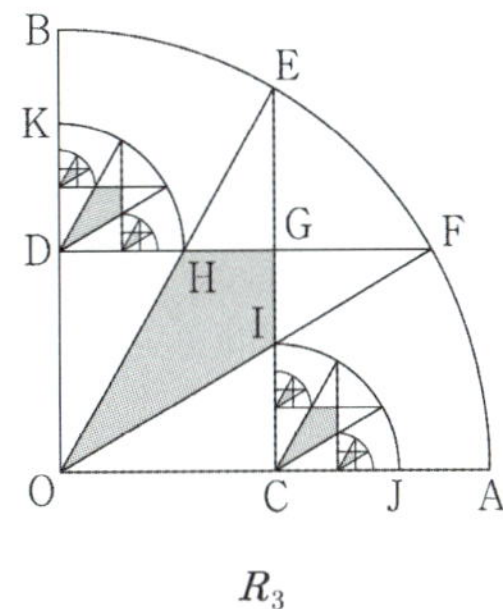

R_3

$\cdots$

① $\dfrac{2(3-\sqrt{3})}{5}$ ② $\dfrac{7(3-\sqrt{3})}{15}$ ③ $\dfrac{8(3-\sqrt{3})}{15}$

④ $\dfrac{3(3-\sqrt{3})}{5}$ ⑤ $\dfrac{2(3-\sqrt{3})}{3}$

1. R_1에서 $\overline{OC} = \overline{OD} = 1$이므로 두 직각삼각형 EOC, FOD의 빗변의 길이가 2이므로

삼각비에 의하여 $\angle EOC = \dfrac{\pi}{3} = \angle FOD$임을 알 수 있다.

따라서 $S_1 = 1 - \dfrac{1}{\sqrt{3}}$이다. ($\because \overline{DH} = \overline{CI} = \dfrac{1}{\sqrt{3}}$)

2. R_2에서 생긴 두 사분원은 R_1의 사분원과 비교하여 넓이닮음비는 $\left(\dfrac{1}{2\sqrt{3}}\right)^2 = \dfrac{1}{12}$이지만

($\because$ 반지름의 길이가 2에서 $\dfrac{1}{\sqrt{3}}$으로 줄어들었기 때문에) 도형의 개수가 R_2, R_3로 진행될수록 2개,

4개씩 많아지고 있으므로 개수공비는 2이다.

따라서 최종공비는 $\dfrac{1}{6}$이고,

$S_1 = 1 - \dfrac{1}{\sqrt{3}}$ 이므로 $\displaystyle\lim_{n\to\infty} S_n = \dfrac{S_1}{1 - \dfrac{1}{6}} = \dfrac{2(3 - \sqrt{3})}{5}$이다.

답은 ①!!

그림과 같이 길이가 4인 선분 AB를 지름으로 하는 원 O가 있다. 원의 중심을 C라 하고, 선분 AC 의 중점과 선분 BC의 중점을 각각 D, P라 하자. 선분 AC의 수직이등분선과 선분 BC의 수직이등 분선이 원 O의 위쪽 반원과 만나는 점을 각각 E, Q라 하자. 선분 DE를 한 변으로 하고 원 O와 점 A에서 만나며 선분 DF가 대각선인 정사각형 DEFG를 그리고, 선분 PQ를 한 변으로 하고 원 O 와 점 B에서 만나며 선분 PR가 대각선인 정사각형 PQRS를 그린다. 원 O의 내부와 정사각형 DEFG의 내부의 공통부분인 ◰ 모양의 도형과 원 O의 내부와 정사각형 PQRS의 내부의 공통부 분인 ◱ 모양의 도형에 색칠하여 얻은 그림을 R_1이라 하자. 그림 R_1에서 점 F를 중심으로 하고 반 지름의 길이가 $\dfrac{1}{2}\overline{DE}$인 원 O_1, 점 R를 중심으로 하고 반지름의 길이가 $\dfrac{1}{2}\overline{PQ}$인 원 O_2를 그린다.

두 원 O_1, O_2에 각각 그림 R_1을 얻은 것과 같은 방법으로 만들어지는 ◰ 모양의 2개의 도형과 ◱ 모양의 2개의 도형에 색칠하여 얻은 그림을 R_2라 하자. 이와 같은 과정을 계속하여 n번째 얻은 그림 R_n에 색칠되어 있는 부분의 넓이를 S_n이라 할 때, $\displaystyle\lim_{n\to\infty} S_n$의 값은? [4점]

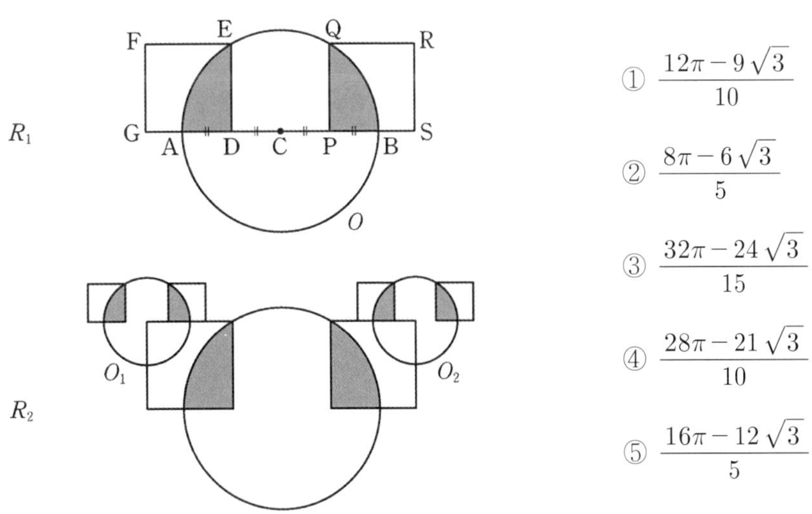

① $\dfrac{12\pi - 9\sqrt{3}}{10}$

② $\dfrac{8\pi - 6\sqrt{3}}{5}$

③ $\dfrac{32\pi - 24\sqrt{3}}{15}$

④ $\dfrac{28\pi - 21\sqrt{3}}{10}$

⑤ $\dfrac{16\pi - 12\sqrt{3}}{5}$

1. Type 2.에서 연습했던 것처럼 원 위의 두 점 E, Q를 원의 중심과 이어서 직각삼각형 QCP를 만든다.

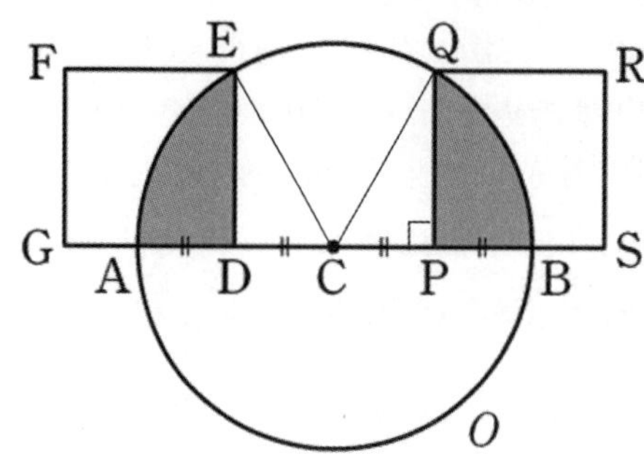

직각삼각형 QCP에서

$\overline{CQ}=2$, $\overline{CP}=1$이므로 $\overline{PQ}=\sqrt{\overline{CQ}^2-\overline{CP}^2}=\sqrt{3}$, $\angle QCP=60°$ 임을 알 수 있다.

이때, 도형 R_1에 색칠된 부분의 넓이는

$$2\times\{(부채꼴\ QCB의\ 넓이)-(\triangle QCP의\ 넓이)\}=2\left\{\frac{1}{2}\times2^2\times\frac{\pi}{3}-\frac{1}{2}\times1\times\sqrt{3}\right\}$$

$$=\frac{4}{3}\pi-\sqrt{3}\cdots\text{㉠}\ 로\ 구할\ 수\ 있다.$$

한편 그림 R_2에서 새로 그려진 원의 반지름의 길이는 $\frac{1}{2}\overline{DE}=\frac{1}{2}\overline{PQ}=\frac{\sqrt{3}}{2}$이므로

그림 R_1에 있는 원과 그림 R_2에 있는 원의 반지름의 길이의 비는 $1:\dfrac{\sqrt{3}}{4}$ 이며

이때 넓이의 비는 $1:\dfrac{3}{16}$ 이다.

한편 그림 R_1에서 원의 개수와 그림 R_2에서 추가된 원의 개수의 비는 $2:4$ 즉, $1:2$이므로

최종 공비는 $\dfrac{3}{16}\times2=\dfrac{3}{8}$ 으로 계산해줘야 한다.

2. 따라서 구하는 극한값은 $\displaystyle\lim_{n\to\infty}S_n=\dfrac{\frac{4}{3}\pi-\sqrt{3}}{1-\frac{3}{8}}=\dfrac{32\pi-24\sqrt{3}}{15}$ 이다.

답은 ③!!

그래프 그리기, 조건 해석

04 그래프 그리기, 조건 해석

미적분의 시작은 그래프 그리기이다. 미적분이 수학Ⅱ보다 어렵다고 하는 결정적인 이유가 뭘까? 미분하기 전에 그래프 개형을 미리 모르는 경우가 많기 때문이다. 하지만 **미분하기 전에 미리 그래프 개형을 안다면? 수학Ⅱ와 난이도가 크게 다르지 않을 것이다.**

미적분 킬러 문제를 풀 때는 특수한 경우부터 따진다. 특수한 경우에 답이 나오는 경우가 매우 많다. **특수한 경우에 답이 나온다면 시험장에서 엄밀한 증명까진 필요 없고 문제의 조건과 충돌하는 지점이 없는지만 확인하자.**
다만 특수한 경우에서 답이 안 나온다면 바로 일반적인 경우도 고려하여 좀 더 엄밀하게 풀어야 한다.

이 교재의 예시 해설에서는 시험장에서의 생각과 일반적인 경우 모두 담고 있어 해설이 길어질 수 있다.
하지만 참고 읽다 보면 얻어가는 것이 있을 것이며 시험장에서는 무리 없이 특수한 경우부터 고려하는 자신감이 생길 것이다.

▌그래프 개형 그리기

미적분의 시작이다.
미분 없이 충분히 그래프 개형을 그릴 수 있는 상황에서 미분부터 먼저 하고 있다면 시간과 에너지가 너무 낭비되어 정작 필요한 조건 해석을 못 하는 불상사가 발생한다.

웬만한 문제에서는 미분 없이 그래프 개형을 그릴 수 있다.
이때 **미분은 그래프 개형을 알아내는 주요 도구가 아닌 극점이나 변곡점 좌표를 구할 때 쓰는 보조도구로 전락**한다.
미분 없이 그래프 개형을 그리는 방법은 이 책 전반에 걸쳐 제일 많이 쓰이는 도구이니 꼭 체화하자.

웬만한 문제에서는 미분 없이 그래프 개형을 그릴 수 있으나 분명 **한계가 존재할 때도** 있다.
이를 위해 **미분을 하여 도함수를 얻고 이로부터 원함수의 그래프 개형을 그리는 방법도** 가볍게 소개한다.

x축을 먼저 그린다. y축은 원점 위치를 정확히 알 때 그린다.
킬러 문제에서는 함수 $f(x)$가 확정되지 않은 경우가 많기에 원점 위치를 모를 때가 많다.
원점 위치를 모를 때 y축은 문제 상황 파악과 조건 파악에 방해만 될 분이다.

x축을 먼저 그리고 밑의 5가지를 '순서대로' 따지면 미분 없이 함수 $f(x)$그래프 개형을 쉽게 그릴 수 있다.

1. 우함수나 기함수인가?
   우함수일 때는 그래프가 y축 대칭임을, 기함수일 때는 그래프가 원점 대칭임을 염두에 두자.

2. $\lim\limits_{x \to \infty} f(x)$, $\lim\limits_{x \to -\infty} f(x)$의 **값을 표시하자.**

3. $x = \alpha$에서 $y = f(x)$가 수직 점근선을 갖는다면 $\lim\limits_{x \to \alpha+} f(x)$, $\lim\limits_{x \to \alpha-} f(x)$의 값을 표시하자.

4. x축과의 교점은 몇 개일까?
   직접적인 $f(x) = 0$의 해를 구하면 시간이 너무 오래 걸린다.
   그래프 개형 그릴 땐 x축과의 교점 개수 정도만 표시하자.

5. 위의 4가지를 고려하면 직관적으로 그래프 개형을 예상할 수 있고 이를 바탕으로 그래프 개형을 완성할 수 있다. 예상이 틀릴까 봐 걱정하지 말자. 예상이 대체로 잘 맞는다. 극점의 개수가 애매할 때는 이후에 미분하여 확인하면 된다.

다만, **극한 처리를 할 때 주의할 점**이 있다.

예를 들어 $\lim\limits_{x \to \infty} f(x) = 0$라고 하자.

그래프 개형을 그리기 위해서 x가 무한히 커질 때 $f(x)$가 0보다 큰 곳에서 0으로 접근하는지,
0보다 작은 곳에서 0으로 접근하는지, 0에서 0으로 접근하는지 표시가 필요하다.
x가 무한히 커질 때 $f(x)$가 0보다 큰 곳에서 0으로 접근한다면 $\lim\limits_{x \to \infty} f(x) = 0+$, 0보다 작은 곳에서

0으로 접근한다면 $\lim\limits_{x \to \infty} f(x) = 0-$, 0에서 0으로 접근한다면 $\lim\limits_{x \to \infty} f(x) = 0$으로 표기하도록 하자.

$\lim\limits_{x \to \infty} f(x)$, $\lim\limits_{x \to -\infty} f(x)$, $\lim\limits_{x \to \alpha+} f(x)$, $\lim\limits_{x \to \alpha-} f(x)$에서 $\pm\dfrac{\infty}{\infty}$ 또는 $\pm\infty \times 0$ 꼴이 나오는 경우가 있다.
이럴 땐 어떻게 해야 할까? **증가함수에서 로그함수 < 무리함수 < 다항함수 < 지수함수 순으로 더 강한 영향력을 가진다고 생각하면 편하다.** 증명은 교과 외인 로피탈 정리를 사용한다.

예를 들어 극한이 $\pm\dfrac{\infty}{\infty}$ 또는 $\pm\infty \times 0$ 꼴이 나올 때 e^x은 x^{100}보다, x^2은 $10^{10}\sqrt{x}$보다, $\sqrt{x}$은 $10^{10}\ln x$

보다도 강한 영향력을 가진다. 따라서 $\lim\limits_{x \to \infty} \dfrac{\ln x}{x} = 0$, $\lim\limits_{x \to 0+} x\ln x = 0$, $\lim\limits_{x \to \infty} xe^{-x} = 0$이다.

$f(x)=(x-2)(x-3)e^{-x}$의 그래프 개형을 그려보자.

1. 우함수나 기함수가 아니다.
2. $\lim\limits_{x\to\infty}f(x)=0+$, $\lim\limits_{x\to-\infty}f(x)=\infty$ 를 표시하자.

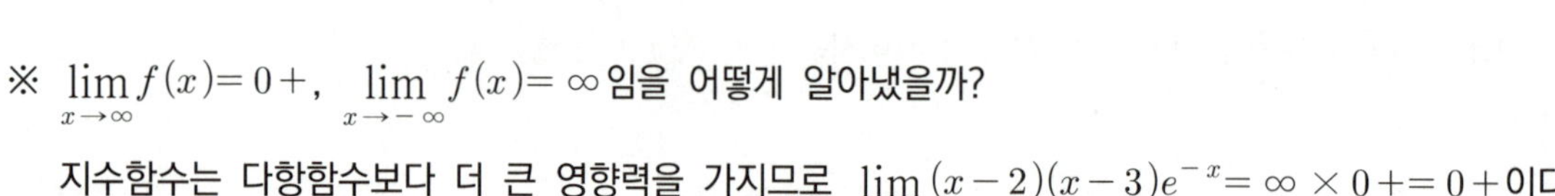

※ $\lim\limits_{x\to\infty}f(x)=0+$, $\lim\limits_{x\to-\infty}f(x)=\infty$ 임을 어떻게 알아냈을까?

지수함수는 다항함수보다 더 큰 영향력을 가지므로 $\lim\limits_{x\to\infty}(x-2)(x-3)e^{-x}=\infty\times 0+=0+$ 이다.

$\lim\limits_{x\to-\infty}(x-2)(x-3)e^{-x}=\infty\times\infty=\infty$ 이다.

3. 함수 $f(x)$는 실수 전체 집합에서 정의되므로 $y=f(x)$는 수직 점근선을 갖지 않는다.
4. x축과의 교점이 2개임을 표시하자.

5. 위의 4가지를 고려하면 예상되는 그래프 개형은 아래와 같다.

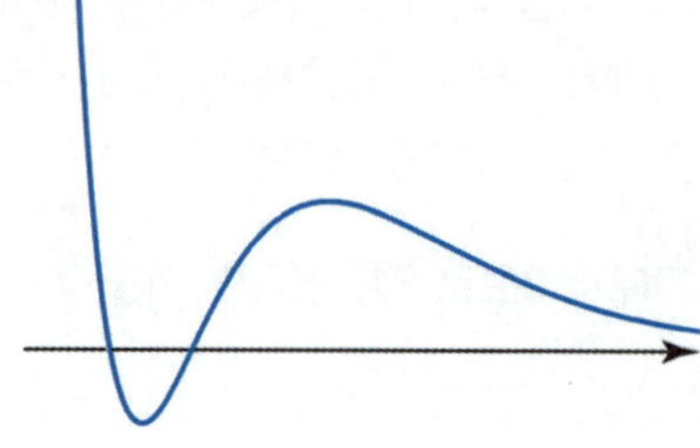

예상이 실제로 맞다!

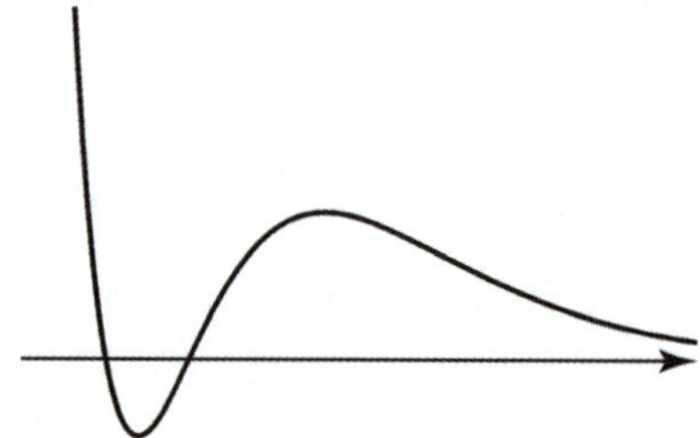

$f(x) = \dfrac{x}{x^2+1}$의 그래프 개형을 그려보자.

1. **기함수이다. 그래프가 원점 대칭임을 염두에 두자.**

2. $\displaystyle\lim_{x\to\infty} f(x) = 0+, \quad \lim_{x\to-\infty} f(x) = 0-$를 표시하자.

   ※ $\displaystyle\lim_{x\to\infty} f(x) = 0+, \quad \lim_{x\to-\infty} f(x) = 0-$임을 어떻게 알아냈을까?

    이차함수는 일차함수보다 더 큰 영향력을 가지므로 $\displaystyle\lim_{x\to\infty} \frac{x}{x^2+1} = \frac{\infty}{\infty} = 0+$이다.

    이차함수는 일차함수보다 더 큰 영향력을 가지므로 $\displaystyle\lim_{x\to-\infty} \frac{x}{x^2+1} = \frac{-\infty}{\infty} = 0-$이다.

3. **함수 $f(x)$는 실수 전체 집합에서 정의되므로 $y = f(x)$는 수직 점근선을 갖지 않는다.**

4. x축과의 교점은 원점 1개임을 표시하자.

5. 위의 4가지를 고려하면 예상되는 그래프 개형은 아래와 같다. **원점 대칭임을 반영하자.**

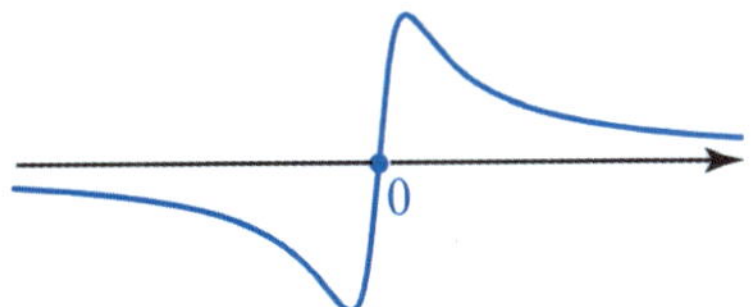

예상이 실제로 맞다!

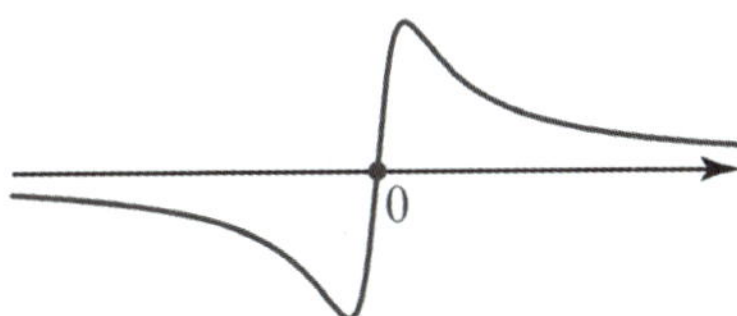

$f(x) = \dfrac{x}{(x-1)(x-2)}$ 의 그래프 개형을 그려보자.

1. 우함수나 기함수가 아니다.

2. $\displaystyle\lim_{x \to \infty} f(x) = 0+$, $\displaystyle\lim_{x \to -\infty} f(x) = 0-$ 를 표시하자.

※ $\displaystyle\lim_{x \to \infty} f(x) = 0+$, $\displaystyle\lim_{x \to -\infty} f(x) = 0-$ 임을 어떻게 알아냈을까?

이차함수는 일차함수보다 더 큰 영향력을 가지므로 $\displaystyle\lim_{x \to \infty} \dfrac{x}{(x-1)(x-2)} = \dfrac{\infty}{\infty} = 0+$ 이다.

이차함수는 일차함수보다 더 큰 영향력을 가지므로 $\displaystyle\lim_{x \to -\infty} \dfrac{x}{(x-1)(x-2)} = \dfrac{-\infty}{\infty} = 0-$ 이다.

3. 함수 $f(x)$는 $x = 1$, $x = 2$일 때 정의되지 않는다.

$\displaystyle\lim_{x \to 1+} f(x) = -\infty$, $\displaystyle\lim_{x \to 1-} f(x) = \infty$, $\displaystyle\lim_{x \to 2+} f(x) = \infty$, $\displaystyle\lim_{x \to 2-} f(x) = -\infty$ 이므로

$y = f(x)$는 $x = 1$, $x = 2$에서 수직 점근선을 갖는다.

$\displaystyle\lim_{x \to 1+} f(x) = -\infty$, $\displaystyle\lim_{x \to 1-} f(x) = \infty$, $\displaystyle\lim_{x \to 2+} f(x) = \infty$, $\displaystyle\lim_{x \to 2-} f(x) = -\infty$ 를 표시하자.

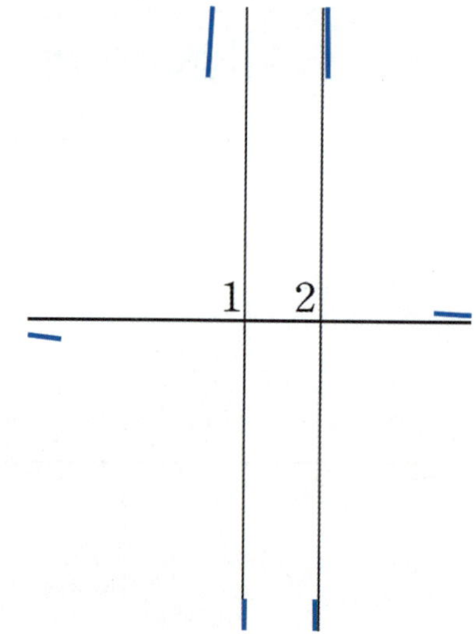

※ $\displaystyle\lim_{x \to 1+} f(x) = -\infty$, $\displaystyle\lim_{x \to 1-} f(x) = \infty$, $\displaystyle\lim_{x \to 2+} f(x) = \infty$, $\displaystyle\lim_{x \to 2-} f(x) = -\infty$ 임을 어떻게 알아냈을까?

$\displaystyle\lim_{x \to 1+} \dfrac{x}{(x-1)(x-2)} = \dfrac{1}{0-} = -\infty$ 이다. $\displaystyle\lim_{x \to 1-} \dfrac{x}{(x-1)(x-2)} = \dfrac{1}{0+} = \infty$ 이다.

$\displaystyle\lim_{x \to 2+} \dfrac{x}{(x-1)(x-2)} = \dfrac{1}{0+} = \infty$ 이다. $\displaystyle\lim_{x \to 2-} \dfrac{x}{(x-1)(x-2)} = \dfrac{1}{0-} = -\infty$ 이다.

4. x축과의 교점은 원점 1개임을 표시하자.

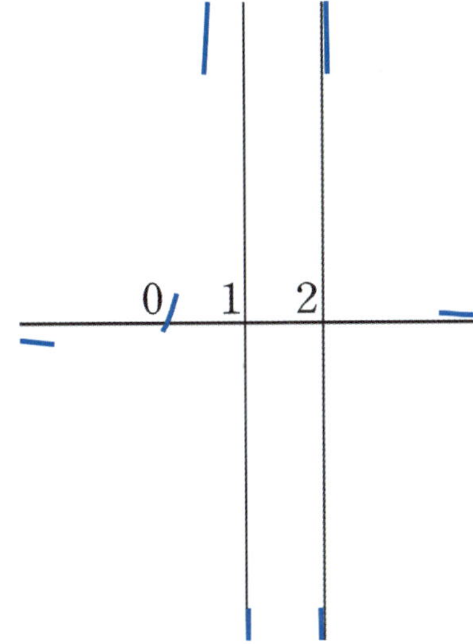

5. 위의 4가지를 고려하면 예상되는 그래프 개형은 아래와 같다.

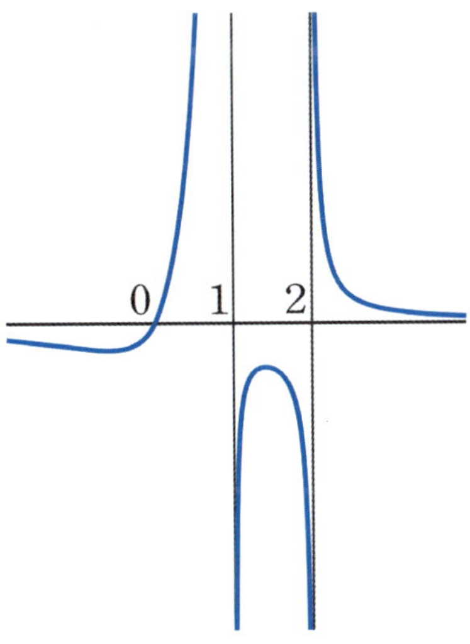

예상이 실제로 맞다!

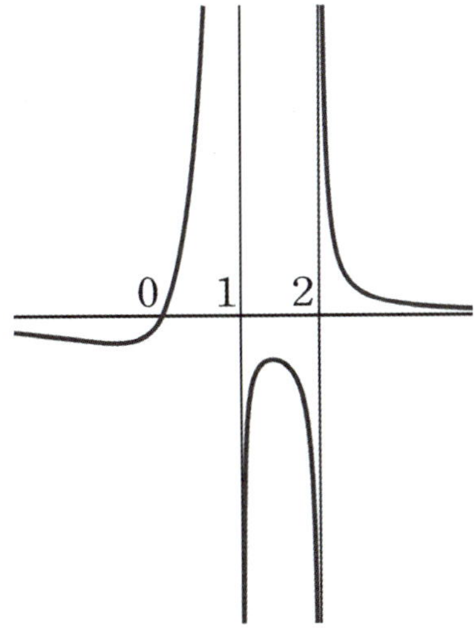

$f(x) = \dfrac{\ln x}{x}$ 의 그래프 개형을 그려보자.

0. **로그함수가 나오면 모든 것을 멈추고 밑, 진수 조건을 따져야 한다.**
   $\ln x$는 $x > 0$에서만 정의된다.

1. 우함수나 기함수가 아니다.

2. $x > 0$에서만 정의되기에 $\lim\limits_{x \to \infty} f(x)$만 따지면 된다. $\lim\limits_{x \to \infty} f(x) = 0+$를 표시하자.

　※ $\lim\limits_{x \to \infty} f(x) = 0+$임을 어떻게 알아냈을까?

　다항함수는 로그함수보다 더 큰 영향력을 가지므로 $\lim\limits_{x \to \infty} \dfrac{\ln x}{x} = \dfrac{\infty}{\infty} = 0+$이다.

3. **함수 $f(x)$는 $x = 0$일 때 정의되지 않는다.**
   $\lim\limits_{x \to 0+} f(x) = -\infty$**이므로** $y = f(x)$**는 $x = 0$에서 수직 점근선을 갖는다.**

   $\lim\limits_{x \to 0+} f(x) = -\infty$를 표시하자.

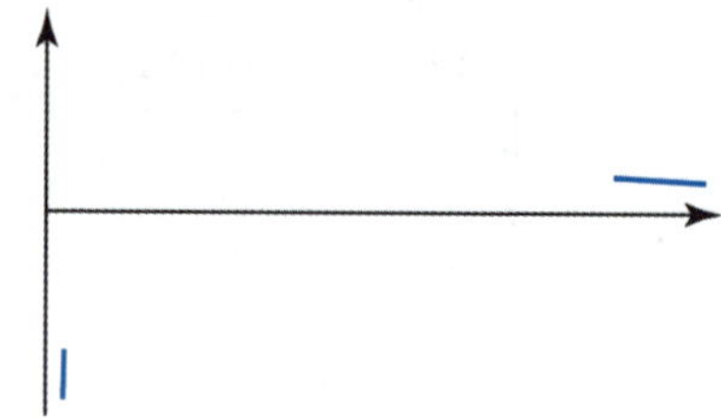

　※ $\lim\limits_{x \to 0+} f(x) = -\infty$임을 어떻게 알아냈을까?

　$\lim\limits_{x \to 0+} \dfrac{\ln x}{x} = \dfrac{-\infty}{0+} = -\infty$이다.

4. x축과의 교점이 1개임을 표시하자.

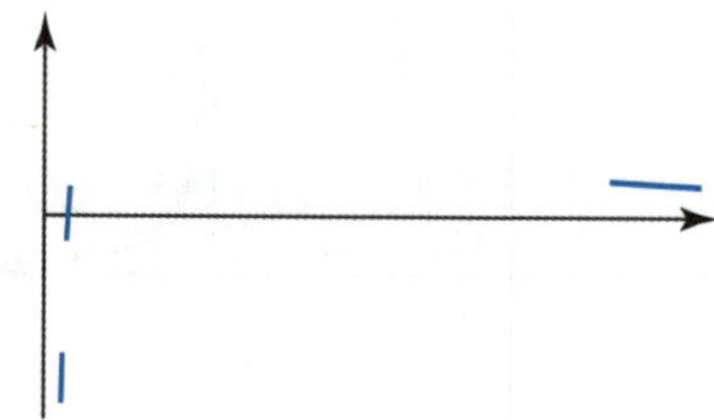

5. 위의 4가지를 고려하면 예상되는 그래프 개형은 아래와 같다.

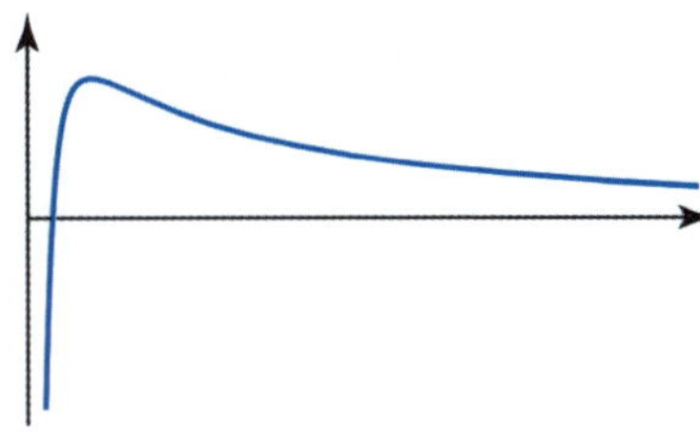

예상이 실제로 맞다!

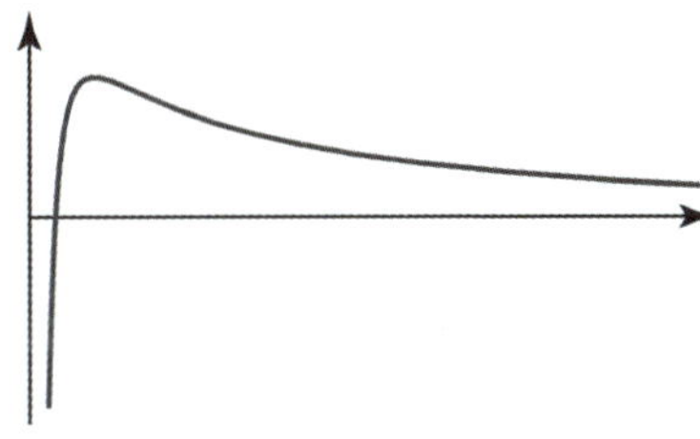

$f(x) = \ln(x^2 + 1)$의 그래프 개형을 그려보자.

0. 로그함수가 나오면 모든 것을 멈추고 밑, 진수 조건을 따져야 한다.
   $\ln(x^2 + 1)$에서 항상 $x^2 + 1 > 0$이므로 함수 $f(x)$는 실수 전체 집합에서 정의된다.

1. **우함수이다. 그래프가 y축 대칭임을 염두에 두자.**
2. $\displaystyle\lim_{x \to \infty} f(x) = \infty$, $\displaystyle\lim_{x \to -\infty} f(x) = \infty$ 를 표시하자.

3. **함수 $f(x)$는 실수 전체 집합에서 정의가 되므로 수직 점근선을 갖지 않는다.**
4. x축과의 교점은 원점 1개임을 표시하자.

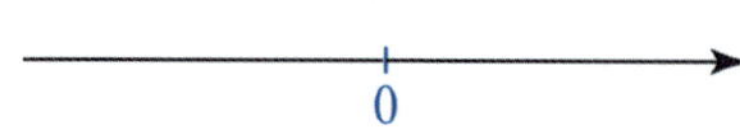

5. 위의 4가지를 고려하면 예상되는 그래프 개형은 아래와 같다.

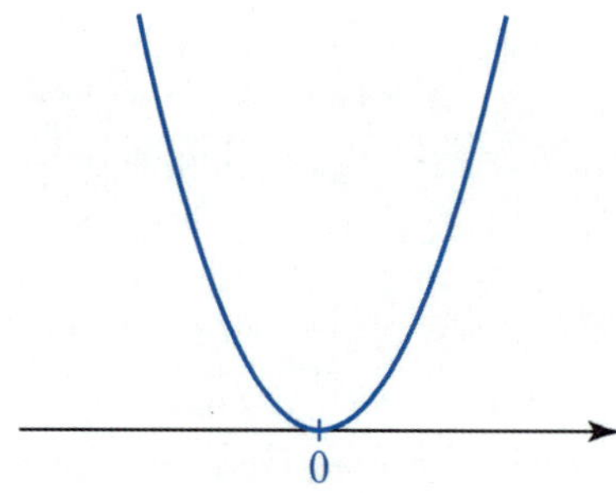

예상이 실제와 살짝 다르다. 우리가 그린 그래프 개형은 $y = x^2 + 1$과 유사하다.

하지만 $x > 0$에서 $y = \ln x$는 $y = x$보다 **증가속도가 훨씬 느리기에** $y = \ln\left(x^2 + 1\right)$ **역시**

$y = x^2 + 1$**보다 증가속도가 훨씬 느리다.** 이를 반영해 그래프 개형을 수정하면 아래와 같다.

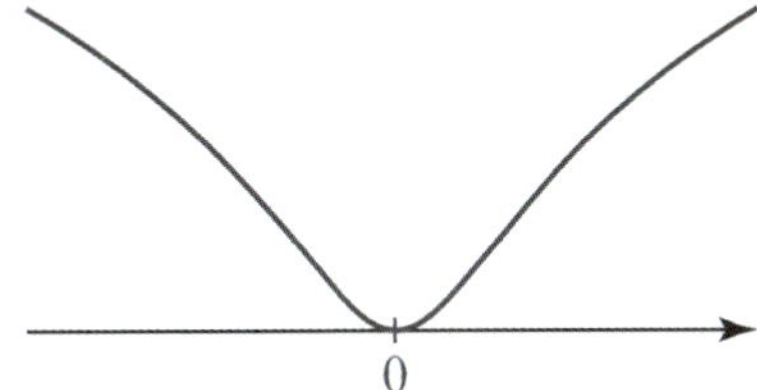

변곡점이 생긴다는 점에 주목하자.

5가지만 순서대로 따져주면 그래프 개형이 비교적 쉽고 정확하게 그려진다는 것을 확인할 수 있다.

다만, 삼각함수×다항함수나 삼각함수×초월함수 꼴은 실수 전체 집합이 아닌 삼각함수의 한 주기 내에서 5가지를 순서대로 따져주며 한 주기 내의 그래프 개형을 그려주자.

그 후에 실수 전체 집합에서의 그래프 개형을 그리면 된다.

자주 나오는 그래프 개형들을 소개한다. 전에 소개한 미분 없이 그래프 개형 그리기로 직접 그려보고 자연스럽게 암기하자.

(1) $(다항함수) \times e^{\pm x}$ 꼴

최다 빈출 꼴이다. 다항함수 최고차항 계수가 음수이면 x축 대칭시키면 된다.

$y = xe^{x}$, $(일차함수) \times e^{x}$ 꼴

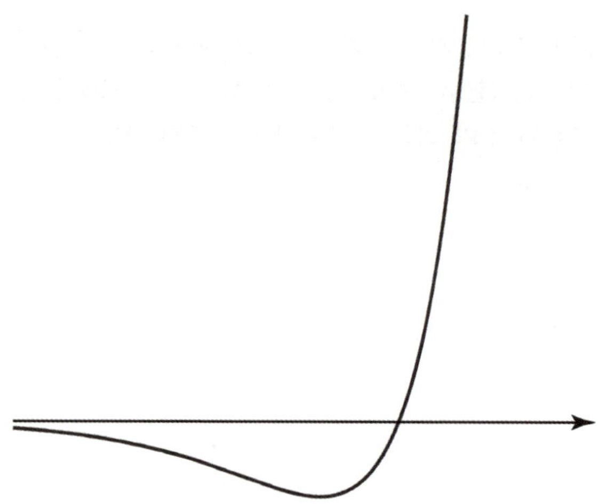

$y = xe^{-x}$, $(일차함수) \times e^{-x}$ 꼴

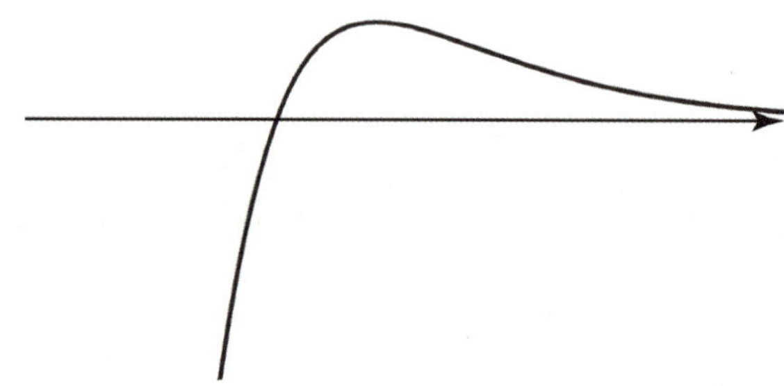

$y = x^{2k-1}e^x$ 꼴 (k는 2 이상의 자연수)

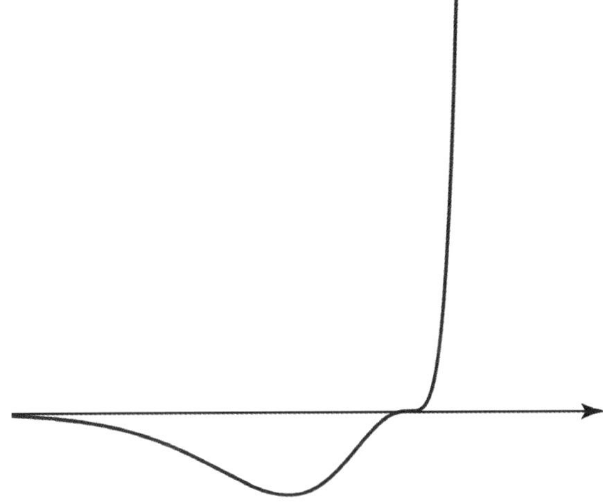

$y = x^{2k-1}e^{-x}$ 꼴 (k는 2 이상의 자연수)

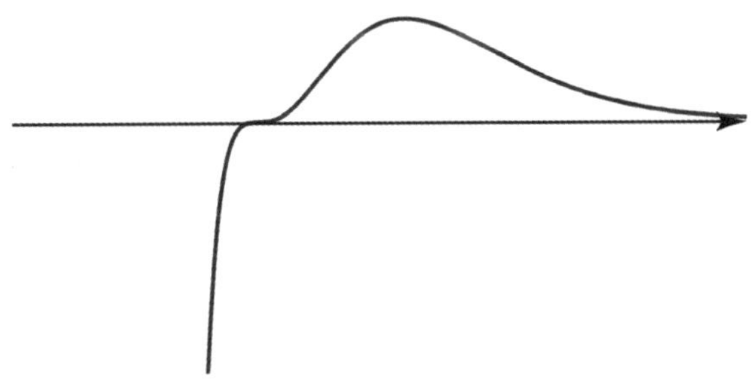

$y = x^{2k}e^x$ 꼴 (k는 자연수)

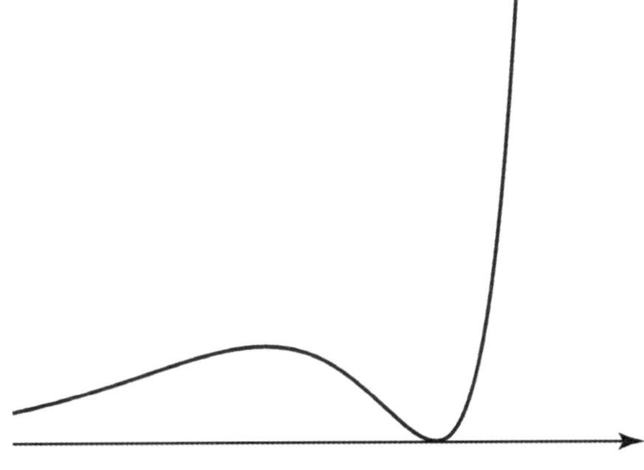

$y = x^{2k}e^{-x}$ 꼴 (k는 자연수)

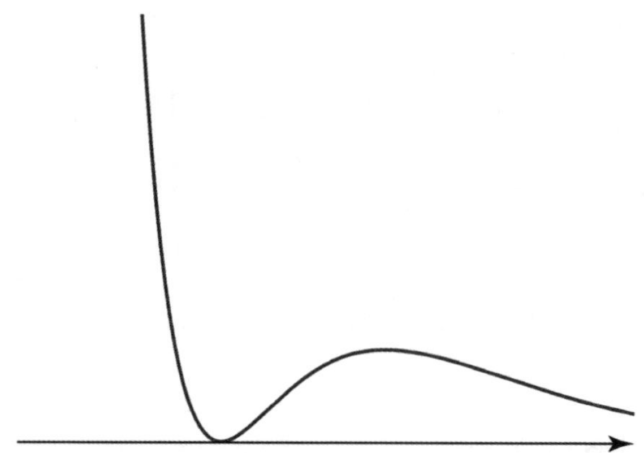

결론적으로 (다항함수)$\times e^{\pm x}$ 꼴의 다항함수의 차수가 n일 때 실근의 개수가 n인 일반적인 경우,
(다항함수)$\times e^{\pm x}$ 꼴은 다항함수 그래프처럼 그린 다음 $\lim\limits_{x \to \infty} f(x)$, $\lim\limits_{x \to -\infty} f(x)$의 값을 표시하면 된다.

예를 들어 최고차항 계수가 음수일 때 일반적인 (사차함수)$\times e^{-x}$는 아래와 같이 그려진다.
(사차함수가 서로 다른 실근 4개를 가질 때)

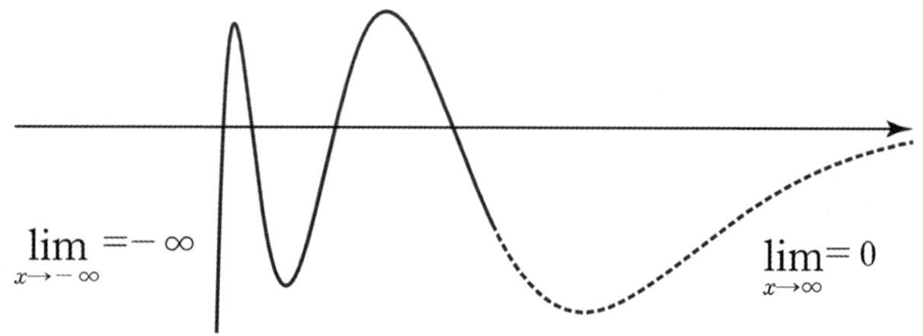

하지만 (다항함수)$\times e^{\pm x}$ 꼴의 다항함수의 차수가 n일 때 실근의 개수가 n이 아니라면,
미분을 하여 극대, 극소가 되는 지점의 수를 따져 그래프 개형을 그려야 한다.

(2) $(\text{다항함수}) \times \ln x$ 또는 $(\text{분수함수}) \times \ln x$ 꼴

$\dfrac{(\text{다항함수})}{(\text{다항함수})}$ 꼴의 분수함수 중 **분자의 차수가 분모의 차수보다 크거나 같은 꼴**을 '**가분수 꼴**'이라고 부르겠다.

이런 '가분수 꼴'은 '대분수 꼴'로 꼭 분리하자!

예를 들어 $\dfrac{x^2}{x+1} = x - 1 + \dfrac{1}{x+1}$, $\dfrac{x}{x+2} = 1 - \dfrac{2}{x+2}$ 로 바꿔주자.

등식의 우변을 '대분수 꼴'이라고 부르겠다.

그래프 개형을 그리거나 x에 대해 미분, 적분할 때 훨씬 유리하다.

다만, 분수함수가 우함수나 기함수일 때는 예외이다.

우함수나 기함수인 것을 쉽게 알아볼 수 있는 형태로 분수함수를 두는 것이 그래프 개형을 그릴 때 유리하다.

예를 들어 $y = \dfrac{x^3}{x^2+1}$ 의 그래프 개형을 그릴 때는 $x - \dfrac{x}{x^2+1}$ 보다 $\dfrac{x^3}{x^2+1}$ 꼴일 때 기함수임을 쉽게

알아볼 수 있기 때문에 $y = \dfrac{x^3}{x^2+1}$ 형태로 두고 그래프 개형을 그린다.

로그함수가 나오면 모든 것을 멈추고 밑, 진수 조건을 따져야 한다.

예를 들어 $\ln f(x)$를 보면 $f(x) > 0$임을 꼭 적어주자.

$y = \ln|x|$ 의 그래프를 그려보자. $y = \ln|x|$ 은 $x \neq 0$에서 정의되는 함수이다.

$$y = \ln|x| = \begin{cases} \ln x & (x > 0) \\ \ln(-x) & (x < 0) \end{cases}$$ 이다. 따라서 $y = \ln|x|$ 의 그래프는 아래와 같다.

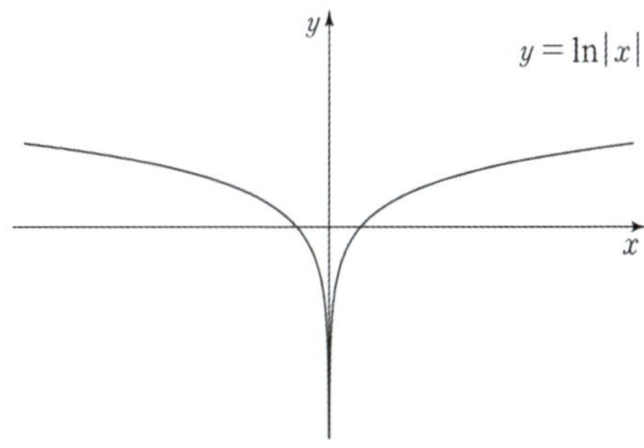

n이 자연수일 때, $\ln x^{2n} \neq 2n \ln x$ 이다.

$\ln x^{2n}$는 $x \neq 0$에서 정의되는 함수이고 $2n \ln x$는 $x > 0$에서 정의되는 함수이기 때문이다.

$x > 0$에서만 $\ln x^{2n} = 2n \ln x$이다. 따라서 $y = \ln x^2$, $y = 2\ln x$의 그래프는 아래와 같다.

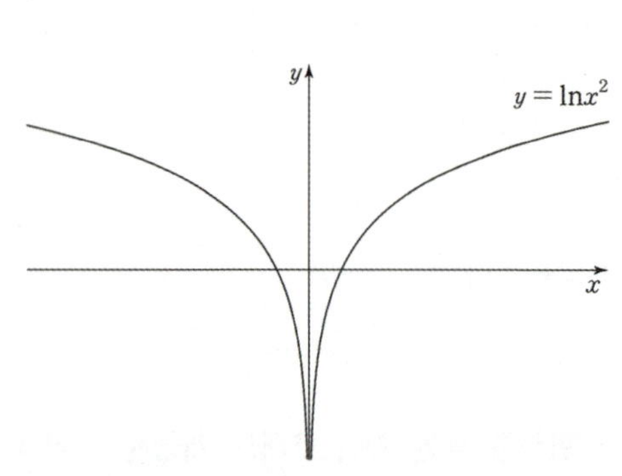

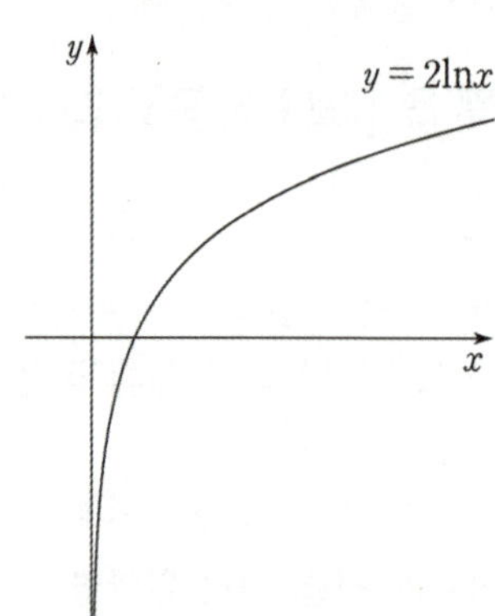

n이 자연수일 때, $\ln x^{2n-1} = (2n-1)\ln x$ 이다.

$\ln x^{2n-1}$, $(2n-1)\ln x$은 **모두 $x > 0$일 때만 정의되기 때문이다.**

따라서 $a > 1$일 때, $y = \ln x^3$, $y = 3\ln x$의 그래프는 아래와 같다.

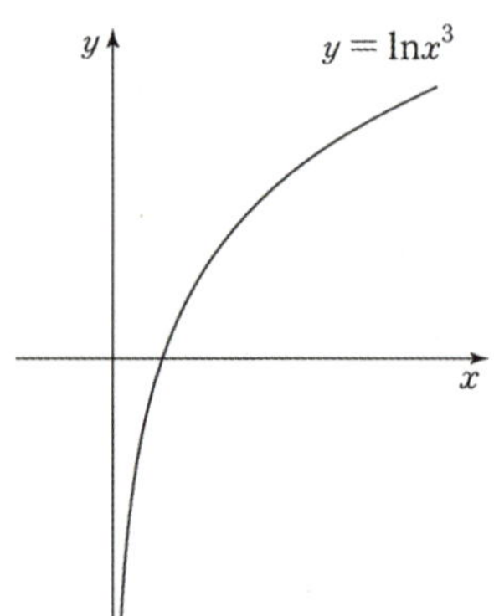

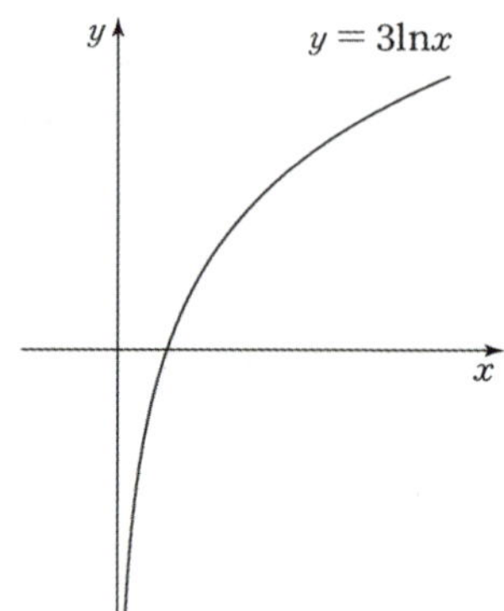

로그함수의 성질을 최대한 잘 이용하자.

$y = \ln 2x$는 $\ln 2 + \ln x$로 **바꾸고,** $y = \log_2 x$는 $y = \dfrac{\ln x}{\ln 2}$로 **바꾸자.**

그래프 그릴 때도 수월하고 무엇보다도 미분할 때 실수를 줄일 수 있다.

$y = x \ln x$ 꼴 $\left(\lim_{x \to 0+} x \ln x = 0 \right)$

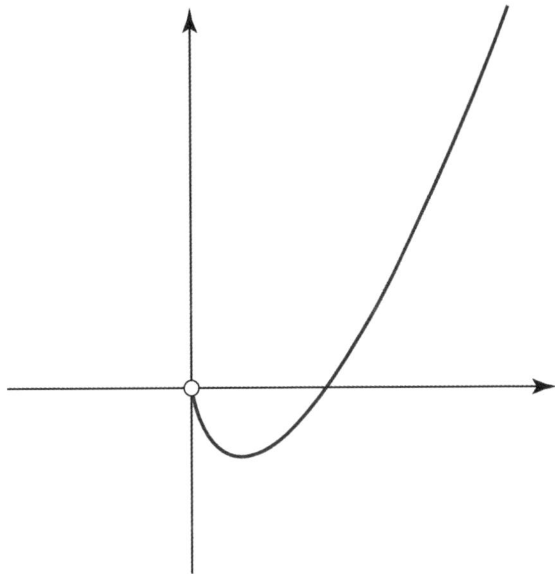

$y = x^2 \ln x$ 꼴 $\left(\lim_{x \to 0+} x^2 \ln x = 0 \right)$

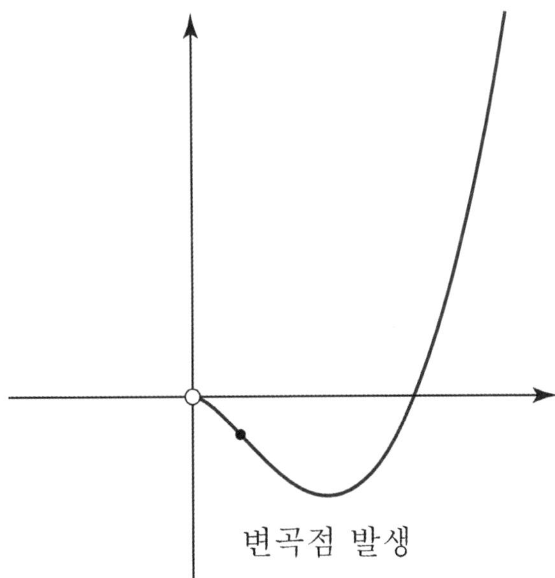

$y = \dfrac{\ln x}{x^n}$ 꼴 (n은 자연수)

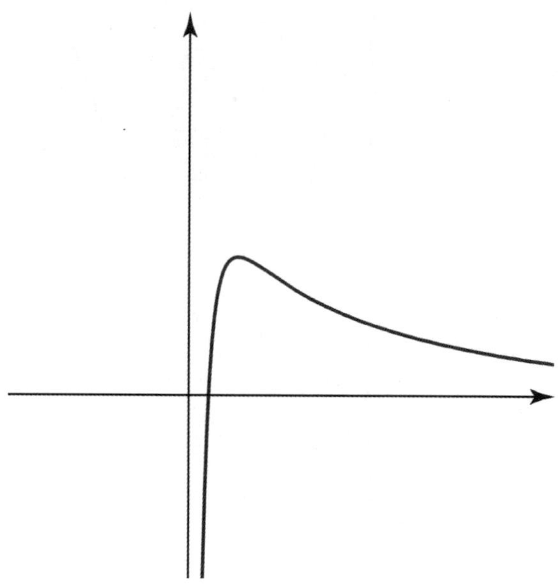

$y = (\ln x)^2$ 꼴

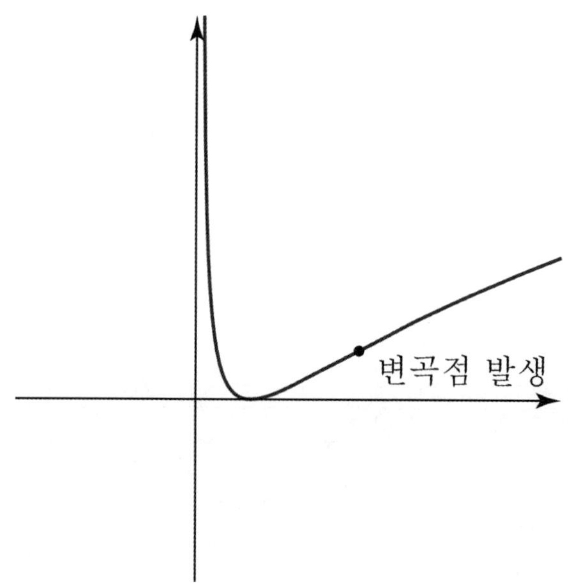

※ $y = \ln x$는 증가함수이고 $y = (\ln x)^2$는 $y = x^2$에 $y = \ln x$를 합성한 것이므로
$y = x^2$의 그래프 개형과 비슷하다는 것을 예측할 수 있다.

하지만 $x > 0$에서 $y = \ln x$는 $y = x$보다 증가속도가 훨씬 느리기에 $y = (\ln x)^2$ 역시 $y = x^2$보다 증가속도가 훨씬 느리다. 따라서 그래프 개형을 그릴 때 변곡점이 생긴다는 것을 고려하자.

양수 a에 대하여 닫힌 구간 $[-a, a]$에서 함수

$$f(x) = \frac{x-5}{(x-5)^2 + 36}$$

의 최댓값을 M, 최솟값을 m이라고 할 때, $M+m=0$이 되도록 하는 a의 최솟값을 구하시오. [4점]

1. $y = f(x) = \dfrac{x-5}{(x-5)^2 + 36}$ 는 $y = f(x+5) = \dfrac{x}{x^2 + 36}$ 의 그래프를 x축 방향으로 5만큼 평행이동

한 그래프이다. $y = f(x+5) = \dfrac{x}{x^2 + 36}$ 의 그래프 개형은 '미분 없이' 그리면 아래와 같다.

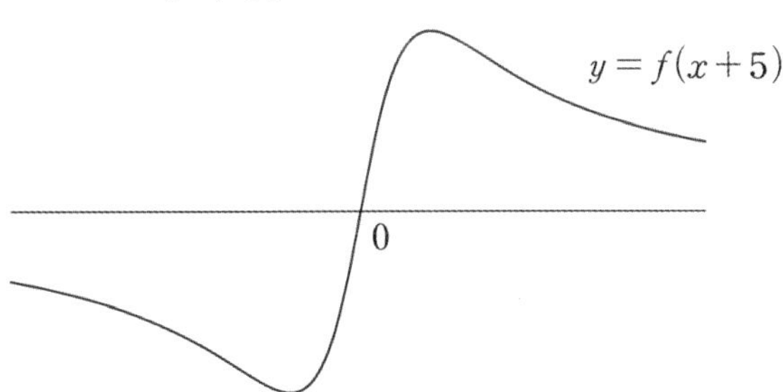

$y' = \dfrac{36 - x^2}{(x^2 + 36)^2}$ 이므로 $y = \dfrac{x}{x^2 + 36}$ 는 $x = 6$에서 극대이고, $x = -6$에서 극소이다.

2. 따라서 $y = f(x+5) = \dfrac{x}{x^2 + 36}$ 의 그래프를 x축 방향으로 5만큼 평행이동한

$y = f(x) = \dfrac{x-5}{(x-5)^2 + 36}$ 의 그래프 개형은 아래와 같다.

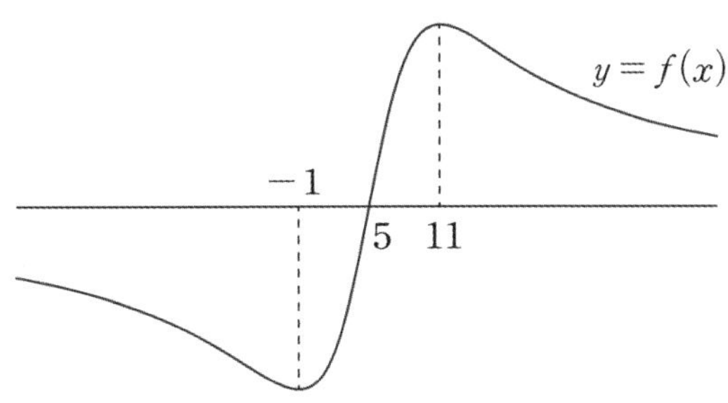

$0 < a < 1$일 때, $M + m \neq 0$이다. $a = 1$일 때, $M + m \neq 0$이다.

$a > 1$일 때, $m = f(-1) = -\dfrac{1}{12}$ 이므로 $M + m = 0$을 만족하려면 $M = f(11) = \dfrac{1}{12}$ 이어야 한다.

이를 만족하려면 닫힌 구간 $[-a, a]$이 닫힌 구간 $[-1, 11]$을 포함해야 하므로 $a \geq 11$이다.
따라서 a의 최솟값은 11이다.

답은 11!!

함수 $f(x) = kx^2 e^{-x}(k > 0)$과 실수 t에 대하여 곡선 $y = f(x)$ 위의 점 $(t, f(t))$에서 x축까지의 거리와 y축까지의 거리 중 크지 않은 값을 $g(t)$라 하자. 함수 $g(t)$가 한 점에서만 미분가능하지 않도록 하는 k의 최댓값은? [4점]

① $\dfrac{1}{e}$ ② $\dfrac{1}{\sqrt{e}}$ ③ $\dfrac{e}{2}$ ④ $\sqrt{e}$ ⑤ e

---

1. 함수 $f(x) = kx^2 e^{-x}$의 그래프 개형은 '미분 없이' 쉽게 그릴 수 있다.

점 $(t, f(t))$에서 x축과의 거리는 $|f(t)|$이고 y축과의 거리는 $|t|$이다.

$k > 0$이므로 $|f(t)| = f(t)$이다.

따라서 함수 $g(t) = \begin{cases} f(t) & (f(t) \leq |t|) \\ |t| & (f(t) \geq |t|) \end{cases}$ 이다.

2. 함수 $g(t)$가 미분가능하지 않은 점을 찾기 위해 함수 $y = |t|$ 와의 교점을 찾아보자.

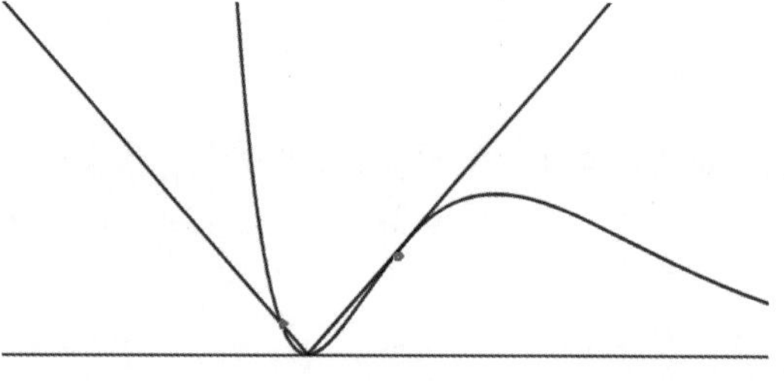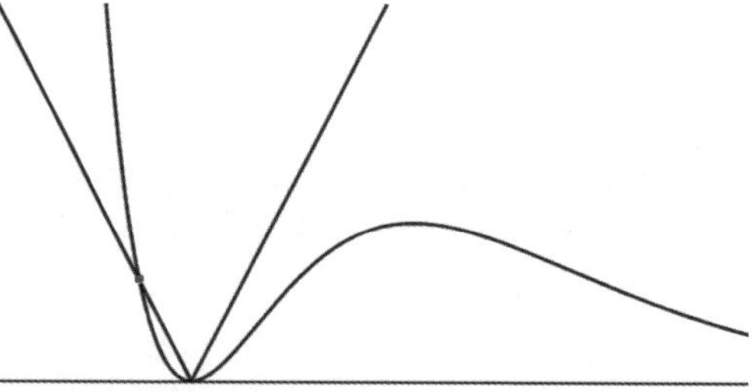

$t < 0$에서 $y = f(t)$와 $y = |t|$의 접하지 않는 교점에서 함수 $g(t)$는 미분가능하지 않으므로 $t > 0$에서 곡선 $y = f(t)$와 $y = |t|$가 만나지 않거나 접하여야 함수 $g(t)$는 미분가능하다.

두 그래프가 접할 때 k값이 최대이므로 두 그래프가 접하는 상황인

$\begin{cases} f(t) = t \\ f'(t) = 1 \end{cases}$ 를 만족하는 t값을 찾아보자.

$\begin{cases} kt^2 e^{-t} = t \\ k(2t - t^2)e^{-t} = 1 \end{cases}$ 에서 $kte^{-t} = k(2t - t^2)e^{-t} = 1$이므로 $t = 1$, $k = e$를 얻는다.

답은 ⑤!!

함수 $f(x) = \dfrac{\ln x^2}{x}$ 의 극댓값을 α 라 하자. 함수 $f(x)$ 와 자연수 n 에 대하여 x 에 대한 방정식 $f(x) - \dfrac{\alpha}{n}x = 0$ 의 서로 다른 실근의 개수를 a_n 이라 할 때, $\displaystyle\sum_{n=1}^{10} a_n$ 의 값을 구하시오. [4점]

1. $f(x) = \dfrac{\ln x^2}{x}$ 는 $x \neq 0$에서 **정의되므로** 방정식 $f(x) = \dfrac{\alpha}{n}x$에서 양변을 x로 나눠서 생각하자.

$\dfrac{f(x)}{x} = \dfrac{\alpha}{n}$에서 $g(x) = \dfrac{f(x)}{x}$로 두자.

앞서 암기해야 할 그래프 개형을 충분히 숙지했다면 $g(x) = \dfrac{\ln x^2}{x^2} = \dfrac{2\ln |x|}{x^2}$의 그래프를 그리는 것이 어렵지 않았을 것이다.

함수 $g(x)$는 우함수이므로 구간$(0, \infty)$에서의 그래프를 먼저 그려주고 y축에 대하여 대칭시켜 구간$(-\infty, 0)$에서의 그래프를 그리면 된다.

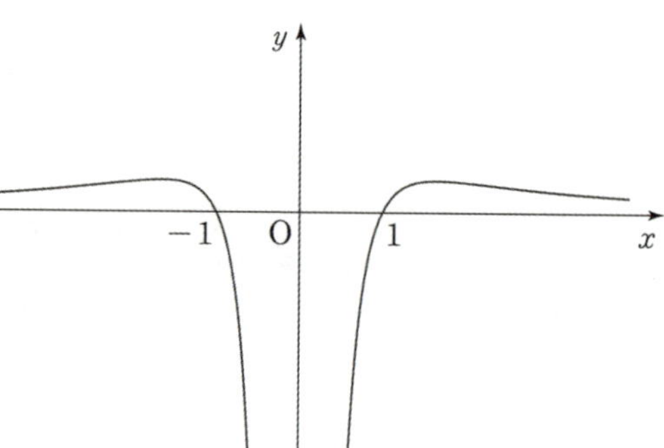

그래프 개형을 다 그렸으면 극댓값을 구하자.

$g'(x) = \dfrac{2x(1 - 2\ln x)}{x^4} \ (x > 0)$에서

$g'(\sqrt{e}) = 0$이므로 극댓값은 $g(\sqrt{e}) = \dfrac{1}{e}$이고, 이는 최댓값이다.

2. 직선 $y = \dfrac{\alpha}{n}$의 그래프를 구하기 위해 α의 값을 구해보자.

$f'(x) = \dfrac{2(1 - \ln x)}{x^2} \ (x > 0)$이므로 $f'(e) = 0$에서 $\alpha = f(e) = \dfrac{2}{e}$이다.

방정식 $g(x) = \dfrac{\alpha}{n}$의 근의 개수를 구하기 위해 함수 $g(x)$와 직선 $y = \dfrac{\alpha}{n} = \dfrac{2}{ne}$의 그래프를 그려 교점의 개수를 파악해야 한다.

따라서 $a_1 = 0$, $a_2 = 2$, $a_n = 4 \, (n \geq 3)$ 이므로

$\displaystyle\sum_{n=1}^{10} a_n = 0 + 2 + 4 \times 8 = 34$이다.

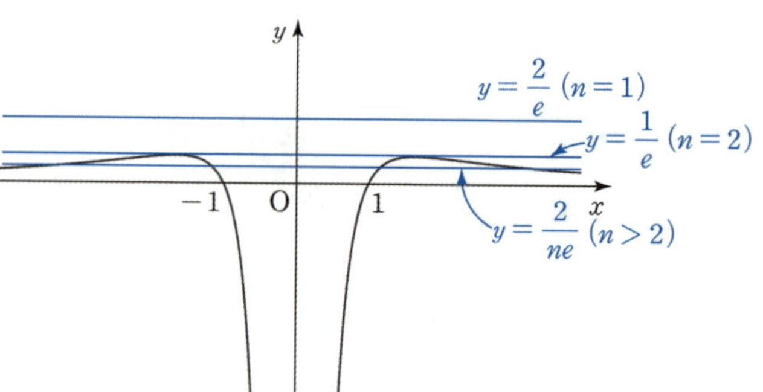

답은 34!!

$g(x) = \dfrac{\ln x^2}{x^2}$를 단순히 $g(x) = \dfrac{2\ln x}{x^2}$로 바꾸어 실수하는 경우가 매우 많다. 로그함수가 정의되는 정의역 구간에 항상 신경을 곤두세우자. 또한 '곡선과 직선이 만나는 형태'로 풀며 실수한 경우도 있을 것이다.

함수 $f(x) = (x^3 - a)e^x$ 과 실수 t 에 대하여 방정식 $f(x) = t$ 의 실근의 개수를 $g(t)$ 라 하자. 함수 $g(t)$ 가 불연속인 점의 개수가 2 가 되도록 하는 10 이하의 모든 자연수 a 의 값의 합을 구하시오. (단, $\lim\limits_{x \to -\infty} f(x) = 0$) [4점]

1. 함수 $f(x)$의 개형은 a값에 따라서 개형이 달라진다.

따라서 함수 $f(x)$의 그래프 개형을 그리기 위해 $f'(x)$를 구해서 접근해야 한다.

$f'(x) = (x^3 + 3x^2 - a)e^x$ 에서 $e^x > 0$ 이므로 $y = x^3 + 3x^2$의 그래프와 $y = a$의 그래프의 관계를 이용하여 함수 $f(x)$의 그래프 개형을 파악하자.

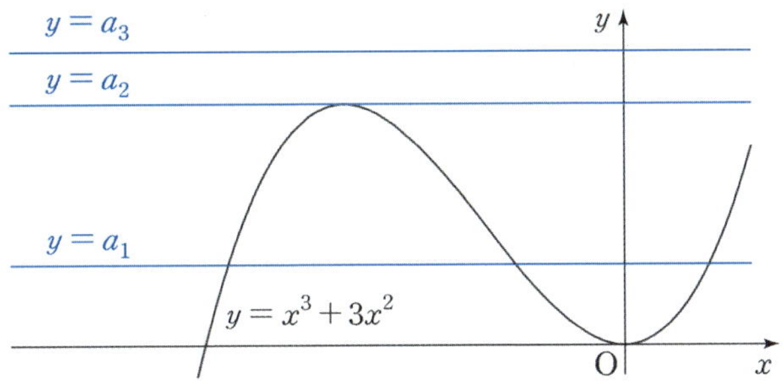

2. 이제 함수 $f(x)$의 그래프를 그려보자.

(1) $y = a_1 \ (0 < a_1 < 4)$

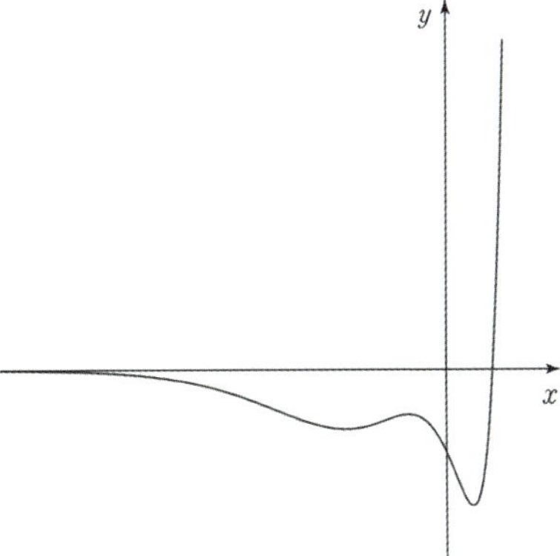

함수 $f(x)$의 극점은 3개이므로 함수 $g(t)$의 불연속인 점의 개수는 4이다.

(2) $y = a_2\ (a_2 = 4)$

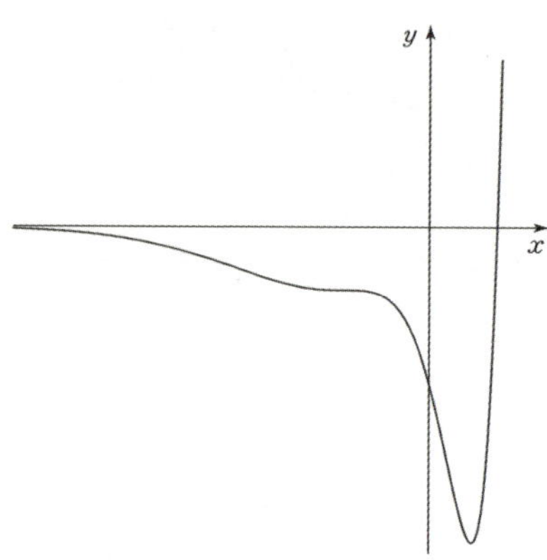

함수 $f(x)$의 극점은 1개이므로 함수 $g(t)$의 불연속인 점의 개수는 2이다.

(3) $y = a_3\ (a_3 > 4)$

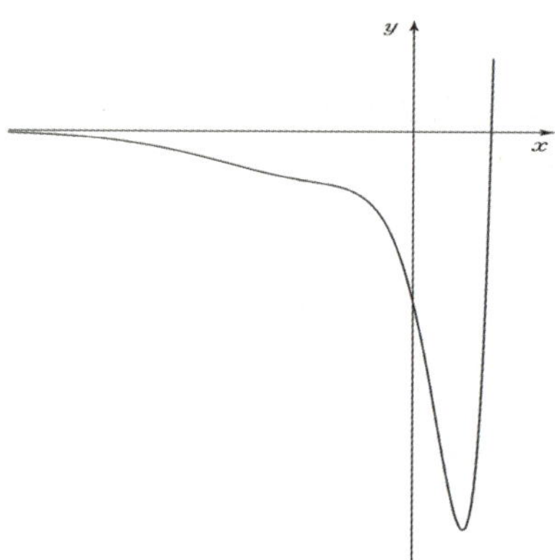

함수 $f(x)$의 극점은 1개이므로 함수 $g(t)$의 불연속인 점의 개수는 2이다.

따라서 발문의 조건을 만족하는 모든 자연수 a의 값의 합은 $\displaystyle\sum_{a=4}^{10} a = 55 - 6 = 49$이다.

답은 49!!

(다항함수)$\times e^{\pm x}$ 꼴의 다항함수의 차수가 n일 때 실근의 개수가 n인 일반적인 경우,
(다항함수)$\times e^{\pm x}$ 꼴은 다항함수 그래프처럼 그린 다음 $\displaystyle\lim_{x \to \infty} f(x)$, $\displaystyle\lim_{x \to -\infty} f(x)$의 값을 표시하면 된다.

하지만 (다항함수)$\times e^{\pm x}$ 꼴의 다항함수의 차수가 n일 때 실근의 개수가 n이 아니라면, 미분을 하여 극대, 극소가 되는 지점의 수를 따져 그래프 개형을 그려야 한다.
이를 염두에 두지 않고 문제를 풀었다면 극점의 개수가 다르게 나와 오답을 냈을 것이다.

자연수 n 에 대하여 실수 전체의 집합에서 정의된 함수 $f(x)$ 가

$$f(x)=\begin{cases} \dfrac{nx}{x^n+1} & (x \neq -1) \\ -2 & (x=-1) \end{cases}$$

일 때, <보기>에서 옳은 것만을 있는 대로 고른 것은? [4점]

<보　기>

ㄱ. $n=3$ 일 때, 함수 $f(x)$ 는 구간 $(-\infty,\ -1)$ 에서 증가한다.

ㄴ. 함수 $f(x)$ 가 $x=-1$ 에서 연속이 되도록 하는 n 에 대하여 방정식 $f(x)=2$ 의 서로 다른 실근의 개수는 2 이다.

ㄷ. 구간 $(-1,\ \infty)$ 에서 함수 $f(x)$ 가 극솟값을 갖도록 하는 10 이하의 모든 자연수 n 의 값의 합은 24 이다.

① ㄱ　　　　② ㄱ, ㄴ　　　　③ ㄱ, ㄷ　　　　④ ㄴ, ㄷ　　　　⑤ ㄱ, ㄴ, ㄷ

1. $y = \dfrac{nx}{x^n + 1}$ 의 그래프는 '미분 없이' 그릴 수 있다.

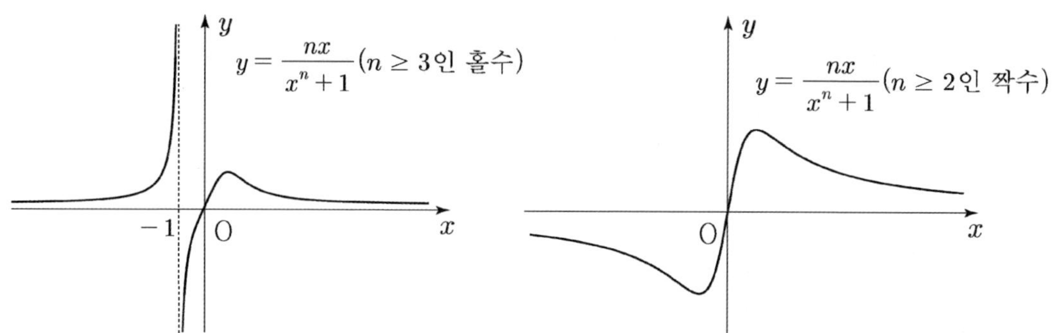

n이 홀수일 때, 함수 $f(x)$는 구간 $(-\infty,\, -1)$에서 증가한다.
선지 (ㄱ)은 참.

---

2. 함수 $f(x)$가 $x = -1$에서 연속이려면 n은 짝수여야 하고, $f(-1) = \dfrac{-n}{2} = -2$에서 $n = 4$이다.

함수 $f(x)$의 극댓값을 구하기 위해 미분하자. $f'(x) = \dfrac{n - (n^2 - n)x^n}{\left(x^n + 1\right)^2}$에서 $n = 4$일 때

$f'(x) = \dfrac{4 - 12x^4}{\left(x^4 + 1\right)^2}$ 이므로 함수 $f(x)$는 $x = 3^{-\frac{1}{4}}$에서 극댓값을 갖는다.

$f\left(3^{-\frac{1}{4}}\right) = \dfrac{4 \cdot 3^{-\frac{1}{4}}}{\left(3^{-\frac{1}{4}}\right)^4 + 1} = \dfrac{4 \cdot 3^{-\frac{1}{4}}}{\dfrac{4}{3}} = 3^{\frac{3}{4}} > 2$ 이므로 선지 (ㄴ)은 참.

---

3. 함수 $f(x)$가 구간 $(-1,\, \infty)$에서 극솟값을 가지려면 n은 짝수여야 한다.

$f'(x) = \dfrac{n - (n^2 - n)x^n}{\left(x^n + 1\right)^2}$에서 함수 $f(x)$는 $x = \dfrac{-1}{\sqrt[n]{n-1}}$에서 극솟값을 갖는다.

(1) $n = 2$일 때, $x = -1$이므로 구간 $(-1,\, \infty)$을 벗어난다. (x)

(2) $n \geq 4$일 때, $x = \dfrac{-1}{\sqrt[n]{n-1}} > -1$이므로 구간 $(-1,\, \infty)$에 포함된다.

따라서 구간 $(-1,\, \infty)$에서 극솟값을 갖도록 하는 10 이하의 자연수 n은 $4, 6, 8, 10$이므로
합은 28이다.
선지 (ㄷ)은 거짓.

답은 ②!!

최고차항의 계수가 $\dfrac{1}{2}$ 인 삼차함수 $f(x)$에 대하여

함수 $g(x)$가

$$g(x) = \begin{cases} \ln|f(x)| & (f(x) \neq 0) \\ 1 & (f(x) = 0) \end{cases}$$

이고 다음 조건을 만족시킬 때, 함수 $g(x)$의 극솟값은? [4점]

(가) 함수 $g(x)$는 $x \neq 1$인 모든 실수 x에서 연속이다.
(나) 함수 $g(x)$는 $x = 2$에서 극대이고, 함수 $|g(x)|$는 $x = 2$에서 극소이다.
(다) 방정식 $g(x) = 0$의 서로 다른 실근의 개수는 3이다.

① $\ln\dfrac{13}{27}$　　② $\ln\dfrac{16}{27}$　　③ $\ln\dfrac{19}{27}$　　④ $\ln\dfrac{22}{27}$　　⑤ $\ln\dfrac{25}{27}$

1. 함수 $y = \ln|x|$ 는 $x \neq 0$ 인 모든 실수 x 에서 연속이므로 함수

$$g(x) = \begin{cases} \ln|f(x)| & (f(x) \neq 0) \\ \\ 1 & (f(x) = 0) \end{cases}$$

은 $f(x) \neq 0$ 인 모든 실수 x 에서 연속이다.
이때, 조건 (가)에서 함수 $g(x)$ 가 $x \neq 1$ 인 모든 실수 x 에서 연속이므로
방정식 $f(x) = 0$ 의 실근은 $x = 1$ 뿐이다.

2. 함수 $g(x)$ 를 x 에 대하여 미분하자.

$$g(x) = \begin{cases} \ln\{-f(x)\} & (f(x) < 0) \\ \ln f(x) & (f(x) > 0) \\ 1 & (f(x) = 0) \end{cases} , \quad g'(x) = \begin{cases} \dfrac{-f'(x)}{-f(x)} & (f(x) < 0) \\ \\ \dfrac{f'(x)}{f(x)} & (f(x) > 0) \end{cases}$$

$f(x) \neq 0$, 즉 $x \neq 1$ 에서 $g'(x) = \dfrac{f'(x)}{f(x)}$ 이다.

조건 (나)에서 함수 $g(x)$ 는 $x = 2$ 에서 극대이고 $x \neq 1$ 에서 미분가능하므로 $g'(2) = 0$ 이다.

따라서 $g'(2) = \dfrac{f'(2)}{f(2)} = 0$ 에서

$f'(2) = 0$ 이므로

함수 $y = f(x)$ 의 그래프의 개형은 다음과 같다.

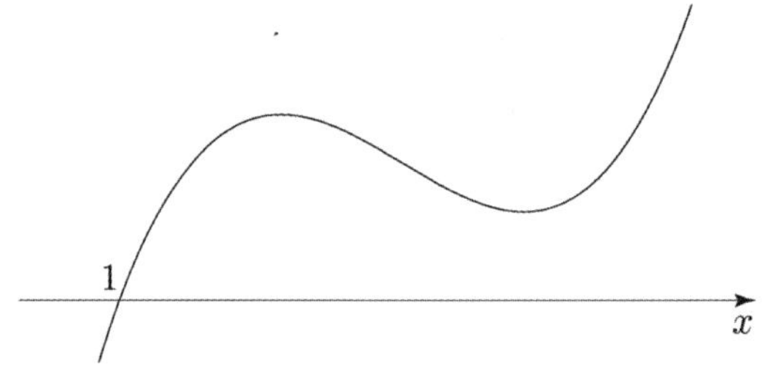

$f(x)$ 가 $x = 2$ 에서 극대를 갖는지 극소를 갖는지 판단하자.

$x > 1$ 에서 $f(x) > 0$ 이므로 $x = 2$ 의 좌우에서 $g'(x) = \dfrac{f'(x)}{f(x)}$ 의 부호와 $f'(x)$ 의 부호가 일치한다.

즉, 조건 (나)에 의하여 함수 $f(x)$ 는 $x = 2$ 에서 극대이다.

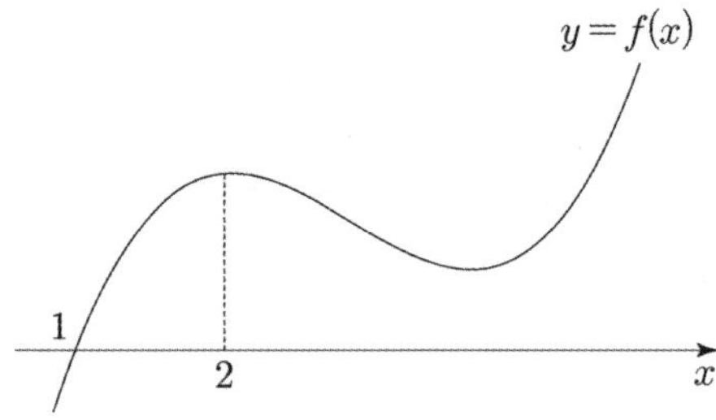

또한 조건 (나)에 의하면 $x = 2$ 에서 함수 $g(x)$ 는 극대이지만 함수 $|g(x)|$ 는 극소이므로
$g(2) = \ln|f(2)| \leq 0$, $|f(2)| \leq 1$ 에서 $-1 \leq f(2) \leq 1$ 이다.

3. 조건 (다)에서 방정식 $g(x) = 0$ 의 실근은 방정식 $\ln|f(x)| = 0$ 의 실근과 같다.

즉 방정식 $|f(x)| = 1$, $|f(x)| = \pm 1$ 의 서로 다른 실근의 개수는 3 이다.

함수 $y = f(x)$ 의 그래프의 개형에 따르면 방정식 $f(x) = -1$ 은 항상 1 개의 실근을 가지므로

방정식 $f(x) = 1$ 은 서로 다른 2 개의 실근을 가져야 한다.

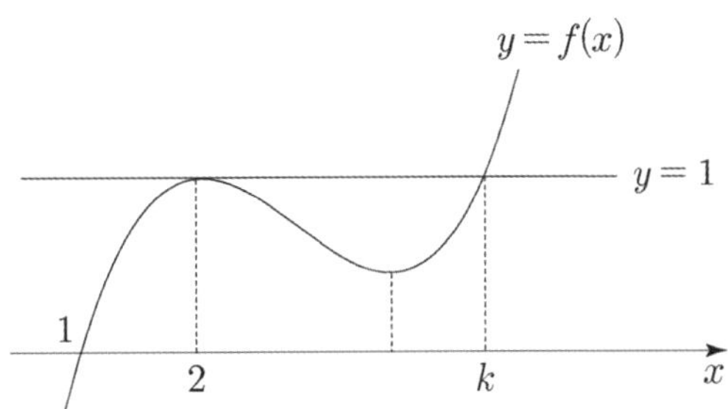

이때, $-1 \le f(2) \le 1$ 이므로 함수 $f(x)$ 의 극댓값은 $f(2) = 1$ 이다.

방정식 $f(x) = 1$ 의 실근 중에서 $x = 2$ 가 아닌 것을 k 라 하자.

$f(x) = \dfrac{1}{2}(x-2)^2(x-k) + 1$ 이고, $f(1) = \dfrac{1}{2} \times (1-k) + 1 = 0$ 에서 $k = 3$ 이므로

$f(x) = \dfrac{1}{2}(x-2)^2(x-3) + 1$ 이다.

---

4. $x > 1$ 에서 $g'(x) = \dfrac{f'(x)}{f(x)}$ 의 부호와 $f'(x)$ 의 부호가 일치하므로

두 함수 $f(x)$, $g(x)$ 가 극소를 갖는 x 의 값은 서로 같다.

$f(x) = \dfrac{1}{2}(x-2)^2(x-3) + 1$ 에서 삼차함수의 비율관계를 활용하면

함수 $f(x)$ 는 $x = 2 + 2 \times \dfrac{3-2}{3} = \dfrac{8}{3}$ 에서 극솟값을 갖는다.

따라서 함수 $g(x)$ 의 극솟값은 $g\left(\dfrac{8}{3}\right) = \ln \left| \dfrac{1}{2} \times \left(\dfrac{8}{3} - 2\right)^2 \times \left(\dfrac{8}{3} - 3\right) + 1 \right| = \ln \dfrac{25}{27}$ 이다.

답은 ⑤!!

양수 k에 대하여 함수 $f(x)$를

$$f(x) = (k - |x|)e^{-x}$$

이라 하자. 실수 전체의 집합에서 미분가능하고 다음 조건을 만족시키는 모든 함수 $F(x)$에 대하여 $F(0)$의 최솟값을 $g(k)$라 하자.

> 모든 실수 x에 대하여 $F'(x) = f(x)$이고 $F(x) \geq f(x)$이다.

$g\left(\dfrac{1}{4}\right) + g\left(\dfrac{3}{2}\right) = pe + q$ 일 때, $100(p+q)$의 값을 구하시오. (단, $\displaystyle\lim_{x \to \infty} xe^{-x} = 0$ 이고, p와 q는 유리수이다.)

1. 함수 $f(x)$ 는

$$f(x) = \begin{cases} (k+x)e^{-x} & (x < 0) \\ (k-x)e^{-x} & (x \geq 0) \end{cases}$$

함수 $F(x)$ 는 함수 $f(x)$ 의 부정적분이므로 두 실수 C_1 , C_2 에 대하여

$$F(x) = \begin{cases} -(x+k+1)e^{-x} + C_1 & (x < 0) \\ (x-k+1)e^{-x} + C_2 & (x \geq 0) \end{cases}$$

함수 $F(x)$ 가 실수 전체의 집합에서 미분가능한데,
함수 $F'(x) = f(x)$ 는 실수 전체의 집합에서 연속이고
함수 $F(x)$ 는 $x \neq 0$ 인 모든 실수 x 의 집합에서 연속인 것을 확인할 수 있으므로
함수 $F(x)$ 는 $x = 0$ 에서 연속이다.

따라서 $\lim\limits_{x \to 0-} F(x) = \lim\limits_{x \to 0+} F(x) = F(0)$ 이므로 $-k-1+C_1 = -k+1+C_2$

$C_2 = C_1 - 2$ 이므로 실수 c 에 대하여 함수 $F(x)$ 를

$$F(x) = \begin{cases} -(x+k+1)e^{-x} + c & (x < 0) \\ (x-k+1)e^{-x} + c - 2 & (x \geq 0) \end{cases}$$

이라 할 수 있고, $F(0) = c - k - 1$

2. $x < 0$ 에서 $F(x) - f(x) \geq 0$, 즉 $c \geq (2x+2k+1)e^{-x}$,

$x \geq 0$ 에서 $F(x) - f(x) \geq 0$, 즉 $c \geq 2 + (-2x+2k-1)e^{-x}$

$h_-(x) = (2x+2k+1)e^{-x}$, $h_+(x) = 2 + (-2x+2k-1)e^{-x}$ 이라 하자.

$h_-{'}(x) = (-2x-2k+1)e^{-x}$ 이고 $h_+{'}(x) = (2x-2k-1)e^{-x}$ 이므로
k 의 범위에 따른 두 함수 $h_-(x)$, $h_+(x)$ 의 증가와 감소를 표로 나타낸 것은 다음과 같다.

	$0 < k \leq \dfrac{1}{2}$		$k > \dfrac{1}{2}$			
x	$\cdots$	0	$\cdots$	$\dfrac{1}{2} - k$	$\cdots$	0
$h_-(x)$	$\nearrow$	$2k+1$	$\nearrow$	$2e^{k-\frac{1}{2}}$ (극대)	$\searrow$	$2k+1$
$h_-{'}(x)$	$+$		$+$	0	$-$	

x	0	$\cdots$	$k+\dfrac{1}{2}$	$\cdots$
$h_+(x)$	$2k+1$	$\searrow$	$2-2e^{-k-\frac{1}{2}}$ (극소)	$\nearrow$
$h_-{}'(x)$		$-$	0	$+$

$\displaystyle\lim_{x \to \infty} h_+(x) = 2$ 임에 착안하여 k 의 범위에 따른 함수

$$i(x) = \begin{cases} h_-(x) & (x < 0) \\ h_+(x) & (x \geq 0) \end{cases}$$

의 그래프의 개형을 그린 것은 그림과 같다.

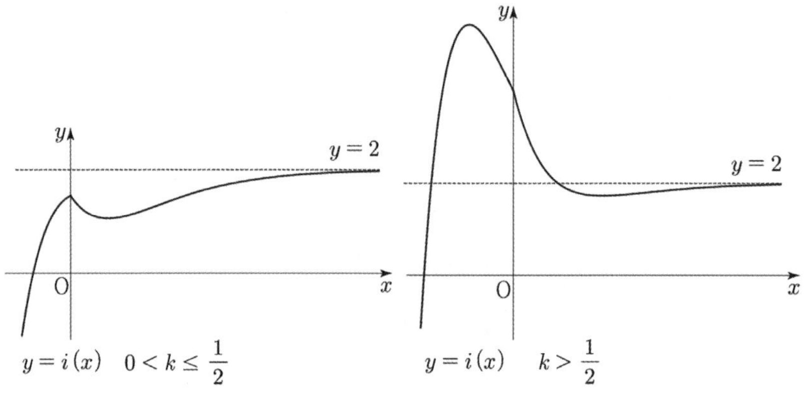

$0 < k \leq \dfrac{1}{2}$ 일 때 $c \geq 2$, $k > \dfrac{1}{2}$ 일 때 $c \geq h_-\left(\dfrac{1}{2} - k\right) = 2e^{k-\frac{1}{2}}$ 이므로 함수 $g(k)$ 는

$$g(k) = \begin{cases} 1-k & \left(0 < k \leq \dfrac{1}{2}\right) \\ 2e^{k-\frac{1}{2}} - k - 1 & \left(k > \dfrac{1}{2}\right) \end{cases}$$

$g\left(\dfrac{1}{4}\right) = \dfrac{3}{4}$, $g\left(\dfrac{3}{2}\right) = 2e - \dfrac{5}{2}$ 에서 $g\left(\dfrac{1}{4}\right) + g\left(\dfrac{5}{2}\right) = 2e - \dfrac{7}{4}$

따라서 $p = 2$, $q = -\dfrac{7}{4}$, $100(p+q) = 25$

답은 25!!

※ 일반적으로 어떤 함수를 부정적분할 때, 적분상수의 역할을 하는 C 는 '상수'로 다룬다.

그러나 이 문항에서는 k 의 값이 결정되지 않은 상황을 다루므로 부정적분 시 붙는 C 를 '실수'라 표현하는 것이 적절하다.

정확하게 'k 에 대한 함수'임을 아는 것이 중요한데, 본 해설에서는 표현의 복잡성을 낮추기 위해 '실수'로 표기하였다.

$f(x)$가 미분가능한 함수라고 하자. 미분 없이 그래프 그리기가 잘 안 통할 때,
$y = f'(x)$로부터 $y = f(x)$ 그래프 개형을 그려낸다.

어떤 구간에서 $f'(x)$의 정적분 값은 $f(x)$의 함숫값 차이이다.

$\int_a^b f'(x)dx = f(b) - f(a)$를 이용하여 $y = f'(x)$로부터 $y = f(x)$의 그래프 개형을 알아낼 수 있다.

단, $y = f(x)$ 그래프의 정확한 x축 위치는 적어도 하나의 $f(k)$ 값을 알아야 확정할 수 있다. (k는 상수)

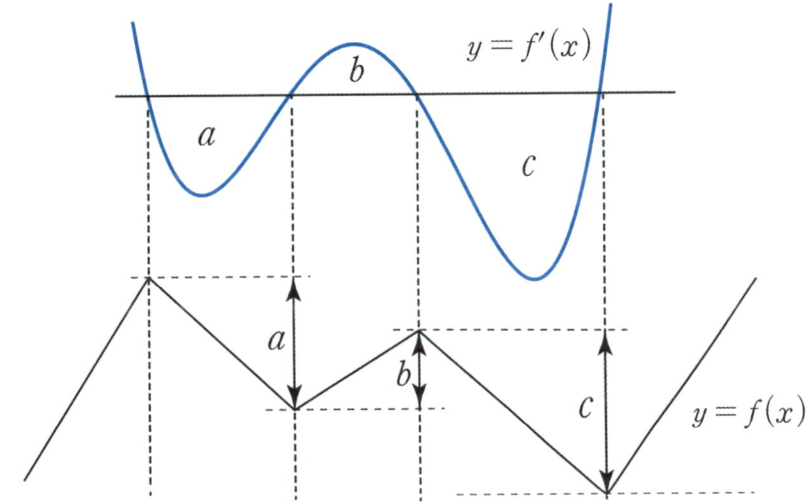

a, b, c는 $y = f'(x)$와 x축이 둘러싸인 넓이이다.
$y = f(x)$를 간편하게 위처럼 그렸지만 실제로는 smooth 한 곡선임을 염두에 두자.

조건 해석

그래프 개형과 관련된 기본적인 조건인 대칭성과 주기성을 소개하고 **특수한 경우를 암시하는 조건**을 살펴볼 것이다. 극점, 변곡점, 연속성, 미분가능성, 사잇값 정리, 평균값 정리 등등 더 심화된 조건 해석은 Chapter 5, Chapter 9에서 다룰 것이다.

1. 대칭성

(1) 대칭의 핵심, 테크닉, 주의점

① **대칭의 핵심 개념 : 대칭은 곧 평균이다.**

만약 두 함수가 어떤 직선에 대하여 대칭이면, 두 함수의 평균은 직선이다. 만약 두 함수가 어떤 점에 대하여 대칭이면, 두 함수의 평균은 점이다.

따라서 모든 대칭성 공식은 평균을 나타내는 식인 $\dfrac{a+b}{2}=c$와 연결된다.

② **대칭이동의 핵심 테크닉 : 대신 대입**

함수의 그래프를 $x=a$에 대해 대칭시키려면 x 대신 $2a-x$를 대입하자. $\dfrac{x+(2a-x)}{2}=a$

함수의 그래프를 $y=a$에 대해 대칭시키려면 y 대신 $2a-y$를 대입하자. $\dfrac{y+(2a-y)}{2}=a$

함수의 그래프를 점 (a,b)에 대해 대칭시키려면 x 대신 $2a-x$를 대입하고, y 대신 $2b-y$를 대입하자. 이 또한 평균과 연결지으면 쉽게 이해할 수 있다.

③ **대칭에서 주의해야 할 포인트** : 대칭성에 관한 문제를 본다면 다음의 두 가지를 잘 구분하자.

(i) **함수 $y=f(x)$의 그래프 자체가 직선 $x=a$에 대하여 대칭인가?**
(ii) **함수 $y=f(x)$의 그래프와 또 다른 함수 $y=g(x)$의 그래프가 직선 $x=a$에 대하여 대칭인가?**

예를 들어,
(i) 이차함수 $y=a(x-b)^2+c\,(a,b,c$는 실수$)$는 그래프 자체가 직선 $x=b$에 대하여 대칭이다.
(ii) 함수 $y=2^x$의 그래프와 함수 $y=2^{-x}$의 그래프는 y축$(x=0)$에 대하여 대칭이다.

대칭의 핵심 개념, 테크닉, 주의점을 머리에 각인했다면 본격적으로 대칭성 공식을 알아보자.

단, 지금부터 효율적 표현과 빠른 이해를 위해 **'그래프, 직선, 함수 표현'은 모두 생략**하겠다. 예를 들어, '함수 $f(x)$의 그래프가 $x=a$에 대해 대칭이다'를 '$f(x)$가 $x=a$에 대해 대칭이다.'로 표현하겠다.

(2) $x = a$ 대칭

① **형성** : $f(x)$를 $x = a$에 대해 대칭시키면 $f(2a - x)$이다.
즉, $f(x)$에 x 대신 $2a - x$를 대입하면 $f(x)$를 $x = a$에 대해 대칭시킬 수 있다.

② **$x = a$에 대해 대칭인 함수** : 모든 실수 x에 대하여 $f(x) = f(2a - x)$이면,
즉 $f(x)$가 $f(x)$를 $x = a$에 대해 대칭시킨 $f(2a - x)$와 같다면 $f(x)$는 $x = a$에 대해 대칭이다.

단, 두 함수가 $x = a$에 대칭임을 알려주는 항등식이 항상 저러한 형태로 제시되지는 않는다.
예를 들어, x에 관한 항등식 $f(x) = f(2a - x)$에 x 대신 $a + x$를 대입하면 $f(a + x) = f(a - x)$가
되는데, $f(a + x) = f(a - x)$도 많이 등장한다. **'공식의 형태'를 외우려 하지 말자.**

따라서 대칭의 핵심 개념인 **'평균'을 기억**해야 한다.

$f(x) = f(2a - x)$에서 괄호 속 문자의 평균을 구해보면 $\dfrac{x + (2a - x)}{2} = a$이다.

또한 $f(a + x) = f(a - x)$에서 괄호 속 문자의 평균을 구해보면 마찬가지로 $\dfrac{(a + x) + (a - x)}{2} = a$이다.

'평균'을 기억하자!

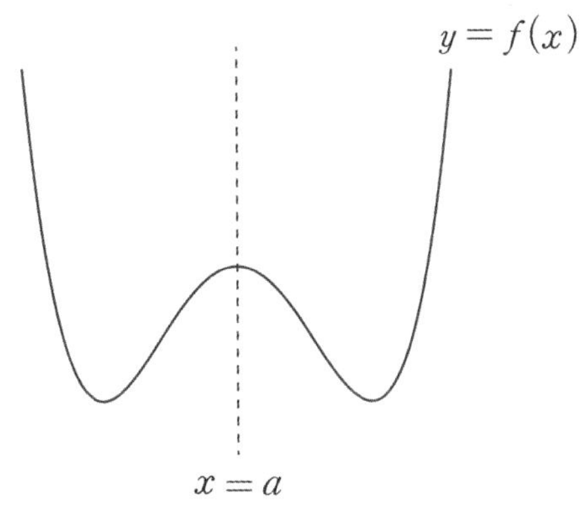

③ **$x = a$에 대해 대칭인 두 함수** : 모든 실수 x에 대하여 $f(x) = g(2a - x)$이면, 즉 $f(x)$가 $g(x)$를
$x = a$에 대해 대칭시킨 $g(2a - x)$와 같다면, $f(x)$와 $g(x)$는 $x = a$에 대해 대칭이다.

②는 하나의 함수 자체가 $x = a$에 대해 대칭인 경우이고, ③은 두 함수가 $x = a$에 대해 대칭인 경우이다.
②가 압도적으로 많이 등장하지만 둘을 헷갈리지 않기 위해 ②와 ③의 차이점도 정확히 알아둬야 한다.

※ **$x = a$ 대칭과 절댓값 함수**

$g(x) = \begin{cases} f(x) & (x \geq a) \\ f(2a - x) & (x < a) \end{cases}$ (혹은 절댓값을 이용하여 $f(|x - a| + a)$로 표현 가능)

일 때, $g(x)$의 그래프는 $f(x)$의 그래프에서 $x \geq a$인 부분은 그대로 두고, $x < a$인 부분은 $x \geq a$인 부분을
$x = a$에 대하여 대칭시킨 개형이 된다. 즉, $g(x)$는 $x = a$에 대해 대칭인 함수다.

(3) $y = a$ 대칭

① 형성

$f(x)$를 직선 $y = a$에 대해 대칭시키면 $2a - f(x)$이다.

즉, $y = f(x)$에 대해 y 대신 $2a - y$를 대입하면 $2a - y = f(x)$, $y = 2a - f(x)$가 되어 $y = f(x)$를

$y = a$에 대해 대칭시킬 수 있다. 평균 공식을 적용해 보면 $\dfrac{f(x) + \{2a - f(x)\}}{2} = a$이다.

② $y = a$에 대해 대칭인 함수

모든 실수 x에 대하여 $f(x) = 2a - f(x)$이면,

즉 $f(x)$가 $f(x)$를 $y = a$에 대해 대칭시킨 $2a - f(x)$와 같다면 $f(x)$는 $y = a$에 대해 대칭이다.

단, 이 경우 $f(x) = a$로 상수함수이므로 문제에 거의 등장하지 않는다.

※ $y = a$ 대칭과 절댓값 함수

$$g(x) = \begin{cases} f(x) & (f(x) \geq k) \\ 2k - f(x) & (f(x) < k) \end{cases}$$ (혹은 절댓값을 이용하여 $|f(x) - k| + k$로 표현 가능)

에서 $g(x)$의 그래프는 $f(x)$의 그래프에서 $y = k$의 윗부분은 그대로 두고,

$y = k$의 아랫부분은 $y = k$에 대해 대칭시킨(접어 올린) 개형이 된다.

기출에서 상당히 많이 등장한 함수이다.

(4) 점 (a, b) 대칭

① **형성** : $f(x)$를 점 (a, b)에 대해 대칭시키면 $2b - f(2a - x)$이다. $y = f(x)$에 x 대신 $2a - x$를 대입하고, y 대신 $2b - y$를 대입하면 $2b - y = f(2a - x)$, $y = 2b - f(2a - x)$가 되어 $y = f(x)$를 점 (a, b)에 대해 대칭시킬 수 있다.

※ x 대신 $2a - x$를 대입하는 것은 그래프를 $x = a$에 대칭하는 것이고, y 대신 $2b - y$를 대입하는 것은 그래프를 $y = b$에 대칭하는 것이다. 즉, $x = a$과 $y = b$ 모두에 대해 한 번씩 대칭 이동시키면 이동 전의 그래프와 점 (a, b)에 대해 대칭인 관계가 된다.

② **점 (a, b)에 대해 대칭인 함수** : 모든 실수 x에 대하여 $f(x) = 2b - f(2a - x)$이면, 즉 $f(x)$가 $f(x)$를 점 (a, b)에 대해 대칭시킨 $2b - f(2a - x)$와 같다면, $f(x)$는 점 (a, b)에 대해 대칭이다.

단, 함수가 점 (a, b)에 대해 대칭임을 알려주는 항등식이 항상 저러한 형태로 제시되지는 않는다. 예를 들어, x에 관한 항등식 $f(x) + f(2a - x) = 2b$에 x 대신 $a + x$를 대입하면 $f(a + x) + f(a - x) = 2b$가 되는데 이 형태도 다소 등장한다. **'공식의 형태'를 외우려 하지 말자.**

대칭의 핵심 개념인 '평균'을 기억하자. $f(x) + f(2a - x) = 2b$에서 괄호 속 문자의 평균을 구해보면 $\dfrac{x + (2a - x)}{2} = a$이고 $f(a + x) + f(a - x) = 2b$에서 괄호 속 문자의 평균을 구해보면 $\dfrac{(a + x) + (a - x)}{2} = a$이다. 그래프를 곁들여 이해하면 더할 나위 없다.

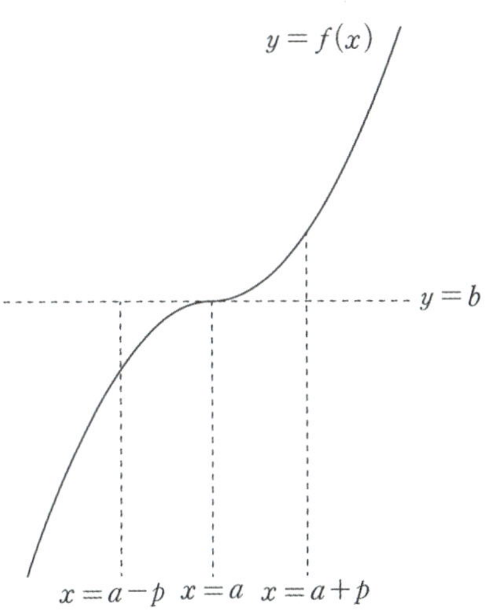

※ ⟨$y = a$ 대칭⟩과 ⟨점 (a, b) 대칭⟩에는 ③ **대칭인 두 함수** 항목을 넣지 않았지만, 항등식에 있는 하나의 f에 대해 f 대신 g만 대입하면 끝이다. $f(x) = 2a - g(x)$이면 $f(x)$와 $g(x)$는 $y = a$에 대해 대칭이고, $f(x) + g(2a - x) = 2b$이면 $f(x)$와 $g(x)$는 점 (a, b)에 대해 대칭이다.

---

comment

문제에서 대칭성과 관련된 식을 봤을 때 대칭성을 파악할 수 있도록 연습해 두자. 대칭성 파트는 아무리 개념을 빠삭하게 알고 있어도 실전에서 빠르게 파악하지 못하는 경우가 많다. 위의 조건들을 자유자재로 말로 표현하고, 수식으로 나타내고, 그래프로 표현할 수 있어야 한다.

(5) 우함수와 기함수

① 우함수 (y축 대칭)

$f(x)$를 y축에 대해 대칭시키면 $f(-x)$이다. '$f(x)$가 우함수이다.' 또는 '$f(x)$가 y축 대칭이다.'는
곧 '$f(x)$와 $f(x)$를 y축에 대해 대칭시킨 $f(-x)$와 같다.'라는 의미이다. 따라서 $f(x) = f(-x)$이면
$f(x)$는 우함수 (y축 대칭)이다. (혹은 $f(x)$가 우함수이면 $f(x) = f(-x)$이다.)
단, $f(x) - f(-x) = 0$으로 제시될 수도 있으므로 '형태'에 주목하지 말고, '의미'에 주목하자.

$f(x) = f(-x)$를 보고 $f(x)$가 우함수임을 파악하는 것은 누구나 할 수 있지만, 어떤 함수의 y축 대칭
여부를 판정하기 위해 $f(x) = f(-x)$를 적용하는 것은 아무나 하지 못한다. 후자의 처리도 당연히 할 수
있어야 한다.

② 기함수 (원점 대칭)

$f(x)$를 원점에 대해 대칭시키면 $-f(-x)$이다. '$f(x)$가 기함수이다.' 또는 '$f(x)$가 원점 대칭이다.'는
곧 '$f(x)$와 $f(x)$를 원점에 대해 대칭시킨 $-f(-x)$와 같다.'라는 의미이다.
따라서 $f(x) = -f(-x)$이면 $f(x)$는 기함수(원점 대칭)이다.
(혹은 $f(x)$가 기함수이면 $f(x) = -f(-x)$이다.)
단, $f(x) + f(-x) = 0$으로 제시될 수도 있으므로 '형태'에 주목하지 말고, '의미'에 주목하자.

기함수는 우함수와 달리 한 가지 정보를 더 캐낼 수 있다.
만약 기함수 $f(x)$가 $x = 0$에서 정의된 함수인 경우 $f(x) = -f(-x)$의 양변에 $x = 0$을 대입하면
$f(0) = -f(0)$이므로 $f(0) = 0$이 된다.
즉, $x = 0$에서 정의된 기함수는 항상 원점을 지난다.

$f(x) = -f(-x)$를 보고 $f(x)$가 기함수임을 파악하는 것은 누구나 할 수 있지만,
어떤 함수의 원점 대칭 여부를 판정하기 위해 $f(x) = -f(-x)$를 적용하는 것은 아무나 하지 못한다.
후자의 처리도 당연히 할 수 있어야 한다.

③ 미분·적분에서의 대칭성

실수 전체의 집합에서 미분가능한 함수 $f(x)$에 대하여

우함수 $f(x)$를 x에 대해 미분하면 $f'(x)$는 기함수이다.
$f(x)$가 우함수라면 실수 전체 집합에서 $f(x) = f(-x)$을 만족시킨다.
$f(x) = f(-x)$의 양변을 x에 대해 미분하면 $f'(x) = -f'(-x)$이다. $f'(x)$는 기함수이다.

기함수 $f(x)$를 x에 대해 미분하면 $f'(x)$는 우함수이다.
$f(x)$가 기함수라면 실수 전체 집합에서 $f(x) = -f(-x)$을 만족시킨다.
$f(x) = -f(-x)$의 양변을 x에 대해 미분하면 $f'(x) = f'(-x)$이다. $f'(x)$는 우함수이다.

우함수 $f(x)$를 x에 대해 적분하면 $F(x) = \displaystyle\int f(x)dx$는 점 $(0, k)$ 대칭 함수이다. (k는 상수)
$f(x)$가 우함수라면 실수 전체 집합에서 $f(x) = f(-x)$을 만족시킨다.
$f(x) = f(-x)$의 양변을 x에 대해 적분하면 $F(x) = -F(-x) + 2k$이다.
$F(x)$는 점 $(0, k)$ 대칭 함수이다.
단, $F(0) = 0$이라는 조건이 추가적으로 주어진다면 $F(x)$는 기함수이다.

기함수 $f(x)$를 x에 대해 적분하면 $F(x) = \displaystyle\int f(x)dx$는 우함수이다.
$f(x)$가 기함수라면 실수 전체 집합에서 $f(x) = -f(-x)$을 만족시킨다.
$f(x) = -f(-x)$의 양변을 x에 대해 적분하면 $F(x) = F(-x) + C$이다.
$F(x) = F(-x) + C$에 $x = 0$을 대입하면 $F(0) = F(0) + C$이므로 $C = 0$이다.
따라서 $F(x) = F(-x)$이다. $F(x)$는 우함수이다. (C는 상수)

④ 합성함수에서의 대칭성

우함수 $f(x)$에 우함수 $g(x)$를 합성한 $h(x) = f(g(x))$는 우함수이다.
$h(-x) = f(g(-x)) = f(g(x)) = h(x)$이므로 $h(x)$는 우함수이다.
다만, $f(x)$가 꼭 우함수가 아니더라도 $g(x)$가 우함수라면 $h(x)$가 우함수라는 것을 알 수 있다.

우함수 $f(x)$에 기함수 $g(x)$를 합성한 $f(g(x))$는 우함수이다.
$h(-x) = f(g(-x)) = f(-g(x)) = f(g(x)) = h(x)$이므로 $h(x)$는 우함수이다.

기함수 $f(x)$에 우함수 $g(x)$를 합성한 $h(x) = f(g(x))$는 우함수이다.
$h(-x) = f(g(-x)) = f(g(x)) = h(x)$이므로 $h(x)$는 우함수이다.
다만, $f(x)$가 꼭 우함수가 아니더라도 $g(x)$가 우함수라면 $h(x)$가 우함수라는 것을 알 수 있다.

기함수 $f(x)$에 기함수 $g(x)$를 합성한 $f(g(x))$는 기함수이다.
$h(-x) = f(g(-x)) = f(-g(x)) = -f(g(x)) = -h(x)$이므로 $h(x)$는 기함수이다.

(6) 대칭성을 이용한 정적분 계산

① 우함수 (y축 대칭)

우함수 $f(x)$가 닫힌 구간 $[-a, a]$에서 연속일 때
(혹은 $-a \leq x \leq a$인 실수 x에 대해 $f(x) = f(-x)$일 때)

$$\int_{-a}^{0} f(x)dx = \int_{0}^{a} f(x)dx \text{이다. 따라서 } \int_{-a}^{a} f(x)dx = 2\int_{0}^{a} f(x)dx = 2\int_{-a}^{0} f(x)dx$$

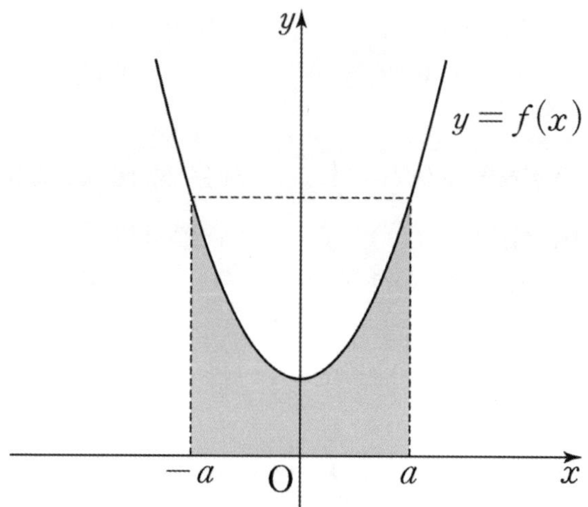

② 기함수 (원점 대칭)

기함수 $f(x)$가 닫힌 구간 $[-a, a]$에서 연속일 때
(혹은 $-a \leq x \leq a$인 실수 x에 대해 $f(x) = -f(-x)$일 때)

$$\int_{-a}^{0} f(x)dx = -\int_{0}^{a} f(x)dx \text{이다. 따라서 } \int_{-a}^{a} f(x)dx = 0 \text{이다.}$$

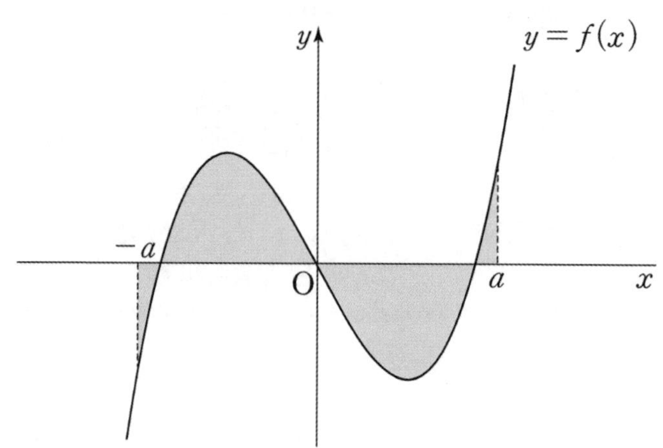

③ $x = a$ 대칭

어떤 함수의 그래프가 직선 $x = a$에 대하여 대칭인지 알아보는 도구는 앞에서 다뤘다.

연속함수 $y = f(x)$의 그래프가 직선 $x = a$에 대해 대칭이라면 $\displaystyle\int_{a-p}^{a} f(x)dx = \int_{a}^{a+p} f(x)dx$ 이므로

대칭성을 이용하여 $\displaystyle\int_{a-p}^{a+p} f(x)dx = 2\int_{a}^{a+p} f(x)dx = 2\int_{a-p}^{a} f(x)dx$를 계산하면 된다. (단, $p > 0$)

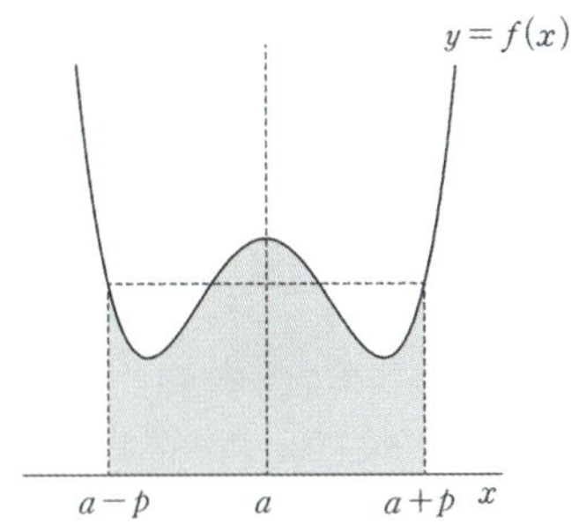

④ 점 (a, b) 대칭

어떤 함수의 그래프가 점 (a, b)에 대하여 대칭인지 알아보는 도구는 앞에서 다뤘다. 점 (a, b)에 대해 대칭인 연속함수 $y = f(x)$의 정적분 계산은 '퍼즐 풀이'에 지나지 않는다. **정적분 계산이 쉬워지도록 넓이의 일부분을 다른 부분으로 끼워 넣으면 된다.**

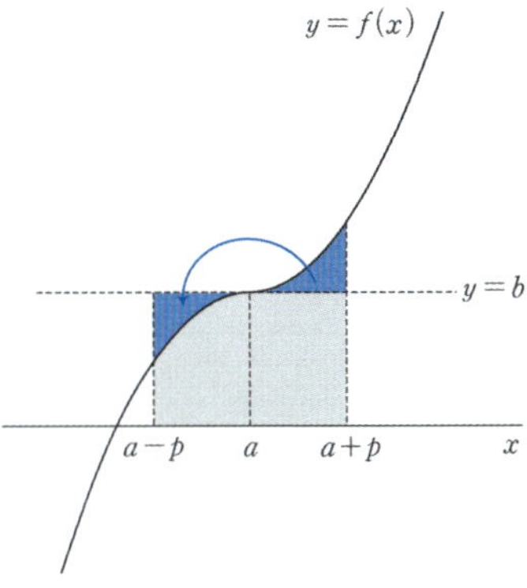

위의 그림에서 색칠한 부분의 넓이는 동일하므로

$\displaystyle\int_{a-p}^{a+p} f(x)dx$의 **값은 밑변이 $2p$이고 높이가 b인 직사각형의 넓이와 같다.**

$$\therefore \int_{a-p}^{a+p} f(x)dx = 2pb$$

comment

대칭성 최종 comment

지금까지 대칭성을 이용한 정적분 계산을 공부해보았다. 이 파트에서 얻어갈 것은 두 가지이다.

① **제시된 함수가 어떤 함수인지 관찰하자.**

② **적분 구간이 대칭성을 띄는지 관찰하자.**

두 가지 관찰을 바탕으로 정적분 계산을 최대한 간소화해주면 된다. 다양한 정적분 계산의 근본 태도는 그래프 관찰과 적분구간 관찰이다.

(1) 주기함수

주기가 $|a|$인 함수의 일반식 : 모든 실수 x에 대해 $f(x) = f(x+a)$ (단, a는 0이 아닌 상수)

> ※ 그래프로 설명하자면 함수 $y = f(x)$의 그래프를 x축 방향으로 $-a$만큼 혹은 a만큼 이동한 그래프와 함수 $y = f(x)$의 그래프는 일치한다.

> ※ 단, **모든 실수 x에 대해 $f(x) = f(x+a)$라고 해서 $f(x)$의 주기가 반드시 $|a|$인 것은 아니다.**
> 주기는 반복되는 단위 중 가장 작은 것이므로 엄밀히 말해서 $f(x)$의 주기는 $\dfrac{|a|}{n}$이다. (단, n은 자연수)
>
> 예를 들어, $f(x)$의 주기가 1이라고 해도 $f(x) = f(x+1) = f(x+2) = f(x+3) = \cdots$이기 때문이다.
> 대부분 문제에서 $0 \le x < a$에서의 함수 $f(x)$의 식이 주어지기에 주기를 a로 보아도 문제 푸는 데에 큰 지장은 없었을 것이지만, 개념은 엄밀하게 알고 있어야 한다.

주기함수의 정적분 계산은 **주기성**을 이용한다.

$$\begin{array}{c}
\text{주기가 } a \text{인 연속함수 } f(t) \text{에 대하여} \\[4pt]
\displaystyle \int_{x_1}^{x_2} f(t)dt = \int_{x_1+a}^{x_2+a} f(t)dt = \int_{x_1+2a}^{x_2+2a} f(t)dt = \cdots
\end{array}$$

증명은 **주기함수 일반식과 평행이동**을 이용한다.

$f(t) = f(t+a)$이므로 $\displaystyle \int_{x_1}^{x_2} f(t)dt = \int_{x_1}^{x_2} f(t+a)dt = \int_{x_1+a}^{x_2+a} f(t)dt$

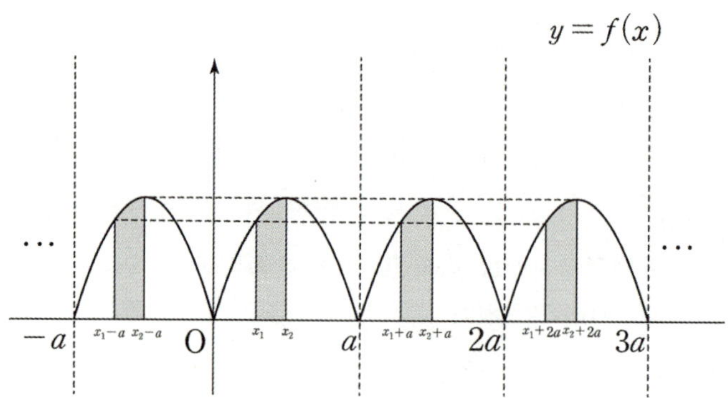

(2) 평행이동

$y=f(x)$의 그래프를 x축 방향으로 a만큼 평행이동 : $y=f(x-a)$ $(x$ 대신 $x-a$를 대입)
$y=f(x)$의 그래프를 y축 방향으로 b만큼 평행이동 : $y=f(x)+b$ $(y$ 대신 $y-b$를 대입)
(단, a, b는 상수)

정적분에서 피적분함수를 x축 방향으로 평행이동시키면 적분 구간 위끝과 아래끝도 동시에 평행이동한다.

$$\int_a^b f(x)dx = \int_{a+p}^{b+p} f(x-p)dx = \int_{a-p}^{b-p} f(x+p)dx$$

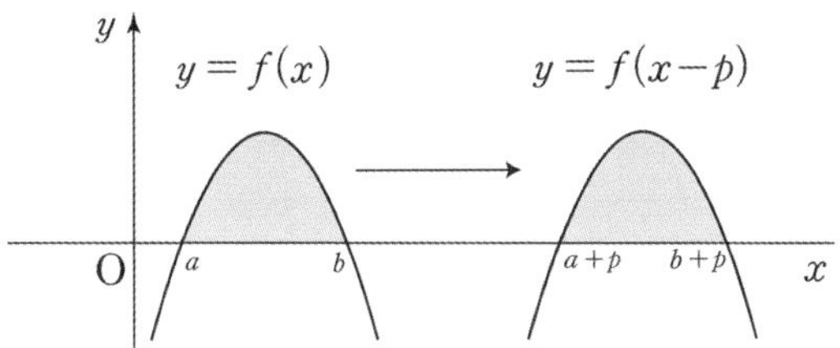

(3) 주기+평행이동 함수

함수 $f(x)$는 모든 실수 x에 대해 $f(x+a)=f(x)+b$를 만족하고,
(단, $a>0$, $b>0$)
$0<x\le a$에서 $y=f(x)$의 그래프가 오른쪽 그림과 같을 때,

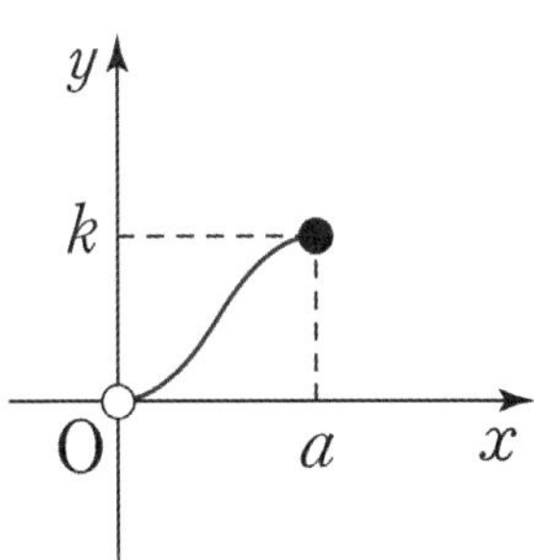

$f(x)$가 연속함수인 경우 그래프는 다음과 같다. $(k=b)$

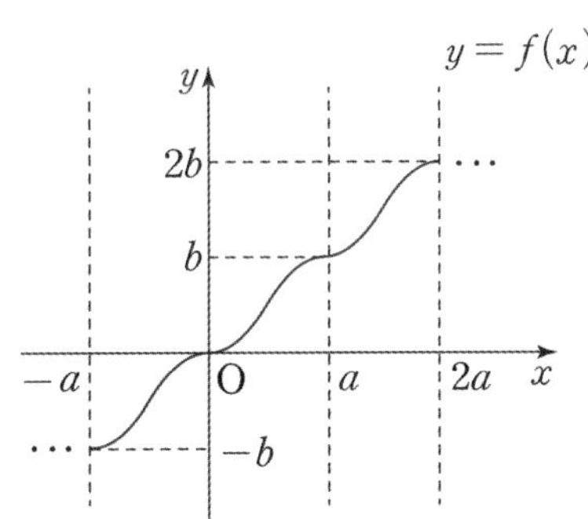

$f(x)$가 불연속함수인 경우 그래프는 다음과 같다.

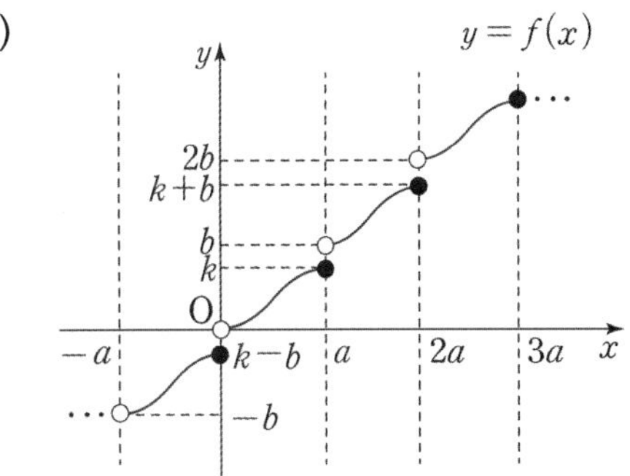

연속함수 $f(x)$가 다음 조건을 만족시킬 때, $\displaystyle\int_0^a \{f(2x)+f(2a-x)\}\,dx$ 의 값은?

(단, a는 상수이다.) [4점]

> (가) 모든 실수 x에 대하여 $f(a-x)=f(a+x)$이다.
>
> (나) $\displaystyle\int_0^a f(x)\,dx = 8$

① 12　　　② 16　　　③ 20　　　④ 24　　　⑤ 28

---

1. 조건 (가)를 보고 **연속함수** $f(x)$가 $x=a$ **대칭임**을 바로 알 수 있다.

   생각나는 $y=f(x)$**의 가장 간단한 그래프 개형을 그려보자.** 정적분 값을 구하는 것이기에 조건 (가), 조건 (나)를 동시에 만족한다면 어떤 그래프 개형도 문제없다.

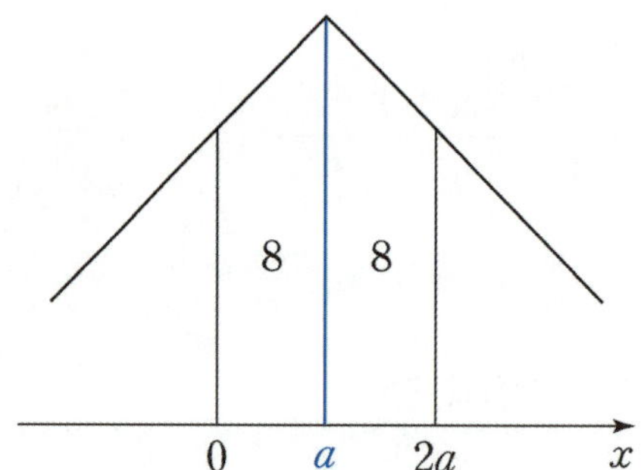

$$\int_0^a \{f(2x)+f(2a-x)\}\,dx = \frac{1}{2}\int_0^{2a} f(x)\,dx + \int_0^a f(x)\,dx$$

그래프 개형을 통해 $\displaystyle\int_0^{2a} f(x)\,dx = 2\int_0^a f(x)\,dx$임을 쉽게 알 수 있다.

2. $\displaystyle\int_0^a \{f(2x)+f(2a-x)\}\,dx = 2\int_0^a f(x)\,dx = 16$이므로 **답은 ②!!**

함수 $f(x) = \displaystyle\int_0^x \sin(\pi\cos t)\,dt$ 에 대하여 <보기>에서 옳은 것만을 있는 대로 고른 것은? [4점]

<보 기>

ㄱ. $f'(0) = 0$
ㄴ. 함수 $y = f(x)$의 그래프는 원점에 대하여 대칭이다.
ㄷ. $f(\pi) = 0$

① ㄱ   ② ㄷ   ③ ㄱ, ㄴ   ④ ㄴ, ㄷ   ⑤ ㄱ, ㄴ, ㄷ

1. $f(x) = \displaystyle\int_0^x \sin(\pi\cos t)dt$은 '정적분으로 정의된 함수'이다.

Chapter 7에서도 말하겠지만 반사적으로 $x = 0$을 대입하여 $f(0) = 0$을 뽑아내고

$f(x) = \displaystyle\int_0^x \sin(\pi\cos t)dt$의 양변을 x에 대해 미분하여

$f'(x) = \sin(\pi\cos x)$를 뽑아낸다.

$f'(0) = 0$이므로 선지 (ㄱ)은 참.

2. $f'(x) = \sin(\pi\cos x)$에서 $\pi\cos x$는 우함수이다.

$f'(x) = f'(-x)$이므로 $f'(x)$ 역시 우함수이다.

따라서 $f(x)$는 점 $(0, k)$ 대칭인 함수이다. (k는 상수.) $f(0) = 0$이므로 $f(x)$는 기함수이다.

선지 (ㄴ)은 참.

3. $f'(x) = \sin(\pi\cos x)$에서 $\pi\cos x$는 주기함수이다.

$f'(x) = f'(x + 2\pi)$이므로 $f'(x)$ 역시 주기함수이다.

$y = f'(x)$의 한 주기가 2π이므로 $(0, 2\pi)$에서 그래프 개형을 먼저 그린 후에 나머지 **정의역 구간에도 그래프 개형을 그려주자.**

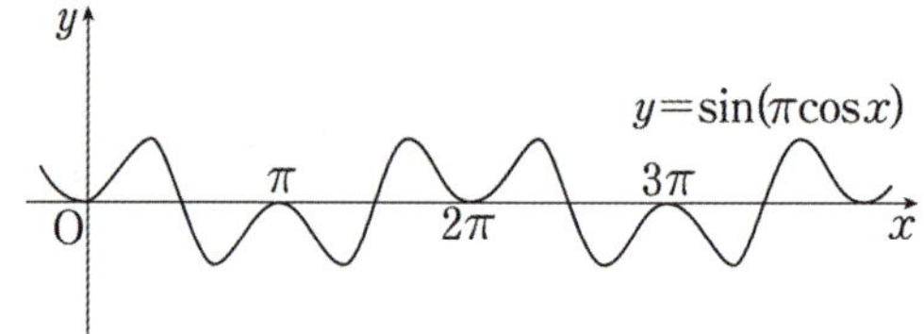

위와 같은 그래프 개형이 나온다. $f'(0) = 0$, $f'\left(\dfrac{\pi}{2}\right) = 0$, $f'(\pi) = 0$이므로

$f'(x)$가 점 $\left(\dfrac{\pi}{2}, 0\right)$ 대칭함수가 아닐까 의심이 된다. 수식적으로 확인해 보자.

$f'(\pi - x) = \sin(\pi\cos(\pi - x)) = \sin(-\pi\cos x) = -\sin(\pi\cos x) = -f'(x)$이므로

$f'(x)$는 점 $\left(\dfrac{\pi}{2}, 0\right)$ 대칭함수이다. 따라서 $\displaystyle\int_0^\pi f'(x)dx = 0$이다.

$f(\pi) - f(0) = 0$, $f(0) = 0$이므로 $f(\pi) = 0$이다. 선지 (ㄷ)은 참.

답은 ⑤!!

합성함수에서의 대칭성, 적분에서의 대칭성, 주기성, 그래프 개형 그리기를 모두 이용한 쉽지만 아름다운 문제였다.

함수 $f(x)$에 관계없이 $f(우함수)$는 우함수이고 $f(주기함수)$는 주기함수임을 꼭 기억하자.

$f'(x)$가 우함수이고 $f(0) = 0$일 때 $f(x)$는 기함수라는 점 역시 꼭 기억하고 있어야 한다.

두 상수 a, b와 함수 $f(x) = \dfrac{|x|}{x^2+1}$ 에 대하여 함수 $g(x) = \begin{cases} f(x) & (x < a) \\ f(b-x) & (x \geq a) \end{cases}$ 가 실수 전체의 집합에서 미분가능할 때, $\displaystyle\int_{a}^{a-b} g(x)\,dx$ 의 값은? [4점]

① $\dfrac{1}{2}\ln 5$ ② $\ln 5$ ③ $\dfrac{3}{2}\ln 5$ ④ $2\ln 5$ ⑤ $\dfrac{5}{2}\ln 5$

1. $y = \dfrac{x}{x^2+1}$ 정도의 그래프는 '미분 없이' 그릴 수 있다.

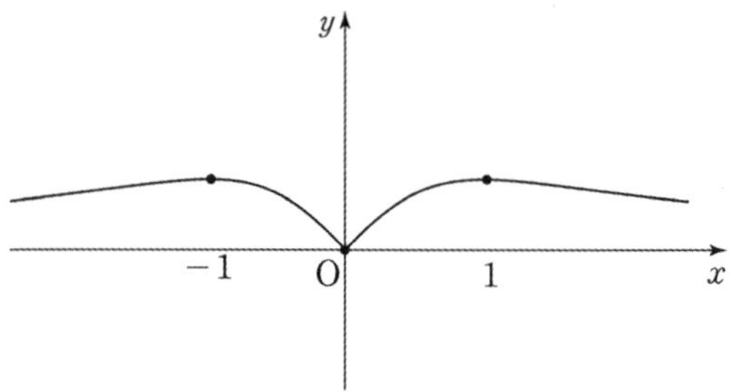

$x^2+1 > 0$이므로 $f(x) = \dfrac{|\,x\,|}{x^2+1} = \left|\,\dfrac{x}{x^2+1}\,\right|$ 이다.

따라서 $y = f(x)$의 그래프 개형은 아래와 같다.

$x > 0$에서 $f'(x) = \dfrac{1-x^2}{(x^2+1)}$이므로 함수 $f(x)$는 $x=1$에서 극대이자 최댓값을 갖는다.

함수 $f(x)$는 우함수이므로 $x=-1$, $x=1$에서 극대이자 최댓값을 갖는다.

2. $g(x) = \begin{cases} f(x) & (x < a) \\ f(b-x) & (x \geq a) \end{cases}$가 $x=a$에서 미분가능하므로 연속이다.

$f(b-x)$는 함수 $f(x)$를 $x = \dfrac{b}{2}$에 대하여 대칭이동 시킨 것이다.

$a = \dfrac{b}{2}$이면 함수 $g(x)$는 $x=a$에서 연속이다.

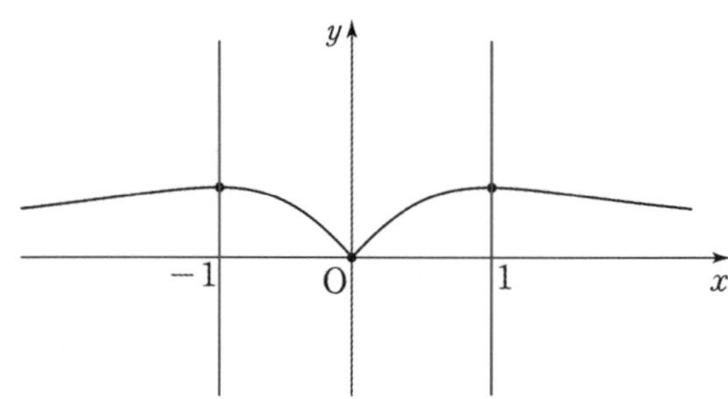

$x=a$에서 $g(x)$가 미분가능하려면 a를 $f(x)$의 극점의 x좌표로 두면 된다.

$a = -1$ 또는 $a = 1$이다.

(1) $a = \dfrac{b}{2} = -1$일 때

$a = \dfrac{b}{2} = -1$일 때, $y = g(x)$를 그리면 다음과 같다.

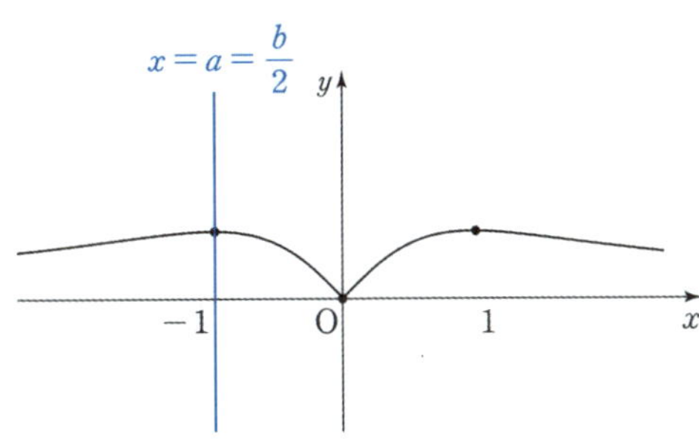

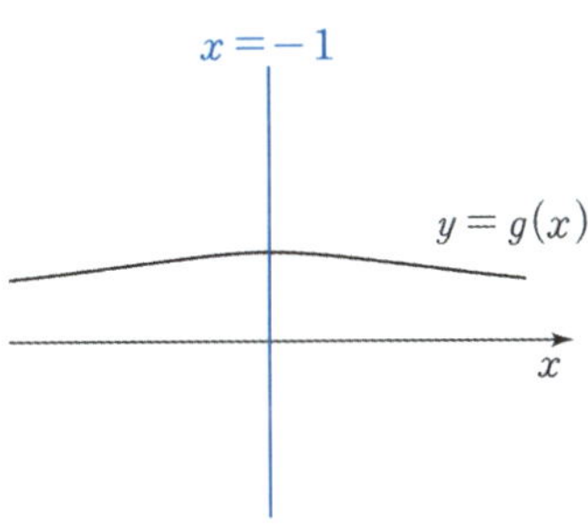

$g(x)$가 실수 전체의 집합에서 미분가능하다.

(2) $a = \dfrac{b}{2} = 1$일 때

$a = \dfrac{b}{2} = 1$일 때, $y = g(x)$를 그리면 다음과 같다.

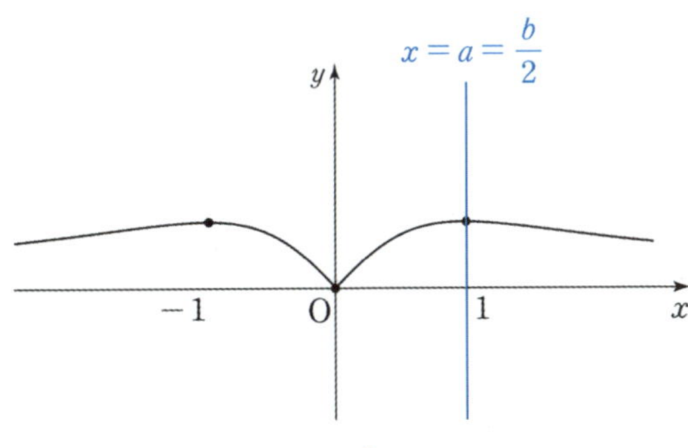

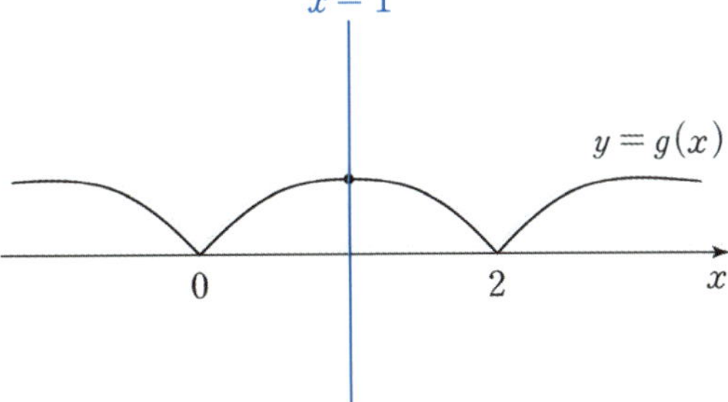

$g(x)$가 $x = 1$에서 미분가능하나 $x = 0$, $x = 2$에서 미분가능하지 않다.

3. $a = \dfrac{b}{2} = -1$ 이다. 이를 $\displaystyle\int_{a}^{a-b} g(x)\,dx$에 대입하여 답을 구하자.

$$\int_{-1}^{1} g(x)\,dx = \int_{-1}^{1} f(-2-x)\,dx = \int_{-3}^{-1} f(x)\,dx = -\frac{1}{2}\int_{-3}^{-1} \frac{2x}{x^2+1}\,dx \text{ 이다.}$$

$$-\frac{1}{2}\int_{-3}^{-1} \frac{2x}{x^2+1}\,dx = -\frac{1}{2}\Big[\ln(x^2+1)\Big]_{-3}^{-1} = -\frac{1}{2}\ln\frac{1}{5} = \frac{1}{2}\ln 5 \text{ 이다.}$$

답은 ①!!

※ Chapter 6을 공부하면 $\left\{\ln(x^2+1)\right\}' = \dfrac{2x}{x^2+1}$ 임을 바로 알아볼 것이다.

두 자연수 a, b에 대하여 이차함수 $f(x) = ax^2 + b$가 있다. 함수 $g(x)$를

$$g(x) = \ln f(x) - \frac{1}{10}\{f(x) - 1\}$$

이라 하자. 실수 t에 대하여 직선 $y = |g(t)|$와 함수 $y = |g(x)|$의 그래프가 만나는 점의 개수를 $h(t)$라 하자. 두 함수 $g(x)$, $h(t)$가 다음 조건을 만족시킨다.

(가) 함수 $g(x)$는 $x = 0$에서 극솟값을 갖는다.
(나) 함수 $h(t)$가 $t = k$에서 불연속인 k의 값의 개수는 7이다.

$\displaystyle\int_0^a e^x f(x)\, dx = me^a - 19$일 때, 자연수 m의 값을 구하시오. [4점]

1. $p(x) = \ln x - \dfrac{1}{10}(x-1)$ 이라 하자.

$f(x) = ax^2 + b$ **는 우함수이므로** $g(x) = p(f(x))$ **는 우함수이다.**

이때, 함수 $g(x)$ 가 $x = 0$ 에서 극솟값을 가지므로 $g'(0) = 0$ 이다.

$$g'(x) = \frac{f'(x)}{f(x)} - \frac{f'(x)}{10} = f'(x)\left(\frac{1}{f(x)} - \frac{1}{10}\right)$$ 을 살펴보자.

함수 $g(x)$ 가 $x = 0$ 에서 극솟값을 가지므로 도함수 $g'(x)$ 는 $x = 0$ 좌우에서 부호가
음에서 양으로 바뀌어야 한다.

이때, $f'(0) = 0$ 이고, a 는 자연수이므로 $f'(x)$ 는 $x = 0$ 좌우에서 부호가 음에서 양으로 바뀐다.

따라서 $\left(\dfrac{1}{f(x)} - \dfrac{1}{10}\right)$ 은 $x = 0$ 좌우에서 부호가 양이어야 하므로

$\dfrac{1}{f(0)} > \dfrac{1}{10}$ 에서 $f(0) = b < 10$ 이다.

한편 함수 $f(x)$ 의 최고차항의 계수가 양수이므로
방정식 $f(x) = 10$ 의 서로 다른 두 실근의 개수는 2 이다.
두 실근을 각각 α, β $(\alpha < \beta)$라 하면

함수 $g'(x) = f'(x)\left(\dfrac{1}{f(x)} - \dfrac{1}{10}\right)$ 는 $x = \alpha$, $x = \beta$ 좌우에서 부호의 변화가 있으므로

함수 $g(x)$ 는 $x = \alpha$, $x = \beta$ 에서 극댓값을 갖고, $x = 0$ 에서 극솟값을 갖는다.

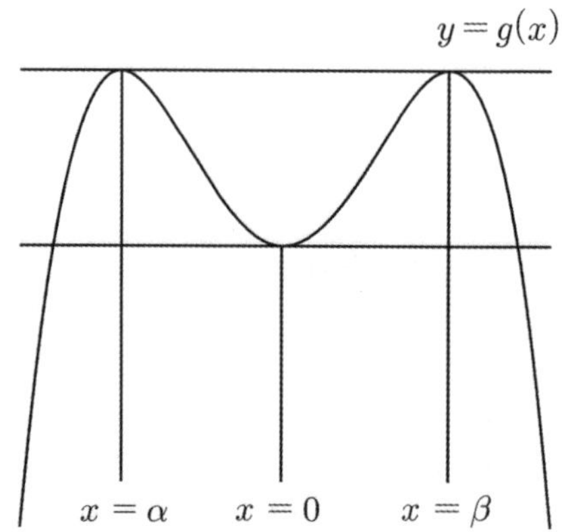

2. 함수 $y = g(x)$ 의 극댓값을 m, 극솟값을 n 이라 하자.

방정식 $g(x) = m$ 의 실근의 개수는 2 이고, 방정식 $g(x) = n$ 의 실근의 개수는 3 이다.

각각의 실근을 k_1, k_2, k_3, k_4, k_5 라 하면

직선 $y = g(x)$ 와 함수 $y = g(t)$ 의 교점의 개수는 $t = k_1$, k_2, k_3, k_4, k_5 에서 변하므로

함수 $h(t)$ 는 $t = k_1$, k_2, k_3, k_4, k_5 에서 불연속이다.

따라서 함수 $h(t)$ 가 $t = k$ 에서 불연속인 k 의 값의 개수가 7 이기 위해서는 $n = 0$ 이어야 한다.

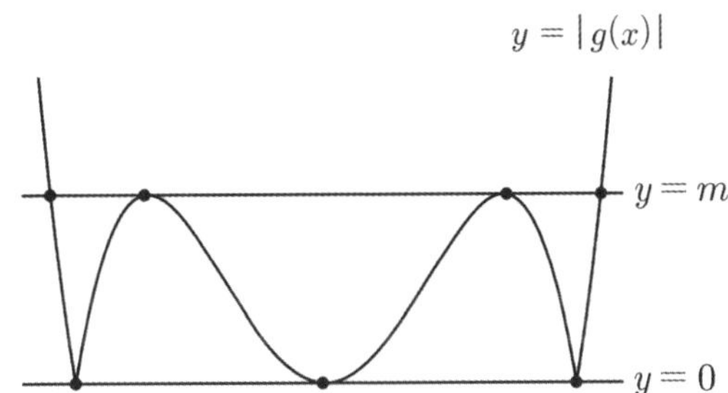

방정식 $|g(x)| = m$ 의 실근의 개수는 4 이고, 방정식 $|g(x)| = 0$ 의 실근의 개수가 3 이므로
조건 (나)를 만족시킨다.

---

3. $g(0) = p(f(0)) = p(b) = \ln b - \dfrac{1}{10}(b - 1) = 0$ 이다. b 의 값으로 1 이 가능하다는 것이 보인다.

$b = 1$ 이외에 다른 값도 있는지 확인하자. 함수 $i(x) = \ln x - \dfrac{1}{10}(x - 1)$ 이라 하자.

$b < 10$ 인 자연수이므로 $0 < x < 10$ 에서 $i\,'(x) = \dfrac{1}{x} - \dfrac{1}{10} > 0$ 이므로 $i(x)$ 는 증가함수이다.

따라서 $p(b) = 0$ 을 만족시키는 b 의 값은 유일하므로 $b = 1$ 이다.

$$\int_0^a e^x f(x)dx = \int_0^a e^x(ax^2 + 1)dx = \left[(ax^2 - 2ax + 2a + 1)e^x\right]_0^a$$
$$= (a^3 - 2a^2 + 2a + 1)e^a - (2a + 1) = me^a - 19 \text{ 에서}$$

a 는 자연수이므로 $2a + 1 = 19$, $a = 9$ 이고

$m = 9^3 - 2 \times 9^2 + 2 \times 9 + 1 = 729 - 162 + 18 + 1 = 586$ 이다.

답은 586!!

이차함수 $f(x)$에 대하여 함수 $g(x)=\{f(x)+2\}e^{f(x)}$이 다음 조건을 만족시킨다.

> (가) $f(a)=6$인 a에 대하여 $g(x)$는 $x=a$에서 최댓값을 갖는다.
> (나) $g(x)$는 $x=b$, $x=b+6$에서 최솟값을 갖는다.

방정식 $f(x)=0$의 서로 다른 두 실근을 α, β라 할 때, $(\alpha-\beta)^2$의 값을 구하시오.
(단, a, b는 실수이다.) [4점]

1. 함수 $g(x) = \{f(x)+2\}e^{f(x)}$ 의 양변을 x 에 대하여 미분하면

$g'(x) = f'(x)e^{f(x)} + \{f(x)+2\}f'(x)e^{f(x)} = f'(x)\{f(x)+3\}e^{f(x)}$ 이므로

$f'(x) = 0$ 또는 $f(x) = -3$ 일 때 $g'(x) = 0$ 을 만족시킨다.

조건 (가)에서 $f(a) = 6$ 인 a 에 대하여 함수 $g(x)$ 가 $x = a$ 에서 최댓값을 가지므로 $g'(a) = 0$ 이고

$f(a) \neq -3$ 이므로 $f'(a) = 0$ 이다. 이때, 이차함수 $f(x)$ 의 축의 방정식은 $x = a$ 이다.

$f(x) = p(x-a)^2 + 6$ 로 둘 수 있다. (단, p는 0이 아닌 실수)

2. 조건 (나)에서 함수 $g(x)$ 가 $x = b$, $x = b+6$ 에서 최솟값을 가지므로 $g'(b) = g'(b+6) = 0$ 이고

이때, $f'(b) \neq 0$, $f'(b+6) \neq 0$ 이므로 $f(b) = f(b+6) = -3$ 이다.

따라서 $x = b$, $x = b+6$ 은 $x = a$ 에 대하여 대칭이므로 $a = b+3$ 이다.

6을 극값으로 갖는 이차함수 $f(x)$와 6보다 작은 실수 k에 대하여
방정식 $f(x) = k$의 실근이 존재하면 $f(x)$의 최고차항의 계수는 음수이다.

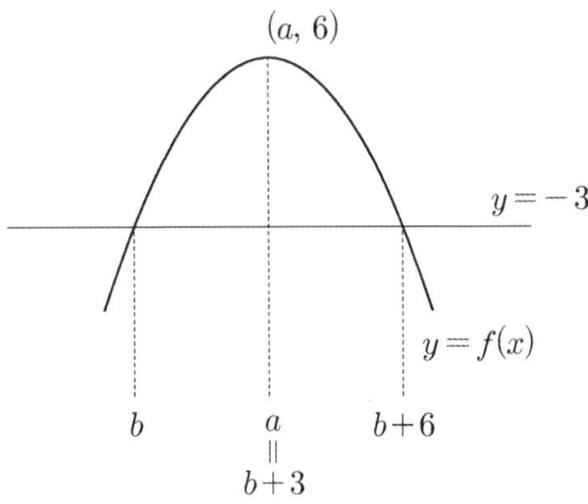

따라서 $f(x) = p(x-b-3)^2 + 6$ 에서 $f(b) = p \times (-3)^2 + 6 = -3$ 이므로 $p = -1$ 이고

$f(x) = -(x-a)^2 + 6$ 이다.

3. 방정식 $f(x) = 0$ 에서 $(x-a)^2 = 6$ 의 두 실근은 $x = a + \sqrt{6}$, $x = a - \sqrt{6}$ 이므로

$(\alpha - \beta)^2 = (a + \sqrt{6} - a + \sqrt{6})^2 = (2\sqrt{6})^2 = 24$ 이다.

답은 24!!

함수 $f(x) = \pi\sin2\pi x$에 대하여 정의역이 실수 전체의 집합이고 치역이 집합 $\{0, 1\}$인 함수 $g(x)$와 자연수 n이 다음 조건을 만족시킬 때, n의 값은? [4점]

함수 $h(x) = f(nx)g(x)$는 실수 전체의 집합에서 연속이고

$$\int_{-1}^{1} h(x)\,dx = 2, \quad \int_{-1}^{1} xh(x)\,dx = -\frac{1}{32}$$

이다.

---

① 8   ② 10   ③ 12   ④ 14   ⑤ 16

1. 함수 $g(x)$의 치역이 $\{0, 1\}$이므로 함수 $h(x)= f(nx)$ or $h(x)= 0$이다.

함수 $f(nx)= \pi\sin2n\pi x$ 의 그래프를 그려보자. 주기는 $\dfrac{2\pi}{2n\pi} = \dfrac{1}{n}$이다.

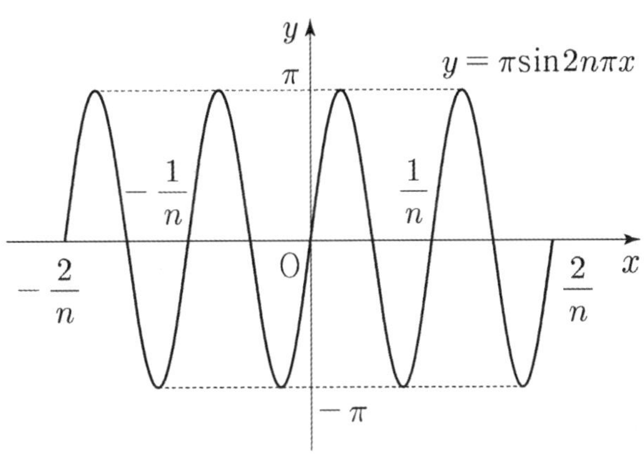

이 함수의 그래프에서 한 칸의 넓이만 구해보자.

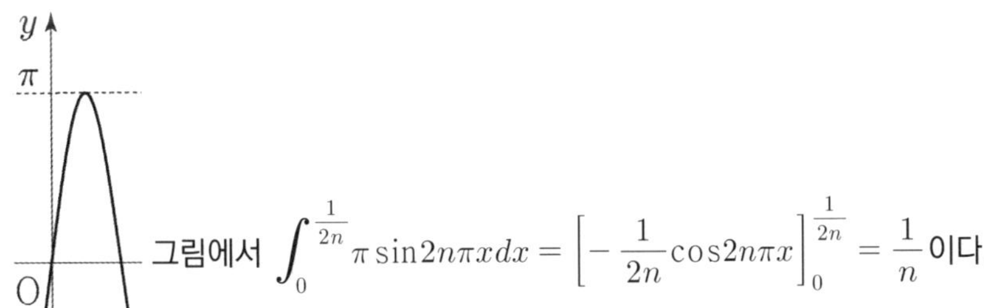

그림에서 $\displaystyle\int_0^{\frac{1}{2n}} \pi\sin2n\pi x\,dx = \left[-\dfrac{1}{2n}\cos2n\pi x\right]_0^{\frac{1}{2n}} = \dfrac{1}{n}$이다.

2. 구간 $[-1, 1]$에서 $f(nx)= \pi\sin2n\pi x$ 가 양수인 구간은 $2n$개, 음수인 구간도 $2n$개다.

$\displaystyle\int_{-1}^{1} h(x)dx$이 될 수 있는 범위를 구해보자.

(1) 구간 $[-1, 1]$에서 $f(nx)= \pi\sin2n\pi x$ 가 음수인 구간에서 $g(x)= 1$,

양수인 구간에서 $g(x)= 0$일 때 $\displaystyle\int_{-1}^{1} h(x)dx$은 최솟값 $2n\times\left(-\dfrac{1}{n}\right)= -2$를,

(2) 구간 $[-1, 1]$에서 $f(nx)= \pi\sin2n\pi x$ 가 음수인 구간에서 $g(x)= 0$,

양수인 구간에서 $g(x)= 1$일 때 $\displaystyle\int_{-1}^{1} h(x)dx$은 최댓값 $2n\times\dfrac{1}{n}= 2$ 를 가진다.

조건 (가)에서 $\displaystyle\int_{-1}^{1} h(x)dx= 2$이므로 (2)의 상황을 따른다.

함수 $h(x)= \begin{cases} f(nx) & (f(nx)\geq 0) \\ 0 & (f(nx)< 0) \end{cases}$ 임을 알 수 있다.

3. $\displaystyle\int_{-1}^{1} xh(x)dx= -\frac{1}{32}$ 을 이용하여 n의 값을 구하자. $\displaystyle\int_{-1}^{1} xh(x)dx$를 계산하기 전에 함수 $h(x)$의 대칭성을 파악하자.

함수 $h(x)$의 그래프 개형은 다음과 같다.

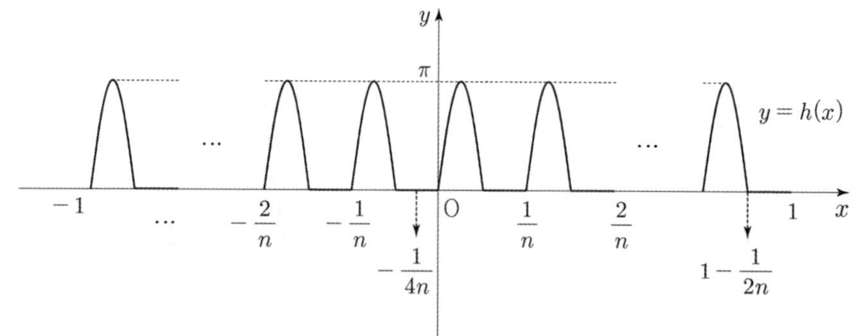

구간 $\left[1-\dfrac{1}{2n},\,1\right]$에서 $h(x)=0$이므로, 함수 $h(x)$의 대칭축은 $x=\dfrac{-1+\left(1-\dfrac{1}{2n}\right)}{2}=-\dfrac{1}{4n}$이다.

직선 $y=x+\dfrac{1}{4n}$은 점 $\left(-\dfrac{1}{4n},\,0\right)$에 대하여 대칭이다.

따라서 $y=\left(x+\dfrac{1}{4n}\right)h(x)=p(x)$는 점 $\left(-\dfrac{1}{4n},\,0\right)$에 대하여 대칭이다.

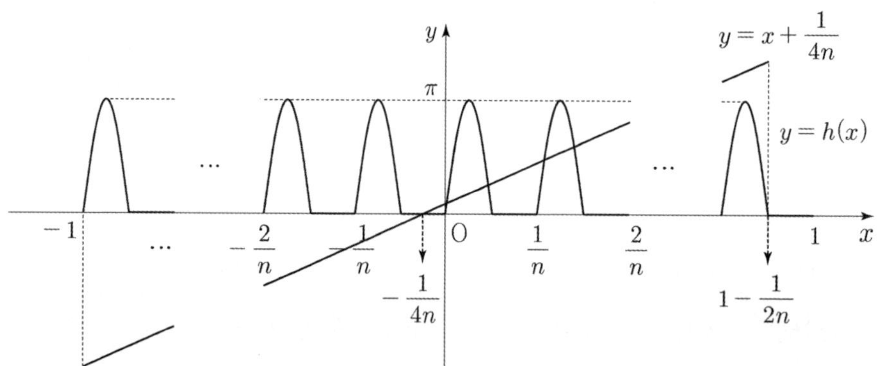

점대칭함수의 적분법을 이용하면

$$\int_{-\frac{1}{4n}-\left(1-\frac{1}{4n}\right)}^{-\frac{1}{4n}+\left(1-\frac{1}{4n}\right)} p(x)dx=\int_{-1}^{1-\frac{1}{2n}} p(x)dx=2\times\left(1-\frac{1}{4n}\right)\times p\left(-\frac{1}{4n}\right)=0 \textbf{이다.}$$

구간 $\left[1-\dfrac{1}{2n},\,1\right]$에서 $p(x)=0$이므로 $\displaystyle\int_{-1}^{1-\frac{1}{2n}} p(x)dx=\int_{-1}^{1} p(x)dx=0$이다.

$$\int_{-1}^{1} xh(x)dx=\int_{-1}^{1}\left(x+\frac{1}{4n}\right)h(x)dx-\int_{-1}^{1}\frac{1}{4n}h(x)dx=-\frac{1}{4n}\times 2=-\frac{1}{2n}=-\frac{1}{32} \text{이므로}$$

$n=16$이다.

답은 ⑤!!

※ $\displaystyle\int_{-1}^{1} xh(x)dx$를 계산할 때, 대칭성을 떠올리지 못했을 경우

함수 $y = xf(nx)$는 우함수이므로 $\displaystyle\int_{a}^{b} xf(nx)dx = \int_{-a}^{-b} xf(nx)dx$ 이다.

$$\int_{-1}^{1} xh(x)dx = \int_{-\frac{2n}{2n}}^{-\frac{2n-1}{2n}} xf(nx)dx + \int_{-\frac{2n-2}{2n}}^{-\frac{2n-3}{2n}} xf(nx)dx + \cdots$$

$$\cdots + \int_{-\frac{2}{2n}}^{-\frac{1}{2n}} xf(nx)dx + \int_{0}^{\frac{1}{2n}} xf(nx)dx + \int_{\frac{2}{2n}}^{\frac{3}{2n}} xf(nx)dx + \cdots$$

$$\cdots + \int_{\frac{2n-2}{2n}}^{\frac{2n-1}{2n}} xf(nx)dx = \int_{0}^{1} xf(nx)dx$$

※ $\displaystyle\int_{-\frac{2n}{2n}}^{-\frac{2n-1}{2n}} xf(nx)dx = \int_{\frac{2n-1}{2n}}^{\frac{2n}{2n}} xf(nx)dx$, $\displaystyle\int_{-\frac{2}{2n}}^{-\frac{1}{2n}} xf(nx)dx = \int_{\frac{1}{2n}}^{\frac{2}{2n}} xf(nx)dx$로 바꾸면
이해가 쉬울 것이다.

$$\int_{-1}^{1} xh(x)dx = \int_{0}^{1} xf(nx)dx = \int_{0}^{1} \pi x \sin 2n\pi x\, dx$$

$$= \left[-\pi x \times \frac{1}{2n\pi} \times \cos 2n\pi x\right]_{0}^{1} + \pi \int_{0}^{1} \cos 2n\pi x\, dx = -\frac{1}{2n} = -\frac{1}{32}$$

주기성과 대칭성을 잘 활용한 아름다운 문제이다.

$\displaystyle\int_{-1}^{1} xh(x)dx$를 계산할 때,

무작정 $h(x)$에 직접적으로 식을 대입하여 부분적분으로 푸려고 했다면 시간이 오래 걸렸을 것이다.

$\displaystyle\int_{-1}^{1} xh(x)dx$에서 적분구간의 특이함을 눈치채고 일차함수의 점대칭성을 숙지했다면

$xh(x)$의 $y = x$를 평행이동하여 $y = x + \frac{1}{4n}$를 만들고 점 $\left(0, -\frac{1}{4n}\right)$에 대하여 대칭인 함수

$y = \left(x + \frac{1}{4n}\right)h(x) = p(x)$를 만들어 낼 생각을 할 수 있었을 것이다.

연속함수 $f(x)$가 점 $(a, f(a))$에 대하여 대칭이라면

$\displaystyle\int_{a-p}^{a+p} f(x)dx = 2pf(a)$이 성립함을 잘 이용하자.

$\displaystyle\int_{0}^{\pi} \sin x\, dx = 2$를 미리 암기해뒀다면 $\displaystyle\int_{-1}^{1} h(x)dx$ 계산이 좀 더 수월했을 것이다.

실수 전체의 집합에서 도함수가 연속인 함수 $f(x)$가 모든 실수 x에 대하여 다음 조건을 만족시킨다.

(가) $f(-x) = f(x)$

(나) $f(x+2) = f(x)$

$\displaystyle\int_{-1}^{5} f(x)(x + \cos 2\pi x)dx = \frac{47}{2}$, $\displaystyle\int_{0}^{1} f(x)dx = 2$일 때, $\displaystyle\int_{0}^{1} f'(x)\sin 2\pi x\, dx$의 값은? [4점]

① $\dfrac{\pi}{6}$ ② $\dfrac{\pi}{4}$ ③ $\dfrac{\pi}{3}$ ④ $\dfrac{5}{12}\pi$ ⑤ $\dfrac{\pi}{2}$

1. $xf(x) = g(x)$ 라 하자.

$g(-x) = -g(x)$ 이고, $g(x+2) = (x+2)f(x+2) = (x+2)f(x)$ 가 성립한다.
마찬가지로 $g(x+4) = (x+4)f(x+4) = (x+4)f(x)$ 도 성립한다.

$\displaystyle\int_{-1}^{5} xf(x) = \int_{-1}^{5} g(x)dx = \int_{-1}^{1} g(x)dx + \int_{1}^{3} g(x)dx + \int_{3}^{5} g(x)dx$ 이고, 치환적분에 의하여

$\displaystyle\int_{1}^{3} g(x)dx = \int_{-1}^{1} g(x+2)dx = \int_{-1}^{1} (x+2)f(x)dx = \int_{-1}^{1} g(x)dx + 2\int_{-1}^{1} f(x)dx$,

$\displaystyle\int_{3}^{5} g(x)dx = \int_{-1}^{1} g(x+4)dx = \int_{-1}^{1} (x+4)f(x)dx = \int_{-1}^{1} g(x)dx + 4\int_{-1}^{1} f(x)dx$ 이므로

$\displaystyle\int_{-1}^{5} xf(x)dx = 3\int_{-1}^{1} g(x)dx + 6\int_{-1}^{1} f(x)dx = 12\int_{0}^{1} f(x)dx = 24$ 이다.

---

2. $f(x)\cos 2\pi x = h(x)$ 라 하자.
$y = \cos 2\pi x$ 도 우함수이면서 주기가 1인 함수이므로 $h(-x) = h(x)$ 이고,
$h(x+2) = h(x)$, $h(x+4) = h(x)$ 가 성립한다.

$\displaystyle\int_{-1}^{5} f(x)\cos 2\pi x\,dx = \int_{-1}^{1} h(x)dx + \int_{1}^{3} h(x)dx + \int_{3}^{5} h(x)dx$ 이고, 치환적분에 의하여

$\displaystyle\int_{1}^{3} h(x)dx = \int_{-1}^{1} h(x+2)dx = \int_{-1}^{1} h(x)dx$,

$\displaystyle\int_{3}^{5} h(x)dx = \int_{-1}^{1} h(x+4)dx = \int_{-1}^{1} h(x)dx$ 이므로

$\displaystyle\int_{-1}^{5} f(x)\cos 2\pi x\,dx = 3\int_{-1}^{1} h(x)dx = 6\int_{0}^{1} h(x)dx$ 이다.

$\displaystyle\int_{-1}^{5} f(x)(x + \cos 2\pi x)dx = 12\int_{0}^{1} f(x)dx + 6\int_{0}^{1} h(x)dx = 24 + 6\int_{0}^{1} h(x)dx = \frac{47}{2}$ 이므로

$\displaystyle\int_{0}^{1} h(x)dx = -\frac{1}{12} \ \cdots (①)$ 이다.

---

3. 부분적분에 의하여
$\displaystyle\int_{0}^{1} f'(x)\sin 2\pi x\,dx = \left[f(x)\sin 2\pi x\right]_{0}^{1} - 2\pi\int_{0}^{1} f(x)\cos 2\pi x\,dx = -2\pi\int_{0}^{1} h(x)dx$ 이므로

$(①)$에 의하여 $\displaystyle\int_{0}^{1} f'(x)\sin 2\pi x\,dx = \frac{\pi}{6}$ 이다.

답은 ①!!

두 곡선이 만날 때, 곡선과 직선이 만날 때 등등 두 그래프가 만나는 상황은 조건 해석을 할 때에 자주 마주친다. 두 그래프의 교점의 개수는 조건 해석 시 매우 중요한 정보이다. 교점의 좌표를 직접적으로 구할 수 있으면 두 그래프의 교점의 개수도 자연스럽게 파악을 할 수 있다.

교점의 좌표를 직접적으로 구할 수 없다면? 두 그래프를 그려 교점의 개수를 찾으려고 할 것이다. 그런데 이 방법은 완전 안전할까? **결론부터 말하자면 그렇지 않다. 주의해야 할 점이 몇몇 있다.** 아래의 문제를 보며 어떤 것을 주의해야 하는지 살펴보자.

$y = (x-4)^2$과 $y = 4e^{x-6}$의 교점의 개수는?

$y = (x-4)^2$, $y = 4e^{x-6}$ 각각 그래프 그리기 너무 쉬운 그래프이다. 대부분의 학생들이 밑의 그래프처럼 그리고 교점 개수를 3개로 대답할 것이다. 그리고 나름 답에 확신도 있을 것이다.

처음에 2개로 대답하려다가, $y = 4e^{x-6}$의 증가 속도가 x가 증가함에 따라 $y = (x-4)^2$의 증가 속도보다 **매우 빠르다는 것을 알아차리고** 그래프의 뒷부분을 마저 그려 교점의 개수를 3개로 답한 경우도 있을 것이다.

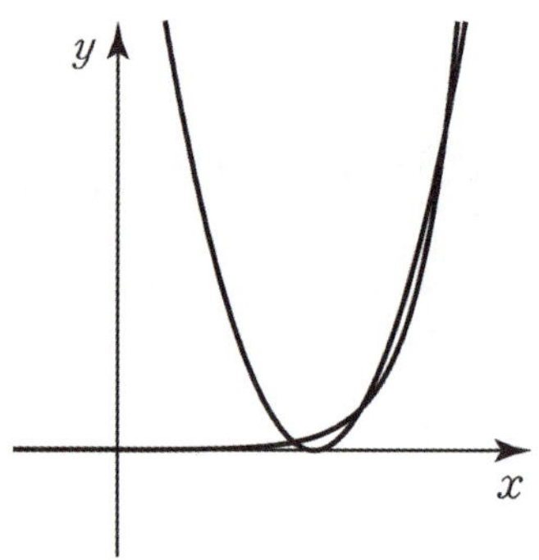

아쉽게도 교점의 개수는 3개가 아니다. 사실 2개이다. 왜냐면 실제 그래프는 밑의 그래프처럼 그려지기 때문이다. **두 곡선이 접한다!!**

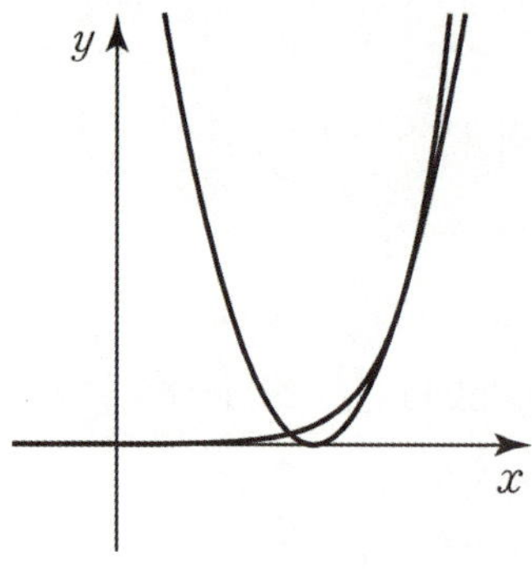

그러면 앞으로 **두 곡선이 접할 때를 수식적으로도 항상 체크하면 되나? 아니다.** 이러기엔 시간이 너무 많이 소요되고 접점의 좌표를 쉽게 확인 못 할 때는 별 소용이 없다.

내가 추천하는 방식은 **곡선과 곡선의 교점이 아닌 곡선과 상수함수 $y = k$의 교점**을 찾는 것이다.
$y = k$는 항상 x축에 평행하기에 그래프의 모호성이 거의 없다.

따라서 $y = (x-4)^2$과 $y = 4e^{x-6}$ 대신 $y = (x-4)^2 e^{6-x}$과 $y = 4$의 그래프를 그려 교점을 파악하는 것을 추천한다. **모든 x에 대하여 $e^{x-6} > 0$이기에** $(x-4)^2 = 4e^{x-6}$의 양변을 e^{x-6}으로 나누어줘도 된다. $y = (x-4)^2 e^{6-x}$는 Chapter 4에서 배웠다시피 그리기 쉬운 그래프이다.

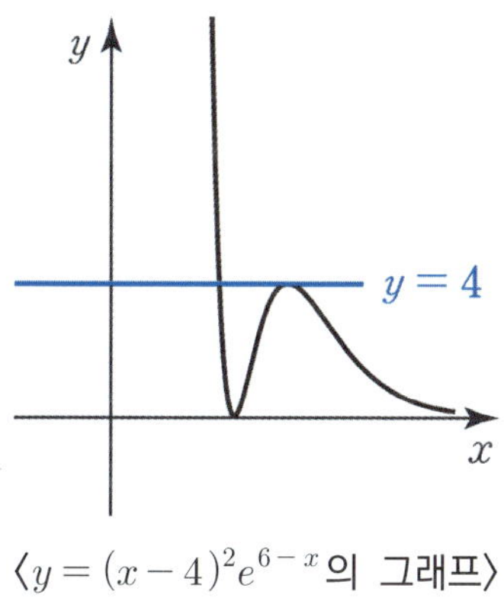

$\langle y = (x-4)^2 e^{6-x}$의 그래프$\rangle$

이렇게 **두 곡선의 그래프가 아닌 곡선과 상수함수 그래프를 그림**으로써 교점의 개수가 2개임을 그래프로 더욱 정확하면서 직관적으로 파악할 수 있다.

두 곡선의 교점이나 곡선과 상수함수가 아닌 직선의 교점을 구하는 문제에서 그래프를 이용한 풀이의 허점이 드러난다.

특히 두 곡선의 교점을 구하는 경우는 **곡선이 접한다**는 걸 파악하기 위해서, **함숫값 일치와 접선 일치 조건을 확인해야 하기에 시간도 오래 걸린다.**

특히 곡선과 상수함수가 아닌 직선의 교점을 구하는 경우는 직관적으로 파악하기 편한 경우가 대부분이지만 **그림만으로는 곡선과 직선이 실제로 접할 수 있는 상황인지 애매할 때도 있다.** 이런 경우 수식적으로도 확인을 해야 한다.

따라서 웬만하면 두 곡선의 교점의 개수를 파악하는 문제는 식을 변형하여 곡선과 상수함수 $y = k$ 꼴을 만들어 준 후에 교점을 구하도록 하자. 곡선과 상수함수 $y = k$ 꼴로 만들어 주기 힘든 경우 차선책은 곡선과 상수함수가 아닌 직선이다.

하지만 정말 어쩔 수 없이 두 곡선을 그려 교점의 개수를 구해야 하는 경우, 그래프를 어느 정도까지 정확히 그려야 할까? 너무 정확히 그리면 시간이 너무 많이 소요된다. 18학년도 6월 평가원 18번을 풀며 두 곡선의 교점의 개수를 구하기 위해서는 그래프를 어느 정도 수준까지 그려야 하는지에 대한 감을 잡아보자.

좌표평면에서 점 P는 시각 $t=0$일 때 $(0, -1)$에서 출발하여 시각 t에서의 속도가

$$v = (2t, 2\pi\sin 2\pi t)$$

이고, 점 Q는 시각 $t=0$일 때 출발하여 시각 t에서의 위치가

$$Q(4\sin 2\pi t, |\cos 2\pi t|)$$

이다. 출발한 후 두 점 P, Q가 만나는 횟수는? [4점]

① 1   ② 2   ③ 3   ④ 4   ⑤ 5

1. 시각 t에서의 점 P의 속도가 $v = (2t, \, 2\pi \sin 2\pi t)$이고 시각 $t = 0$일 때

  점 P의 위치가 $(0, \, -1)$이므로 점 P의 위치는 $P(t^2, \, -\cos 2\pi t)$이다.

2. 점 P와 Q가 만날 때 x좌표와 y좌표가 같다. '출발한 후'이므로 $t > 0$일 때로 따진다.

  x좌표가 같기 위해서는 $t^2 = 4\sin 2\pi t$를 만족시켜야 한다.
  직접 방정식을 풀어 좌표를 구하기는 좀 무리다.
  $y = t^2$, $y = 4\sin 2\pi t$을 그려 $t > 0$인 교점을 확인해야 한다.

  y좌표가 같기 위해서는 $-\cos 2\pi t = |\cos 2\pi t|$를 만족하므로

  $\cos 2\pi t \leq 0$. $t > 0$이므로 $\cos 2\pi t \leq 0$를 만족하는 t의 범위는 $n + \dfrac{1}{4} \leq t \leq n + \dfrac{3}{4}$이다.

  (n은 음이 아닌 정수이다.)

3. 이제 그래프를 그려야 하는 데 어느 정도의 디테일로 그려야 할까? **너무 대충 그리자니 교점 개수 확인이 어려울 거 같고 너무 자세히 그리자니 시간이 오래 걸릴 것 같다.**

  $t > 0$에서 $y = t^2$은 증가함수이고 $y = 4\sin 2\pi t$의 치역은 $-4 \leq y \leq 4$로 한정되어 있다.
  따라서 $t^2 > 4$라면 $y = t^2$와 $y = 4\sin 2\pi t$의 교점은 존재하지 않는다.

  $y = 4\sin 2\pi t$ 그래프가 $y = t^2$ 그래프보다 상대적으로 더 복잡하므로 먼저 그린다.
  $y = t^2$ 그래프는 $t^2 > 4$이후에 교점이 생길 일이 없기에 $(0, 0)$, $(2, 4)$만 지나게 그린다.

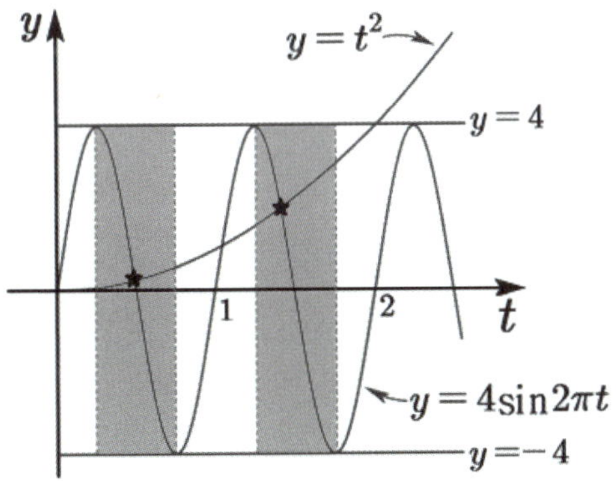

  따라서 그래프는 위와 같이 그려진다. $\cos 2\pi t \leq 0$도 만족해야 하기에 색칠된 영역인

  $\dfrac{1}{4} \leq x \leq \dfrac{3}{4}$, $\dfrac{5}{4} \leq x \leq \dfrac{7}{4}$에서의 교점들만 따지면 된다.

  따라서 교점은 2개이고 **답은 ②!!**

많이들 알겠지만 **두 그래프가 접할 때는 특수한 상황**이다. 문제를 통해 그 중요성을 확인하자.

예제(16) 18학년도 6월 평가원 16번

실수 k에 대하여 함수 $f(x)$는

$$f(x) = \begin{cases} x^2 + k & (x \leq 2) \\ \ln(x-2) & (x > 2) \end{cases}$$

이다. 실수 t에 대하여 직선 $y = x + t$와 함수 $y = f(x)$의 그래프가 만나는 점의 개수를 $g(t)$라 하자. 함수 $g(t)$가 $t = a$에서 불연속인 a의 값이 한 개일 때, k의 값은? [4점]

① -2 ② $-\dfrac{9}{4}$ ③ $-\dfrac{5}{2}$ ④ $-\dfrac{11}{4}$ ⑤ -3

---

1. 내 현역 6월 평가원 모의고사이다. **현장에서의 생각의 흐름대로** 문제를 풀어보도록 하겠다.

x, t, k, a 등등 문자가 많이 등장하고 함수 $f(x)$, $g(t)$ 등등이 등장하기에 문제 상황파악이 쉽지 않다. 이럴 때 무엇부터 해야 할까? 당연히 **함수 $f(x)$의 그래프부터 그려봐야 한다.**

k의 값을 아직은 모르겠지만 대략적인 그래프 개형은 파악할 수 있다.

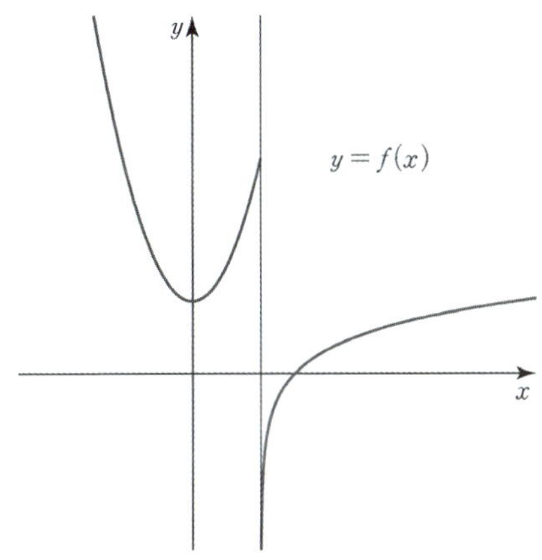

$k = 2$로 두고 $y = f(x)$ 그래프를 그려보았다. Chapter 8에서 더욱 강조하겠지만 문자가 3개 이상 등장하고 함수도 2개 이상이 등장하기에 **가로축에 x, 세로축에 y, 그래프 이름 $y = f(x)$를 꼭 써놓자.**

$y = x + t$의 t에 주목해 보자. x, t는 **서로의 매개변수가 아니다.** 따라서 **위의 그래프에서 가로축의 x가 말해주듯 t는 변수가 아닌 상수이며 $y = x + t$는 직선**이다.

함수 $g(t)$는 x가 아닌 t에 대한 함수이다. 따라서 함수 $g(t)$에서는 t가 변수이다. 위의 그래프에서 t의 값을 바꿔가며 $y = x + t$ 그래프를 그리고 $y = f(x)$ 그래프와의 교점을 파악하면 함수 $g(t)$의 불연속점을 쉽게 파악할 수 있다.

2. t의 값을 바꿔가며 $y = x + t$ 그래프를 그려보았다.

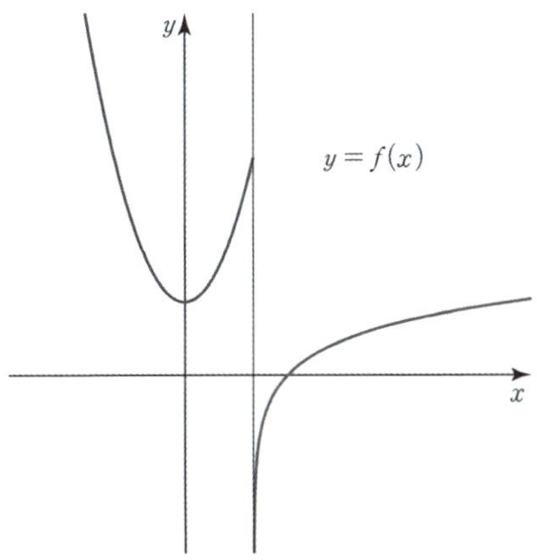

$y = f(x)$와 $y = x + t$의 **교점의 개수는 두 함수가 접할 때와 두 함수가 점 $(2, f(2))$에서 만날 때를 기준으로 달라진다.** 함수 $g(t)$의 불연속점이 1개가 아닌 3개인 것을 쉽게 확인할 수 있다. $y = g(t)$의 그래프 개형을 그리면 더욱 좋다. 이제 문제 상황파악은 끝났다.

3. 함수 $g(t)$의 불연속점을 줄이기 위해서는 $y = f(x)$에서 $x > 2$인 부분은 $y = \ln(x-2)$로 이미 정해져 있기에 $x \le 2$인 부분인 $y = x^2 + k$를 바꿔야 한다.

$y' = \dfrac{1}{x-2}$ 에서 $f'(3) = 1$이므로 $y = \ln(x-2)$는 점 $(3, 0)$에서 $y = x - 3$에 접한다.

k 값을 조정하여 $y = x^2 + k \ (x \le 2)$가 $y = \ln(x-2)$의 기울기가 1인 접선인 $y = x - 3$와 접하도록 하면 될 것 같다.

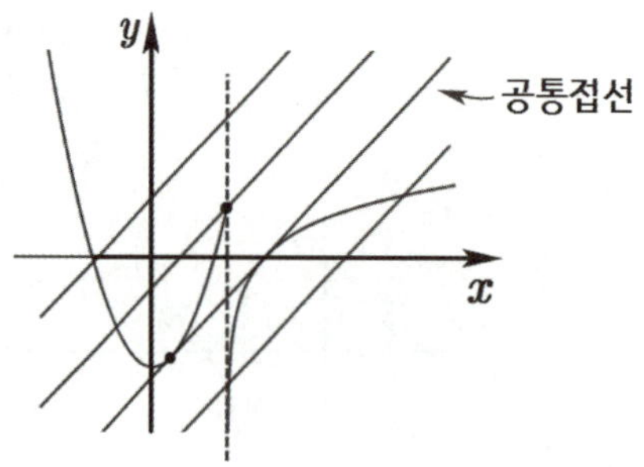

$y = x - 3$ 가 $y = x^2 + k \ (x \le 2)$와 $y = \ln(x-2)$의 공통접선이 될 때 $y = f(x)$와 $y = x + t$의 교점의 개수는 두 함수가 점 $(2, f(2))$에서 만날 때에서만 달라진다.
따라서 함수 $g(t)$의 불연속점이 1개이다.

$$g(t) = \begin{cases} 2 & (t \le k+2) \\ 1 & (t > k+2) \end{cases}$$

$y' = 2x$ 에서 $f'\left(\dfrac{1}{2}\right) = 1$이므로 $y = x^2 + k \ (x \le 2)$는 점 $\left(\dfrac{1}{2}, k + \dfrac{1}{4}\right)$에서 $y = x + k - \dfrac{1}{4}$에 접한다.

따라서 $k - \dfrac{1}{4} = -3$이고 $k = -\dfrac{11}{4}$이다.

답은 ④!!

※ 함수 $g(t)$를 완성시켜 보자. $k = -\dfrac{11}{4}$을 대입하면 된다.

$$g(t) = \begin{cases} 2 & \left(t \le -\dfrac{3}{4}\right) \\ 1 & \left(t > -\dfrac{3}{4}\right) \end{cases}$$

$t = -\dfrac{3}{4}$일 때 함수 $g(t)$가 불연속임을 알 수 있다.

두 그래프가 접할 때와 두 그래프가 공통접선을 가지는 특수한 상황이 등장하였다. 문제 상황파악만 된다면 이와 같은 특수한 상황에 답이 나올 것이라는 강한 직관이 생겼을 것이다. 따라서 문제 상황파악을 할 때 꼭 그래프를 그려주도록 하자.

여러 개의 문자와 함수가 등장할 때 상수, 변수 구별은 매우 중요하다. 헷갈리면 그래프를 그릴 때 가로축에 해당하는 변수, 세로축에 해당하는 변수, 함수 그래프 이름을 반드시 적어두자.

0이 아닌 실수 p에 대하여 좌표평면 위의 두 포물선 $x^2 = 2y$와 $\left(y + \dfrac{1}{2}\right)^2 = 4px$에 동시에 접하는 직선의 개수를 $f(p)$라 하자. $\displaystyle \lim_{p \to k+} f(p) > f(k)$를 만족시키는 실수 k의 값은? [4점]

① $-\dfrac{\sqrt{3}}{3}$ ② $-\dfrac{2\sqrt{3}}{9}$ ③ $-\dfrac{\sqrt{3}}{9}$ ④ $\dfrac{2\sqrt{3}}{9}$ ⑤ $\dfrac{\sqrt{3}}{3}$

1. 먼저 두 포물선 $x^2 = 2y$와 $\left(y + \dfrac{1}{2}\right)^2 = 4px$의 **그래프를 그려보자.**

$\left(y + \dfrac{1}{2}\right)^2 = 4px$ **그래프의 경우** p**의 부호에 따라 그래프 개형이 달라진다.**

(1) $p > 0$일 때

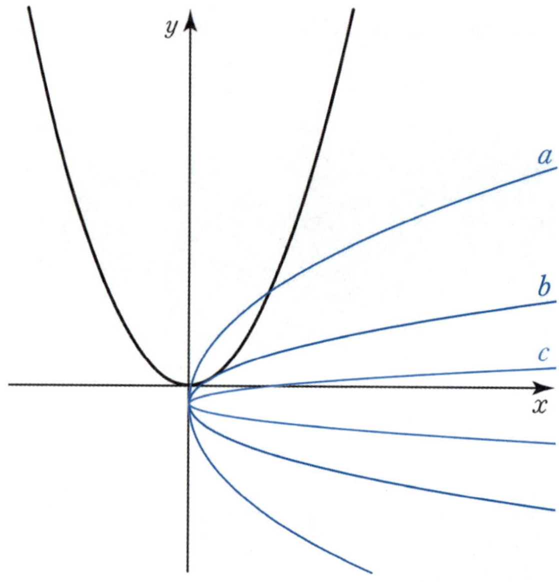

p**가 클수록** $\left(y + \dfrac{1}{2}\right)^2 = 4px$ **그래프 개형의 폭이 넓어진다.** 함수 $f(p)$는 p에 따른 공통접선의 개수이다. $p > 0$에서 p가 커질수록 그래프 개형이 $c \to b \to a$로 변한다.

$\left(y + \dfrac{1}{2}\right)^2 = 4px$ 그래프 개형이 a와 같을 때 공통접선이 1개, b와 같을 때 공통접선이 2개, c와 같을 때 공통접선이 3개이다. 따라서 함수 $f(p)$**의 불연속점은** $\left(y + \dfrac{1}{2}\right)^2 = 4px$ **그래프 개형이** b**와 같아** $x^2 = 2y$**와 접할 때 생긴다.**

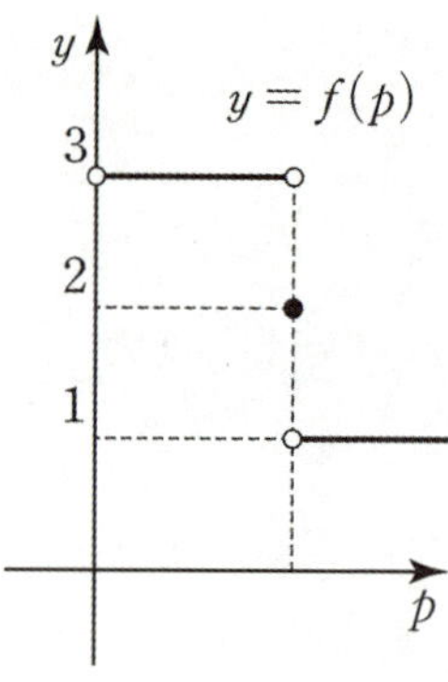

$p > 0$에서 $y = f(p)$의 그래프 개형은 위와 같이 그려진다.
가로축에 p**, 세로축에** y**, 그래프 이름** $y = f(p)$**를 꼭 써놓자.**

(2) $p < 0$일 때

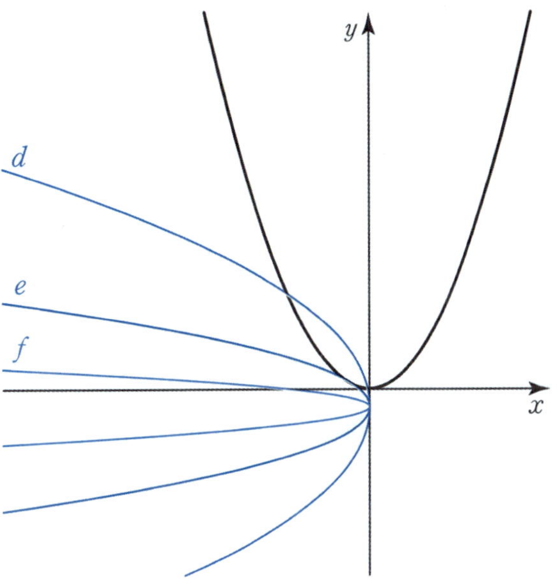

p가 클수록 $\left(y + \dfrac{1}{2}\right)^2 = 4px$ **그래프 개형의 폭이 좁아진다.**

함수 $f(p)$는 p에 따른 공통접선의 개수이다.

$p < 0$에서 $|p|$가 작아질수록 그래프 개형이 $d \to e \to f$로 변한다.

$\left(y + \dfrac{1}{2}\right)^2 = 4px$ 그래프 개형이 d와 같을 때 공통접선이 1개, e와 같을 때 공통접선이 2개, f와

같을 때 공통접선이 3개이다. 따라서 **함수 $f(p)$의 불연속점은** $\left(y + \dfrac{1}{2}\right)^2 = 4px$ **그래프 개형이**

e**와 같아** $x^2 = 2y$**와 접할 때 생긴다.**

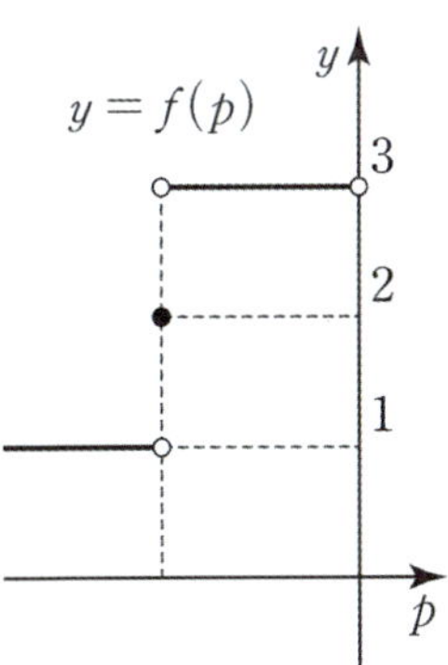

$p > 0$에서 $y = f(p)$의 그래프 개형은 위와 같이 그려진다.
가로축에 p, 세로축에 y, 그래프 이름 $y = f(p)$를 꼭 써놓자.

2. $x \neq 0$에서 $y = f(p)$의 그래프 개형은 아래와 같이 그려진다.

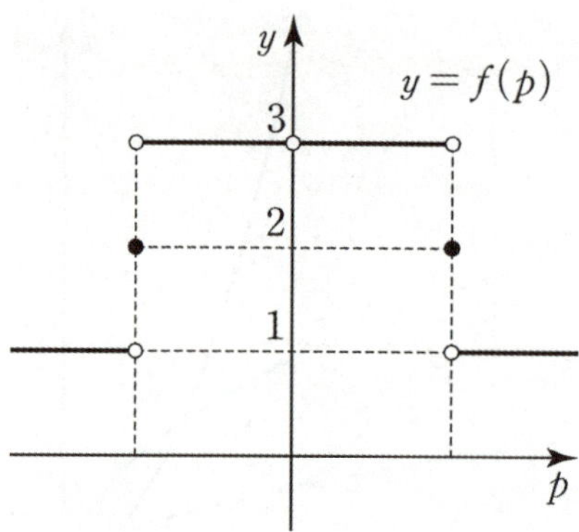

$p = k$에서 함수 $f(p)$가 연속이라면 $\displaystyle\lim_{p \to k+} f(p) = \lim_{p \to k-} f(p) = f(k)$이기에

$\displaystyle\lim_{p \to k+} f(p) > f(k)$가 될 수 없다.

따라서 k는 함수 $f(p)$의 불연속점의 x좌표 중 하나라는 것을 알 수 있다.

$\displaystyle\lim_{p \to k+} f(p) > f(k)$를 만족하는 불연속점은 $y = f(p)$ 그래프 개형에서 $p < 0$인 구간에 있다.

따라서 두 포물선 $x^2 = 2y$와 $\left(y + \dfrac{1}{2}\right)^2 = 4px$이 접할 때 0보다 작은 p의 값을 구하면 된다.

두 포물선의 접점을 $x^2 = 2y$ 위의 점 $\left(q, \dfrac{q^2}{2}\right)$으로 잡자. ($q$는 0보다 작은 상수이다.)

$\left(y + \dfrac{1}{2}\right)^2 = 4px$도 점 $\left(q, \dfrac{q^2}{2}\right)$을 지나야 하므로 $\left(\dfrac{q^2}{2} + \dfrac{1}{2}\right)^2 = 4pq$이다.

두 포물선의 점 $\left(q, \dfrac{q^2}{2}\right)$에서의 접선의 기울기도 같아야 한다.

$x^2 = 2y$의 점 $\left(q, \dfrac{q^2}{2}\right)$에서의 접선의 기울기는 $\dfrac{dy}{dx} = q$이고 $\left(y + \dfrac{1}{2}\right)^2 = 4px$의 점 $\left(q, \dfrac{q^2}{2}\right)$에서의

접선의 기울기는 $\dfrac{dy}{dx} = \dfrac{2p}{\dfrac{q^2}{2} + \dfrac{1}{2}} = \dfrac{4p}{q^2 + 1}$이므로 $q = \dfrac{4p}{q^2 + 1}$이다.

$\left(\dfrac{q^2}{2} + \dfrac{1}{2}\right)^2 = 4pq$, $q = \dfrac{4p}{q^2 + 1}$을 연립해보자. $q = \dfrac{4p}{q^2 + 1}$을 $4p = q(q^2 + 1)$로 정리하여

$\left(\dfrac{q^2}{2} + \dfrac{1}{2}\right)^2 = 4pq$에 대입하자. $q < 0$이므로 $q = -\dfrac{1}{\sqrt{3}}$이다.

따라서 $p = -\dfrac{\sqrt{3}}{9}$이다. 이는 곧 k의 값이다.

답은 ③!!

바로 전에 풀었던 **18학년도 6월 평가원 16번이 진화한 형태**이다.

기출을 보며 실력이 어느 정도 쌓인다면 $\lim\limits_{p \to k+} f(p) > f(k)$를 보고 함수 $f(p)$는 $p = k$에서

불연속점이 생기고 두 포물선이 접할 때 함수 $f(p)$는 $p = k$에서 **불연속점이 생긴다는 것을 직관적으로 알았을 것이다.**

이를 알았다면 두 포물선이 접할 때의 p의 값을 구하기 위한 계산만 하면 된다.

두 포물선이 접하는 특수한 상황이 등장하였다.

문제 상황파악만 된다면 이와 같은 특수한 상황에 답이 나올 것이라는 강한 직관이 생겼을 것이다.

따라서 문제 상황파악을 할 때 꼭 그래프를 그려주도록 하자.

그래프를 그릴 때 가로축에 해당하는 변수, 세로축에 해당하는 변수, 함수 그래프 이름을 반드시 적어두자.

소소한 tip을 주자면 포물선 $x^2 = 2y$의 접점의 좌표를 (x_1, y_1)로 두면 문자가 너무 많아진다.

문자의 수를 줄이고 $\sqrt{}$ **꼴을 피하기 위해** $\left(q, \dfrac{q^2}{2}\right)$로 잡는 것이 현명하다.

두 양수 $a,\ b\,(b<1)$에 대하여 함수 $f(x)$를

$$f(x)=\begin{cases} -x^2+ax & (x\le 0) \\ \dfrac{\ln\,(x+b)}{x} & (x>0) \end{cases}$$

이라 하자. 양수 m에 대하여 직선 $y=mx$와 함수 $y=f(x)$의 그래프가 만나는 서로 다른 점의 개수를 $g(m)$이라 할 때, 함수 $g(m)$은 다음 조건을 만족시킨다.

$\displaystyle\lim_{m\to\alpha-} g(m)-\lim_{m\to\alpha+} g(m)=1$을 만족시키는 양수 α가 오직 하나 존재하고, 이 α에 대하여 점 $(b,\ f(b))$는 직선 $y=\alpha x$와 곡선 $y=f(x)$의 교점이다.

$ab^2=\dfrac{q}{p}$일 때, $p+q$의 값을 구하시오. (단, p와 q는 서로소인 자연수이고, $\displaystyle\lim_{x\to\infty} f(x)=0$이다.)

[4점]

1. 함수 $f(x)$의 그래프를 그려보자. $x \le 0$에서 함수 $f(x)$의 그래프 그리기는 매우 쉽다.

$x > 0$에서 $f(x) = \dfrac{\ln(x+b)}{x}$의 그래프 개형은 $b < 1$이므로 $y = \dfrac{\ln x}{x}$의 그래프 개형과 유사하다.

따라서 함수 $f(x)$의 그래프의 개형은 다음과 같다.

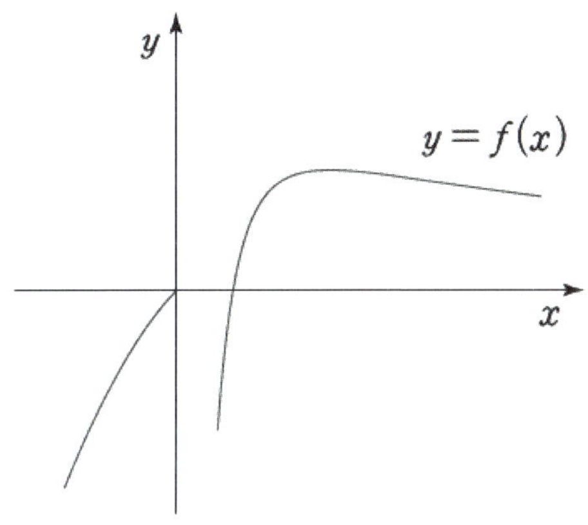

2. $y = -x^2 + ax$ 위의 점 $(0, 0)$에서의 접선을 기준으로 나올 수 있는 $y = f(x)$의 그래프 개형은 아래와 같이 3가지이다.

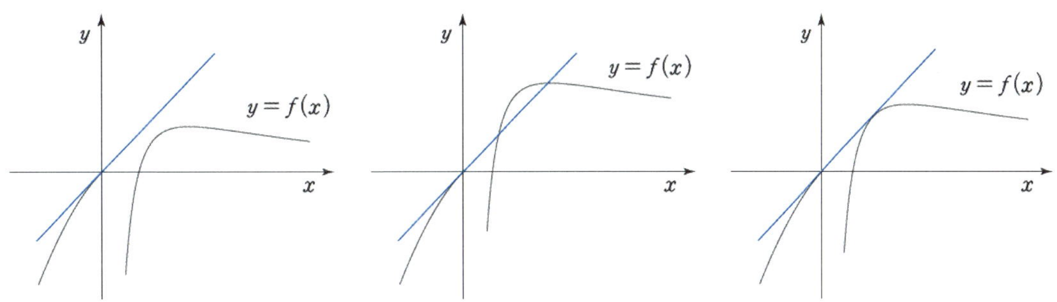

직관적으로 박스 안의 조건을 만족하는 $y = f(x)$의 그래프 개형은 세 번째 개형임을 예상할 수 있으나 첫 번째 개형과 두 번째 개형이 $y = f(x)$의 그래프 개형이 될 수 없는 이유를 먼저 생각해보자.

3. $y = f(x)$의 그래프 개형이 첫 번째 개형일 때, 박스 안의 조건을 만족하는지 살펴보자.

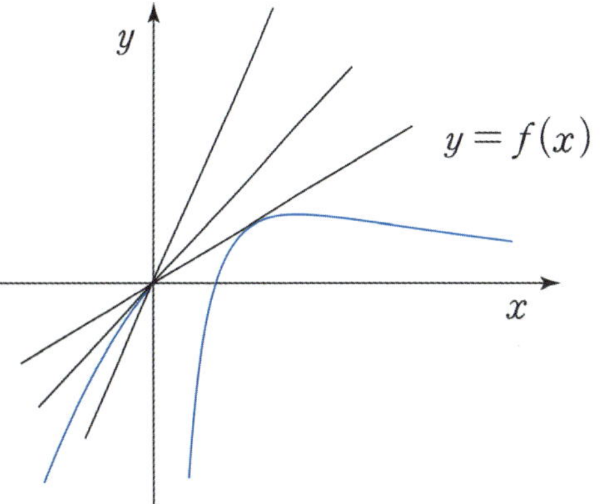

$g(m)$의 불연속이 의심되는 지점은 '$y = mx$ 가 $y = -x^2 + ax$ 위의 점 $(0, 0)$에서의 접선일 때'와 '$y = mx$ 가 원점에서 $y = \dfrac{\ln(x+b)}{x}$에 그은 접선일 때'이다.

하지만 $\displaystyle\lim_{m \to \alpha-} g(m) - \lim_{m \to \alpha+} g(m) = 1$을 만족시키는 양수 α 가 존재하지 않는다. 따라서 $y = f(x)$의 그래프 개형이 첫 번째 개형이 아니다.

4. $y=f(x)$의 그래프 개형이 두 번째 개형일 때, 박스 안의
조건을 만족하는지 살펴보자.

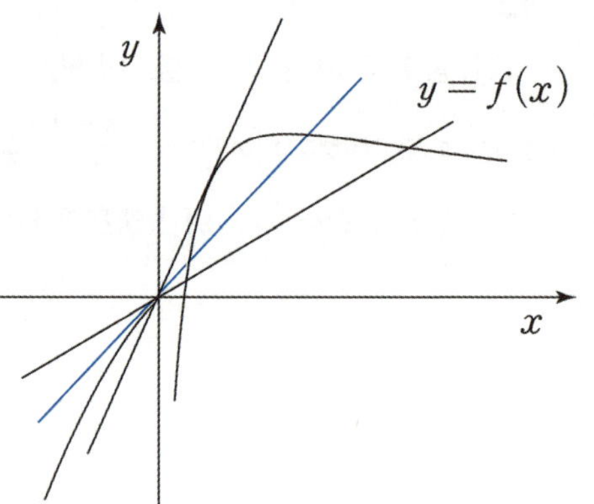

$g(m)$의 불연속이 의심되는 지점은 '$y=mx$가
$y=-x^2+ax$ 위의 점 $(0,\,0)$에서의 접선일 때'와
'$y=mx$가 원점에서 $y=\dfrac{\ln(x+b)}{x}$에 그은 접선일
때'이다.

하지만 $\displaystyle\lim_{m\to\alpha-}g(m)-\lim_{m\to\alpha+}g(m)=1$을 만족시키는
양수 α가 존재하지 않는다. 따라서 $y=f(x)$의 그래프 개형이 두 번째 개형이 아니다.

5. $y=f(x)$의 그래프 개형이 세 번째 개형일 때, 박스
안의 조건을 만족하는지 살펴보자.

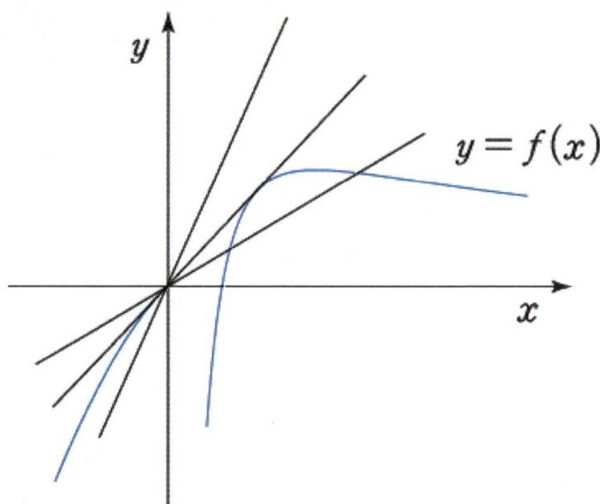

함수 $y=\alpha x$가 공통접선이면
$$g(m)=\begin{cases}3 & (0<m<\alpha)\\ 2 & (m\ge\alpha)\end{cases}\text{이므로}$$
$$\lim_{m\to\alpha-}g(m)-\lim_{m\to\alpha+}g(m)=1\text{을 만족시키고,}$$
이때 α는 유일하므로 조건을 만족시킴을 알 수 있다.

(1) 직선 $y=\alpha x$는 곡선 $y=-x^2+ax$ 위의 점 $(0,\,0)$에서의 접선이므로 $\alpha=a$이다.

(2) 직선 $y=\alpha x$는 곡선 $y=\dfrac{\ln(x+b)}{x}$ 위의 점 $(b,\,f(b))$를 지나므로 $a=\dfrac{\dfrac{\ln(2b)}{b}}{b-0}=\dfrac{\ln(2b)}{b^2}$이다.

(3) 직선 $y=\alpha x$는 곡선 $y=\dfrac{\ln(x+b)}{x}$ 위의 점 $(b,\,f(b))$에서 접하므로 $a=f'(b)$이다.

$$x>0\text{에서 } f'(x)=\dfrac{\dfrac{x}{x+b}-\ln(x+b)}{x^2}\text{이므로 } f'(b)=\dfrac{\dfrac{1}{2}-\ln(2b)}{b^2}\text{이다.}$$

따라서 $a=\dfrac{\ln(2b)}{b^2}=\dfrac{\dfrac{1}{2}-\ln(2b)}{b^2}$이므로 $\ln(2b)=\dfrac{1}{2}-\ln(2b)$에서 $\ln(2b)=\dfrac{1}{4}$이다.

$ab^2=\ln(2b)$이므로 $p=4$, $q=1$이다. $p+q=5$.

답은 5!!

다음 조건을 만족시키는 실수 a, b에 대하여 ab의 최댓값을 M, 최솟값을 m이라 하자.

모든 실수 x에 대하여 부등식
$$-e^{-x+1} \le ax+b \le e^{x-2}$$
이 성립한다.

$\left| M \times m^3 \right| = \dfrac{q}{p}$ 일 때, $p+q$의 값을 구하시오. (단, p와 q는 서로소인 자연수이다.) [4점]

1. 두 곡선 $y = -e^{-x+1}$ 와 $y = e^{x-2}$ 의 그래프의 개형은 다음과 같다.

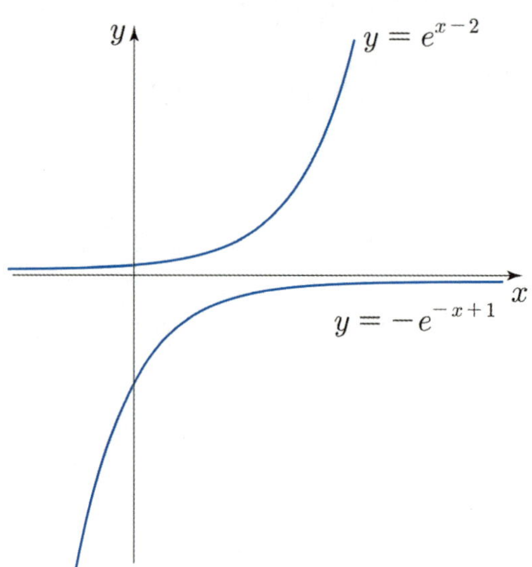

두 곡선의 점근선은 x 축이고, 두 곡선은 점 $\left(\dfrac{3}{2},\, 0\right)$ 에 대하여 대칭인 관계에 있다.

2. ab 가 최대가 되는 상황을 생각해보자.

$-e^{-x+1} \le ax+b \le e^{x-2}$ 를 만족시키는 a는 양수여야 하므로 $b > 0$일 때 최댓값 M을 갖는다.

$ax+b \le e^{x-2}$ 에서 직선 $y = ax+b$ 가 곡선 $y = e^{x-2}$ 에 접하는 순간을 생각하자.

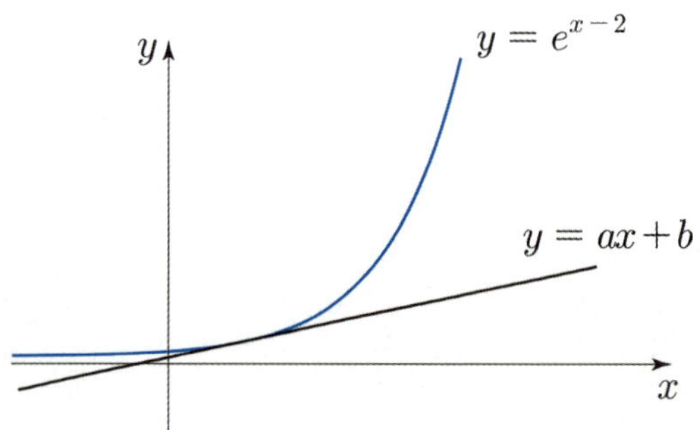

직선 $y = ax+b$ 와 곡선 $y = e^{x-2}$ 의 접점을 $(t,\, e^{t-2})$ 라 하면 접선의 방정식은
$y - e^{t-2} = e^{t-2}(x-t)$ 에서 $a = e^{t-2}$, $b = (1-t)e^{t-2}$ 이다.
따라서 $ab = (1-t)e^{2t-4}$ 이므로 $f(t) = (1-t)e^{2t-4}$ 라고 하자.

함수 $f(t)$ 의 최댓값을 구하기 위해 미분하자. $f'(t) = e^{2t-4}(1-2t)$ 에서
$t = \dfrac{1}{2}$ 좌우에서 $f'(t)$ 의 값이 양에서 음으로 바뀌므로 함수 $f(t)$ 는 $t = \dfrac{1}{2}$ 에서 극댓값이자 최댓값
$f\left(\dfrac{1}{2}\right) = \dfrac{1}{2}e^{-3}$ 을 갖는다. 따라서 $M = \dfrac{1}{2}e^{-3}$ 이다.

3. ab 가 최소가 되는 상황을 생각해보자.

$-e^{-x+1} \le ax+b \le e^{x-2}$ 를 만족시키는 a는 양수여야 하므로 $b<0$일 때 최솟값 m을 갖는다.

$-e^{-x+1} \le ax+b \le e^{x-2}$ 에서 직선 $y=ax+b$ 가 곡선 $y=e^{x-2}$, $y=-e^{-x+1}$에 동시에 접하는 순간을 생각하자.

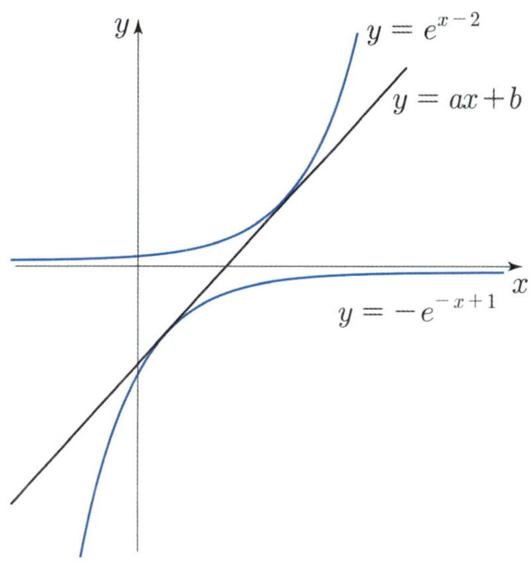

두 곡선 $y=e^{x-2}$ 와 $y=-e^{-x+1}$는 점 $\left(\dfrac{3}{2},\,0\right)$에 대하여 대칭인 관계에 있으므로

두 곡선의 공통접선은 반드시 점 $\left(\dfrac{3}{2},\,0\right)$을 지난다.

직선 $y=ax+b$ 와 곡선 $y=e^{x-2}$ 의 접점을 $(s,\,e^{s-2})$ 라 하면 접선의 방정식은
$y-e^{s-2}=e^{s-2}(x-s)$ 에서 $a=e^{s-2}$, $b=(1-s)e^{s-2}$ 이다.

접선의 방정식에 점 $\left(\dfrac{3}{2},\,0\right)$을 대입하면 $-e^{s-2}=e^{s-2}\left(\dfrac{3}{2}-s\right)$에서 $s=\dfrac{5}{2}$ 이다.

$ab=(1-s)e^{2s-4}$ 에 $s=\dfrac{5}{2}$ 를 대입하면 $m=-\dfrac{3}{2}e$ 을 얻는다.

4. $M=\dfrac{1}{2}e^{-3}$, $m=-\dfrac{3}{2}e$ 이므로 $\left|M\times m^3\right|=\dfrac{27}{16}$ 이므로 $p+q=43$ 이다.

답은 43!!

※ **다른 풀이**

1. 두 곡선 $y = -e^{-x+1}$ 와 $y = e^{x-2}$ 의 그래프의 개형은 다음과 같다.

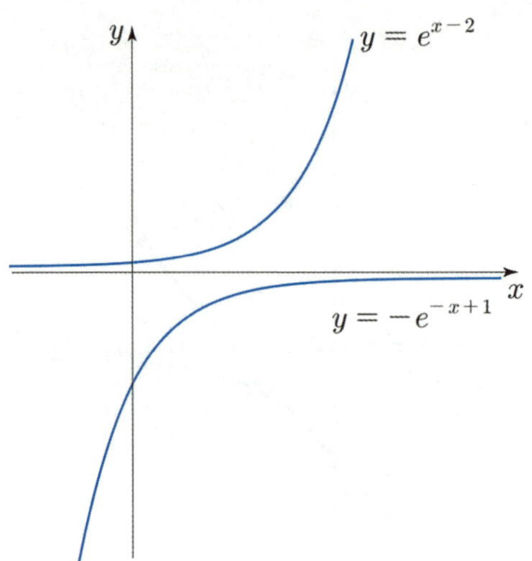

두 곡선의 점근선은 x 축이다.

2. 먼저 직선 $y = ax + b$ 가 곡선 $y = e^{x-2}$ 에 접하는 상황을 생각하자.

직선 $y = ax + b$ 와 곡선 $y = e^{x-2}$ 의 접점을 $(t,\ e^{t-2})$ 라 하면 접선의 방정식은
$y - e^{t-2} = e^{t-2}(x - t)$ 에서 $a = e^{t-2}$, $b = (1-t)e^{t-2}$ 이다.
따라서 $ab = (1-t)e^{2t-4}$ 이므로 $f(t) = -(t-1)e^{2t-4}$ 라고 하자.
$f'(t) = -(2t-1)e^{2t-4}$ 이므로 함수 $f(t)$ 의 그래프는 다음과 같이 그려진다.

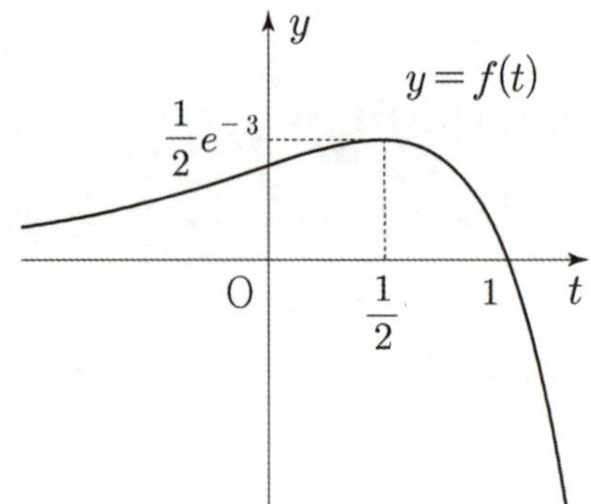

$t = \dfrac{1}{2}$ 일 때 최대이므로 $M = f\left(\dfrac{1}{2}\right) = \dfrac{1}{2}e^{-3}$ 이다.

3. $t > 1$ 이면서 t가 최대일 때 $f(t)$의 값은 최소이다.

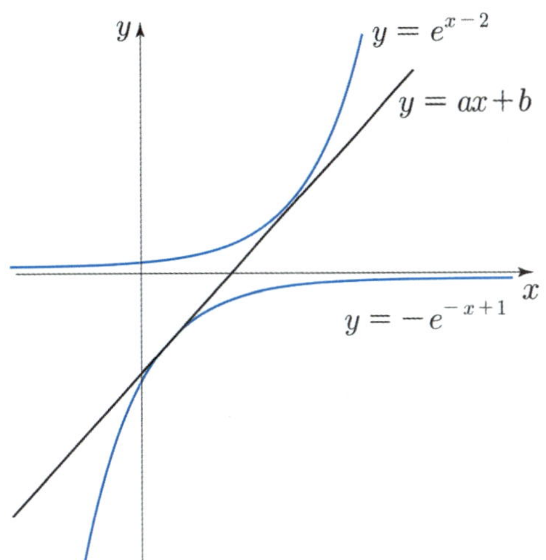

곡선 $y = e^{x-2}$ 와 곡선 $y = -e^{-x+1}$의 그래프는 점 $\left(\dfrac{3}{2}, 0\right)$에 대하여 대칭이므로

직선 $y = ax + b$가 두 그래프의 공통접선일 때 t는 최댓값을 갖는다.

직선 $y = ax + b$와 곡선 $y = -e^{-x+1}$의 접점을 $\left(p,\ -e^{-p+1}\right)$ 이라 하면
접선의 방정식은 $y + e^{-p+1} = e^{-p+1}(x-p) \Leftrightarrow y = e^{-p+1}(x-p-1)$ 이다.
공통접선이므로 접선 $y - e^{t-2} = e^{t-2}(x-t) \Leftrightarrow y = e^{t-2}(x-t+1)$ 와 연립하자.
$-p+1 = t-2$, $-p-1 = -t+1$ 이므로 연립하면 $p = \dfrac{1}{2}$, $t = \dfrac{5}{2}$ 를 얻는다.

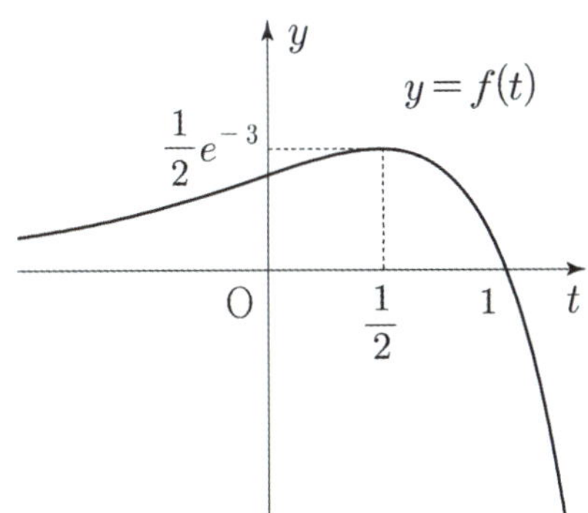

$t = \dfrac{5}{2}$ 일 때 최소이므로 $m = f\left(\dfrac{5}{2}\right) = -\dfrac{3}{2}e$ 이다.

4. $M = \dfrac{1}{2}e^{-3}$, $m = -\dfrac{3}{2}e$ 이므로 $\left| M \times m^3 \right| = \dfrac{27}{16}$ 이므로 $p + q = 43$ 이다.

답은 43!!

곡선의 변곡점에서의 접선을 간단하게 '변곡접선'이라고 부르자.

변곡접선이 특별한 첫 번째 이유는 **뚫으면서 접하는 성질**이다. 이 성질로 인해 함수 $f(x)$가 이계도함수가 존재할 때 $y = f(x)$와 **일반적인 접선의 교점**과 $y = f(x)$와 **변곡접선의 교점 개수에 차이를 보이고** 이는 곧 문제의 소재이다.

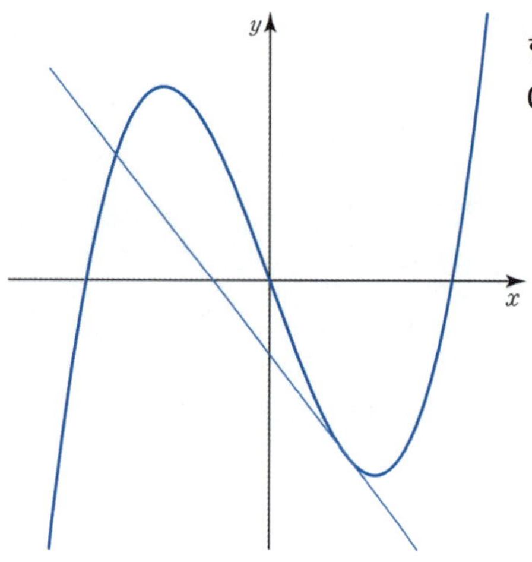

함수 $f(x)$가 이계도함수가 존재할 때 $y = f(x)$ **위의 일반적인 점에서의 접선은 왼쪽과 같이 스치면서 접하는 형태이다.**

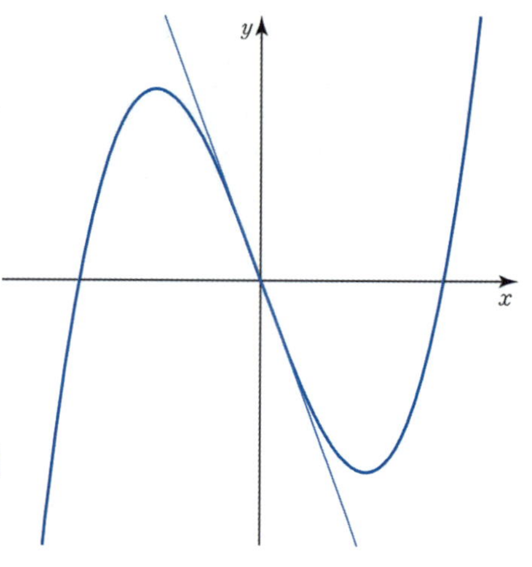

함수 $f(x)$가 이계도함수가 존재할 때 $y = f(x)$ **위의 변곡점에서의 접선은 오른쪽과 같이 뚫으면서 접하는 형태이다.**

변곡접선이 특별한 두 번째 이유는 함수 $f(x)$가 이계도함수가 존재할 때 **도함수 $f'(x)$의 극댓값, 극솟값인 변곡접선의 기울기 중 일부가 함수 $f(x)$ 접선의 기울기의 최댓값, 최솟값이 될 수 있기 때문이다.** 다만, 모든 극댓값이나 극솟값이 최댓값이나 최솟값이 아닌 것처럼 변곡접선의 기울기가 항상 함수 $f(x)$ 접선의 기울기의 최댓값, 최솟값이 되는 것은 아니다.

함수 $f(x)$가 오른쪽과 같을 때 **원점에서 변곡점을 갖고 원점에서의 접선의 기울기는 도함수 $f'(x)$의 극댓값이자 최댓값이다.** 따라서 함수 $f(x)$ 접선의 기울기의 최댓값은 원점에서의 접선의 기울기이다.

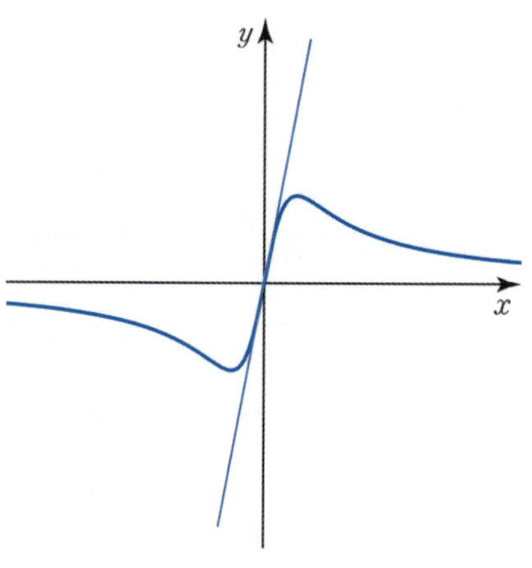

이러한 이유로 변곡접선이 특별하지만 너무 집착은 하지 않았으면 좋겠다. 10학년도 초반에 평가원에서 변곡접선을 알면 확연히 쉬운 문제들이 출제되었다. 이로 인해 학생들도 정석적인 방법은 고려하지 않은 채 기계적으로 여차하면 변곡접선을 떠올려 풀었다. 하지만 평가원이 이런 학생들이 마음에 들지 않았는지 최근에는 변곡접선과 관련이 없거나 변곡접선을 알아도 크게 유리한 문제는 내지 않는다. 따라서 변곡접선을 이용한 풀이도 보여주겠지만 변곡접선을 이용하지 않은 일반적인 풀이가 주가 됨을 잊지 말자. Chapter 4 앞부분에서 '미분 없이 그래프 개형 그리기'가 잘 학습되어 있다면 일반적인 풀이도 어렵지 않을 것이다.

양수 a와 두 실수 b, c에 대하여 함수 $f(x) = (ax^2 + bx + c)e^x$은 다음 조건을 만족시킨다.

> (가) $f(x)$는 $x = -\sqrt{3}$과 $x = \sqrt{3}$에서 극값을 갖는다.
> (나) $0 \leq x_1 < x_2$인 임의의 두 실수 x_1, x_2에 대하여 $f(x_2) - f(x_1) + x_2 - x_1 \geq 0$이다.

세 수 a, b, c의 곱 abc의 최댓값을 $\dfrac{k}{e^3}$라 할 때, $60k$의 값을 구하시오. [4점]

1. 조건 (가)는 해석하기도 쉽고 많은 정보를 얻을 수 있다.

$f'(x) = a(x - \sqrt{3})(x + \sqrt{3})e^x$의 양변을 x에 대해 적분하면 $f(x) = a(x^2 - 2x - 1)e^x$ 이다.

$b = -2a$, $c = -a$, $abc = 2a^3$ 이므로 a가 최대가 될 때 abc도 최대가 된다.

2. 조건 (나)를 해석해보자. **함수 $h(x) = f(x) + x$를** 잡자. $f(x_2) - f(x_1) + x_2 - x_1 \geq 0$를

$f(x_2) + x_2 \geq f(x_1) + x_1$, $h(x_2) \geq h(x_1)$로 표현할 수 있다.

따라서 $x \geq 0$ 일 때 $h(x)$는 증가함수이다.

함수 $h(x)$는 미분가능하고 증가함수이므로 $x \geq 0$ 일 때 $h'(x) \geq 0$이다.

따라서 $x \geq 0$ 일 때 $f'(x) \geq -1$이다. **함수 $f'(x)$의 최솟값은 -1 이상이다.**

3. $a > 0$이므로 $y = f'(x)$ 그래프 개형은 아래와 같다. 자주 나오는 그래프 개형이어서 그리기 쉽다.

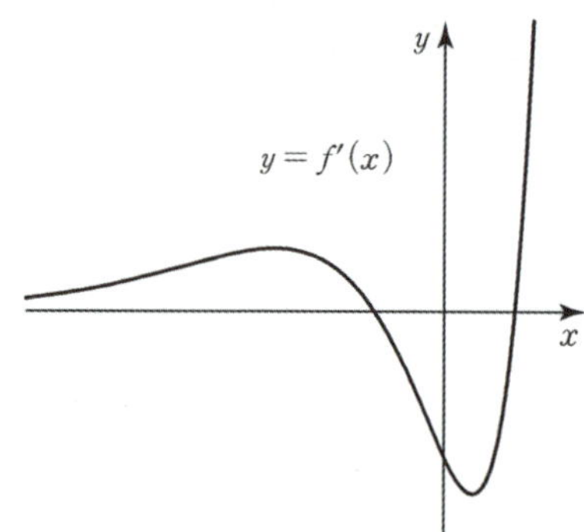

함수 $f'(x)$의 극솟값이 곧 함수 $f'(x)$의 최솟값이다. 함수 $f'(x)$의 극솟값을 구하자.

$f''(x) = a(x^2 + 2x - 3)e^x = 0$ 에서 $x = -3$ 또는 $x = 1$이다.

$f'(1)$이 함수 $f'(x)$의 극솟값이자 최솟값이다. 따라서 $f'(1) \geq -1$ 이다.

$f'(1) = -2ae \geq -1$ 이므로 $a \leq \dfrac{1}{2e}$이다.

따라서 a의 최댓값은 $\dfrac{1}{2e}$이고 $abc = 2a^3$의 최댓값은 $\dfrac{1}{4e^3}$이다. $k = \dfrac{1}{4}$, $60k = 15$이다.

답은 15!!

조건 (나) 해석은 **새로운 함수 $h(x) = f(x) + x$를** 잡으면 $h(x)$가 증가함수임을 쉽게 알 수 있었다. **'미분 없이 그래프 개형 그리기'를** 잘 학습했다면 극소점을 찾기 쉬웠을 것이다.

변곡접선의 특징을 생각해 다음과 같이 조건을 해석하는 경우도 있다. '$x > 0$ 에서 함수 $f'(x)$ 의 최솟값은 -1 이상이다.'를 '$x > 0$ 에서 $y = f(x)$ 위의 변곡점에서의 접선의 기울기가 $y = f(x)$ 접선의 기울기의 **극솟값이자 최솟값이며 이는 -1 이상이다.'로 해석하는** 경우이다. 계산은 위의 해설과 큰 차이가 없다.

하지만 변곡접선의 특징을 어설프게 아는 경우 위험하다. '$x > 0$ 에서 $y = f(x)$ 위의 변곡점에서의 **접선의 기울기가 -1이다.'로 잘못 해석하는** 경우가 있기 때문이다.

특정 점 (a, b)에서 곡선 $y = f(x)$에 그을 수 있는 접선의 개수는 다음과 같이 구한다.

1. 접점의 좌표를 $(t, f(t))$로 놓고 접선의 방정식을 세운다.
$$y = f'(t)(x - t) + f(t)$$

2. 특정 점 (a, b)를 접선의 방정식에 대입하여 t에 대한 방정식을 만든다.
$$b = f'(t)(a - t) + f(t)$$

3. 실근 t의 개수를 이용하여 접선의 개수를 구한다.
   일반적으로 실근 t의 개수는 접점의 개수와 같고 이는 곧 그을 수 있는 접선의 개수와 같기 때문이다.

※ 다만, 곡선 $f(x)$가 공통접선을 갖게 된다면 실근 t의 개수는 접선의 개수와 같지 않게 된다.

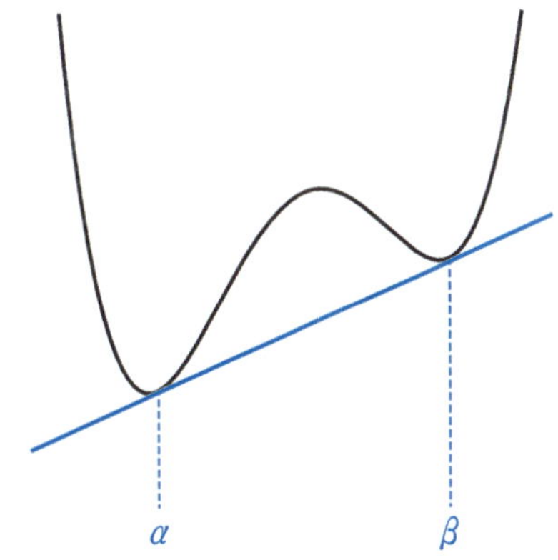

예를 들어 구한 실근 t가 α, β인데 곡선 $f(x)$가 $x = \alpha$, $x = \beta$에서 공통접선을 갖는다면
실근 t의 개수와 접점의 개수는 2개**이지만 그을 수 있는** 접선의 개수는 1개**이다.**
이후에 나올 '그래프를 통해 알아보는 그을 수 있는 접선의 개수' 칼럼에서 본격적으로 다루도록 하겠다.

이에 불안감을 느낀다면 **곡선 $f(x)$가 공통접선을 가질 수 있는지 먼저 확인하자.**
만약 곡선 $f(x)$가 공통접선을 갖는다면 그 접선의 방정식과 접점을 구하고 그래프를 그려 확인하는 것이
더 효율적일 것이다.
하지만 아직까지는 평가원, 교육청, 사관학교 기출에서는 이까지 다루지는 않았으니 너무 걱정하지 말자.

x축 위의 점 $(a, 0)$에서 곡선 $y = xe^{-x}$에 그을 수 있는 접선이 한 개일 때, 가능한 모든 a 값의 합은?

1. 접점의 좌표를 (t, te^{-t})로 놓고 접선의 방정식을 세우면 $y = \{(-t+1)e^{-t}\}(x-t) + te^{-t}$이다.

   $y = \{(-t+1)e^{-t}\}(x-t) + te^{-t}$가 점 $(a, 0)$를 지나므로 $0 = \{(-t+1)e^{-t}\}(a-t) + te^{-t}$이다.

2. t에 대한 방정식

   $\{(-t+1)e^{-t}\}(a-t) + te^{-t} = 0$을 정리하면 $e^{-t} > 0$이므로 $t + 1 + \dfrac{1}{t-1} = a$이다.

   곡선 $y = t + 1 + \dfrac{1}{t-1}$의 그래프 개형을 '미분 없이' 그리면 아래와 같다.

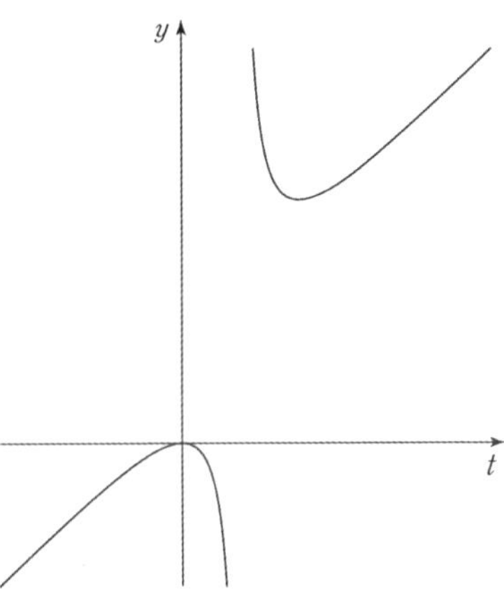

   $y' = 1 - \dfrac{1}{(t-1)^2} = \dfrac{t(t-2)}{(t-1)^2}$이므로 $y = t + 1 + \dfrac{1}{t-1}$의 극대점은 $(0, 0)$이고 극소점은 $(2, 4)$이다.

   $y = t + 1 + \dfrac{1}{t-1}$, $y = a$의 교점이 한 개이려면 $a = 0$ 또는 $a = 4$이다.

3. 곡선 $y = xe^{-x}$의 그래프 개형을 '미분 없이' 그리면 아래와 같다.

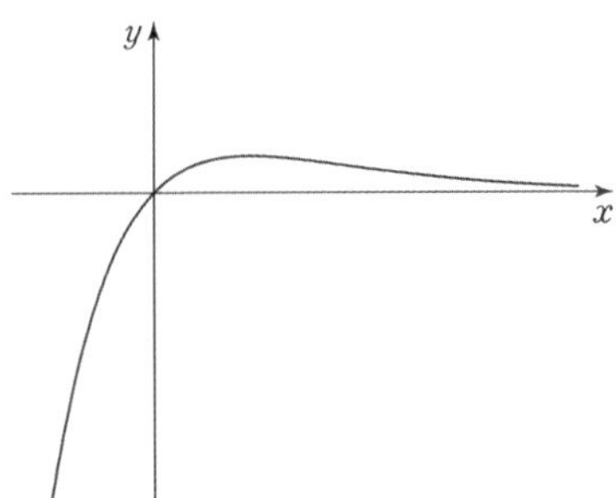

   그래프 개형을 보면 공통접선을 그을 수 없으므로
   실근 t의 개수는 접점의 개수와 같고 이는 곧 그을 수 있는 접선의 개수와 같다.

   $a = 0$ 또는 $a = 4$일 때, t에 대한 방정식 $t + 1 + \dfrac{1}{t-1} = a$의 실근 t의 개수가 1이므로

   점 $(a, 0)$에서 곡선 $y = xe^{-x}$에 그을 수 있는 접선 역시 한 개다.

   가능한 모든 a 값의 합은 $0 + 4 = 4$이다.

   답은 4!!

결론부터 말하면 곡선, 변곡접선, 점근선, 공통접선을 기준으로 그을 수 있는 접선 개수가 변한다.
경계선으로 작용하는 곡선, 변곡접선, 점근선, 공통접선을 모두 그은 후 그을 수 있는 접선 개수를 따지면 된다.
수식적인 증명보다 그림으로 이를 보여주도록 하겠다.

(1) 곡선은 어떻게 경계선으로 작용할까?

$y = x^2$를 예시로 들어보자. $y = x^2$의 그래프 개형은 위와 같다.

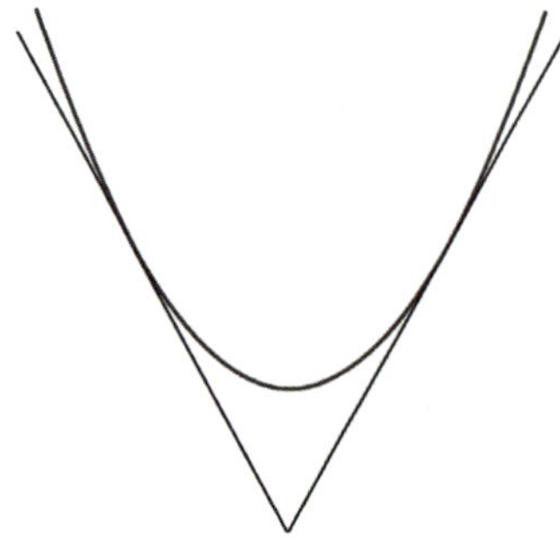

곡선의 볼록한 부분을 마주하는 영역에서는 위와 같이 $y = x^2$에 **2개의 접선**을 그을 수 있다.

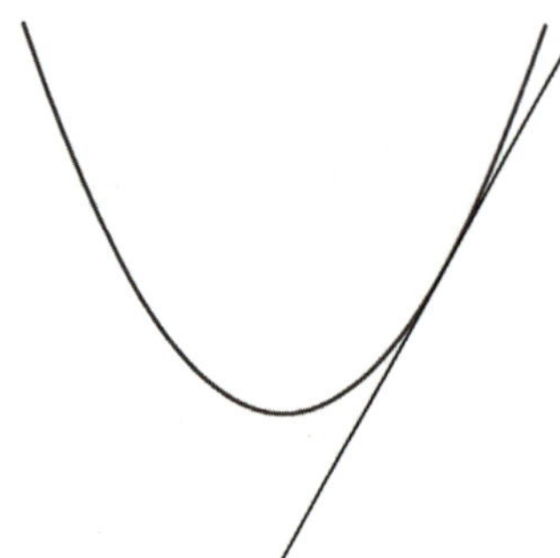

곡선 위에서는 위와 같이 $y = x^2$에 1개의 접선을 그을 수 있다.

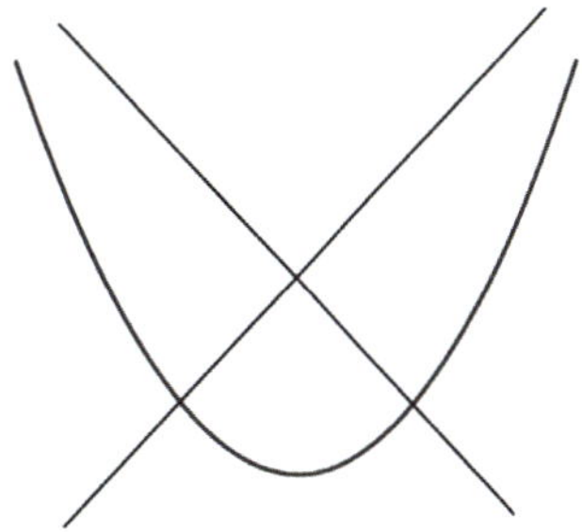

곡선의 오목한 부분을 마주하는 영역에서는 위와 같이 $y = x^2$에 **0개의 접선**을 그을 수 있다.

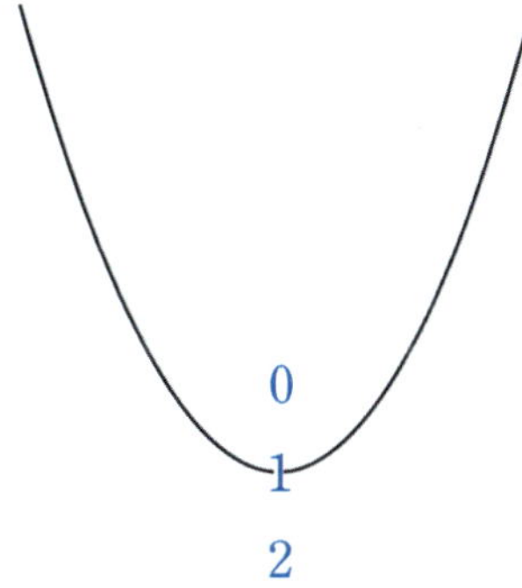

그을 수 있는 접선의 개수는 곡선 $y = x^2$를 기준으로 바뀐다는 것을 확인할 수 있다.

(2) 변곡접선은 어떻게 경계선으로 작용할까?

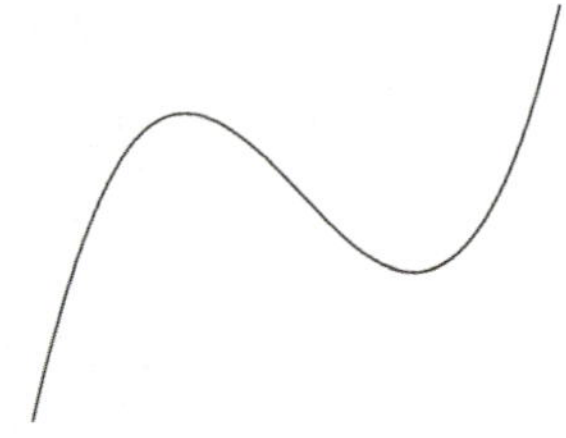

변곡접선이 존재하는 $y = (x+2)(x-4)^2$를 예시로 들어보자. $y = (x+2)(x-4)^2$의 그래프 개형은 위와 같다.

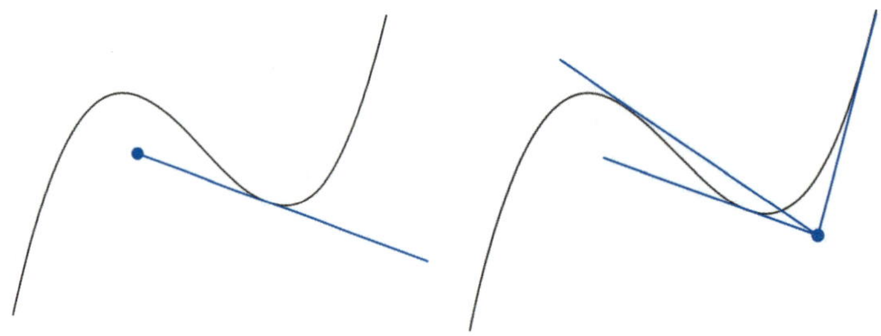

$y = (x+2)(x-4)^2$도 $y = x^2$처럼 곡선만을 경계로 그을 수 있는 접선 개수가 바뀔까? 그렇지 않다. 곡선만을 경계로 했다면 곡선의 아래 영역에서 $y = (x+2)(x-4)^2$에 그을 수 있는 접선 개수가 일정했을 것이다.

하지만 위의 그림으로 알 수 있듯이 그렇지 못하다. 왼쪽 그림의 경우 $y = (x+2)(x-4)^2$에 1개의 접선을 그을 수 있고, 오른쪽 그림의 경우 $y = (x+2)(x-4)^2$에 3개의 접선을 그을 수 있다.

그렇다면 $y = (x+2)(x-4)^2$에 그을 수 있는 접선의 개수를 따질 때, 경계선 역할을 하는 선이 또 있다는 것인데 이게 무엇일까? **바로 변곡접선이다!**

$y = (x+2)(x-4)^2$의 그래프 개형은 위와 같다.
$y'' = 6x - 12$의 해는 $x = 2$이다. $x = 2$ 좌우에서 y''의 부호가 변하므로
곡선 $y = (x+2)(x-4)^2$의 변곡점은 $(2, 16)$이다.
곡선 $y = (x+2)(x-4)^2$의 변곡접선은 $y = -12x + 40$이다.

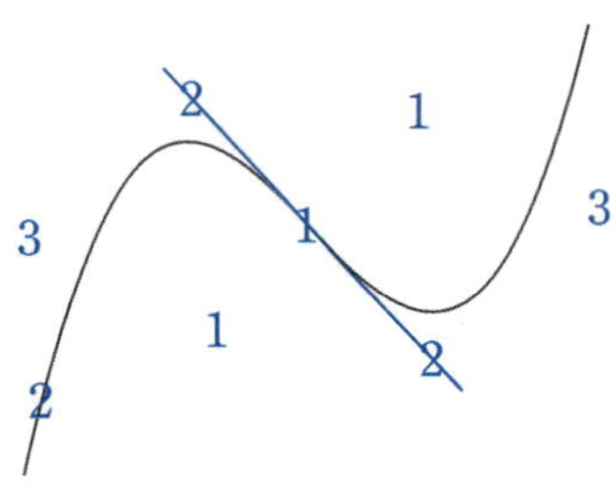

변곡접선을 그어 준 후, $y = (x+2)(x-4)^2$에 그을 수 있는 접선의 개수를 따지면 위와 같다.
그을 수 있는 접선의 개수는 곡선 $y = (x+2)(x-4)^2$, 변곡접선 $y = -12x + 40$을 기준으로 바뀐다는 것을 확인할 수 있다.

(3) 점근선은 어떻게 경계선으로 작용할까?

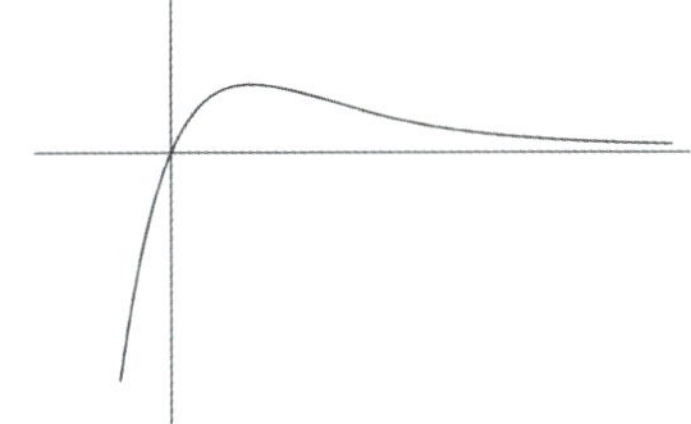

변곡접선과 점근선이 모두 존재하는 $y = xe^{-x}$를 예시로 들어보자. $y = xe^{-x}$의 그래프 개형은 위와 같다. $y'' = (x-2)e^{-x} = 0$의 해는 $x = 2$이다.

$x = 2$ 좌우에서 y''의 부호가 변하므로 곡선 $y = xe^{-x}$의 변곡점은 $\left(2, \dfrac{2}{e^2}\right)$이다.

곡선 $y = xe^{-x}$의 변곡접선은 $y = -\dfrac{1}{e^2}(x-2) + \dfrac{2}{e^2}$이다.

$\lim\limits_{x \to \infty} xe^{-x} = 0$이므로 곡선 $y = xe^{-x}$의 점근선은 $y = 0$, 즉 x축이다.

점근선의 영향을 관찰하기 위해 $y = xe^{-x}$와 개형이 비슷하지만 점근선이 없는 $y = (x+2)(x-4)^2$을 관찰해보자.

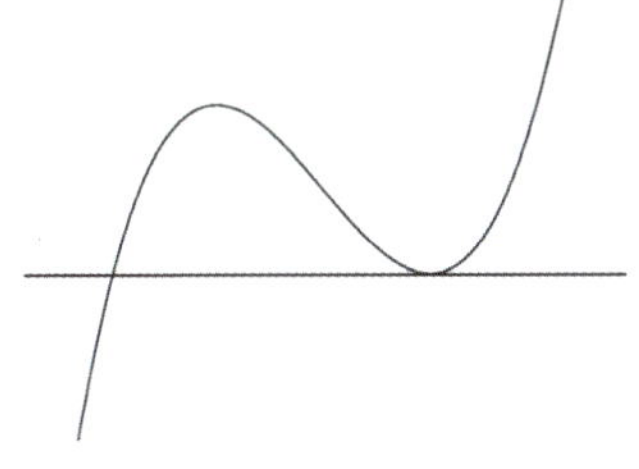

$y = (x+2)(x-4)^2$의 그래프 개형은 오른쪽과 같다. $y'' = 6x - 12$의 해는 $x = 2$이다. $x = 2$ 좌우에서 y''의 부호가 변하므로 곡선 $y = (x+2)(x-4)^2$의 변곡점은 $(2, 16)$이다.

$y = (x+2)(x-4)^2$는 $y = xe^{-x}$처럼 $x = 2$에서 변곡접선 1개만을 갖고 **구간 $(-\infty, 2)$에서 위로 볼록, 구간 $(2, \infty)$에서 아래로 볼록하기에 점근선이 접선의 개수에 미치는 영향을 보다 쉽게 비교할 수 있다.**

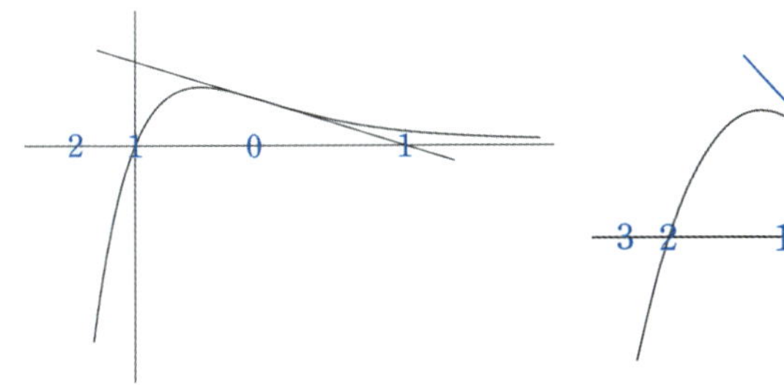

$y = xe^{-x}$의 점근선인 x축 위의 점에 한해서만 그을 수 있는 접선 개수를 구하면 위와 같다. 두 그래프가 점근선을 제외한 **그래프 개형이 유사함에도 그을 수 있는 접선의 개수가 차이 나는 이유는 점근선** 때문임을 알 수 있다.

그을 수 있는 접선의 개수는 곡선 $y = xe^{-x}$, **변곡접선** $y = -\dfrac{1}{e^2}(x-2) + \dfrac{2}{e^2}$, **점근선** $y = 0$을 **기준으로 바뀐다는 것을 확인할 수 있다.**

(4) 공통접선은 어떻게 경계선으로 작용할까?

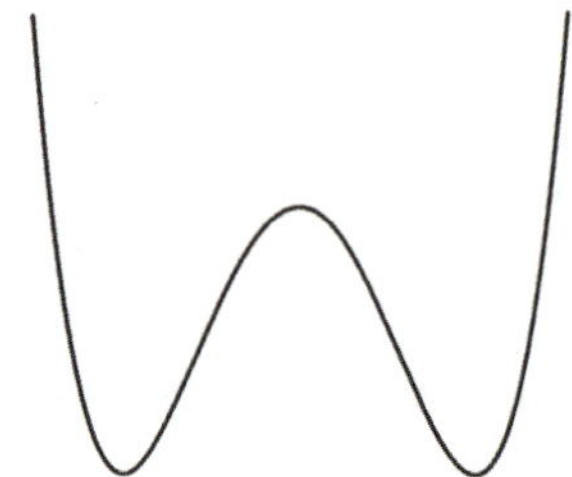

$y = (x^2 - 3)^2$를 예시로 들어보자. $y = (x^2 - 3)^2$의 그래프 개형은 위와 같다.

$y'' = 12x^2 - 12$의 해는 $x = -1$ 또는 $x = 1$이다. $x = -1$, $x = 1$ 각각 좌우에서 y''의 부호가 변하므로 곡선 $y = (x^2 - 3)^2$의 변곡점은 $(-1, 4)$, $(1, 4)$이다.

곡선 $y = (x^2 - 3)^2$의 변곡접선은 $y = 8x + 12$, $y = -8x + 12$이다.

곡선 $y = (x^2 - 3)^2$의 공통접선은 $y = 0$이고 점근선은 없다. 이를 모두 표시하면 아래와 같다.

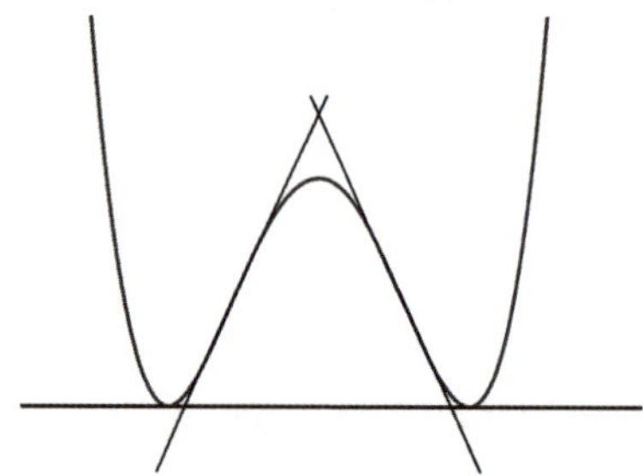

곡선 $y = (x^2 - 3)^2$의 공통접선 $y = 0$을 기준으로 접선의 개수가 바뀌는지 확인해 보자.

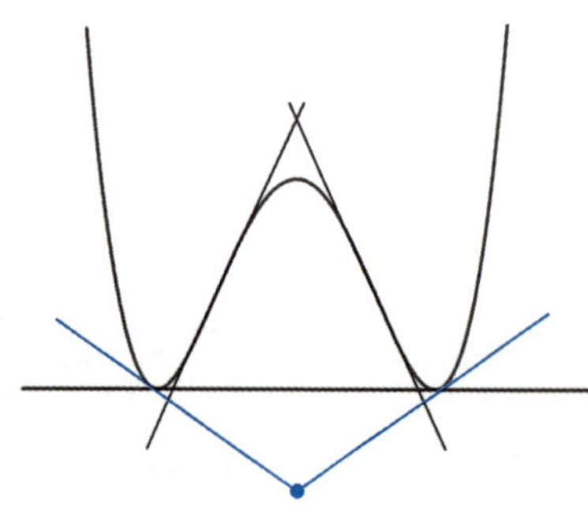

위와 같은 영역에서는 위와 같이 $y = (x^2 - 3)^2$에 **2개의 접선**을 그을 수 있다.

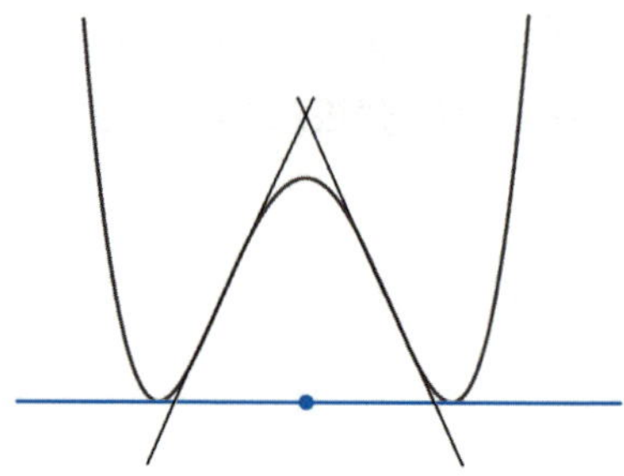

위와 같은 경계선에서는 위와 같이 $y = (x^2 - 3)^2$에 **1개의 접선**을 그을 수 있다.

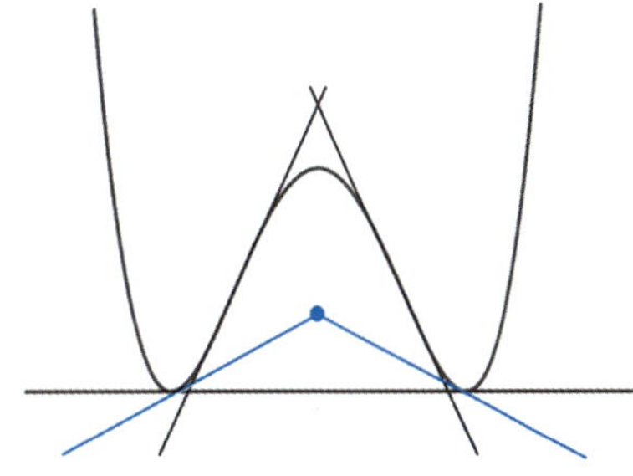

위와 같은 영역에서는 위와 같이 $y = (x^2 - 3)^2$에 **2개의 접선**을 그을 수 있다.

그을 수 있는 접선의 개수는 곡선, 변곡접선, 점근선뿐만 아니라 **공통접선**을 기준으로도 바뀐다는 것을 확인할 수 있다. **경계선으로 작용하는 곡선, 변곡접선, 점근선, 공통접선**을 모두 그은 후 그을 수 있는 접선 개수를 따지면 보다 쉽게 관련 문제를 풀 수 있을 것이다.

이제 이를 활용하여 이전에 풀었던 문제를 다시 풀어보자.

예시

x축 위의 점 $(a, 0)$에서 곡선 $y = xe^{-x}$에 그을 수 있는 접선이 한 개일 때, 가능한 모든 a 값의 합은?

---

1. 이전에 풀었던 문제를 이번에는 그래프를 이용하여 풀어보자.

곡선 $y = xe^{-x}$의 그래프 개형을 '미분 없이' 그리면 오른쪽과 같다.

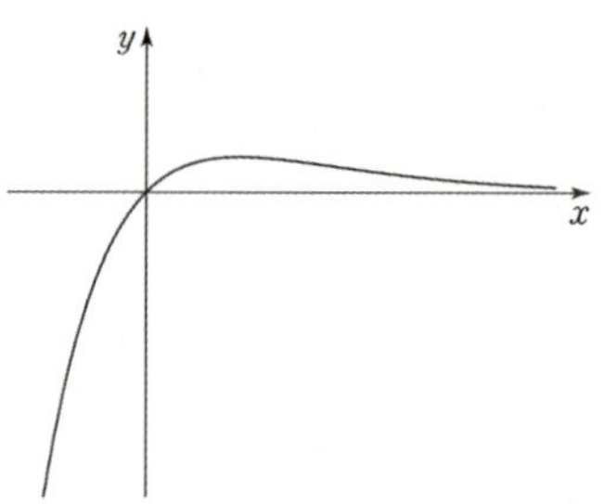

그래프 개형을 보면 공통접선을 그을 수 없으므로

곡선 $y = xe^{-x}$, 변곡접선, 점근선을 경계로 그을 수 있는 접선 개수
가 달라진다.

---

2. $y'' = (x-2)e^{-x} = 0$의 해는 $x = 2$이다.

$x = 2$ 좌우에서 y''의 부호가 변하므로 곡선 $y = xe^{-x}$의 변곡점은 $\left(2, \dfrac{2}{e^2}\right)$이다.

곡선 $y = xe^{-x}$의 변곡접선은 $y = -\dfrac{1}{e^2}(x-2) + \dfrac{2}{e^2}$이다.

$\lim\limits_{x \to \infty} xe^{-x} = 0$이므로 곡선 $y = xe^{-x}$의 점근선은 $y = 0$이다.

곡선 $y = xe^{-x}$, 변곡접선, 점근선을 모두 나타내면 아래 그림과 같다.

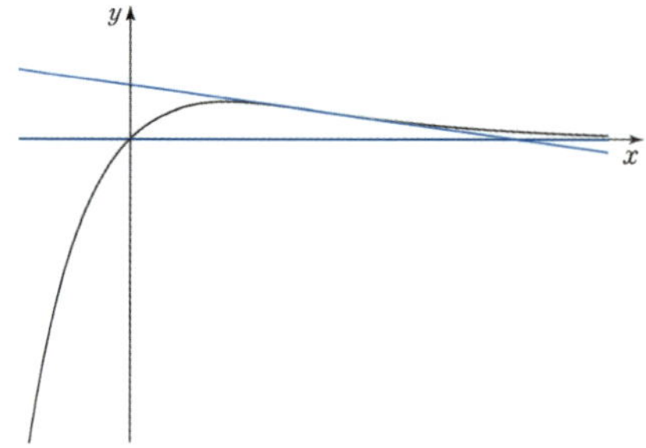

문제풀이 편의를 위해 점 $(a, 0)$는 x축 위의 점이므로 x축 위의 점에 한해서만 그을 수 있는 접선 개수
를 구하면 아래와 같다.

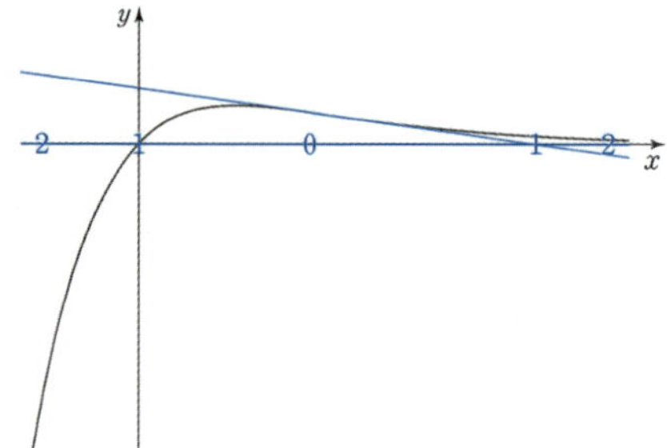

따라서 점 $(a, 0)$은 변곡접선 $y = -\dfrac{1}{e^2}(x-2) + \dfrac{2}{e^2}$의 x절편이거나 원점임을 알 수 있다.

점 $(a, 0)$가 변곡접선 $y = -\dfrac{1}{e^2}(x-2) + \dfrac{2}{e^2}$의 x절편일 때, 변곡접선 $y = -\dfrac{1}{e^2}(x-2) + \dfrac{2}{e^2}$의

x절편은 $(4, 0)$이므로 $a = 4$이다.

점 $(a, 0)$가 원점일 때, $a = 0$이다. 따라서 가능한 모든 a 값의 합은 $0 + 4 = 4$이다.

답은 4!!

이차함수 $f(x)$에 대하여 함수 $g(x) = f(x)e^{-x}$이 다음 조건을 만족시킨다.

(가) 점 $(1, g(1))$과 점 $(4, g(4))$는 곡선 $y = g(x)$의 변곡점이다.
(나) 점 $(0, k)$에서 곡선 $y = g(x)$에 그은 접선의 개수가 3인 k의 범위는 $-1 < k < 0$이다.

$g(-2) \times g(4)$의 값을 구하시오. [4점]

1. 조건 (가)는 해석하기도 쉽고 많은 정보를 얻을 수 있다.

이차함수 $f(x)$의 최고차항 계수를 a로 두자. (a는 0이 아닌 상수이다.)

$g''(x) = a(x-1)(x-4)e^{-x}$의 양변을 x에 대해 적분하여 함수 $g'(x)$, $g(x)$를 얻어내자.

Chapter 6에서 배우는 Table 적분법을 이용하면 더욱 쉽다.

$g'(x) = -a(x^2 - 3x + 1)e^{-x}$, $g(x) = a(x^2 - x)e^{-x}$이다. a만 구하면 끝이다.

2. 곡선 $y = a(x^2 - x)e^{-x}$의 그래프 개형을 '미분 없이' 그리면 아래와 같다.

$a < 0$일 때

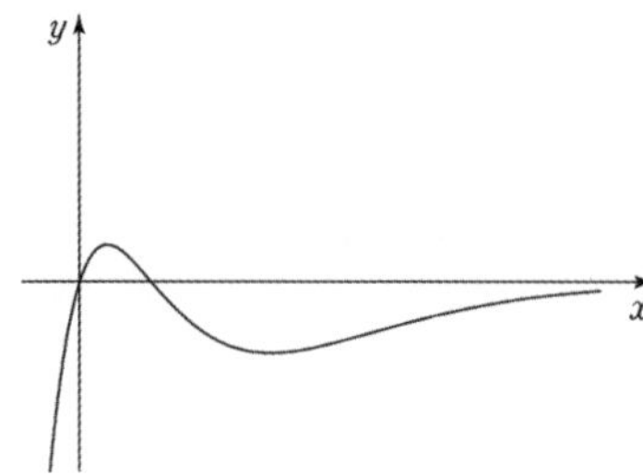

$a > 0$일 때

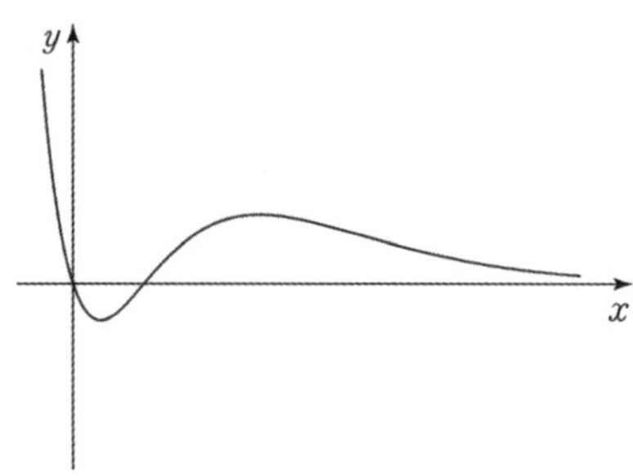

**그래프 개형을 보면 a의 부호에 상관없이 공통접선을 그을 수 없으므로
실근 t의 개수는 접점의 개수와 같고 이는 곧 그을 수 있는 접선의 개수와 같다.**

3. 조건 (나)를 해석하자.

$y = g(x)$ 위의 점 $A(t, g(t))$에서 그은 접선의 방정식은 $y - g(t) = g'(t)(x-t)$이다.

$y - g(t) = g'(t)(x-t)$가 점 $(0, k)$를 지나므로 $k = -tg'(t) + g(t)$이다.

함수 $g'(t)$, $g(t)$에 구체적인 식을 대입하면 t에 **대한 방정식** $k = a(t^3 - 2t^2)e^{-t}$이 나온다.

**조건 (나)에 의하면 $h(t) = a(t^3 - 2t^2)e^{-t}$로 놓으면 $y = h(t)$와 $y = k$가
서로 다른 세 점에서 만나도록 하는 실수 k의 값의 범위는 $-1 < k < 0$이다.**

a의 부호에 따라 $y = h(t)$의 그래프 개형이 달라진다. 자주 나오는 그래프 개형이어서 그리기 쉽다.

(1) $a < 0$일 때

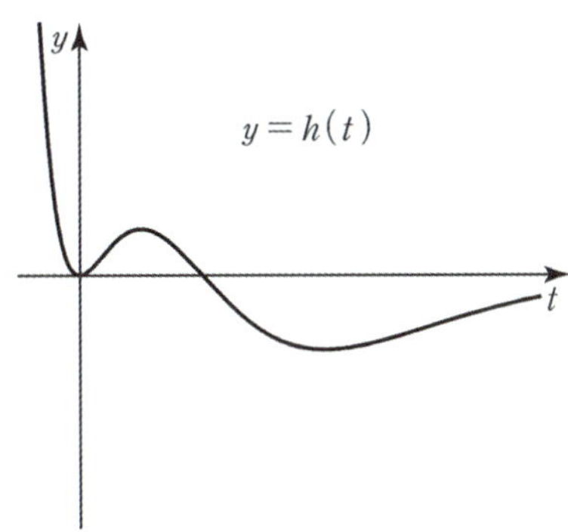

가로축에 t, 세로축에 y, 그래프 이름 $y = h(t)$를 꼭 써놓자.

$k < 0$일 때 $y = h(t)$와 $y = k$가 서로 다른 세 점에서 만날 수가 없다. 따라서 $a > 0$이다.

(2) $a > 0$일 때

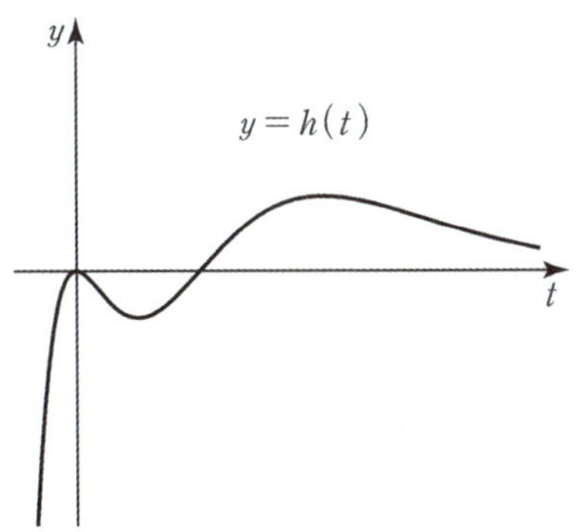

가로축에 t, 세로축에 y, 그래프 이름 $y = h(t)$를 꼭 써놓자.

$y = h(t)$와 $y = k$가 서로 다른 세 점에서 만나도록 하는 실수 k의 값의 범위가 $-1 < k < 0$이려면 **함수 $h(t)$의 극솟값이 -1이어야 한다.**

4. $a > 0$에서 함수 $h(t)$의 극솟값이 -1임을 이용해 a를 구해보자.

$h'(t) = -at(t-1)(t-4)e^{-t}$이므로 $h(1) = -1$이다.

$-\dfrac{a}{e} = -1$, $a = e$이므로 $h(t) = e(t^3 - 2t^2)e^{-t}$, $g(x) = e(x^2 - x)e^{-x}$이다.

따라서 $g(-2) \times g(4) = 6e^3 \times 12e^{-3} = 72$이므로 **답은 72!!**

※ 그래프를 이용한 풀이

1. 이전에 풀었던 문제를 이번에는 그래프를 이용하여 풀어보자.

조건 (가)는 해석하기도 쉽고 많은 정보를 얻을 수 있다. 이차함수 $f(x)$의 최고차항 계수를 a로 두자.
(a는 0이 아닌 상수이다.)

$g''(x) = a(x-1)(x-4)e^{-x}$의 양변을 x에 대해 적분하여 함수 $g'(x)$, $g(x)$를 얻어내자.

Chapter 6에서 배우는 Table 적분법을 이용하면 더욱 쉽다.

$g'(x) = -a(x^2-3x+1)e^{-x}$, $g(x) = a(x^2-x)e^{-x}$이다. a만 구하면 끝이다.

2. $a < 0$일 때

곡선 $g(x) = a(x^2-x)e^{-x}$의 그래프 개형을 '미분 없이' 그리면 아래와 같다.

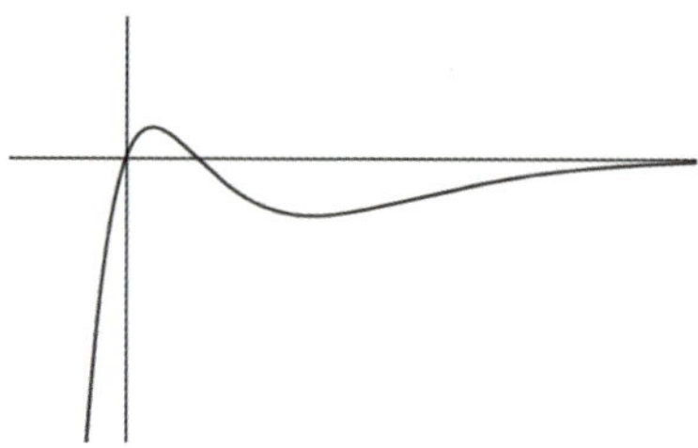

그래프 개형을 보면 공통접선을 그을 수 없으므로
곡선 $g(x) = a(x^2-x)e^{-x}$, 변곡접선, 점근선을 경계로 그을 수 있는 접선 개수가 달라진다.

방정식 $g''(x) = a(x-1)(x-4)e^{-x} = 0$의 해는 $x=1$ 또는 $x=4$이다.

$x=1$ 좌우에서 y''의 부호가 변하므로 곡선 $y = g(x)$의 변곡점은 $(1, 0)$이다.

$x=4$ 좌우에서 y''의 부호가 변하므로 곡선 $y = g(x)$의 변곡점은 $\left(4, \dfrac{12a}{e^4}\right)$이다.

곡선 $y = g(x)$의 변곡접선은 $y = \dfrac{a}{e}(x-1)$, $y = -\dfrac{5a}{e^4}(x-4) + \dfrac{12a}{e^4}$이다.

$\displaystyle\lim_{x \to \infty} a(x^2-x)e^{-x} = 0$이므로 곡선 $y = g(x)$의 점근선은 $y = 0$이다.

곡선 $y = g(x)$, 변곡접선, 점근선을 모두 나타내면 아래 그림과 같다.

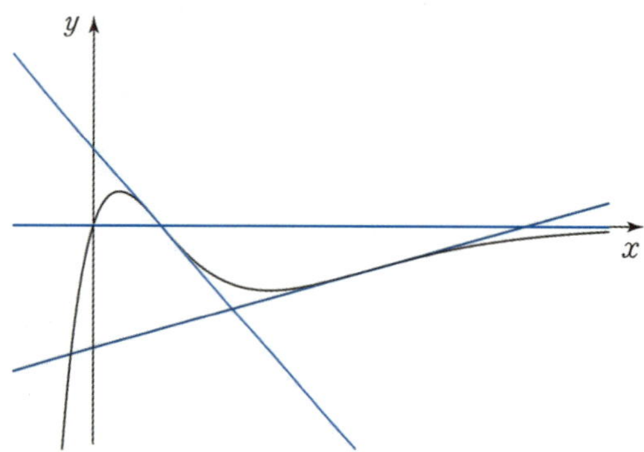

문제풀이 편의를 위해 점 $(0, k)$는 y축 위의 점이므로 y축 위의 점에 한해서만 그을 수 있는 접선 개수를 구하면 아래와 같다.

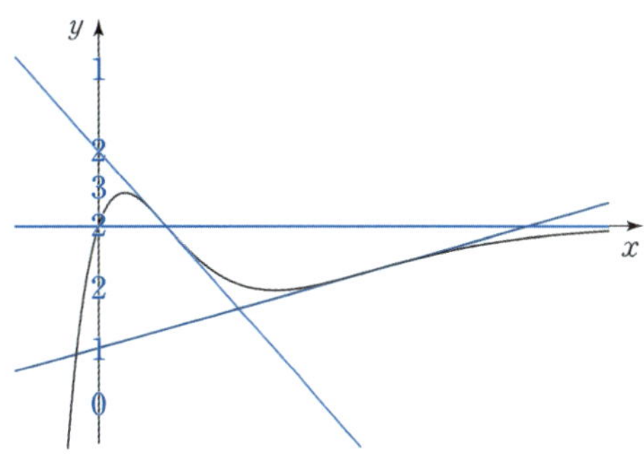

$y = \dfrac{a}{e}(x-1)$의 y절편은 $\left(0, -\dfrac{a}{e}\right)$이다.

그림에서 알 수 있듯이 점 $(0, k)$에서 곡선 $y = g(x)$에 그은 접선의 개수가 3인 k의 범위는 $0 < k < -\dfrac{a}{e}$이다.

조건 (나)에 따르면 곡선 $y = g(x)$에 그은 접선의 개수가 3인 k의 범위가 $-1 < k < 0$가 되어야 하는데 $a < 0$일 때, $0 < k < -\dfrac{a}{e}$는 이를 만족할 수 없다.

---

3. $a > 0$일 때

곡선 $g(x) = a(x^2 - x)e^{-x}$의 그래프 개형을 '미분 없이' 그리면 아래와 같다.

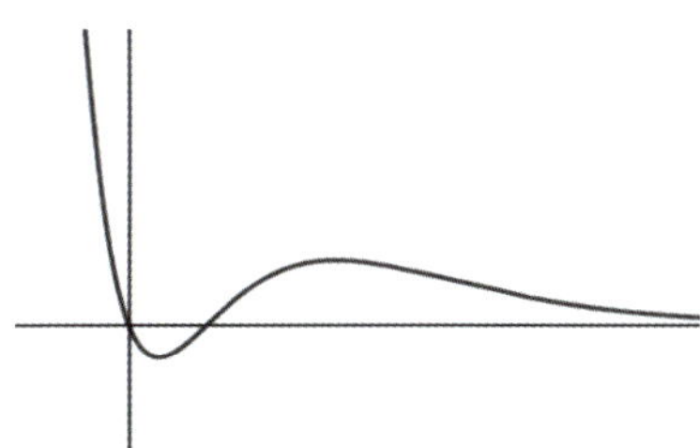

그래프 개형을 보면 공통접선을 그을 수 없으므로
곡선 $g(x) = a(x^2 - x)e^{-x}$, 변곡접선, 점근선을 경계로 그을 수 있는 접선 개수가 달라진다.

방정식 $g''(x) = a(x-1)(x-4)e^{-x} = 0$의 해는 $x = 1$ 또는 $x = 4$이다.
$x = 1$ 좌우에서 y''의 부호가 변하므로 곡선 $y = g(x)$의 변곡점은 $(1, 0)$이다.

$x = 4$ 좌우에서 y''의 부호가 변하므로 곡선 $y = g(x)$의 변곡점은 $\left(4, \dfrac{12a}{e^4}\right)$이다.

곡선 $y = g(x)$의 변곡접선은 $y = \dfrac{a}{e}(x-1)$, $y = -\dfrac{5a}{e^4}(x-4) + \dfrac{12a}{e^4}$이다.

$\displaystyle\lim_{x \to \infty} a(x^2 - x)e^{-x} = 0$이므로 곡선 $y = g(x)$의 점근선은 $y = 0$이다.

곡선 $y = g(x)$, 변곡접선, 점근선을 모두 나타내면 아래 그림과 같다.

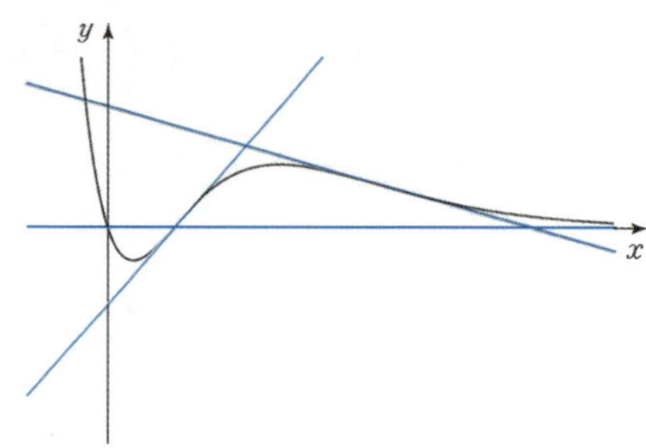

문제풀이 편의를 위해 점 $(0, k)$는 y축 위의 점이므로
y축 위의 점에 한해서만 그을 수 있는 접선 개수를 구하면 아래와 같다.

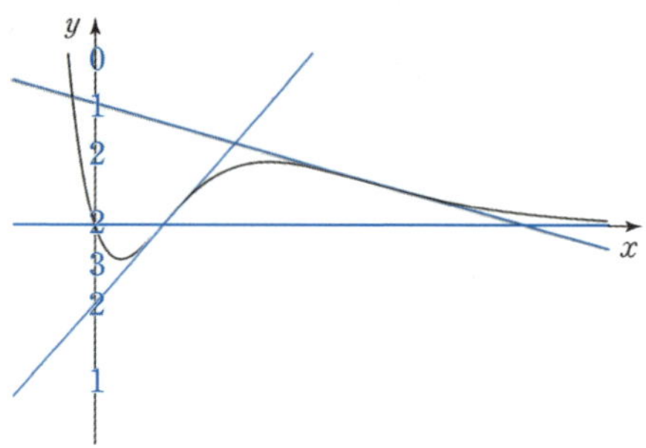

$y = \dfrac{a}{e}(x-1)$의 y절편은 $\left(0, -\dfrac{a}{e}\right)$이다.

그림에서 알 수 있듯이 점 $(0, k)$에서 곡선 $y = g(x)$에 그은 접선의 개수가 3인 k의 범위는
$-\dfrac{a}{e} < k < 0$이다.

조건 (나)에 따르면 곡선 $y = g(x)$에 그은 접선의 개수가 3인 k의 범위가 $-1 < k < 0$가 되어야 하니
$-\dfrac{a}{e} = -1$, 즉 $a = e$가 되어야 한다.

4. $g(x) = e(x^2 - x)e^{-x}$이므로 $g(-2) \times g(4) = 6e^3 \times 12e^{-3} = 72$이다.

답은 72!!

문자가 상수인지 변수인지 구별을 잘하고 '미분 없이 그래프 개형 그리기'를 잘 학습했다면 30번이긴 하지만 별로 어렵지 않은 문제였을 것이다. **변곡접선이 그을 수 있는 접선의 수의 경계가 된다는 점을** 이용해도 편하다. 다만, 곡선, 변곡접선, 점근선, 공통접선을 경계선으로 그을 수 있는 접선 개수가 변함을 꼭 기억하자.

양수 a에 대하여 함수 $f(x)$는

$$f(x) = \frac{x^2 - ax}{e^x}$$

이다. 실수 t에 대하여 x에 대한 방정식

$$f(x) = f'(t)(x - t) + f(t)$$

의 서로 다른 실근의 개수를 $g(t)$라 하자.

$g(5) + \lim\limits_{t \to 5} g(t) = 5$일 때, $\lim\limits_{t \to k-} g(t) \neq \lim\limits_{t \to k+} g(t)$를 만족시키는 모든 실수 k의 값의 합은 $\dfrac{q}{p}$이다. $p + q$의 값을 구하시오. (단, p와 q는 서로소인 자연수이다.) [4점]

---

1. 곡선 $y = f(x)$의 개형을 미분없이 그려보자.

함수 $f(x) = \dfrac{x^2 - ax}{e^x} = x(x - a)e^{-x}$의 그래프는 $x = 0$, $x = a$에서 x축과 만나고,

$\lim\limits_{x \to -\infty} f(x) = \infty$, $\lim\limits_{x \to \infty} f(x) = 0$이므로 함수 $y = f(x)$의 그래프의 개형은 다음과 같다.

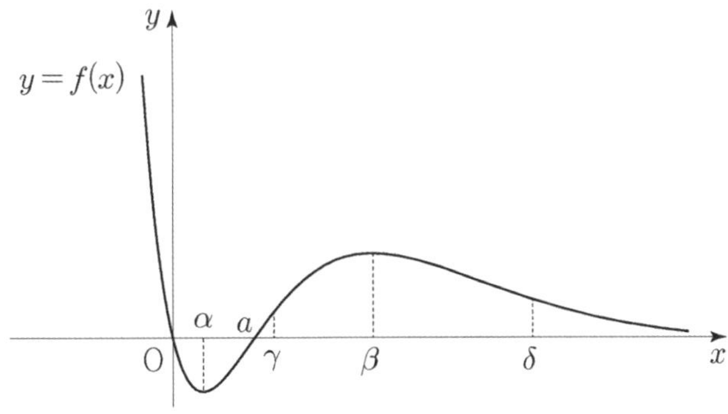

함수 $f(x)$가 극소를 갖는 x값을 α, 극대를 갖는 x값을 β라 하고 두 변곡점의 x좌표를 각각 γ, δ라 하자.

방정식 $f(x) = f'(t)(x - t) + f(t)$의 서로 다른 실근의 개수는 곡선 $y = f(x)$ 위의 점 $(t, f(t))$에서 그은 접선과 곡선 $y = f(x)$의 교점의 개수와 같다.

이때, $g(5) + \lim\limits_{t \to 5} g(t) = 5$이므로 $g(5) \neq \lim\limits_{t \to 5} g(t)$이다. 그래프의 개형에서 공통접선을 그을 수 없으므로 접선과 곡선의 교점의 개수가 변할 가능성이 있는 극대, 극솟점과 변곡점을 살펴보자.

2. (1) $t = \alpha$

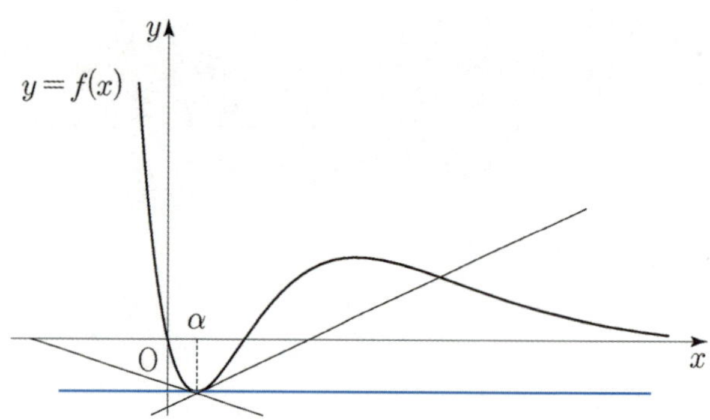

$g(\alpha) = 1,\ \lim\limits_{t \to \alpha-} g(t) = 1,\ \lim\limits_{t \to \alpha+} g(t) = 2$ 이므로 $\lim\limits_{t \to \alpha} g(t)$ 의 값이 존재하지 않는다.

따라서 $\alpha \neq 5$ 이다.

(2) $t = \beta$

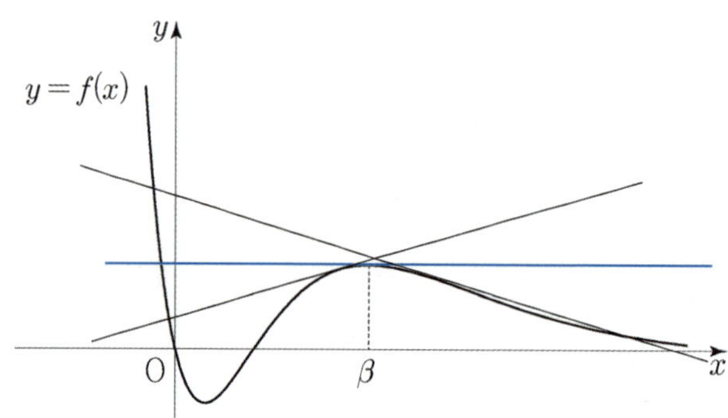

$g(\beta) = 2,\ \lim\limits_{t \to \beta-} g(t) = 2,\ \lim\limits_{t \to \beta+} g(t) = 3$ 이므로 $\lim\limits_{t \to \beta} g(t)$ 의 값이 존재하지 않는다.

따라서 $\beta \neq 5$ 이다.

(3) $t = \gamma$

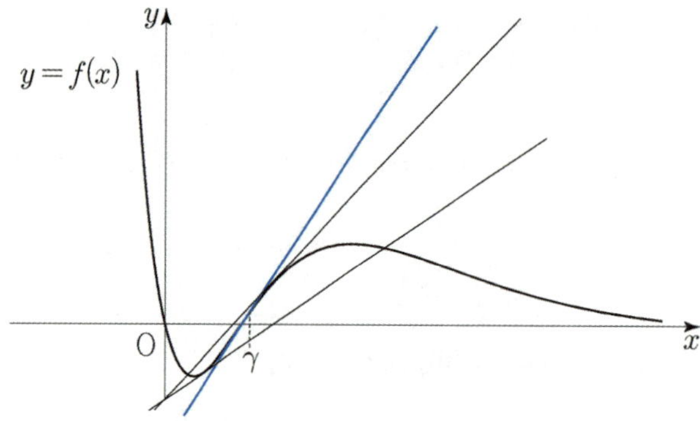

$g(\gamma) = 1,\ \lim\limits_{t \to \gamma-} g(t) = 2,\ \lim\limits_{t \to \gamma+} g(t) = 2$ 이므로 $g(\gamma) + \lim\limits_{t \to \gamma} g(t) = 3$ 이다. 따라서 $\gamma \neq 5$ 이다.

(4) $t = \delta$

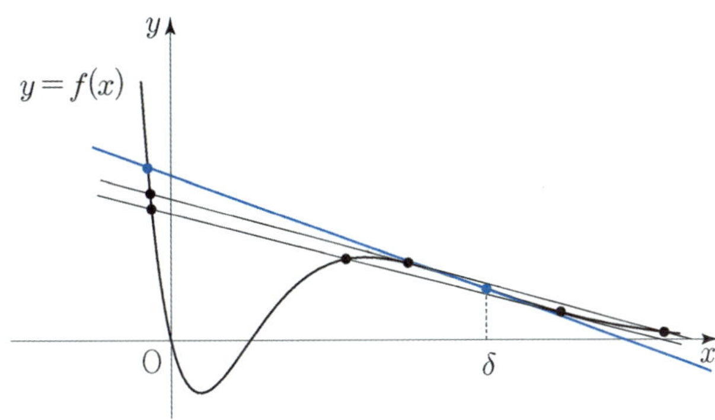

$g(\delta) = 2,\ \lim\limits_{t \to \delta-} g(t) = 3,\ \lim\limits_{t \to \delta+} g(t) = 3$ 이므로

$g(\delta) + \lim\limits_{t \to \delta} g(t) = 5$ 이다. 따라서 $\delta = 5$ 이다.

---

3. 함수 $f(x)$ 의 한 변곡점의 x 좌표가 5 이므로

$f(x) = (x^2 - ax)e^{-x},$

$f'(x) = (-x^2 + (a+2)x - a)e^{-x},$

$f''(x) = (x^2 - (a+4)x + 2a + 2)e^{-x}$ 에서

$f''(5) = (5^2 - 5(a+4) + 2a + 2)e^{-5} = 0$ 이다.

$25 - 5a - 20 + 2a - 2 = -3a + 7 = 0$ 이므로

$a = \dfrac{7}{3}$ 이고, $f(x) = \dfrac{x^2 - \dfrac{7}{3}x}{e^x}$ 이다.

---

4. $x = \alpha,\ x = \beta$ 에서 $\lim\limits_{t \to k-} g(t) \neq \lim\limits_{t \to k+} g(t)$ 이므로 $\alpha + \beta$ 의 값을 구하자.

$f'(x) = \left(-x^2 + \dfrac{13}{3}x - \dfrac{7}{3}\right)e^{-x}$ 에서 근과 계수의 관계에 의하여

$\alpha + \beta = \dfrac{13}{3}$ 이므로 $p = 3,\ q = 13$ 이다.

따라서 $p + q = 16$ 이다.

답은 16!!

함수 $f(x)$가 어떤 구간에 속하는 임의의 두 실수 x_1, x_2에 대하여

$x_1 < x_2$일 때, $f(x_1) < f(x_2)$이면 함수 $f(x)$는 이 구간에서 증가한다고 한다.

$x_1 < x_2$일 때, $f(x_1) > f(x_2)$이면 함수 $f(x)$는 이 구간에서 감소한다고 한다.

어떤 구간에서 미분가능한 함수 $f(x)$가

증가함수이면 이 구간에서 $f'(x) \geq 0$이다.

감소함수이면 이 구간에서 $f'(x) \leq 0$이다.

그렇다면

'어떤 구간에서 미분가능한 함수 $f(x)$가 증가함수이면 이 구간에서 $f'(x) > 0$이다.'와

'어떤 구간에서 미분가능한 함수 $f(x)$가 감소함수이면 이 구간에서 $f'(x) < 0$이다.'는 성립할까?

아니다. 둘 다 성립하지 않는다.

'어떤 구간에서 미분가능한 함수 $f(x)$가 증가함수이면 이 구간에서 $f'(x) > 0$이다.'의 대표적인 반례로는
$f(x) = x^3$가 있다. 아래의 그림에서 볼 수 있듯이 $f(x) = x^3$는 증가함수이다. 하지만 $f'(0) = 0$이다.

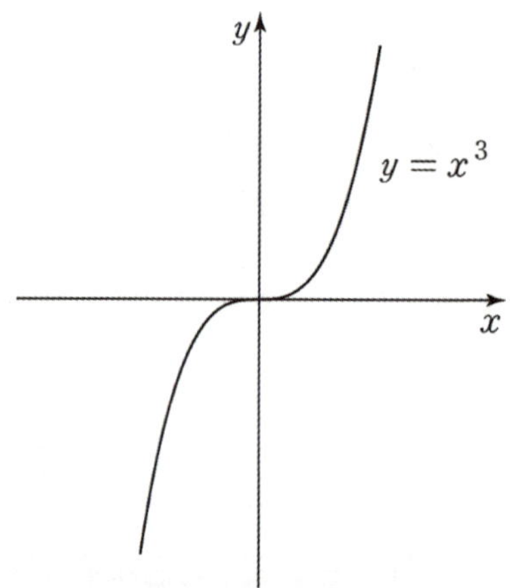

따라서 '어떤 구간에서 미분가능한 함수 $f(x)$가 증가함수'라는 조건을 보고 이를 수식적으로 표현할 때
단순히 '이 구간에서 $f'(x) > 0$이다.'라고 표현하면 안 되고
등호를 잊지 말고 '이 구간에서 $f'(x) \geq 0$이다.'라고 적어야 한다.

'어떤 구간에서 미분가능한 함수 $f(x)$가 감소함수이면 이 구간에서 $f'(x) < 0$이다.'의 대표적인 반례로는 $f(x) = -x^3$가 있다. 아래의 그림에서 볼 수 있듯이 $f(x) = -x^3$는 감소함수이다. 하지만 $f'(0) = 0$이다.

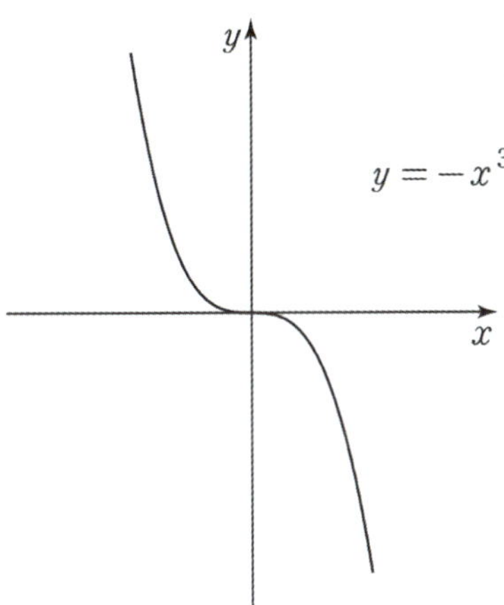

따라서 **'어떤 구간에서 미분가능한 함수 $f(x)$가 감소함수'**라는 조건을 보고 이를 수식적으로 표현할 때
단순히 '이 구간에서 $f'(x) < 0$이다.'라고 표현하면 안 되고
등호를 잊지 말고 **'이 구간에서 $f'(x) \leq 0$이다.'라고 적어야 한다.**

그렇다면
'어떤 구간에서 미분가능한 함수 $f(x)$에 대하여 $f'(x) \geq 0$라면 이 구간에서 $f(x)$가 증가함수이다.'와
'어떤 구간에서 미분가능한 함수 $f(x)$에 대하여 $f'(x) \leq 0$라면 이 구간에서 $f(x)$가 감소함수이다.'는
성립할까? **아니다. 둘 다 성립하지 않는다.**

'어떤 구간에서 미분가능한 함수 $f(x)$에 대하여 $f'(x) \geq 0$라면 이 구간에서 $f(x)$가 증가함수이다.'의
대표적인 반례로 상수함수가 있다. $f(x) = k$ (k는 상수)의 경우, $f'(x) = 0$으로 $f'(x) \geq 0$를 만족하지만
증가함수는 아니다.

그러면 반례로 상수함수만 있을까? 아니다. 다른 반례로
$$f(x) = \begin{cases} -x^2 + 1 & (x < 0) \\ 1 & (0 \leq x < 2) \\ (x-2)^2 + 1 & (x \geq 2) \end{cases}$$ 와 같은 예시들도 있다. 이 함수의 그래프를 그리면 아래와 같다.

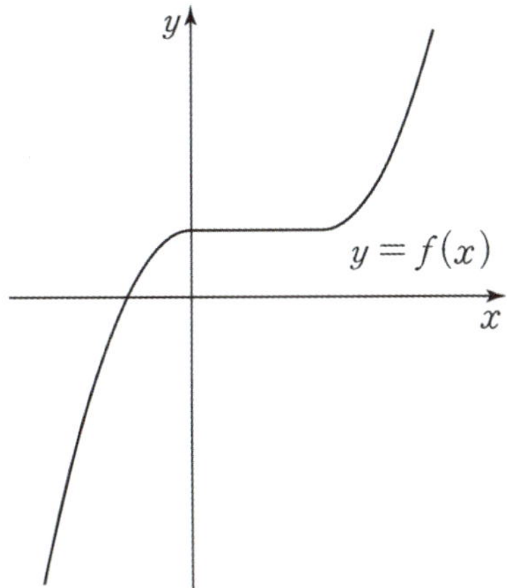

모든 x에 대하여 $f'(x) \geq 0$를 만족한다. 하지만 구간 $[0, 2)$에서 $f(x)$는 증가하지 않는다.
이와 같은 반례들을 숙지해둔다면 킬러 조건 해석을 보다 정확하게 할 수 있을 것이다.

'어떤 구간에서 미분가능한 함수 $f(x)$에 대하여 $f'(x) \leq 0$라면 이 구간에서 $f(x)$가 감소함수이다.'의
대표적인 반례로 상수함수가 있다. $f(x) = k$ $(k는 상수)$의 경우, $f'(x) = 0$으로 $f'(x) \leq 0$를 만족하지만
감소함수는 아니다.

그러면 반례로 상수함수만 있을까? 아니다. 다른 반례로
$$f(x) = \begin{cases} x^2 - 1 & (x < 0) \\ -1 & (0 \leq x < 2) \\ -(x-2)^2 - 1 & (x \geq 2) \end{cases}$$ 와 같은 예시들도 있다. 이 함수의 그래프를 그리면 아래와 같다.

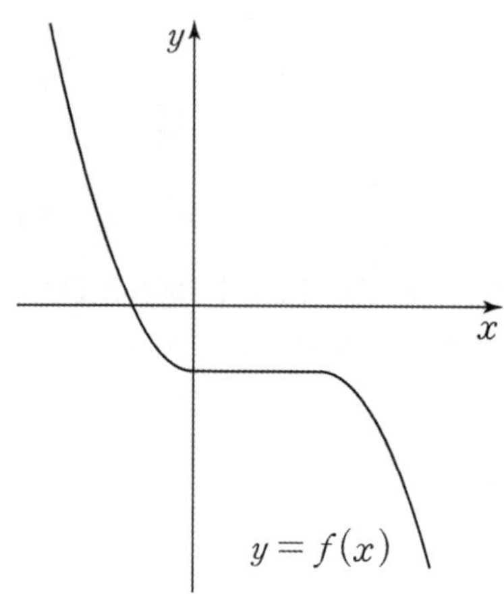

모든 x에 대하여 $f'(x) \leq 0$를 만족한다. 하지만 구간 $[0, 2)$에서 $f(x)$는 감소하지 않는다.
이와 같은 반례들을 숙지해둔다면 킬러 조건 해석을 보다 정확하게 할 수 있을 것이다.

이로부터 다음과 같은 결론을 내릴 수 있다.
함수 $f(x)$가 어떤 열린 구간에서 미분가능하고, 이 구간의 모든 실수 x에 대하여
$f'(x) > 0$이면 함수 $f(x)$는 이 구간에서 증가한다.
$f'(x) < 0$이면 함수 $f(x)$는 이 구간에서 감소한다.

어떤 명제가 참일 때, 이 명제의 역은 항상 참이라고 할 수 없음을 잊지 말자.

실수 전체의 집합에서 미분가능하고, 다음 조건을 만족시키는 모든 함수 $f(x)$에 대하여 $\displaystyle\int_0^2 f(x)dx$의 최솟값은? [4점]

(가) $f(0) = 1$ 이고 $f'(0) = 1$
(나) $0 < a < b < 2$이면 $f'(a) \leq f'(b)$이다.
(다) 구간 $(0, 1)$에서 $f''(x) = e^x$이다.

① $\dfrac{1}{2}e - 1$ ② $\dfrac{3}{2}e - 1$ ③ $\dfrac{5}{2}e - 1$ ④ $\dfrac{7}{2}e - 2$ ⑤ $\dfrac{9}{2}e - 2$

1. 문제 첫 줄에 '$f(x)$가 실수 전체 집합에서 미분가능한 함수이다.'라는 조건이 보인다. **꼭 표시해 주자.**
Chapter 5에서 더 자세히 소개하겠지만 $f(x)$가 실수 전체 집합에서 미분가능하므로 실수 전체 집합에서 연속이다.

조건 (가), 조건 (다)를 통해 구간 $(0,1)$에서 $f'(x) = e^x$, $f(x) = e^x$임을 알 수 있다.
$\int_0^2 f(x)dx$의 최솟값을 구해야 하므로 **구간 $[1,2)$에서 함수 $f(x)$가 궁금해진다.**

함수 $f(x)$가 미분가능한 함수이자 연속함수이므로 $f(1) = e$, $f'(1) = e$ 이다.
조건 (나)에 의해 구간 $[1,2)$에서 함수 $f'(x)$가 증가함수임을 알 수 있고
$e = f'(1) \leq f'(x)$이므로 **함수 $f(x)$도 증가함수임**을 알 수 있다.

2. 위의 조건을 만족시키는 $y = f(x)$를 그리다 보면 **직관적으로**
$\int_0^2 f(x)dx$**가 최소가 되기 위해서는 구간 $[1,2)$에서**
함수 $f(x)$가 $y = e^x$의 점 $(1, e)$에서의 접선 $y = ex$가
되어야 함을 알 수 있다.
증명은 다음과 같다.

위의 조건을 만족하려면 구간 $[1,2)$에서 $ex \leq f(x)$이다.
교과서에 의하면 두 함수 $f(x)$, $g(x)$가 구간 $[a, b]$에서
$f(x) \geq g(x)$**이면** $\int_a^b f(x)dx \geq \int_a^b g(x)dx$ 이므로
$\int_1^2 ex\,dx \leq \int_1^2 f(x)dx$이다.
따라서 $\int_0^2 f(x)dx = \int_0^1 f(x)dx + \int_1^2 f(x)dx \geq \int_0^1 e^x dx + \int_1^2 ex\,dx = \dfrac{5e}{2} - 1$이다.
$\int_0^2 f(x)dx$의 최솟값은 $\dfrac{5e}{2} - 1$이므로 **답은 ③!!**

문제를 읽다가 '$f(x)$가 미분가능한 함수이다.'라는 조건이나 '$f(x)$가 연속함수다.'라는 조건이 있다면 꼭 표시하고 넘어가자. 이 자체도 중요한 조건이지만 킬러에서 특히 문제를 푸는데 결정적인 조건일 수 있기 때문이다.

이 문제의 정답 상황을 관찰하면 **구간 $[1,2)$에서 $f(x) = ex$로 접선의 기울기가 e로 일정하여 조건 (나)를 만족한다**는 것을 알 수 있다. **부등식에서 등호를 만족하는 특수한 상황**에서 답이 나오는 경우이다.

실수 전체의 집합에서 연속인 함수 $f(x)$가 다음 조건을 만족시킨다.

> (가) $x \leq b$일 때, $f(x) = a(x-b)^2 + c$ 이다. (단, a, b, c는 상수이다.)
>
> (나) 모든 실수 x에 대하여 $f(x) = \int_0^x \sqrt{4 - 2f(t)}\, dt$ 이다.

일 때, $\int_0^6 f(x)dx = \dfrac{q}{p}$일 때, $p+q$의 값을 구하시오. (단, p와 q는 서로소인 자연수이다.) [4점]

1. 문제 첫 줄에 '$f(x)$가 실수 전체 집합에서 연속함수이다.'라는 조건이 보인다. **꼭 표시해 주자. 조건 (가)**에서 $x \leq b$에서 함수 $f(x)$ 식 형태를 알 수 있다. 아마 상수 a, b, c 값을 구해야 할 것 같다. $x > b$에서 함수 $f(x)$가 궁금하다.

조건 (나)에서 실수 전체 집합에서의 함수 $f(x)$에 대한 **힌트**를 주는 것 같다. 조건 (나)를 해석해보자.
$f(x) = \displaystyle\int_0^x \sqrt{4 - 2f(t)}\, dt$은 '**정적분으로 정의된 함수**'이다.

Chapter 7에서도 말하겠지만 반사적으로 $x = 0$을 대입하여 $f(0) = 0$을 뽑아내고
$f(x) = \displaystyle\int_0^x \sqrt{4 - 2f(t)}\, dt$의 양변을 x에 대해 미분하여 $f'(x) = \sqrt{4 - 2f(x)}$를 뽑아내자.

그런데 문제에서 함수 $f(x)$가 미분가능하다는 조건은 없었다. **함수 $f(x)$가 미분가능할까?**
교과서 정의에 의하면 연속함수 $f(x)$와 상수 a에 대하여 $\displaystyle\int_a^x f(x)\, dx$는 미분가능하다.

따라서 $F(x) = \displaystyle\int_a^x f(x)\, dx$에서 함수 $F(x)$ 역시 미분가능하다.

함수 $f(x)$가 연속함수이므로 $\displaystyle\int_0^x \sqrt{4 - 2f(t)}\, dt$도 **연속함수여야** 한다.
$\{t \mid 4 - 2f(t) < 0\}$를 만족하는 정의역 구간에서 $\sqrt{4 - 2f(t)}$가 정의되지 않으므로
$\displaystyle\int_0^x \sqrt{4 - 2f(t)}\, dt$가 정의되지 않고 함수 $f(x)$도 정의되지 않는다.
이는 함수 '$f(x)$가 실수 전체 집합에서 연속함수이다.'라는 조건과 모순된다.
따라서 $4 - 2f(t) \geq 0$이다.

$f(x) \leq 2$이고 함수 $f(x)$가 연속함수이므로 함수 $\sqrt{4 - 2f(x)}$ 역시 연속함수이다.

따라서 $\displaystyle\int_0^x \sqrt{4 - 2f(t)}\, dt$는 미분가능하고 함수 $f(x)$ 역시 미분가능하다.

결론적으로 **조건 (나)로부터** 실수 전체 집합에서
$f(0) = 0,\ f'(x) = \sqrt{4 - 2f(x)},\ f(x) \leq 2,\ f'(x) \geq 0$임을 **얻어낼 수 있다.**

2. 먼저 $x \le b$ 에서 함수 $f(x)$를 구해보자.

실수 전체 집합에 대해 $f'(x) = \sqrt{4 - 2f(x)}$ 이 성립하므로
$f(x) = a(x - b)^2 + c$, $f'(x) = 2a(x - b)$을 **대입해도 된다.**
대입하여 계수 비교를 하면 $4a^2 + 2a = 0$, $c = 2$이다.

(1) $a = 0$일 때
$x \le b$에서 $f(x) = 2$이다.
실수 전체 집합에서 $f(x) \le 2$, $f'(x) \ge 0$이기에 **실수 전체 집합에서 $f(x) = 2$이다.**
하지만 $f(0) = 0$**이기에 모순이다.**

(2) $a = -\dfrac{1}{2}$일 때

$x \le b$ 에서 $f(x) = -\dfrac{1}{2}(x - b)^2 + 2$ 이다.

실수 전체 집합에서 $f(x) \le 2$, $f'(x) \ge 0$이기에 $x > b$에서 $f(x) = 2$이다.
$b < 0$**일 때,** $f(0) = 2$**인데** $f(0) = 0$**이기에 모순이다.**

따라서 $b \ge 0$임을 알 수 있고 $f(0) = -\dfrac{1}{2}b^2 + 2 = 0$, $b = 2$**이다.**

$$f(x) = \begin{cases} -\dfrac{1}{2}(x - 2)^2 + 2 & (x \le 2) \\ 2 & (x > 2) \end{cases}$$

$$\int_0^6 f(x)dx = \int_0^2 f(x)dx + \int_2^6 f(x)dx = \int_0^2 \left\{ -\frac{1}{2}(x - 2)^2 + 2 \right\}dx + \int_2^6 2dx$$

$$= \left[-\frac{1}{6}(x - 2)^3 + 2x \right]_0^2 + \left[2x \right]_2^6 = 12 - \frac{4}{3} = \frac{32}{3}$$

$p = 3$, $q = 32$, $p + q = 35$이므로 **답은 35!!**

조건 (나)는 매우 짧다. 하지만 **많은 조건들이 포함되어 있기에 더욱 까다롭다.** 기본적 교과서 정의와 관련된 조건을 꼼꼼히 따지지 않았다면 조건이 부족해 문제를 풀기 어려웠을 것이다.
구간별로 정의된 함수 $f(x)$를 구하기 위해서는 주어진 조건의 정의역 구간을 확인해야 한다.
조건 (가)의 경우 $x \le b$에서 함수 $f(x)$의 조건이었고 조건 (나)의 경우 실수 전체 집합에서 함수 $f(x)$의 조건이었다.

Chapter 7에서도 소개하겠지만 $F(x) = \displaystyle\int_a^x f(x)dx$와 같은 **'정적분으로 정의된 함수'를 보면 반사적으로 $F(a) = 0$, $F'(x) = f(x)$ 조건들을 뽑아내야 한다.** 또한, 교과서 정의에 의하면 **연속함수 $f(x)$와 상수 a에 대하여 $\displaystyle\int_a^x f(x)dx$는 미분가능하다.** 따라서 $F(x) = \displaystyle\int_a^x f(x)dx$에서 **함수 $F(x)$ 역시 미분가능하다는** 점을 꼭 기억하자.

어떤 구간에서 부등식 $f(x) \geq g(x)$의 증명은 어떻게 할까?

$h(x) = f(x) - g(x)$로 두면 $f(x) \geq g(x)$는 $h(x) \geq 0$이다.
이 구간에서 $h(x)$의 최솟값이 0 이상임을 보이면 이 구간에서 $h(x) \geq 0$임을 증명할 수 있다.

$h(x) = g(x) - f(x)$로 두면 $f(x) \geq g(x)$는 $h(x) \leq 0$이다.
이 구간에서 $h(x)$의 최댓값이 0 이하임을 보이면 이 구간에서 $h(x) \leq 0$임을 증명할 수 있다.

$x > 0$인 모든 실수 x에 대하여 부등식 $x \ln x \geq x - 1$이 성립함을 증명해 보자.

$f(x) = x \ln x - x$로 두면 $x > 0$인 모든 실수 x에 대하여 부등식 $f(x) \geq -1$임을 증명하면 된다.
'미분 없이' $y = x \ln x - x$의 그래프 개형을 그리면 아래와 같다.

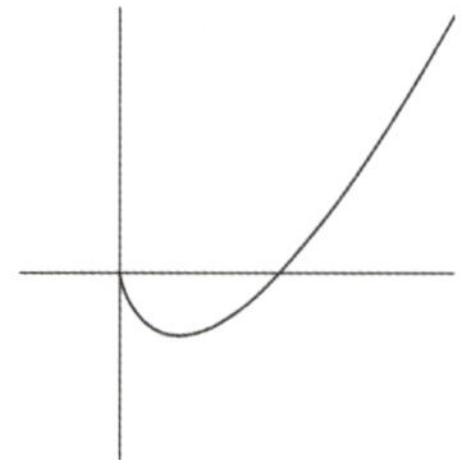

$f(x)$의 극솟값을 구해보자. $f'(x) = \ln x = 0$에서 $x = 1$이므로 $f(1)$이 함수 $f(x)$의 극솟값이자 최솟값이다.
$f(1) = -1$이므로 $x > 0$인 모든 실수 x에 대하여 부등식 $f(x) \geq -1$임이 증명된다.

$x \geq 0$인 모든 실수 x에 대하여 부등식 $2xe^x + x \geq 0$이 성립함을 증명해 보자.

$f(x) = 2xe^x + x$로 두자. 함수 $f(x)$의 그래프 개형을 '미분 없이' 그리기 까다롭다. 따라서 미분을 먼저 하자.
$f'(x) = 2(x+1)e^x + 1$이다. $x \geq 0$에서 $2(x+1) > 0$, $e^x > 0$이므로 $f'(x) > 0$이다.
$x \geq 0$에서 $f'(x) > 0$이면 $x \geq 0$에서 $f(x)$는 증가함수이다.

$x \geq 0$에서 $f(x)$는 증가함수이므로 $x \geq 0$에서 $f(x)$의 최솟값은 $f(0)$이다.
$f(0) = 0$이므로 $x \geq 0$인 모든 실수 x에 대하여 부등식 $f(x) \geq 0$임이 증명된다.

극점과 변곡점 정의, 연속성, 미분가능성

▌극점의 정의

예전 교육과정에서 강조되던 극대와 극소의 정의는 다음과 같았다.

> 함수 $f(x)$가 $x = a$에서 연속이고, x가 증가하면서 $x = a$ 좌우에서 $f(x)$가 증가상태에서 감소상태로 변하면 $f(x)$는 $x = a$에서 극대라고 한다.
>
> 함수 $f(x)$가 $x = b$에서 연속이고, x가 증가하면서 $x = b$ 좌우에서 $f(x)$가 감소상태에서 증가상태로 변하면 $f(x)$는 $x = b$에서 극소라고 한다.

함수 $f(x)$가 주로 연속함수일 때만을 다루며 이 정의를 실질적으로 문제에서 적용하려면 $f'(x)$ 부호 변화 여부만 확인하면 된다. 현재도 $f(x)$가 연속함수라면 이를 활용해도 된다.

> 함수 $f(x)$가 연속함수일 때, $x = a$ 좌우에서 $f'(x)$부호가 양에서 음으로 바뀌면 $f(x)$는 $x = a$에서 극대임을 알 수 있다. $f(x)$가 $x = a$에서 미분가능한 함수라는 조건도 있다면 $f'(a) = 0$이다.
>
> 함수 $f(x)$가 연속함수일 때, $x = b$ 좌우에서 $f'(x)$부호가 음에서 양으로 바뀌면 $f(x)$는 $x = b$에서 극소임을 알 수 있다. $f(x)$가 $x = b$에서 미분가능한 함수라는 조건도 있다면 $f'(b) = 0$이다.

주의할 점은 $f'(c) = 0$이라고 꼭 극점이 되지는 않는다는 점이다.
$f'(c) = 0$여도 $f'(x)$의 부호가 변하지 않는다면 극점이 아니다.
또한, $f'(c) \neq 0$이여도 $x = c$ 좌우에서 $f'(x)$의 부호가 변하기만 한다면 극점이다.

현재 교육과정에서 소개하는 극대, 극소의 정의는 다음과 같다.

> 함수 $f(x)$가 $x = a$를 포함하는 어떤 열린 구간에 속하는 모든 x에 대하여 $f(x) \leq f(a)$이면 함수 $f(x)$는 $x = a$에서 극대라고 한다.
>
> 함수 $f(x)$가 $x = b$를 포함하는 어떤 열린 구간에 속하는 모든 x에 대하여 $f(x) \geq f(b)$이면 함수 $f(x)$는 $x = b$에서 극소라고 한다.

예전 교육과정에 나오는 극대, 극소 정의와의 차이점은 $f(x)$가 $x = c$에서 연속일 때뿐만 아니라 $f(x)$가 $x = c$에서 불연속일 때에도 $x = c$에서 극대, 극소인지 판단이 가능하다는 점이다.

따라서, 아래의 그래프들과 같은 상황에서도 $x = c$에서의 극대, 극소 판단이 가능하다.

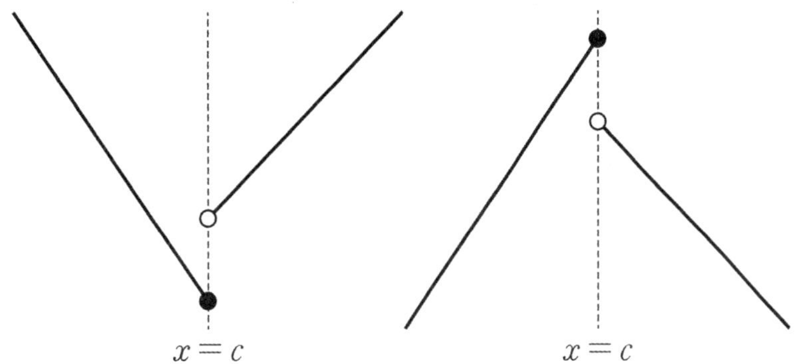

왼쪽 그래프에서 $f(x)$는 $x = c$에서 극소이다. 오른쪽 그래프에서 $f(x)$는 $x = c$에서 극대이다.

예제(1) 17년 3월 교육청 14번

모든 실수 x에 대하여 $f(x+2) = f(x)$이고, $0 \leq x < 2$일 때 $f(x) = \dfrac{(x-a)^2}{x+1}$인 함수 $f(x)$가 $x = 0$에서 극댓값을 갖는다. 구간 $[0, 2)$에서 극솟값을 갖도록 하는 모든 정수 a의 값의 곱은? [4점]

① -3 ② -2 ③ -1 ④ 1 ⑤ 2

1. $0 \le x < 2$ 일 때 $f(x)$ 식이 주어졌고, 모든 실수 x 에 대하여 $f(x+2) = f(x)$ 이므로

$f(x)$ 는 주기가 2인 함수이다. 이제 $f(x) = \dfrac{(x-a)^2}{x+1}$ 의 개형을 그려 보자.

$y = \dfrac{(x-a)^2}{x+1}$ 의 '가분수 꼴'을 보면 좀 불편하고 '대분수 꼴'로 바꿔주고 싶지만, '대분수 꼴'로 바꿔주기

도 힘들고 $f(x)$ 의 분자에 있는 $(x-a)^2$ 이 개형 파악에 오히려 더 큰 도움을 준다.

따라서 $y = \dfrac{(x-a)^2}{x+1}$ 식 꼴을 유지하자.

$y = \dfrac{(x-a)^2}{x+1}$ 는 $x = -1$ 에서 점근선을 가지므로 $a = -1$ 일 때부터 따져보자.

구간 $[0, 2)$ 에서 $f(x) = x+1$ 이므로 $f(x)$ 는 다음과 같이 그려진다.

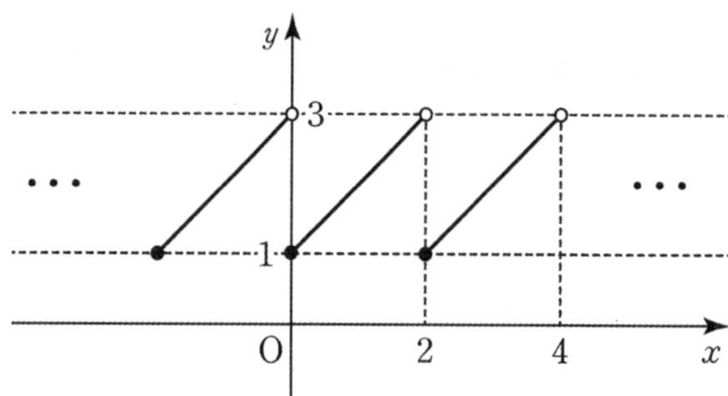

$x = 0$ 에서 극댓값을 갖지 않으므로 $a \neq -1$ 이다.

Chapter 4에서 배운 대로 '미분 없이' $y = \dfrac{(x-a)^2}{x+1}$ $(a \neq -1)$ 의 개형을 그리면 아래와 같다.

왼쪽 개형은 $a > -1$ 일 때이고, 오른쪽 개형은 $a < -1$ 일 때이다.

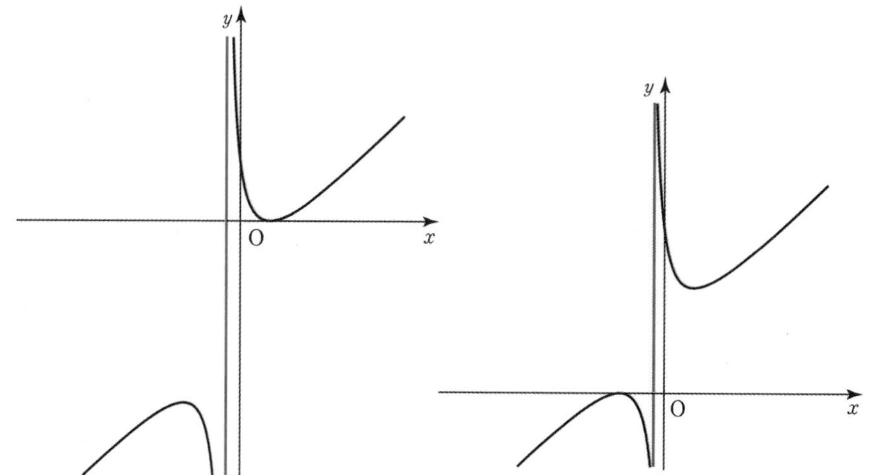

점근선이 $x = -1$ 이고 $f(x)$ 는 $0 \le x < 2$ 에서만 $y = \dfrac{(x-a)^2}{x+1}$ 이므로

점근선 $x = -1$ 의 오른쪽 부분만 신경 쓰면 될 듯하다.

2. 이제 미분을 해서 극점의 좌표들 좀 살펴보자.

구간 $[0, 2)$ 에서 $f'(x) = \dfrac{(x-a)(x+2+a)}{(x+1)^2}$ 이고

$f'(x)$의 분모 부분인 $(x+1)^2 > 0$ 이므로 $f'(x)$ 부호에 영향을 주지 않는다.

따라서 $f'(x)$의 분자 부분인 $(x-a)(x+2+a)$만 신경 써주면 된다.

$f'(x) = 0$ 의 해는 $x = a$ 또는 $x = -a-2$이다.

$x = a$ 또는 $x = -a-2$ 좌우에서 $f'(x)$의 부호가 바뀌므로 극점을 지닌다.

다만, $a < -a-2$일 때에는 $f(x)$가 $x = -a-2$에서 극소이고,

$a > -a-2$일 때에는 $f(x)$가 $x = a$에서 극소이다.

(1) $a < -a-2$일 때

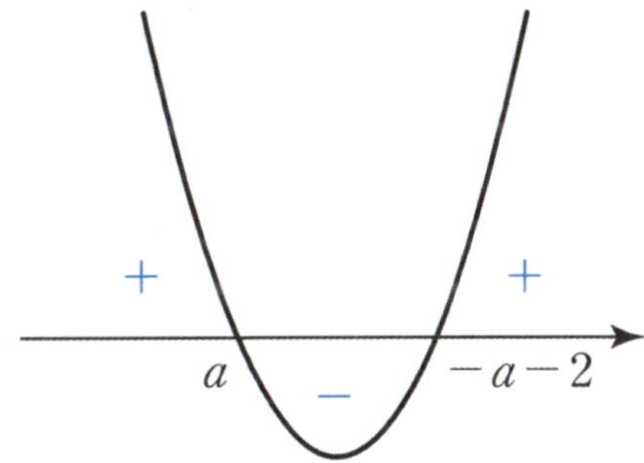

$f(x)$가 구간 $[0, 2)$ 에서 극솟값을 갖도록 하려면

$0 < -a-2 < 2$, $-4 < a < -2$을 만족해야 한다. a는 정수이므로 $a = -3$이다.

전에 구했던 $y = \dfrac{(x-a)^2}{x+1}$ $(a < -1)$ 개형을 이용해 $a = -3$일 때 $f(x)$를 그려보자.

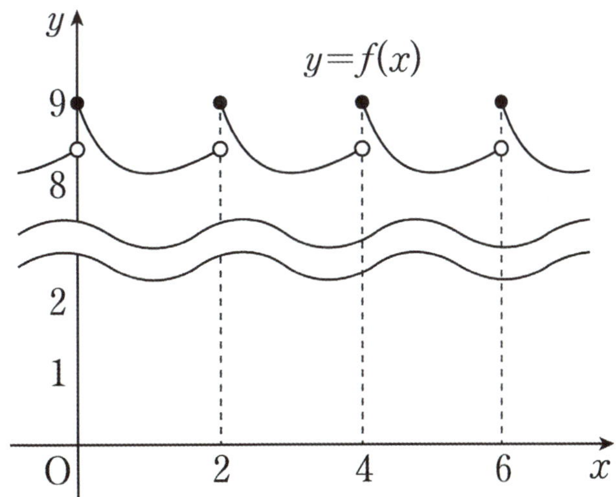

∴ $a = -3$일 때, $f(x)$는 $x = 0$에서 극댓값을 갖고 구간 $[0, 2)$에서 극솟값을 갖는다.

(2) $a > -a-2$ 일 때

　　$f(x)$가 구간 $[0, 2)$에서 극솟값을 갖도록 하려면

　　$0 < a < 2$을 만족해야 한다.

　　a는 정수이므로 $a = 1$이다.

　　전에 구했던 $y = \dfrac{(x-a)^2}{x+1}$ $(a > -1)$ 개형을 이용해

　　$a = 1$일 때 $f(x)$를 그려보자.

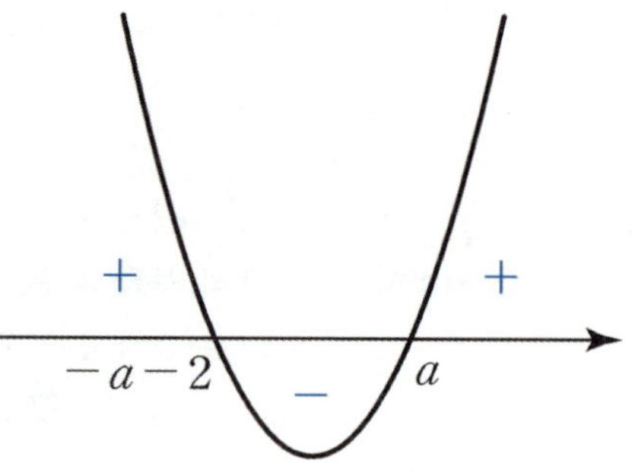

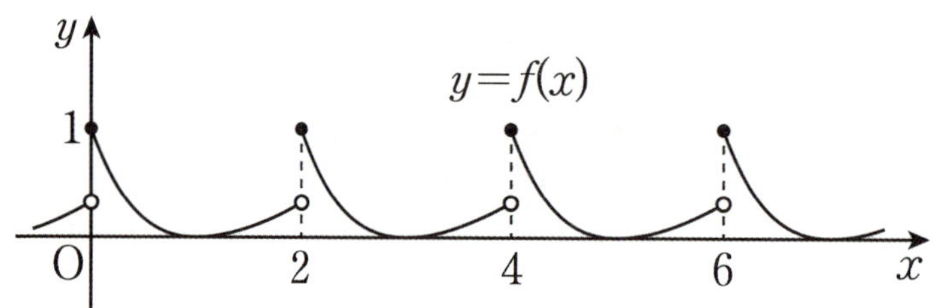

$\therefore a = 1$일 때, $f(x)$는 $x = 0$에서 극댓값을 갖고 구간 $[0, 2)$에서 극솟값을 갖는다.

$a = -3$ 또는 $a = 1$이므로 모든 정수 a의 값의 곱은 $(-3) \times 1 = -3$이다.

답은 ①!!

이 문제는 **극점의 정의에 있어서 매우 기념비적인 문제**이다. 현재 교육과정의 극점 정의를 이렇게 이용해 문제로 낼 거라고 누구도 상상 못 했다.

이 이후로 교육청이나 사관학교에서 불연속함수에서의 극점을 다루긴 했으나 아직 평가원은 다루지 않았다. 이제 낼 때가 되지 않았나 싶다.

이 책을 계속 공부하면서 느끼겠지만 난 그래프를 그리고 푸는 걸 매우 좋아한다. **미분 없이 그래프 그리는 것이 최우선으로 둔다.** 하지만 분명 한계가 존재하고, 한계에 직면했을 때는 도함수를 이용해 원함수의 그래프 개형을 추정한다. 전에도 말했고 앞으로도 계속 말하겠지만 미적분의 시작은 '그래프 그리기'이다. 꼭 그래프는 그려주고 시작하자!

※ **그래프 풀이의 거의 유일한 단점은 두 곡선이 만나는 교점의 수를 구할 때이다.**

함수 $f(x) = 6\pi(x-1)^2$에 대하여 함수 $g(x)$를 $g(x) = 3f(x) + 4\cos f(x)$라 하자. $0 < x < 2$에서 함수 $g(x)$가 극소가 되는 x의 개수는? [4점]

① 6   ② 7   ③ 8   ④ 9   ⑤ 10

1. 함수 $g(x) = 3f(x) + 4\cos f(x)$ 는 함수 $y = 3x + 4\cos x$ 와 함수 $f(x)$ 를 합성한 함수이다.

$t = f(x)$ 라 하면 $0 < x < 2$ 에서 $0 < t < 6\pi$ 이므로

$0 < t < 6\pi$ 에서 함수 $y = 3t + 4\cos t$ 를 관찰하자.

2. 함수 $y = 3t + 4\cos t$ 의 양변을 t 에 대하여

미분하면 $\dfrac{dy}{dt} = 3 - 4\sin t$ 이다.

따라서 함수 $y = 3 - 4\sin t$ 의 그래프의 개형을
관찰하여 함수 $y = 3t + 4\cos t$ 의 극값의 위치를
판단하자.

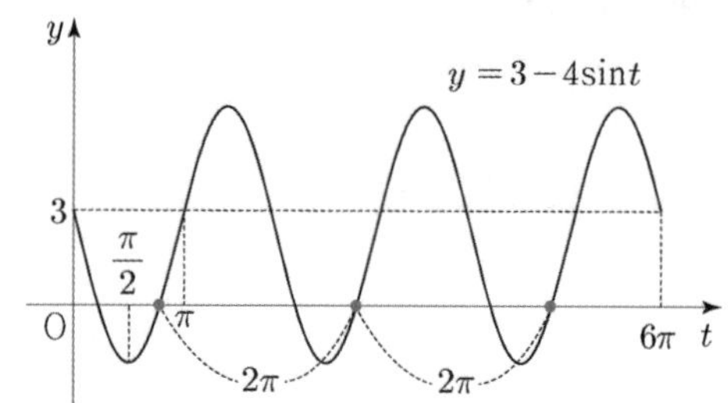

함수 $y = 3 - 4\sin t$ 의 주기는 2π 이므로

함수 $y = 3 - 4\sin t$ 의 부호가 음에서 양으로 변하는 간격은 2π 이다.

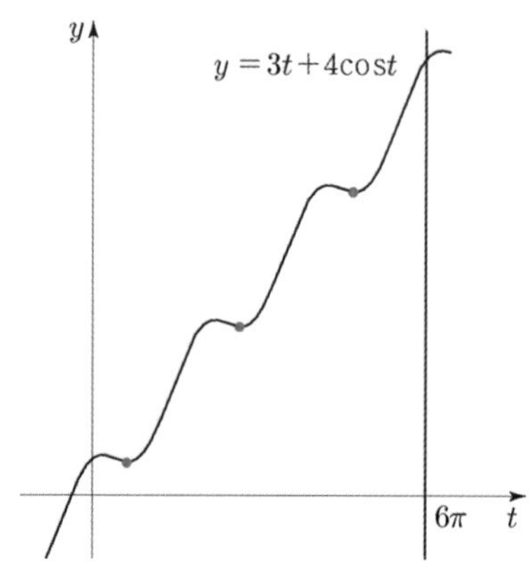

따라서 함수 $y = 3t + 4\cos t$ 의 극솟값을 갖는 x 좌표 사이의 간격은 2π 이므로
함수 $y = 3t + 4\cos t$ 의 그래프의 개형은 다음과 같다.

3. 함수 $t = f(x)$ 의 그래프를 살펴보자.

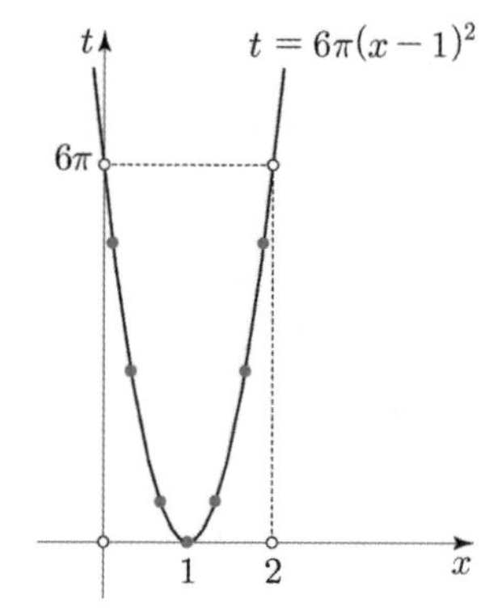

함수 $t = 6\pi(x-1)^2$ 의 그래프가 $x = 1$ 에서 극솟값 $t = 0$ 을 갖고,
$0 < x < 2$ 에서 함수 $y = 3t + 4\cos t$ 의 극솟값을 갖도록 하는 t 를
만족시키는 x 의 값이 6 개이므로 $0 < x < 2$ 에서 함수 $g(x)$ 가
극소가 되는 x 의 개수는 7 이다.

답은 ②!!

최고차항의 계수가 6π인 삼차함수 $f(x)$에 대하여 함수 $g(x) = \dfrac{1}{2 + \sin(f(x))}$이 $x = \alpha$에서 극대 또는 극소이고, $\alpha \geq 0$인 모든 α를 작은 수부터 크기순으로 나열한 것을 $\alpha_1,\ \alpha_2,\ \alpha_3,\ \alpha_4,\ \alpha_5,\ \cdots$ 라 할 때, $g(x)$는 다음 조건을 만족시킨다.

> (가) $\alpha_1 = 0$이고 $g(\alpha_1) = \dfrac{2}{5}$이다.
>
> (나) $\dfrac{1}{g(\alpha_5)} = \dfrac{1}{g(\alpha_2)} + \dfrac{1}{2}$

$g'\left(-\dfrac{1}{2}\right) = a\pi$라 할 때, a^2의 값을 구하시오. (단, $0 < f(0) < \dfrac{\pi}{2}$) [4점]

1. 함수 $g(x)$는 함수 $h(x) = \dfrac{1}{2+\sin x}$에 함수 $f(x)$를 합성한 형태이다.

$2+\sin x \geq 1$이므로 함수 $h(x)$는 실수 전체 집합에서 미분가능한 함수이다.
함수 $f(x)$가 다항함수이므로 함수 $g(x)$ 역시 실수 전체 집합에서 미분가능하다.

$g(x) = \dfrac{1}{2+\sin(f(x))}$ 의 양변을 x에 대해 미분하면 $g'(x) = \dfrac{-f'(x)\cos f(x)}{\{2+\sin(f(x))\}^2}$ 이다.

함수 $g(x)$가 $x = \alpha$에서 극대 또는 극소이므로 $f'(\alpha) = 0$ 또는 $\cos f(\alpha) = 0$ 이다.
극점 판단을 할 때 $g(x)$가 연속함수이므로 $f'(x)$의 부호 변화 여부를 꼭 살펴보자.
$f'(\alpha) = 0$, $\cos f(\alpha) = 0$를 동시에 만족한다면 함수 $g(x)$가 $x = \alpha$에서 극대 또는 극소가
아닐 수 있으니 이 점을 유의하며 문제를 풀어나가자.

조건 (가)를 해석해보자. $g(\alpha_1) = g(0) = \dfrac{1}{2+\sin f(0)} = \dfrac{2}{5}$, $\sin f(0) = \dfrac{1}{2}$ 이다.

$f(0)$의 값이 궁금한데 마침 $0 < f(0) < \dfrac{\pi}{2}$ 이 주어져 있다! 따라서 $f(0) = \dfrac{\pi}{6}$ 이다.

$g'(\alpha_1) = g'(0) = 0$에서 $\cos f(0) \neq 0$이므로
함수 $f(x)$는 $x = 0$에서 극값을 갖는다는 것을 알 수 있다. 따라서 조건 (가)로부터
$f'(0) = 0$, $f(0) = \dfrac{\pi}{6}$와 $f(x)$가 서로 다른 두 개의 극점을 갖는다는 것을 알 수 있다.

---

2. 조건 (나)를 해석해보자. $\dfrac{1}{g(\alpha_5)} = \dfrac{1}{g(\alpha_2)} + \dfrac{1}{2}$는 곧 $\sin(f(\alpha_5)) = \sin(f(\alpha_2)) + \dfrac{1}{2}$ 이다.

$g'(\alpha_2) = 0$이므로 $\cos(f((\alpha_2)) = 0$ 또는 $f'(\alpha_2) = 0$이다.
$g'(\alpha_5) = 0$이므로 $\cos(f((\alpha_5)) = 0$ 또는 $f'(\alpha_5) = 0$이다.

동시에 $f'(\alpha_2) = 0$, $f'(\alpha_5) = 0$가 될 수 있을까?
삼차함수 $f(x)$는 서로 다른 두 개의 극점을 갖는데 이미 $x = \alpha_1 = 0$에서 극점을 가진다.
따라서 동시에 $f'(\alpha_2) = 0$, $f'(\alpha_5) = 0$가 될 수 없다.

동시에 $\cos(f((\alpha_2)) = 0$, $\cos(f((\alpha_5)) = 0$가 될 수 있을까?
$\cos(f((\alpha_2)) = 0$이면 $\sin(f((\alpha_2)) = 1$ 또는 $\sin(f((\alpha_2)) = -1$이다.
$\cos(f((\alpha_5)) = 0$이면 $\sin(f((\alpha_5)) = 1$ 또는 $\sin(f((\alpha_5)) = -1$이다.

이때 $\sin(f(\alpha_5)) = \sin(f(\alpha_2)) + \dfrac{1}{2}$는 절대 만족할 수 없다.

따라서 동시에 $\cos(f((\alpha_2)) = 0$, $\cos(f((\alpha_5)) = 0$가 될 수 없다.

따라서 $f'(\alpha_2) = 0$, $\cos(f((\alpha_5)) = 0$ **또는** $f'(\alpha_5) = 0$, $\cos(f((\alpha_2)) = 0$임을 알 수 있다.

3. $f'(\alpha_2)=0$, $\cos(f((\alpha_5)))=0$일 때와 $f'(\alpha_5)=0$, $\cos(f((\alpha_2)))=0$일 때로 나누어 $y=f(x)$ 그래프를 그려보자.

(1) $f'(\alpha_2)=0$, $\cos(f((\alpha_5)))=0$일 때

삼차함수 $f(x)$**가** $x=\alpha_1=0$, $x=\alpha_2$**에서 이미 극점을 가지므로** $g'(\alpha_3)=0$, $g'(\alpha_4)=0$, $g'(\alpha_5)=0$**를 만족하려면** $\cos(f((\alpha_3)))=0$, $\cos(f((\alpha_4)))=0$, $\cos(f((\alpha_5)))=0$**여야 한다.**

$\cos(f((\alpha)))=0$를 만족한다면 $f(\alpha)=\pm\dfrac{\pi}{2}$, $\pm\dfrac{3}{2}\pi$, $\pm\dfrac{5}{2}\pi$, $\cdots$ 이다.

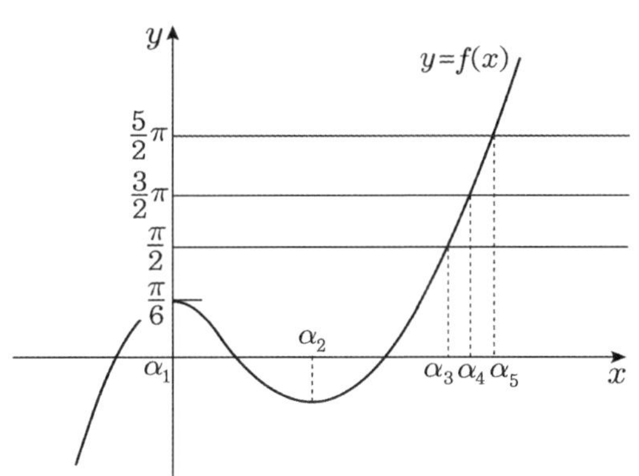

따라서 삼차함수 $f(x)$**가** $x=\alpha_2$**에서 극소를 갖기 위해서는**

$$-\frac{\pi}{2}<f(\alpha_2)<\frac{\pi}{6},\ f(\alpha_3)=\frac{\pi}{2},\ f(\alpha_4)=\frac{3}{2}\pi,\ f(\alpha_5)=\frac{5}{2}\pi\ \text{이다.}$$

$f(\alpha_5)=\dfrac{5}{2}\pi$이므로

$\sin(f(\alpha_5))=1$이고 $\sin(f(\alpha_5))=\sin(f(\alpha_2))+\dfrac{1}{2}$에서 $\sin(f(\alpha_2))=\dfrac{1}{2}$이다.

$-\dfrac{\pi}{2}<f(\alpha_2)<\dfrac{\pi}{6}$**에서** $\sin(f(\alpha_2))\neq\dfrac{1}{2}$**이므로 모순이다.**

(2) $f'(\alpha_5)=0$, $\cos(f((\alpha_2)))=0$일 때

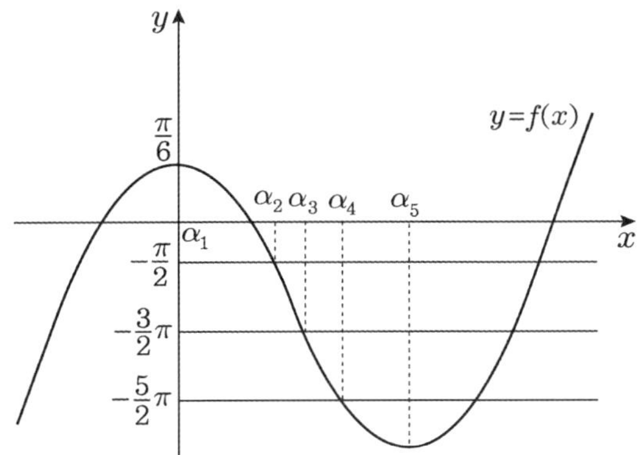

삼차함수 $f(x)$**가** $x=\alpha_1=0$, $x=\alpha_5$**에서 이미 극점을 가지므로** $g'(\alpha_2)=0$, $g'(\alpha_3)=0$, $g'(\alpha_4)=0$**를 만족하려면** $\cos(f((\alpha_2)))=0$, $\cos(f((\alpha_3)))=0$, $\cos(f((\alpha_4)))=0$**여야 한다.**

$\cos(f((\alpha)))=0$를 만족한다면 $f(\alpha)=\pm\dfrac{\pi}{2}$, $\pm\dfrac{3}{2}\pi$, $\pm\dfrac{5}{2}\pi$, $\cdots$ 이다.

삼차함수 $f(x)$가 $x=\alpha_5$에서 극소를 갖기 위해서는

$$-\frac{7}{2}\pi < f(\alpha_5) < -\frac{5}{2}\pi, \ f(\alpha_2)=-\frac{\pi}{2}, \ f(\alpha_3)=-\frac{3}{2}\pi, \ f(\alpha_4)=-\frac{5}{2}\pi \text{이다.}$$

$f(\alpha_2)=-\dfrac{\pi}{2}$이므로 $\sin(f(\alpha_2))=-1$이고 $\sin(f(\alpha_5))=\sin(f(\alpha_2))+\dfrac{1}{2}$에서

$\sin(f(\alpha_5))=-\dfrac{1}{2}$이다. $-\dfrac{7}{2}\pi < f(\alpha_5) < -\dfrac{5}{2}\pi$이므로 $f(\alpha_5)=-3\pi+\dfrac{\pi}{6}=-\dfrac{17}{6}\pi$이다.

최고차항의 계수가 6π인 삼차함수 $f(x)$가 $x=\alpha_1=0$, $x=\alpha_5$에서 극점을 가지므로
$f'(x)=18\pi x(x-\alpha_5)$**이다.**

$f(0)=\dfrac{\pi}{6}$를 이용하면 $f(x)=6\pi x^3-9\pi\alpha_5 x^2+\dfrac{\pi}{6}$이다.

$f(\alpha_5)=-3\pi\alpha_5^3+\dfrac{\pi}{6}=-\dfrac{17}{6}\pi$, $\alpha_5=1$이므로

$$f(x)=6\pi x^3-9\pi x^2+\frac{\pi}{6}, \ f'(x)=18\pi x^2-18\pi x \text{이다.}$$

---

4. $g'\left(-\dfrac{1}{2}\right)$을 구해보자.

$$g'\left(-\frac{1}{2}\right)=\frac{-f'\left(-\frac{1}{2}\right)\cos f\left(-\frac{1}{2}\right)}{\left\{2+\sin\left(f\left(-\frac{1}{2}\right)\right)\right\}^2} \text{에서 } f\left(-\frac{1}{2}\right)=-\frac{17}{6}\pi, \ f'\left(-\frac{1}{2}\right)=\frac{27}{2}\pi \text{이므로}$$

$$g'\left(-\frac{1}{2}\right)=\frac{\left(-\frac{27}{2}\pi\right)\times\left(-\frac{\sqrt{3}}{2}\right)}{\left(2-\frac{1}{2}\right)^2}=3\sqrt{3}\,\pi \text{이다. } a=3\sqrt{3}, \ a^2=27 \text{이므로 \textbf{답은 27!!}}$$

$f(x)$가 미분가능한 함수일 때
$x=a$에서 $f(x)$가 극대 또는 극소를 갖기 위해서는 단순히 $f'(a)=0$일 뿐만 아니라
$x=a$ 좌우로 $f'(x)$ 부호 변화가 있어야 함을 잊지 말자.

두 상수 a $(1 \le a \le 2)$, b에 대하여 함수 $f(x) = \sin(ax + b + \sin x)$가 다음 조건을 만족시킨다.

> (가) $f(0) = 0$, $f(2\pi) = 2\pi a + b$
> (나) $f'(0) = f'(t)$인 양수 t의 최솟값은 4π이다.

함수 $f(x)$가 $x = \alpha$에서 극대인 α의 값 중 열린구간 $(0, 4\pi)$에 속하는 모든 값의 집합을 A라 하자. 집합 A의 원소의 개수를 n, 집합 A의 원소 중 가장 작은 값을 α_1이라 하면, $n\alpha_1 - ab = \dfrac{q}{p}\pi$이다. $p + q$의 값을 구하시오. (단, p와 q는 서로소인 자연수이다.) [4점]

1. $f(0) = 0$ 에서 $b = k\pi$ (단, k 는 정수)

$f(2\pi) = 2\pi a + b$ 에서 $\sin(2\pi a + b) = 2\pi a + b$

곡선 $y = \sin x$ 와 직선 $y = x$ 는 원점에서만 만나므로 $2\pi a + b = 2\pi a + k\pi = 0$, $2a + k = 0$

$1 \leq a \leq 2$ 이므로 a, b 로 가능한 값을 순서쌍 (a, b) 로 나타내면

$(1, -2\pi)$, $\left(\dfrac{3}{2}, -3\pi\right)$, $(2, -4\pi) \cdots$ ①

2. $f'(x) = (a + \cos x)\cos(ax + b + \sin x)$, $f'(0) = (a + 1)\cos b$

①과 삼각함수의 덧셈정리에 의하여 $\cos(ax + b + \sin x) = \pm\cos(ax + \sin x)$

$\cos b = 1$ 일 때, $\cos(ax + b + \sin x) = \cos(ax + \sin x)$ 이므로

$f'(0) = f'(t)$ 에서 $a + 1 = (a + \cos t)\cos(at + \sin t) \cdots$ ②인 양수 t 의 최솟값이 4π

$0 \leq a - 1 \leq a + \cos t \leq a + 1$, $-1 \leq \cos(at + \sin t) \leq 1$ 이므로 $\cdots$ ③

$-a - 1 \leq (a + \cos t)\cos(at + \sin t) \leq a + 1$

따라서 ②를 만족시킬 때, $\cos t = 1$, $at + \sin t = 2l\pi$ (단, l 은 정수)

$t = 2m\pi = \dfrac{2l\pi}{a}$ (단, m 은 정수)이므로 $m = l$ 또는 $2m = l$ $(\because$ ①$)$

이때 조건 (나)를 만족시키는 양수 t 의 최솟값은 π 이고 $a = \dfrac{3}{2}$, $b = -3\pi$ $(\because$ ①$)$

$a = \dfrac{3}{2}$, $b = -3\pi$ 일 때, 조건 (나)를 만족시키는 양수 t 의 최솟값이 4π 인지 확인하자.

즉, $\dfrac{5}{2} = \left(\dfrac{3}{2} + \cos t\right)\cos\left(\dfrac{3}{2}t + \sin t\right) \cdots$ ④인 양수 t 의 최솟값이 4π 인지 확인하자.

③의 부등식을 재활용하면

$\dfrac{1}{2} \leq \dfrac{3}{2} + \cos t \leq \dfrac{5}{2}$, $-1 \leq \cos\left(\dfrac{3}{2}t + \sin t\right) \leq 1$

따라서 ④를 만족시킬 때, $\cos t = 1$, $\dfrac{3}{2}t + \sin t = 2p\pi$ (단, p 는 정수)

$t = 2q\pi = \dfrac{4p\pi}{3}$ (단, q 는 정수)이므로 $3q = 2p$

이때 조건 (나)를 만족시키는 양수 t 의 최솟값은 4π 이다.

3. $f'(x) = \left(\dfrac{3}{2} + \cos x\right)\cos\left(\dfrac{3}{2}x + \sin x - 3\pi\right) = -\left(\dfrac{3}{2} + \cos x\right)\cos\left(\dfrac{3}{2}x + \sin x\right)$

모든 실수 x에 대하여 $\dfrac{3}{2} + \cos x > 0$ 이고

함수 $y = \dfrac{3}{2}x + \sin x$ 에 대하여 $y' = \dfrac{3}{2} + \cos x > 0$ 이므로

함수 $y = \dfrac{3}{2}x + \sin x$ 는 실수 전체의 집합에서 증가한다. $\cdots$ ⑤

열린구간 $(0,\,4\pi)$ 에서 정의된 함수 $g(x) = \dfrac{3}{2}x + \sin x$ 를 생각하면 $g(0) = 0$, $g(4\pi) = 6\pi$

$0 < x < 4\pi$ 인 실수 x, 즉 $0 < \cos g(x) < 6\pi$ 일 때의 $\cos g(x)$ 의 부호를 표로 나타내면
다음과 같다.

$0 < g(x) < \dfrac{\pi}{2}$	
$\dfrac{3\pi}{2} < g(x) < \dfrac{5\pi}{2}$	$+$
$\dfrac{7\pi}{2} < g(x) < \dfrac{9\pi}{2}$	
$\dfrac{11\pi}{2} < g(x) < 6\pi$	
$\dfrac{\pi}{2} < g(x) < \dfrac{3\pi}{2}$	
$\dfrac{5\pi}{2} < g(x) < \dfrac{7\pi}{2}$	$-$
$\dfrac{9\pi}{2} < g(x) < \dfrac{11\pi}{2}$	

$\dfrac{3}{2}\alpha_1 + \sin \alpha_1 = \dfrac{3\pi}{2}$, $\dfrac{3}{2}\alpha_2 + \sin \alpha_2 = \dfrac{7\pi}{2}$, $\dfrac{3}{2}\alpha_3 + \sin \alpha_3 = \dfrac{11\pi}{2}$ 인
세 실수 α_1, α_2, α_3 에 대하여 $A = \{\alpha_1,\,\alpha_2,\,\alpha_3\}$, $n = 3$

π 는 방정식 $\dfrac{3}{2}x + \sin x = \dfrac{3}{2}\pi$ 의 실근이고, ⑤에 의하여 $\dfrac{3}{2}\alpha_1 + \sin \alpha_1 = \dfrac{3\pi}{2}$ 에서 $\alpha_1 = \pi$

$n\alpha_1 - ab = 3\pi - \left(-\dfrac{9\pi}{2}\right) = \dfrac{15\pi}{2}$, $p = 2$, $q = 15$, $p + q = 17$

답은 17!!

▌변곡점의 정의

함수 $f(x)$가 이계도함수가 존재할 때,
어떤 구간에서 $f''(x) > 0$이면 곡선 $y = f(x)$는 이 구간에서 아래로 볼록하다.

함수 $f(x)$가 이계도함수가 존재할 때,
어떤 구간에서 $f''(x) < 0$이면 곡선 $y = f(x)$는 이 구간에서 위로 볼록하다.

변곡점의 정의는 다음과 같다.

> $x = a$ 좌우에서 이계도함수 $f''(x)$의 부호가 바뀌는 점 $(a, f(a))$는 곡선 $y = f(x)$의 **변곡점**이다.
> 함수 $f(x)$가 $x = a$에서 이계도함수가 존재한다는 조건도 있다면 $f''(a) = 0$이다.

주의할 점은 $f''(b) = 0$이라고 꼭 변곡점이 되지는 않는다는 점이다.
$f''(b) = 0$여도 $f''(x)$의 부호가 변하지 않는다면 변곡점이 아니다.
또한, $f''(b) \neq 0$이여도 $x = b$ 좌우에서 $f''(x)$의 부호가 변하기만 한다면 변곡점이다.

예제(5) 15학년도 9월 평가원 20번

3 이상의 자연수 n에 대하여 함수 $f(x)$가

$$f(x) = x^n e^{-x}$$

일 때, <보기>에서 옳은 것만을 있는 대로 고른 것은? [4점]

<보 기>

ㄱ. $f\left(\dfrac{n}{2}\right) = f'\left(\dfrac{n}{2}\right)$
ㄴ. 함수 $f(x)$는 $x = n$에서 극댓값을 갖는다.
ㄷ. 점 $(0, 0)$은 곡선 $y = f(x)$의 변곡점이다.

① ㄴ   ② ㄷ   ③ ㄱ, ㄴ   ④ ㄱ, ㄷ   ⑤ ㄱ, ㄴ, ㄷ

1. $f(x) = x^n e^{-x}$ 개형은 이미 알고 있고 너무 유명한 그래프 개형이다. 그려놓고 시작하자.

n이 3 이상의 홀수일 때, $f(x)$는 다음과 같이 그려진다.

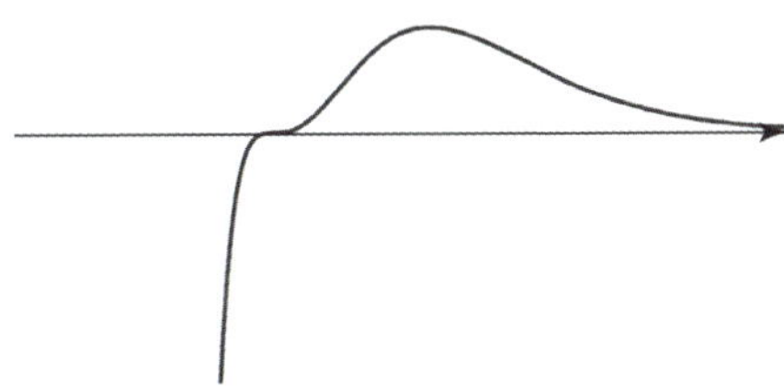

n이 3 이상의 짝수일 때, $f(x)$는 다음과 같이 그려진다.

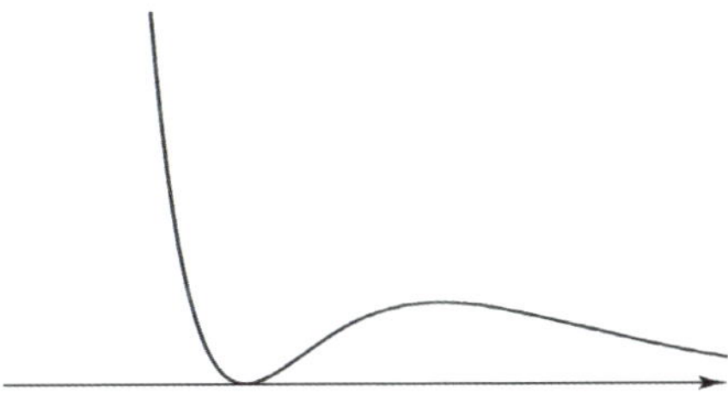

2. 선지 (ㄱ)은 $f(x) = x^n e^{-x}$, $f'(x) = (-x^n + nx^{n-1})e^{-x}$에 $x = \dfrac{n}{2}$를 대입하면 알 수 있다.

$$f\left(\frac{n}{2}\right) = \left(\frac{n}{2}\right)^n e^{-\frac{n}{2}}, \quad f'\left(\frac{n}{2}\right) = \left\{-\left(\frac{n}{2}\right)^n + n\left(\frac{n}{2}\right)^{n-1}\right\}e^{-\frac{n}{2}} = \left(\frac{n}{2}\right)^n e^{-\frac{n}{2}} \text{이므로 참.}$$

3. $f'(x) = (-x^n + nx^{n-1})e^{-x} = -x^{n-1}(x-n)e^{-x}$이므로

$f'(x) = 0$을 만족시키는 x는 0 또는 n이다. 위의 그래프 개형에서도 쉽게 확인할 수 있듯이 3 이상의 자연수 n이 홀수든 짝수든 관계없이 함수 $f(x)$는 $x = n$에서 극댓값을 가진다는 것을 확인할 수 있다. 선지 (ㄴ)은 참.

※ **그래프 개형을 안 보더라도 $x = n$ 좌우에서 $f'(x)$ 부호가 양에서 음으로 바뀌므로 $f(x)$는 $x = n$에서 극대임을 알 수 있다.**

4. 그래프 개형을 보면 직관적으로 **n이 짝수일 때, 원점은 곡선 $y = f(x)$의 변곡점이 아님**을 너무 쉽게 알 수 있다. 그럼에도 불구하고 변곡점의 정의를 이용해 풀어보자.

$f''(x) = e^{-x}x^{n-2}(x^2 - 2nx + n(n-1))$ 이므로 $f''(0) = 0$이 분명 맞다. 하지만 **n이 3 이상의 짝수일 때는 $f''(x)$의 부호 변화가 없다.** $x = 0$ 좌우로 $f''(x) > 0$이다. 선지 (ㄷ)은 거짓.

답은 ③!!

이 문제는 **변곡점의 정의에 있어 기념비적인 문제**이다. 많은 학생들이 (ㄷ) 조건에서 $f''(x)$의 부호 변화는 확인하지 않은 채 $f''(0) = 0$임만을 확인하고 원점이 $y = f(x)$의 변곡점이라고 단정 지어 버렸다. **변곡점을 판단할 때 $f''(x)$의 부호 변화를 꼭 확인하자!**

다항함수 $f(x)$에 대하여 다음 표는 x의 값에 따른 $f(x)$, $f'(x)$, $f''(x)$의 변화 중 일부를 나타낸 것이다.

x	$x < 1$	$x = 1$	$1 < x < 3$	$x = 3$
$f'(x)$		0		1
$f''(x)$	+		+	0
$f(x)$		$\dfrac{\pi}{2}$		π

함수 $g(x) = \sin(f(x))$에 대하여 옳은 것만을 <보기>에서 있는 대로 고른 것은? [4점]

<보 기>

ㄱ. $g'(3) = -1$

ㄴ. $1 < a < b < 3$이면 $-1 < \dfrac{g(b) - g(a)}{b - a} < 0$이다.

ㄷ. 점 $\mathrm{P}(1, 1)$은 곡선 $y = g(x)$의 변곡점이다.

① ㄱ　　　　② ㄷ　　　　③ ㄱ, ㄴ　　　　④ ㄴ, ㄷ　　　　⑤ ㄱ, ㄴ, ㄷ

1. $g'(x) = \cos(f(x))f'(x)$이다.

   $g'(3) = \cos(f(3))f'(3) = \cos\pi = -1$이다. 선지 (ㄱ)은 참.

2. $g'(1) = 0$, $g'(3) = -1$이다.

   함수 $g'(x)$의 그래프 개형을 그려 $g'(3) < \dfrac{g(b)-g(a)}{b-a} < g'(1)$을 만족하는지 알아보자.

   구간 $(1,3)$에서 $\cos(f(x)) < 0$, $\sin(f(x)) > 0$, $f'(x) > 0$, $f''(x) > 0$이므로

   구간 $(1,3)$에서 $g''(x) = -\sin(f(x))\{f'(x)\}^2 + \cos(f(x))f''(x) < 0$이다.

   따라서 함수 $g'(x)$는 구간 $(1,3)$에서 감소하고 $g(x)$는 구간 $(1,3)$에서 위로 볼록하다.

   함수 $y = g(x)$의 그래프 개형은 구간 $(1,3)$에서 아래와 같이 그려진다.

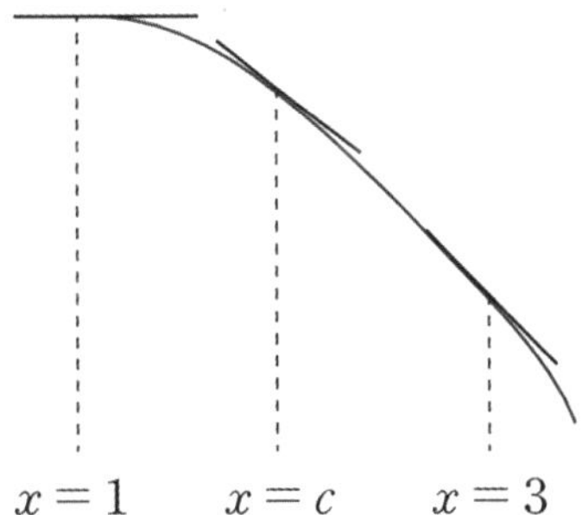

   평균값 정리에 의해 $\dfrac{g(b)-g(a)}{b-a} = g'(c)$를 만족하는 c가 구간 $(1,3)$에 존재한다.

   $g'(3) < g'(c) < g'(1)$이므로 선지 (ㄴ)은 참.

3. $g(1) = \sin(f(1)) = 1$, $g''(1) = 0$이다.

   함수 $f(x)$는 $x=1$ 좌우에서 아래로 볼록이고 $f'(1) = 0$이므로 $x=1$에서 극소이다.

   따라서 함수 $f(x)$는 $x=1$ 좌우에서 $f(x) > \dfrac{\pi}{2}$이다.

   $x=1$ 좌우에서 $\cos(f(x)) < 0$, $\sin(f(x)) > 0$, $\{f'(x)\}^2 > 0$, $f''(x) > 0$이므로

   함수 $g''(x)$는 $x=1$ 좌우에서 부호변동이 없다.

   따라서 함수 $g(x)$는 $x=1$에서 변곡점을 가지지 않는다. 선지 (ㄷ)은 거짓.

   답은 ③!!

❚ 함수의 극한

1. 함수의 극한값 존재 조건(= 수렴 조건)

$\displaystyle\lim_{x \to a+} f(x) = \lim_{x \to a-} f(x)$이면 $\displaystyle\lim_{x \to a} f(x)$가 존재한다. 즉, '**우극한=좌극한**'이면 '**극한값**'이 존재한다.

※ 우극한, 좌극한의 효율적 표현

우극한, 좌극한을 교과서 표현 그대로 쓰자니 매우 번거롭다. 내용(의미)만 같다면, 스스로 알아볼 수 있는 새로운 표현을 일관되게 사용해도 무방하므로 우극한·좌극한을 다음과 같이 표현하자.

우극한 : $\displaystyle\lim_{x \to a+} f(x) = f(a+)$

좌극한 : $\displaystyle\lim_{x \to a-} f(x) = f(a-)$

※ '극한식'과 '극한값'의 구분

논의의 편의성을 위해 저자가 직접 도입했다. 교과서적 표현인 '극한값'뿐만 아니라 '**극한식**'이라는 **표현을 굳이 쓰는 이유는 모든 극한식이 수렴, 즉 극한값이 존재하는 것은 아니기** 때문이다.

예를 들어 $\displaystyle\lim_{x \to a} f(x) = b$에서

$\displaystyle\lim_{x \to a} f(x)$: 극한식

b : 극한값

함수 $f(x)$에 대해 $\lim\limits_{x \to 0} \dfrac{f(x)}{x} = 1$일 때 〈보기〉에서 옳은 것만을 골라라.

<보 기>

ㄱ. $\lim\limits_{x \to 0} f(x) = 0$

ㄴ. $f(0) = 0$

ㄷ. $f'(0) = 1$

함숫값과 극한값은 독립적인 요소이기에 상황에 맞춰서 판단해야 하지만 혼동하는 학생들이 많다.
특히 **극한값이 존재할 때 함숫값 역시 존재한다는 착각**을 많이 하는데 위의 문제가 이를 잘 보여준다.

극한의 성질 '$\lim\limits_{x \to a} \dfrac{f(x)}{g(x)} = k$일 때 $\lim\limits_{x \to a} g(x) = 0$이면 $\lim\limits_{x \to a} f(x) = 0$이다'에 의해 (ㄱ)만 옳다. 극한값이 존재한
다고 해서 함숫값도 존재한다는 보장은 없기 때문이다. 직관에 어긋나는 것 같아 이해가 잘 안 된다면 반례가
되는 그래프를 살펴보자.

$$f(x) = \begin{cases} x & (x \neq 0) \\ 1 & (x = 0) \end{cases}$$

이 경우 ㄱ, ㄴ, ㄷ를 다시 풀어보면

ㄱ. $\lim\limits_{x \to 0} f(x) = \lim\limits_{x \to 0} x = 0$ (O)

ㄴ. $f(0) = 1$ (X)

ㄷ. $\lim\limits_{x \to 0} \dfrac{f(x) - f(0)}{x - 0} = \lim\limits_{x \to 0} \dfrac{x - 1}{x - 0} \;\to\;$ 발산 (X)

추가 조건이 없고 극한값이 존재한다는 사실만 주어질 때 극한의 성질로 인해 $\lim\limits_{x \to 0} f(x) = 0$만을 알 수 있지만,
학생들은 바로 $f(0) = 0$으로 판단한다. 이는 극한값과 함숫값을 혼동하는 데서 오는 실수이므로 둘을 섬세하게
구분하자.

※ ㄷ에서 $f(x)$가 $x = 0$에서 미분가능하면 $\lim\limits_{x \to 0} \dfrac{f(x) - f(0)}{x - 0} = f'(0)$이다.

또는 $\lim\limits_{x \to 0} \dfrac{f(x) - f(0)}{x - 0}$의 값이 존재하면 $f(x)$는 $x = 0$에서 미분가능하다.

극한값과 함숫값은 독립적인 요소이므로 좌극한의 존재 여부, 우극한의 존재 여부, 함숫값의 존재 여부에 따라 $2 \times 2 \times 2 = 8$, 총 8가지 경우가 가능하다.

(단, 함숫값이 존재하지 않는다면 함수는 해당 지점에서 '정의'되지 않기 때문에 문제로 내기가 상당히 껄끄럽다. 따라서 대부분 좌극한과 우극한의 존재 여부를 가지고 4가지 경우로 출제된다.)

또한 $\lim\limits_{x \to a}$ **는 $x \neq a$를 내포한다.** 따라서 $x \neq a$에서 정의된 항등식, 부등식의 **양변에** $\lim\limits_{x \to a}$ **를** 취할 수 있다. 실제 문제에서 어떻게 적용되는지 관찰하자.

좌극한 존재 여부	우극한 존재 여부	함숫값 존재 여부
O	O	O
O	O	X
O	X	O
O	X	X
X	O	O
X	O	X
X	X	O
X	X	X

예시 08학년도 수능 3번

함수 $f(x) = \begin{cases} \dfrac{x^2 + x - 12}{x - 3} & (x \neq 3) \\ a & (x = 3) \end{cases}$ 가 실수 전체의 집합에서 연속일 때, a의 값은?

함수 $f(x)$는 $x = 3$에서 연속이므로 $\lim\limits_{x \to 3} f(x) = f(3)$이다.

$\lim\limits_{x \to 3}$ 은 $x \neq 3$을 내포하므로 $f(x) = \dfrac{x^2 + x - 12}{x - 3} \ (x \neq 3)$의 양변에 $\lim\limits_{x \to 3}$ 을 취하면

$$\lim_{x \to 3} f(x) = \lim_{x \to 3} \frac{x^2 + x - 12}{x - 3} = \lim_{x \to 3} \frac{(x + 4)(x - 3)}{x - 3} = 7 = f(3)$$이다.

따라서 $a = 7$이다.

예시 07학년도 6월 평가원 9번 (다)의 풀이 中

$x > 0$인 모든 실수 x에 대해 $-x \leq \dfrac{h(2x) - h(x)}{2x - x} \leq x$이다.

$\lim\limits_{x \to 0+}$ 은 $x > 0$을 내포하므로 부등식에 $\lim\limits_{x \to 0+}$ 을 취하면

$$\lim_{x \to 0+} (-x) \leq \lim_{x \to 0+} \frac{h(2x) - h(x)}{2x - x} \leq \lim_{x \to 0+} x$$이다. $\lim\limits_{x \to 0+} (-x) = \lim\limits_{x \to 0+} x = 0$이므로

샌드위치 정리에 의해 $\lim\limits_{x \to 0+} \dfrac{h(2x) - h(x)}{2x - x} = 0$이다.

x가 양수일 때, x보다 작은 자연수 중에서 소수의 개수를 $f(x)$라 하고, 함수 $g(x)$를

$$g(x)=\begin{cases} f(x) & (x > 2f(x)) \\ \dfrac{1}{f(x)} & (x \le 2f(x)) \end{cases}$$ 라고 하자. 예를 들어, $f\left(\dfrac{7}{2}\right)=2$이고, $\dfrac{7}{2} < 2f\left(\dfrac{7}{2}\right)$이므로

$g\left(\dfrac{7}{2}\right)=\dfrac{1}{2}$이다. $\displaystyle\lim_{x\to 8+}g(x)=\alpha$, $\displaystyle\lim_{x\to 8-}g(x)=\beta$라고 할 때, $\dfrac{\alpha}{\beta}$의 값을 구하시오. [4점]

1. 우극한, 좌극한, 함숫값을 혼동하지 말자. $x \to 8+$일 때 x는 8과 거의 같지만 8보다는 크다.
   $x \to 8-$일 때 x는 8과 거의 같지만 8보다는 작다.

   $x \to 8+$일 때 x보다 작은 소수는 2, 3, 5, 7이므로 $f(x)=4$이고
   $x > 8 = 2f(x)$이므로 $\displaystyle\lim_{x\to 8+}g(x)=4$
   $x \to 8-$일 때 x보다 작은 소수는 2, 3, 5, 7이므로 $f(x)=4$
   $x < 8 = 2f(x)$이므로 $\displaystyle\lim_{x\to 8-}g(x)=\dfrac{1}{4}$

2. $\alpha = 4$, $\beta = \dfrac{1}{4}$이므로 $\dfrac{\alpha}{\beta} = \dfrac{4}{\dfrac{1}{4}} = 16$

답은 16!!

※ $g(8) = ?$

$x = 8 \le 2f(x)$이므로 $g(8) = \dfrac{1}{4}$이다.

부등식이 제시되면 가장 중요한 것은 경계, 즉 등호가 성립할 때이다.

█ 함수의 연속성

연속성 파트는 '연속의 정의'를 이용하여 따지는 게 정석적이지만, 실전에서 매번 일일이 따지고 있을 여유가 없으므로 **기출에서 등장한 일관된 패턴과 조건에 빠르게 적용할 수 있는 도구와 태도를 배운다는 느낌으로 학습하면 된다.**

1. 함수의 연속 조건(정의)

함수 $f(x)$가 $x=a$에서 연속이 되려면 다음의 조건을 만족해야 한다.

① **함숫값의 존재** : $x=a$에서 함수 $f(x)$가 정의되어 있다. ($=f(a)$가 존재한다.)

② **극한값의 존재** : $\lim\limits_{x \to a} f(x)$가 존재한다. ($\Leftrightarrow \lim\limits_{x \to a+} f(x) = \lim\limits_{x \to a-} f(x)$)

③ **함숫값=극한값** : $\lim\limits_{x \to a} f(x) = f(a)$

쉽게 말해, $\lim\limits_{x \to a+} f(x) = \lim\limits_{x \to a-} f(x) = f(a)$을 만족시키면 $f(x)$는 $x=a$에서 연속이다.

태도 : 함수의 연속 개념이 문제에서 등장하면 기본적으로 함수의 연속 조건에 충실하자.

2. 연속성 판단의 1순위는 식이 아닌 그래프

이론적으로는 연속의 정의에 따라 $f(a-)$, $f(a+)$, $f(a)$ 세 개의 값을 직접 비교하면 모든 연속성을 따질 수 있지만, 우리는 문제를 빠르게 풀어야 하므로 그래프를 통해 빠르게 연속성을 판단하는 방법을 익힐 필요가 있다.

물론 항상 그래프만으로 따질 수 있는 것은 아니다. 그래프를 그릴 수 없거나 그래프를 통해 따지기 애매한 경우 그때 식의 도움을 빌리면 된다.

태도 : 연속성 판단의 1순위는 그래프이다. 그래프로 따지기 힘든 경우에 연속성의 정의에 따라 식으로 따지자.
　　　　실전에서 연속성을 판단할 때는 이 태도가 매우 중요하다.

※ 연속함수의 성질

두 함수 $f(x)$, $g(x)$가 $x=a$**에서 연속**이면 다음 함수들도 모두 $x=a$**에서 연속**이다.

① $f(x) \pm g(x)$　② $cf(x)$ (단, c는 상수)　③ $f(x)g(x)$　④ $\dfrac{f(x)}{g(x)}$ (단, $g(a) \neq 0$)

닫힌 구간 $[-1, 1]$ 에서 정의된 함수 $y = f(x)$ 의 그래프가 그림과 같다.

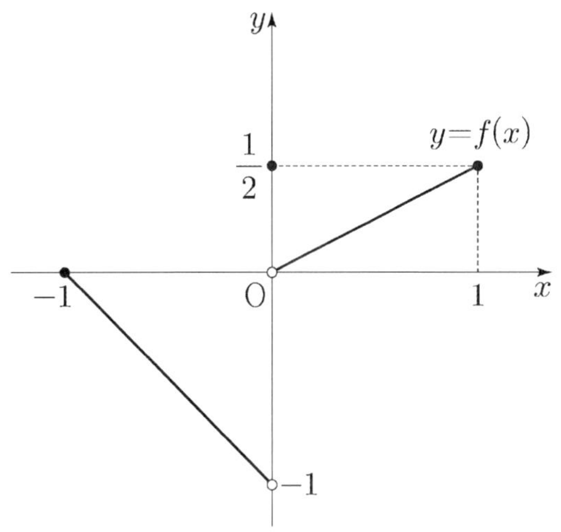

닫힌 구간 $[-1, 1]$에서 두 함수 $g(x),\ h(x)$ 가

$$g(x) = f(x) + |f(x)|,\quad h(x) = f(x) + f(-x)$$

일 때, <보기>에서 옳은 것만을 있는 대로 고른 것은? [4점]

<보 기>

ㄱ. $\displaystyle\lim_{x \to 0} g(x) = 0$

ㄴ. 함수 $|h(x)|$는 $x = 0$ 에서 연속이다.

ㄷ. 함수 $g(x)|h(x)|$는 $x = 0$ 에서 연속이다.

① ㄱ   ② ㄷ   ③ ㄱ, ㄴ   ④ ㄴ, ㄷ   ⑤ ㄱ, ㄴ, ㄷ

함수 $y=g(x)$와 함수 $y=h(x)$의 그래프를 그리자. 연속성 판단의 1순위는 그래프다.

(1) $g(x)=f(x)+|f(x)|$

$g(x)=\begin{cases} 2f(x) & (f(x)\geq 0) \\ 0 & (f(x)<0) \end{cases}$ 이므로 $y=g(x)$의 그래프는 다음과 같다.

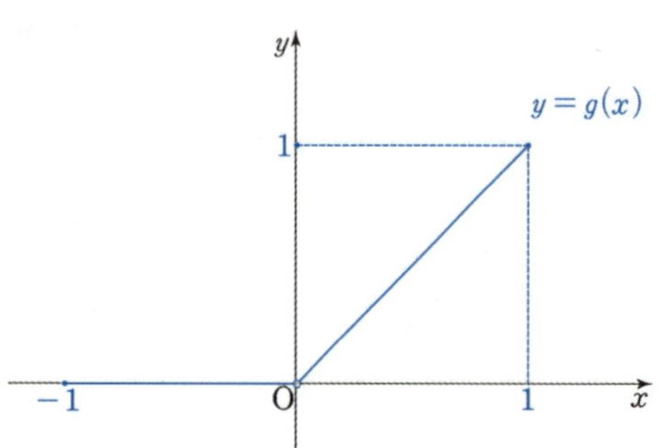

(2) $h(x)=f(x)+f(-x)$

$y=f(-x)$의 그래프는 $y=f(x)$의 그래프를 y축에 대해 대칭시킨 것이다.

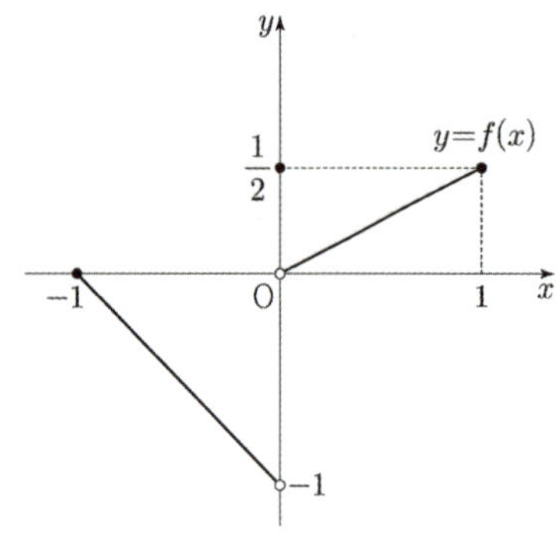 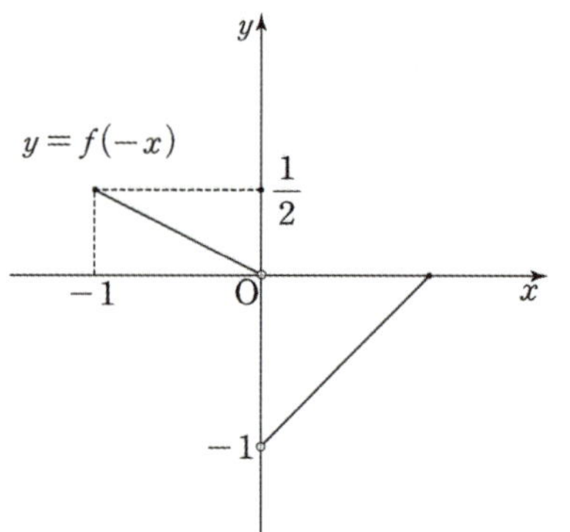

$y=f(-x)$의 그래프와 $y=f(x)$의 그래프를 서로 더하면 $y=h(x)$의 그래프가 된다.

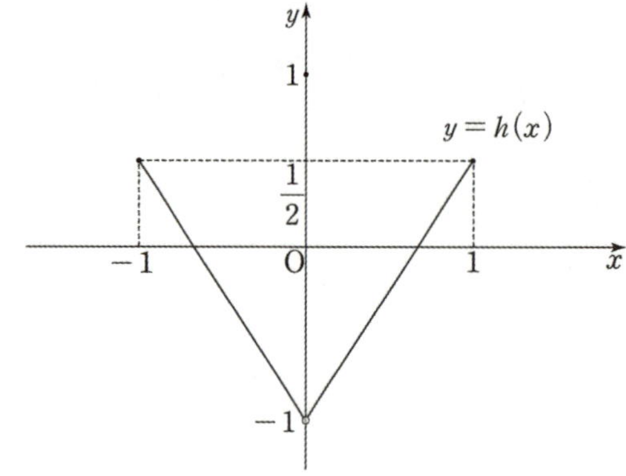

※ $h(-x)=f(-x)+f(-(-x))=f(-x)+f(x)=h(x)$이다. 즉, 닫힌 구간 $[-1,1]$에서 $h(x)=h(-x)$이므로 $h(x)$는 닫힌 구간 $[-1,1]$에서 우함수(y축 대칭함수)이다.

$y = g(x)$의 그래프와 $y = h(x)$의 그래프를 바탕으로 보기를 따지자.

1. $\displaystyle \lim_{x \to 0} g(x) = 0$

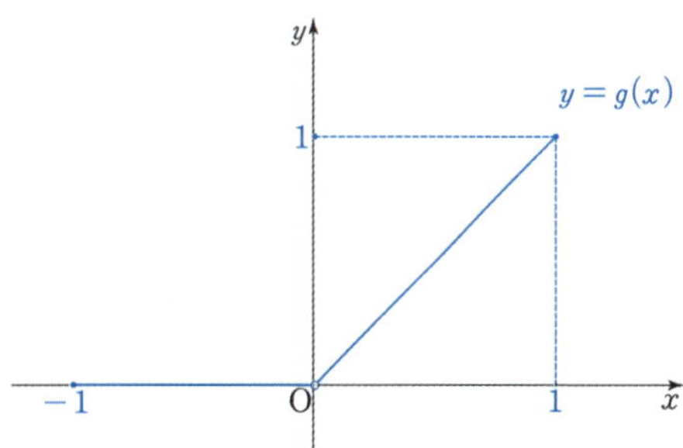

그래프를 보면 $\displaystyle \lim_{x \to 0} g(x) = 0$이다. (O)

극한값과 함숫값을 헷갈리지 말자.

2. **함수 $|h(x)|$는 $x = 0$ 에서 연속이다.**

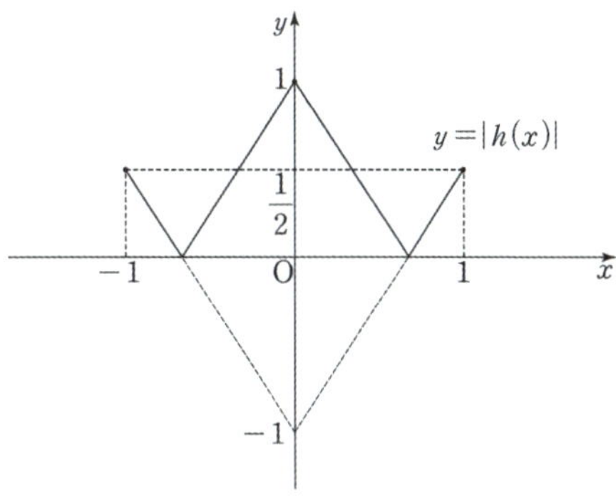

$y = |h(x)|$의 그래프는 $x = 0$ 에서 연속이다. (O)

3. **함수 $g(x)|h(x)|$는 $x = 0$ 에서 연속이다.**

선지 (ㄱ), (ㄴ)에서 활용한 $y = g(x)$의 그래프와 $y = |h(x)|$의 그래프를 보자.
(ㄱㄴㄷ문항에서 ㄱ, ㄴ은 ㄷ을 위한 힌트이자 길잡이이다.)

$$\lim_{x \to 0-} g(x)|h(x)| = 0 \times 1 = 0$$

$$\lim_{x \to 0+} g(x)|h(x)| = 0 \times 1 = 0$$

$$g(0)|h(0)| = 1 \times 1 = 1$$

극한값과 함숫값이 다르므로 함수 $g(x)|h(x)|$는 $x = 0$ 에서 불연속이다. (X)

옳은 것은 ㄱ, ㄴ이므로 **답은 ③!!**

실수 전체의 집합에서 연속인 함수 $f(x)$가 모든 실수 x에 대하여

$$\left(e^{2x}-1\right)^2 f(x) = a - 4\cos\frac{\pi}{2}x$$

를 만족시킬 때, $a \times f(0)$의 값은? (단, a는 상수이다.) [3점]

① $\dfrac{\pi^2}{6}$ 　　② $\dfrac{\pi^2}{5}$ 　　③ $\dfrac{\pi^2}{4}$ 　　④ $\dfrac{\pi^2}{3}$ 　　⑤ $\dfrac{\pi^2}{2}$

---

1. $x \neq 0$에서 $f(x) = \dfrac{a - 4\cos\dfrac{\pi}{2}x}{\left(e^{2x}-1\right)^2}$ 이다.

함수 $f(x)$가 실수 전체의 집합에서 연속이므로 $x = 0$에서도 연속이다.
따라서 $f(0) = \lim\limits_{x \to 0} f(x)$ 이다.

$\lim\limits_{x \to 0} f(x) = \lim\limits_{x \to 0} \dfrac{a - 4\cos\dfrac{\pi}{2}x}{\left(e^{2x}-1\right)^2}$ 가 수렴하기 위해서는

$\lim\limits_{x \to 0}\left(e^{2x}-1\right)^2 = 0$이므로 $\lim\limits_{x \to 0}\left(a - 4\cos\dfrac{\pi}{2}x\right) = 0$ 이어야 한다.

따라서 $a = 4$이다.

2. $f(0) = \lim\limits_{x \to 0} f(x) = \lim\limits_{x \to 0} \dfrac{4 - 4\cos\dfrac{\pi}{2}x}{\left(e^{2x}-1\right)^2} = \lim\limits_{x \to 0} \dfrac{4\left(\dfrac{1-\cos\dfrac{\pi}{2}x}{x^2}\right)}{\left(\dfrac{e^{2x}-1}{x}\right)^2} = \dfrac{4 \times \dfrac{1}{2} \times \dfrac{\pi^2}{4}}{2^2} = \dfrac{\pi^2}{8}$ 이다.

따라서 $a \times f(0) = 4 \times \dfrac{\pi^2}{8} = \dfrac{\pi^2}{2}$ 이다.

답은 ⑤!!

두 상수 $a\ (a>0)$, b에 대하여 실수 전체의 집합에서 연속인 함수 $f(x)$가 다음 조건을 만족시킬 때, $a\times b$의 값은? [4점]

(가) 모든 실수 x에 대하여 $\{f(x)\}^2+2f(x)=a\cos^3\pi x\times e^{\sin^2\pi x}+b$이다.

(나) $f(0)=f(2)+1$

① $-\dfrac{1}{16}$ ② $-\dfrac{7}{64}$ ③ $-\dfrac{5}{32}$ ④ $-\dfrac{13}{64}$ ⑤ $-\dfrac{1}{4}$

1. 조건 (가)의 등식은 항등식이고, $f(x)$에 대한 이차방정식으로 생각할 수 있으므로 이차방정식의 근의 공식에 의하여

$$f(x) = -1 - \sqrt{1 + a\cos^3 \pi x \times e^{\sin^2 \pi x} + b} \ \text{또는}$$

$$f(x) = -1 + \sqrt{1 + a\cos^3 \pi x \times e^{\sin^2 \pi x} + b} \ \text{이다.}$$

즉, 실수 전체의 집합에서 연속인 함수 $f(x)$는

어떤 구간에서는 $-1 - \sqrt{1 + a\cos^3 \pi x \times e^{\sin^2 \pi x} + b}$,

어떤 구간에서는 $-1 + \sqrt{1 + a\cos^3 \pi x \times e^{\sin^2 \pi x} + b}$의 수식을 가진다고 이해하면 된다.

더 나아가서, 실수 전체의 집합에서 두 함수

$-1 - \sqrt{1 + a\cos^3 \pi x \times e^{\sin^2 \pi x} + b}$, $-1 + \sqrt{1 + a\cos^3 \pi x \times e^{\sin^2 \pi x} + b}$가 모두 정의되어야 하므로

실수 전체의 집합에서 $1 + a\cos^3 \pi x \times e^{\sin^2 \pi x} + b \geq 0 \ \cdots$ (①)이 성립하여야 할 것이다.

---

2. $g(x) = 1 + a\cos^3 \pi x \times e^{\sin^2 \pi x} + b$라 하자.

함수 $g(x)$의 주기는 2이고,

$$g'(x) = 3a\cos^2 \pi x (-\pi\sin \pi x)e^{\sin^2 \pi x} + a\cos^3 \pi x \times e^{\sin^2 \pi x}(2\pi\sin \pi x \times \cos \pi x)$$

$$= a\pi\sin \pi x \cos^2 \pi x \, e^{\sin^2 \pi x}(2\cos^2 \pi x - 3)$$

에서 $2\cos^2 \pi x - 3 < 0$이므로 함수 $g(x)$는 $x = 2n - 1$ (n은 정수)에서 극소이자 최소이다.

따라서 $g(2n-1) \geq 0$임을 알 수 있고, $g(2n-1) = 1 - a + b \geq 0$이 성립한다.

---

3. 조건 (나)를 보자.

$f(x) = -1 - \sqrt{g(x)}$ 또는 $f(x) = -1 + \sqrt{g(x)}$ 인데,

$g(0) = g(2)$이므로 $f(0) = f(2) + 1$, 즉 $f(0) \neq f(2)$이기 위해서는

$x = 0$ 근방에서의 함수 $f(x)$의 수식과 $x = 2$ 근방에서의 함수 $f(x)$의 수식이 반드시 서로 달라야 함을 알 수 있다.

그런데 함수 $f(x)$는 연속이고, 실수 전체의 집합에서 $\sqrt{g(x)} \geq 0$이므로 함수 $f(x)$의 수식이 바뀔 수 있는 지점에서는 반드시 $f(x) = -1$ ($g(x) = 0$)임을 알 수 있다.

이와 같은 논리에 의하여 $g(2n-1) = 1 - a + b = 0$이고,

닫힌구간 $[0, 2]$에서만 함수 $f(x)$를 작성해보면

$$f(x) = \begin{cases} -1 + \sqrt{g(x)} & (0 \leq x < 1) \\ -1 - \sqrt{g(x)} & (1 \leq x \leq 2) \end{cases}$$

이어야 함을 알 수 있겠고, 조건 (나)를 적용하면 $f(0) = f(2) + 1 \Rightarrow a = \dfrac{1}{8}$, $b = -\dfrac{7}{8}$이다.

답은 ②!!

※ 다른 풀이

1. 조건 (가)의 식을 정리해보면, $\{f(x)+1\}^2 = a\cos^3\pi x \times e^{\sin^2\pi x} + b + 1$ 이고,
$f(0) = -\dfrac{1}{2}$, $f(2) = -\dfrac{3}{2}$ 이므로 $a + b = -\dfrac{3}{4}$ $\cdots$ (①)이다.

한편, 사잇값 정리에 의하여 방정식
$f(x) = -1$ 의 실근이 열린구간 $(0,2)$에 반드시 존재하므로
두 함수 $\{f(x)+1\}^2$, $a\cos^3\pi x \times e^{\sin^2\pi x} + b + 1$은
열린구간 $(0,2)$에서 최솟값 0을 갖는다.

2. 열린구간 $(0,2)$에서 함수 $a\cos^3\pi x \times e^{\sin^2\pi x} + b + 1$의 최솟값이 0이라는 것을 이용하여
a와 b의 관계식을 끌어내자.

도함수를 구하면 $a\pi\sin\pi x\cos^2\pi x\, e^{\sin^2\pi x}(2\cos^2\pi x - 3)$이고, $2\cos^2\pi x - 3 < 0$이므로
도함수의 부호는 $-\sin\pi x$ 만이 결정함을 쉽게 알 수 있을 것이다.

따라서 열린구간 $(0,2)$에서 함수 $a\cos^3\pi x \times e^{\sin^2\pi x} + b + 1$은
$x = 1$에서 극솟값이자 최솟값을 가지므로
$0 = -a + b + 1$ $\cdots$ (②)가 성립한다.

(①)과 (②)를 연립하면 $a = \dfrac{1}{8}$, $b = -\dfrac{7}{8}$ 임을 알 수 있고, $ab = -\dfrac{7}{64}$ 이다.

(1) 합성함수의 극한

합성함수의 극한은 '함수의 극한'을 여러 번 따지는 것에 지나지 않는다.
다만 여러 번 따지는 과정에서 우극한, 좌극한, 함숫값을 혼동하여 실수하는 경우가 많으므로 그것만 주의해주자.

예를 들어 $\displaystyle\lim_{x \to k+} f(g(x))$를 구하는 상황에서 $\displaystyle\lim_{x \to k+} g(x) = s$라고 할 때,

$\displaystyle\lim_{x \to k+} g(x)$가 s보다 큰 값에서 s로 수렴한다면 $\displaystyle\lim_{x \to k+} f(g(x)) = \lim_{t \to s+} f(t)$이고,

$\displaystyle\lim_{x \to k+} g(x)$가 s보다 작은 값에서 s로 수렴한다면 $\displaystyle\lim_{x \to k+} f(g(x)) = \lim_{t \to s-} f(t)$이며,

$x = k+$ 주변에서 $g(x) = s$라면 ($\displaystyle\lim_{x \to k+} g(x)$가 s에서 s로 수렴한다면) $\displaystyle\lim_{x \to k+} f(g(x)) = f(s)$이다.

합성함수의 극한은 그래프로 판단하자.

특히 위와 같은 합성함수 $f(g(x))$에서 $\displaystyle\lim_{x \to k+} g(x)$의 판정은 그래프가 없으면 매우 힘들다. 함수 $y = g(x)$의 그래프를 그려놓고 위의 예시를 판단한다면 $\displaystyle\lim_{x \to k+} g(x)$가 s보다 큰 값에서 s로 수렴하는지, s보다 작은 값에서 s로 수렴하는지, $x = k+$ 부근에서 $g(x) = s$인지 그래프를 통해 한눈에 판단할 수 있다.

e.g.

12학년도 9월 평가원 11번

$y = f(x)$의 그래프가 아래 그림과 같을 때 $\displaystyle\lim_{x \to 1+} f(f(x)) + \lim_{x \to 2+} f(f(x)) = ?$

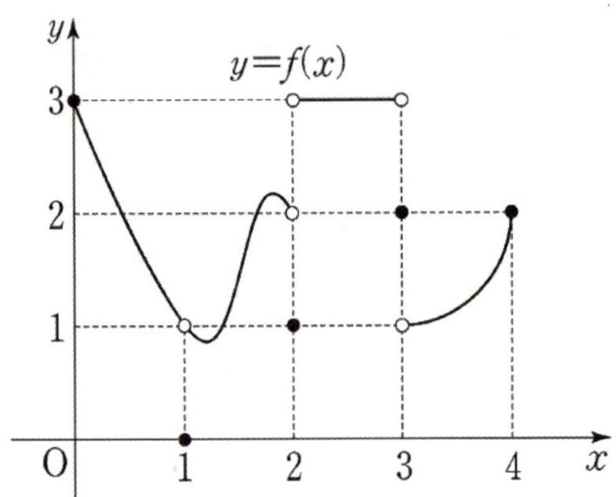

$f(f(1+)) + f(f(2+)) = f(1-) + f(3) = 1 + 2 = 3$이다.

(2) 합성함수의 연속

1. 용어 정리

합성함수는 '안쪽함수'와 '바깥함수'가 존재한다. 합성함수 $y = (f \circ g)(x)$ 혹은 $y = f(g(x))$에서
$g(x)$: 안쪽함수, x가 먼저 들어가는 함수
$f(x)$: 바깥함수, $g(x)$를 거치고 나온 함숫값이 들어가는 함수

2. 불연속 의심 지점 파악

$x = a$에서의 $f(g(x))$의 연속성을 따지는 문제에서는 $f(g(a))$, $f(g(a+))$, $f(g(a-))$ 세 개의 값만 비교해 주면 된다. 반면, 함수 $f(g(x))$가 불연속인 모든 x값을 구해야 할 때는 일일이 모든 정의역을 살펴볼 수 없다. 불연속 의심 지점을 선정해야 한다.

실수 전체의 집합에서 정의된 두 함수 $f(x)$, $g(x)$에 대하여 $f(x)$가 $x = a$에서만 불연속이고, $g(x)$가 $x = b$에서만 불연속일 때 $f(g(x))$의 연속성을 판단해보자. (단, $g(b) \neq a$이다.)

(1) $x \neq b$와 $g(x) \neq a$를 동시에 만족하는 x에 대하여 $f(g(x))$는 연속이다.
   $x = b$ 또는 $g(x) = a$를 만족하는 x에 대하여 $f(g(x))$는 불연속이 의심된다.
   (불연속 '확정'이 아닌 '의심'임에 주의하자.)

   $x = b$에서 $f(g(x))$의 불연속이 의심되는 이유는 쉽게 이해할 수 있다. 안쪽함수 $g(x)$를 거쳐서 나온 $g(b-)$, $g(b+)$, $g(b)$가 바깥함수 $f(x)$로 들어가는데, $x = b$에서 $g(x)$는 불연속이므로 $g(b)$, $g(b+)$, $g(b-)$은 모두 같을 수 없다. 함수에 다른 값을 대입했을 때 다른 값이 나올 가능성이 존재하므로 $x = b$에서 $f(g(x))$의 불연속성이 의심된다.

   $g(x) = a$를 만족하는 x에 대하여 함수 $f(g(x))$의 불연속이 의심되는 이유도 어렵지 않다.
   $f(t)$가 $t \neq a$인 t에서 연속이므로 $t = g(x)$로 두면 $f(g(x))$도 $g(x) \neq a$에서 연속이다.

   조금 더 쉽게 설명하면 다음과 같다. x가 $g(x)$를 거쳐 나온 값이 $f(x)$로 들어간다. 이때, $g(x)$를 거쳐 나온 값이 $f(x)$가 불연속인 $x = a$로 들어가면 $f(g(x))$가 불연속이 될 가능성이 존재한다. 따라서 $g(x) = a$인 x에서 $f(g(x))$의 불연속성이 의심된다.

(2) 의심 지점을 파악했으면 해당 지점에서 합성함수의 좌극한, 우극한, 함숫값을 비교하여 불연속성을 판정해주자.

ⅰ) $x = b$

$x = b$에서 $f(g(b-)) = f(g(b+)) = f(g(b))$이면 함수 $f(g(x))$는 $x = b$에서 연속이다.
$x = b$처럼 **안쪽함수가 불연속인** x는 그 개수가 아무리 많아도 이렇게 **합성함수의 연속을 일일이 확인할 수밖에 없다.**

ⅱ) $g(x) = a$인 x

그러나 이 경우는 다르다. $g(x) = a$를 만족하는 x에 대해 합성함수의 연속을 일일이 따지지 않고 합성함수의 연속성을 빠르게 판정할 수 있는 방법이 있다. 잠시 방정식 $f(g(x)) = k$ (k는 상수)를 생각해보자. 이 방정식의 근을 따질 때, 우리는 $f(x) = k$의 근부터 따진다. 어차피 최종적인 함숫값은 바깥함수인 $f(x)$를 거쳐서 나오기 때문이다.

$g(x) = a$인 x에서 $f(g(x))$의 연속성을 판정할 때도 마찬가지다. **안에서부터 출발하지 말고 바깥에서부터 판단하는 것이다.**

① **우선, $x = a$에서 $f(x)$의 불연속 양상을 따져라.**

$x = a$에서 불연속이라고 다 같은 불연속이 아니다. $x = a$ 부근에서 정의된 함수 $f(x)$에 대해
(좌극한=우극한≠함숫값)인 불연속
(좌극한≠우극한=함숫값)인 불연속
(좌극한≠우극한≠함숫값)인 불연속
(좌극한=함숫값≠우극한)인 불연속
일 수 있다. 예를 들어, $f(x)$의 $x = a$에서의 불연속 양상이 **(좌극한≠우극한=함숫값)**이라 하자.

② **그렇다면 $g(x) = a$인 x에 대해 $g(x-)$, $g(x+)$, $g(x)$ 세 개의 값 중 적어도 하나가 $a-$이고 적어도 하나가 $a+$ 또는 a인 x에서 함수 $f(g(x))$는 불연속이다.**

$g(x) = a$이므로 $g(x-)$, $g(x+)$ 두 개의 값 중 적어도 하나가 $a-$이면 된다.

예를 들어, $g(1-) = a-$, $g(1+) = a+$, $g(1) = a$라 하자. $f(g(x))$의 $x = 1$에서의 연속성을 따져주면
$f(g(1-)) = f(a-)$, $f(g(1+)) = f(a+)$, $f(g(1)) = f(a)$가 나오는데,
$f(x)$는 $x = a$에서 (좌극한≠우극한=함숫값)이므로 $f(g(x))$는 $x = 1$에서 불연속이다.

반면 $g(1-) = a+$, $g(1+) = a+$, $g(1) = a$라 하자. $f(g(x))$의 $x = 1$에서의 연속성을 따져주면
$f(g(1-)) = f(a+)$, $f(g(1+)) = f(a+)$, $f(g(1)) = f(a)$가 나오는데, $f(x)$는 $x = a$에서 (좌극한≠우극한=함숫값)이므로 $f(g(x))$는 $x = 1$에서 연속이다.

$g(x) = a$인 x를 따질 때는 바깥함수의 불연속 양상부터 따지고 들어가면, $y = g(x)$의 그래프를 보고 빠르게 $f(g(x))$가 불연속인 지점을 찾아낼 수 있다.

합성함수의 연속성 판단에서 배운 내용을 직접 적용하여 아래의 그림에서 $f(g(x))$가 불연속인 모든 x의 값을 찾아보자. (단, $f(x)$는 $x=0$에서만 불연속이고, $g(x)$는 $x=\pm 3$에서만 불연속이다.)

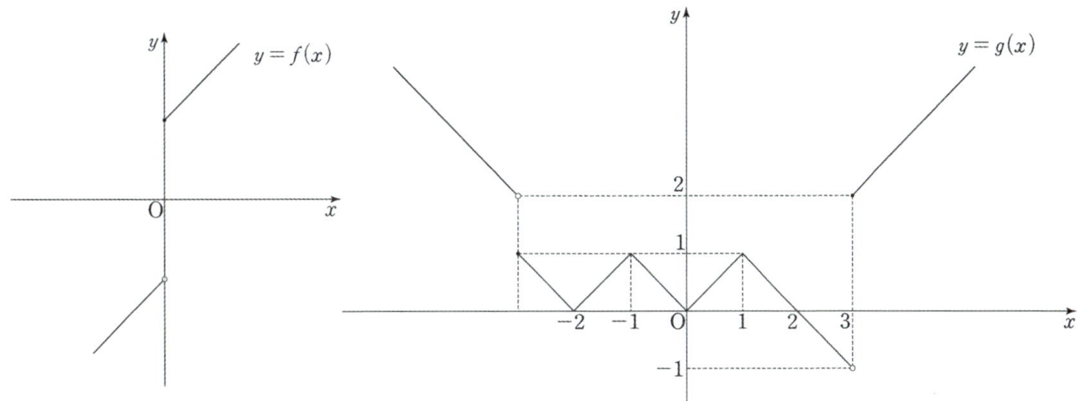

불연속 의심 지점부터 파악하자. **안쪽함수가 불연속인 $x=\pm 3$과, 바깥함수가 불연속인 x를 안쪽함수가 함숫값으로 갖는 지점, 즉 $g(x)=0$을 만족하는 x가 불연속 의심 지점**이다.

(1) $x=\pm 3$
안쪽함수가 불연속인 지점은 연속의 정의를 통해 $f(g(x-))=f(g(x+))=f(g(x))$를 직접 따지는 수밖에 없다.

（ⅰ） $x=-3$
$$f(g(-3-))=f(2+)=3$$
$$f(g(-3+))=f(1-)=2$$
$$f(g(-3))=f(1)=2$$
$f(g(-3-)) \neq f(g(-3+))=f(g(-3))$이므로 $f(g(x))$는 $x=-3$에서 불연속이다.

（ⅱ） $x=3$
$$f(g(3-))=f(-1+)=-2$$
$$f(g(3+))=f(2+)=3$$
$$f(g(3))=f(2)=3$$
$f(g(3-)) \neq f(g(3+))=f(g(3))$이므로 $f(g(x))$는 $x=3$에서 불연속이다.

(2) $g(x)=0$인 x
$g(x)=0$을 만족하는 x의 값은 $-2, 0, 2$이다. 각각의 x에 대해 연속의 정의를 일일이 따지고 있을 여유가 없다. **바깥함수의 불연속 양상부터** 따지고 들어가면 $y=g(x)$의 그래프를 보고 빠르게 $f(g(x))$가 불연속인 지점을 찾아낼 수 있다. $f(x)$는 $x=0$에서 **(좌극한≠우극한=함숫값)**이다. $g(x)$의 그래프를 관찰하면 $x=-2, x=0, x=2$ 중 $f(g(x))$가 불연속이 되는 x는 $x=2$ 뿐이다.

따라서 $f(g(x))$가 불연속이 되는 모든 x의 값은 $-3, 3, 2$이다.

두 함수

$$f(x)=\begin{cases} ax & (x<1) \\ -3x+4 & (x\geq 1)\end{cases}, \; g(x)=2^x+2^{-x}$$

에 대하여 합성함수 $(g\circ f)(x)$가 실수 전체의 집합에서 연속이 되도록 하는 모든 실수 a의 값의 곱은? [4점]

① -5 　　② -4 　　③ -3 　　④ -2 　　⑤ -1

---

1. $g(x)$는 실수 전체 집합에서 연속이므로
$(g\circ f)(x)$의 불연속성이 의심되는 지점은 $f(x)$가 불연속일 수 있는 $x=1$이다.

2. $\displaystyle\lim_{x\to 1-}(g\circ f)(x)=2^a+2^{-a}$, $\displaystyle\lim_{x\to 1+}(g\circ f)(x)=\frac{5}{2}$, $(g\circ f)(1)=g(1)=\frac{5}{2}$이다.

$(g\circ f)(x)$가 $x=1$에서 연속이려면 $\displaystyle\lim_{x\to 1-}(g\circ f)(x)=\lim_{x\to 1+}(g\circ f)(x)=(g\circ f)(1)$

을 만족해야 하므로 $2^a+2^{-a}=2+\dfrac{1}{2}$이어야 한다.

$2^a+2^{-a}=2+\dfrac{1}{2}$를 만족하는 a의 값은 1 또는 -1이다.

따라서 $(g\circ f)(x)$가 실수 전체의 집합에서 연속이 되도록 하는 모든 실수 a의 값의 곱은 -1이다.

답은 ⑤!!

함수

$$f(x)= \lim_{n \to \infty} \frac{\left(\dfrac{x-1}{k}\right)^{2n} - 1}{\left(\dfrac{x-1}{k}\right)^{2n} + 1} \quad (k > 0)$$

에 대하여 함수

$$g(x)= \begin{cases} (f \circ f)(x) & (x = k) \\ (x-k)^2 & (x \neq k) \end{cases}$$

가 실수 전체의 집합에서 연속이다. 상수 k에 대하여 $(g \circ f)(k)$의 값은? [4점]

① 1   ② 3   ③ 5   ④ 7   ⑤ 9

1. $g(x)$의 불연속성이 의심되는 지점은 $x=k$이다.

$g(x)$가 $x=k$에서 연속이려면 $\lim\limits_{x\to k-} g(x)=\lim\limits_{x\to k+}g(x)=g(k)$을 만족해야 한다.

$\lim\limits_{x\to k-}g(x)=\lim\limits_{x\to k-}(x-k)^2=0$, $\lim\limits_{x\to k+}g(x)=\lim\limits_{x\to k+}(x-k)^2=0$, $g(k)=(f\circ f)(k)$이다.

$g(x)$가 $x=k$에서 연속이려면 $(f\circ f)(k)=0$이어야 한다.

2. $f(x)=\lim\limits_{n\to\infty}\dfrac{\left(\dfrac{x-1}{k}\right)^{2n}-1}{\left(\dfrac{x-1}{k}\right)^{2n}+1}$에서 $\left|\dfrac{x-1}{k}\right|$의 값을 기준으로 $f(x)$를 구해보자.

$$f(x)=\begin{cases}-1 & \left(\left|\dfrac{x-1}{k}\right|<1\right) \\ 0 & \left(\left|\dfrac{x-1}{k}\right|=1\right) \\ 1 & \left(\left|\dfrac{x-1}{k}\right|>1\right)\end{cases}$$ 에서 $k>0$이므로 구간을 정리하면

$$f(x)=\begin{cases}-1 & (1-k<x<k+1) \\ 0 & (x=k+1,\ x=1-k) \\ 1 & (x>k+1,\ x<1-k)\end{cases}$$ 이다.

(1) $1-k<k<k+1$

$1-k<k<k+1$, 즉 $\dfrac{1}{2}<k$이라면 $f(k)=-1$이다.

$(f\circ f)(k)=f(-1)=0$이 되기 위해서는 $f(1\pm k)=0$이므로 $1\pm k=-1$이어야 한다.

이런 k 중 $k=2$가 $\dfrac{1}{2}<k$를 만족한다.

(2) $k<1-k$

$k<1-k$, 즉 $0<k<\dfrac{1}{2}$이라면 $f(k)=1$이다.

$(f\circ f)(k)=f(1)=0$이 되기 위해서는 $f(1\pm k)=0$이므로 $1\pm k=1$이어야 한다.

$k=0$은 $0<k<\dfrac{1}{2}$를 만족하지 않는다.

3. $(g\circ f)(k)=(g\circ f)(2)=g(-1)$이다. $g(-1)=(-1-2)^2=9$이다.

답은 ⑤!!

〈함수의 곱〉
연속x연속=연속
연속x불연속=미확정
불연속x불연속=미확정

〈함수의 덧셈, 뺄셈〉
연속±연속=연속
연속±불연속=불연속
불연속±불연속=미확정

〈함수의 나눗셈〉
분수함수의 연속성

이 중에서 문제로 출제되는 것은 미확정인 **연속x불연속, 불연속×불연속, 불연속±불연속,**
분수함수의 연속성이다.

불연속±불연속 유형은 별다른 해법이 존재하지 않으므로 연속의 정의에 충실할 수밖에 없다. 즉, 정직하게
$f(a+)\pm g(a+)$, $f(a-)\pm g(a-)$, $f(a)\pm g(a)$ 세 개의 값을 비교하여 연속성을 판단하면 된다. 세 값이
모두 같다면 $x=a$에서 연속이고, 단 하나라도 다르다면 $x=a$에서 불연속이다.

반면, 연속x불연속 유형과 불연속×불연속 유형은 연속성 판정의 태도와 도구가 존재하며 가장 많이 출제되는 경우다.
특히, 연속x불연속 유형의 출제 빈도가 압도적이다. 다음 페이지에서 연속×불연속 유형을 먼저 살펴보고,
불연속×불연속 유형을 살펴보자.

(1) 불연속함수 $f(x)$와 연속함수 $g(x)$에 대해 $f(x)g(x)$의 연속성

$x=a$ 부근에서 정의된 함수 $f(x)$가 $x=a$에서 불연속이고, 함수 $g(x)$는 연속이라고 해보자.
이때, $f(a+)$, $f(a-)$가 모두 존재하는지 아닌지에 따라 $f(x)g(x)$의 $x=a$에서의 연속성 판단이 두 가지
CASE로 나뉜다.

(i) 만약 $f(a+)$, $f(a-)$가 모두 존재한다면 $f(x)g(x)$가 $x=a$에서 연속이 되기 위한 조건은 $g(a)=0$이다.

매우 유명한 공식이다. 증명도 매우 간단하다.

$g(x)$는 $x=a$에서 연속이므로 $\displaystyle\lim_{x\to a+}g(x)=\lim_{x\to a-}g(x)=g(a)=k$ 이다. (단, k는 상수.)

$f(x)$는 $x=a$에서 불연속이고 좌·우 극한값이 모두 존재하므로

$\displaystyle\lim_{x\to a+}f(x)=p$, $\displaystyle\lim_{x\to a-}f(x)=q$, $f(a)=r$이다. (단, p, q, r은 상수이고 p, q, r 중 적어도 두 개의 값은

서로 다르다.)

$f(x)g(x)$가 $x=a$에서 연속이 되려면 $\displaystyle\lim_{x\to a+}f(x)g(x)=\lim_{x\to a-}f(x)g(x)=f(a)g(a)$를 만족해야 한다.

즉, $pk=qk=rk$여야 한다. p, q, r 중 적어도 두 개의 값이 서로 다르므로 이를 만족하려면 $k=0$이어

야 한다. 따라서 $f(x)g(x)$가 $x=a$에서 연속이 되기 위한 조건은 $g(a)=0$이다.

**대부분의 연속성 관련 기출 문제가 이 유형에 속하고 풀이법도 $g(a)=0$이다. 하지만 매번 이 유형이
나올 때마다 $\displaystyle\lim_{x\to a+}f(x)g(x)=\lim_{x\to a-}f(x)g(x)=f(a)g(a)$을 따지기는 매우 귀찮다.**

따라서 $f(a)$, $f(a+)$, $f(a-)$가 모두 존재할 때 이를 $x=a$에서 '수렴하는 불연속'이라 부르자.
($f(x)$가 $x=a$에서 정의되지 않아 $f(a)$가 존재하지 않는다면 $f(x)g(x)$는 볼 것도 없이 $x=a$에서 불
연속이므로 정의되지 않은 함수를 출제하지는 않는다. 따라서 $f(a)$의 존재성을 크게 신경 쓸 필요는 없다.)

**예를 들어, $f(x)$가 $x=a$, $x=b$에서 수렴하는 불연속이고 $g(x)$가 실수 전체의 집합에서 연속이면,
$f(x)g(x)$가 실수 전체의 집합에서 연속일 조건은 $g(a)=g(b)=0$이다.**

**(ii) 만약 $f(a+)$, $f(a-)$ 중 하나라도 존재하지 않는다면
$\displaystyle\lim_{x\to a+}f(x)g(x)=\lim_{x\to a-}f(x)g(x)=f(a)g(a)$를 직접 따져봐야 한다.**

함수 $f(x)$가 $x=a$에서 불연속이고 함수 $g(x)$가 실수 전체의 집합에서 연속일 때, $g(a)=0$이기만 하
면 $f(x)g(x)$가 연속이라 생각하는 경우가 있지만 이는 오개념이다.

예를 들어, $f(x)=\dfrac{1}{x^2}$이고 $g(x)=x$일 때 $f(x)g(x)=\dfrac{1}{x}$이므로 $x=0$에서 여전히 불연속이다.

**이처럼 $f(x)$가 수렴하는 불연속이 아닌 경우는 직접 $f(x)$, $g(x)$의 함수식을 곱하여
$\displaystyle\lim_{x\to a+}f(x)g(x)=\lim_{x\to a-}f(x)g(x)=f(a)g(a)$를 확인해야 한다.**

(2) 불연속함수 $f(x)$와 불연속함수 $g(x)$에 대해 $f(x)g(x)$의 연속성

실수 전체의 집합에서 정의된 함수 $f(x)$가 $x = a$에서만 불연속이고,
실수 전체의 집합에서 정의된 함수 $g(x)$가 $x = b$에서만 불연속이라 할 때 (단, 불연속 지점 모두 '수렴하는 불연속') $f(x)g(x)$가 실수 전체의 집합에서 연속이 될 조건을 구해보자.

① $f(x)$와 $g(x)$의 불연속 지점이 겹치는 경우 ($a = b$)

많이들 놓치는 경우지만 반드시 확인해야 한다.
$a = b$인 경우 $f(x)$와 $g(x)$ 모두 $x = a$에서 불연속이다.
불연속×불연속 유형은 그 결과가 연속일지 불연속일지 알 수 없기에,
직접 $\displaystyle\lim_{x \to a+} f(x)g(x) = \lim_{x \to a-} f(x)g(x) = f(a)g(a)$을 확인해야 한다.

② $f(x)$와 $g(x)$의 불연속 지점이 겹치지 않는 경우 ($a \neq b$)

이 경우에는 함수 하나씩 단계적으로 따져라.
함수들을 복합적으로 생각하는 순간, 사고가 꼬이기 시작한다.
비단 연속성뿐만 아니라 다른 함수 문제도 마찬가지이다.
하나의 문제에서 함수가 여러 개가 제시되면 복합적으로 따지지 마라.

단계적으로 따지는 것은 이러한 과정을 의미한다.

  ⅰ) 먼저 따질 함수를 정한다.
    $f(x)$로 정하자.

  ⅱ) $f(x)$의 불연속 지점을 해결하자.
    $x = a$에서 $f(x)$는 수렴하는 불연속이고, $g(x)$는 연속이므로
    $g(a) = 0$이면 $f(x)$의 불연속 지점이 해결된다.

  ⅲ) $f(x)$의 불연속 지점은 해결되었으므로 $g(x)$의 불연속 지점을 해결하자.
    $x = b$에서 $g(x)$는 수렴하는 불연속이고, $f(x)$는 연속이므로 $f(b) = 0$이면 된다.

최고차항의 계수가 1인 이차함수 $f(x)$와 두 함수

$$g(x) = \lim_{n \to \infty} \frac{x^{2n-1} - 1}{x^{2n} + 1}, \quad h(x) = \begin{cases} \dfrac{|x|}{x} & (x \neq 0) \\ 0 & (x = 0) \end{cases}$$

에 대하여 함수 $f(x)g(x)$와 함수 $f(x)h(x)$가 모두 연속함수일 때, $f(10)$의 값을 구하시오. [4점]

1. 함수 $g(x)$와 함수 $h(x)$를 구간에 따라 나눠서 표현하자.

$$\text{함수 } g(x) = \begin{cases} \dfrac{1}{x} & (x > 1) \\ 0 & (x = 1) \\ -1 & (-1 < x < 1), \\ -1 & (x = -1) \\ \dfrac{1}{x} & (x < -1) \end{cases} \quad h(x) = \begin{cases} 1 & (x > 0) \\ 0 & (x = 0) \\ -1 & (x < 0) \end{cases} \text{이므로}$$

함수 $g(x)$는 $x = 1$에서 불연속, 함수 $h(x)$는 $x = 0$에서 불연속이다.

2. 함수 $f(x)g(x)$가 $x = 1$에서 연속이려면 $f(1)g(1) = 0$을 만족하면 된다. $f(1) = 0$이다.
마찬가지로 함수 $f(x)h(x)$가 $x = 0$에서 연속이려면
$$\lim_{x \to 0+} f(x)h(x) = \lim_{x \to 0-} f(x)h(x) = f(0)h(0) = 0$$을 만족하면 된다.
$f(0) = 0$이다. 따라서 $f(x) = x(x-1)$이므로 $f(10) = 10 \times 9 = 90$이다.

답은 90!!

❘ 함수의 미분가능성

연속성 파트와 똑같다. 미분가능성 또한 미분계수의 존재 조건인 '좌미분계수=우미분계수'를 이용하여 따지는 게 정석적이지만, 실전에서 매번 일일이 따지고 있을 여유가 없으므로 **기출에서 등장한 일관된 패턴과 조건에 빠르게 적용할 수 있는 도구와 태도를 배운다는 느낌으로 학습하면 된다.**

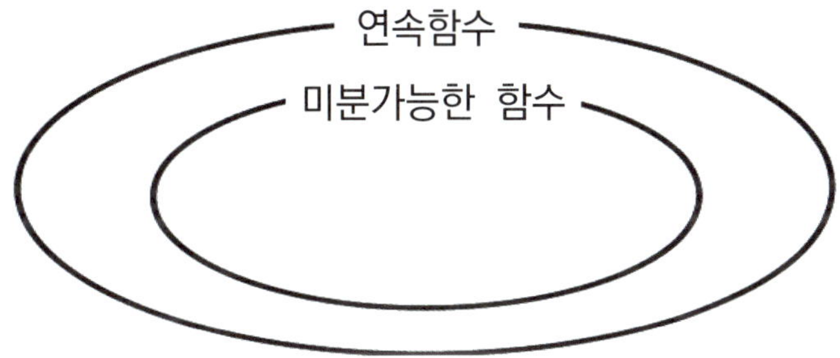

어떤 함수가 $x=a$에서 미분가능하면, 그 함수는 $x=a$에서 연속이다. 증명은 다음과 같다.

함수 $f(x)$가 $x=a$에서 미분가능하면 $f'(a)=\lim\limits_{x\to a}\dfrac{f(x)-f(a)}{x-a}$가 존재한다는 것을 이용하여

$\lim\limits_{x\to a}f(x)=f(a)$가 존재함을 보이면 된다. 수렴하는 극한끼리는 서로 곱할 수 있으므로

$$\lim_{x\to a}\{f(x)-f(a)\}=\lim_{x\to a}\left\{\frac{f(x)-f(a)}{x-a}\times(x-a)\right\}=f'(a)\times 0=0$$

$$\lim_{x\to a}f(x)=\lim_{x\to a}[\{f(x)-f(a)\}+f(a)]=0+f(a)=f(a)$$

태도 : 미분가능 조건을 보면 연속성은 당연히 깔고 가자. 연속에 대한 언급이 없더라도 미분가능하면 당연히 연속임을 인지해야 한다.

함수 $f(x)$가 $x=a$에서 미분가능하다는 것은 $f'(a)$가 존재한다는 말과 같다.

$\displaystyle\lim_{x\to a}\frac{f(x)-f(a)}{x-a}$ 혹은 $\displaystyle\lim_{h\to 0}\frac{f(a+h)-f(a)}{h}$의 값이 존재한다면 $f'(a)$가 존재한다.

극한값의 존재 조건에 의해 $\displaystyle\lim_{x\to a}\frac{f(x)-f(a)}{x-a}$의 값이 존재하려면 **좌극한과 우극한이 같아야 한다.**

이를 수식적으로 표현하면 $\displaystyle\lim_{x\to a-}\frac{f(x)-f(a)}{x-a}=\lim_{x\to a+}\frac{f(x)-f(a)}{x-a}$이다.

여기서 $\displaystyle\lim_{x\to a-}\frac{f(x)-f(a)}{x-a}$, $\displaystyle\lim_{x\to a+}\frac{f(x)-f(a)}{x-a}$는 각각 함수 $f(x)$의 $x=a$에서의 좌미분계수와 우미분계수를 의미하므로 **함수 $f(x)$의 $x=a$에서의 좌미분계수와 우미분계수가 같으면 $f(x)$는 $x=a$에서 미분가능하다. 즉, $f'(a)$가 존재한다.**

미분계수의 정의를 이용하면 어떠한 함수든 그 미분가능성을 따질 수 있으므로 정확하게 외워두자.

(1) 좌미분계수는 도함수의 좌극한이 아니고, 우미분계수는 도함수의 우극한이 아니다.

$f(x)$의 $x=a$에서 좌미분계수는 $\displaystyle\lim_{x\to a-}f'(x)$가 아니고,

$f(x)$의 $x=a$에서 우미분계수는 $\displaystyle\lim_{x\to a+}f'(x)$가 아니다.

일반적으로 이런 오해를 하고 있는데, 자주 등장하는 다음의 두 가지 상황에서는 위의 설명이 맞기 때문이다.

① $f(x)$가 **미분가능한 함수일 때**

② **미분가능한 함수 $g(x)$, $h(x)$에 대해 함수** $f(x)=\begin{cases} g(x) & (x<a) \\ h(x) & (x\geq a) \end{cases}$ **가 $x=a$에서 연속일 때**

특히 ②를 자세히 살펴보면,

$(f(x)$의 $x=a$에서의 좌미분계수$)=\displaystyle\lim_{x\to a-}\frac{f(x)-f(a)}{x-a}=\lim_{x\to a-}\frac{g(x)-g(a)}{x-a}=g'(a)$

$(f(x)$의 $x=a$에서의 우미분계수$)=\displaystyle\lim_{x\to a+}\frac{f(x)-f(a)}{x-a}=\lim_{x\to a+}\frac{h(x)-h(a)}{x-a}=h'(a)$

이고 $g'(a)=\displaystyle\lim_{x\to a-}g'(x)$, $h'(a)=\displaystyle\lim_{x\to a+}h'(x)$이므로

$(f(x)$의 $x=a$에서 좌미분계수$)=\displaystyle\lim_{x\to a-}f'(x)$

$(f(x)$의 $x=a$에서 우미분계수$)=\displaystyle\lim_{x\to a+}f'(x)$

그러나 모든 $f(x)$에 대해 $f(x)$의 $x=a$에서 좌미분계수는 $\lim\limits_{x \to a-} f'(x)$, $f(x)$의 $x=a$에서 우미분계수는

$\lim\limits_{x \to a+} f'(x)$인 것은 아니다. 예를 들어, **함수 $f(x)$가 $x=a$에서 불연속인 경우 도함수 $f'(x)$는 $x=a$에서**

정의되지 않는다. 즉, $f'(a)$가 존재하지 않는다. 하지만 극한값과 함숫값은 다르다고 배웠듯이, **$f'(a)$가**

존재하지 않더라도 $\lim\limits_{x \to a\pm} f'(x)$는 존재할 수 있다.

그러므로 도함수의 극한과 좌·우미분계수를 함부로 연결지으면 안 된다.

좌미분계수의 정확한 정의는 $\lim\limits_{x \to a-} \dfrac{f(x)-f(a)}{x-a}$이고, 우미분계수의 정확한 정의는 $\lim\limits_{x \to a+} \dfrac{f(x)-f(a)}{x-a}$이다.

예제(14) 13년 3월 교육청 20번

함수 $f(x)$가 다음과 같다.

$$f(x)=\begin{cases} \dfrac{1}{2}(x^3-3x) & (x \leq -1 \text{ 또는 } x \geq 0) \\[2mm] \dfrac{1}{2}(x^3-3x)-1 & (-1 < x < 0) \end{cases}$$

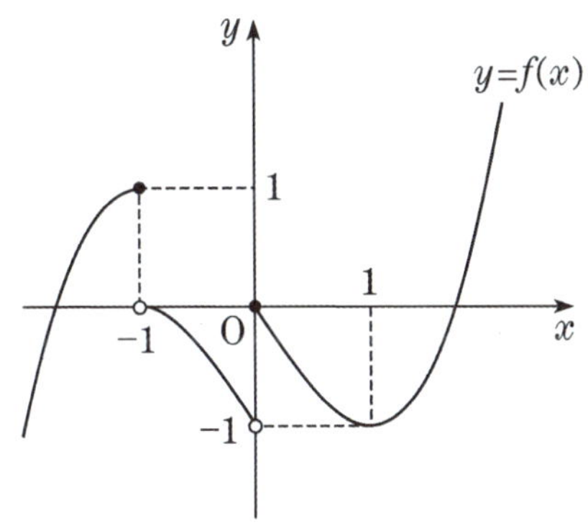

옳은 것만을 <보기>에서 있는 대로 고른 것은?

<보 기>

ㄱ. 함수 $f(x)$는 $x=0$에서 미분가능하다.

ㄴ. $\lim\limits_{x \to 0} f'(x) = -\dfrac{3}{2}$

ㄷ. $\lim\limits_{x \to -1+} f(f'(x)) = 0$

① ㄱ   ② ㄴ   ③ ㄷ   ④ ㄱ, ㄷ   ⑤ ㄴ, ㄷ

1. 함수 $f(x)$는 $x=0$에서 불연속이므로 미분가능하지 않은 것은 당연하다. (X)

※ 명제 '함수 $f(x)$가 $x=a$에서 미분가능하면 함수 $f(x)$는 $x=a$에서 연속이다.'와
대우 명제인 '함수 $f(x)$가 $x=a$에서 불연속이면 함수 $f(x)$는 $x=a$에서 미분가능하지 않다.'는
모두 참이다.

2. $y=f'(x)$의 그래프를 그려보자. 단, $f(x)$는 $x=-1$과 $x=0$에서 불연속이므로 해당 지점에서
미분가능하지 않다. 즉, $f'(-1)$과 $f'(0)$은 존재하지 않는다. 나머지 x에서의 $f'(x)$ 식은 제시된
$f(x)$를 미분하여 얻을 수 있다.

$$\therefore f'(x) = \frac{3}{2}(x^2-1) \ (x \neq -1, \ x \neq 0)$$

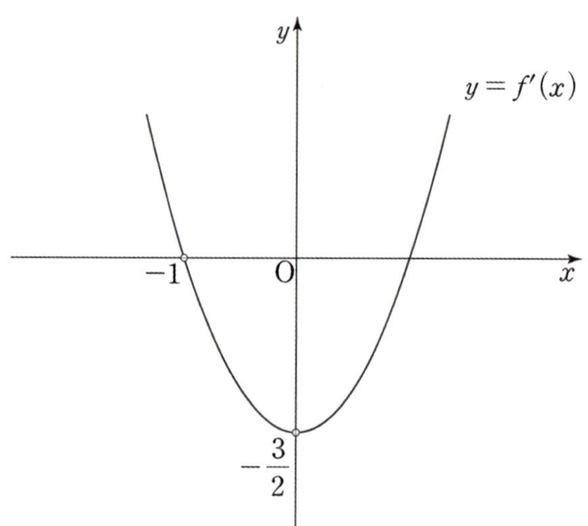

$x=0$에서 $f'(x)$의 함숫값은 존재하지 않지만 극한값은 존재한다. $\lim\limits_{x \to 0} f'(x) = -\dfrac{3}{2}$ (O)

※ 본문에서 말했듯이 $f(x)$의 좌미분계수는 $f'(x)$의 좌극한이 아니고, $f(x)$의 우미분계수는
$f'(x)$의 우극한이 아니라는 점을 이 문제가 잘 보여준다. 문제 속 $f(x)$는 $x=0$에서 미분가능하지
않지만, $\lim\limits_{x \to 0} f'(x)$는 존재한다.

다시 말하지만, 좌미분계수의 정확한 정의는 $\lim\limits_{x \to a-} \dfrac{f(x)-f(a)}{x-a}$ 이고, 우미분계수의 정확한 정의
는 $\lim\limits_{x \to a+} \dfrac{f(x)-f(a)}{x-a}$ 이다.

3. 합성함수의 극한이다. 좌극한, 우극한, 함숫값을 정확히 따지기 위해서 $f'(x)$의 그래프와 $f(x)$의
그래프를 관찰하자. $f(f'(-1+)) = f(0-) = -1$ (X)

옳은 것은 ㄴ뿐이므로 **답은 ②!!**

(2) 미분가능하지 않아도 좌미분계수, 우미분계수는 존재할 수 있다.

$x = a$에서 미분가능한 함수 $f(x)$가 $f(a) = 0$, $f'(a) \neq 0$이면 $|f(x)|$는 $x = a$에서 미분가능하지 않다. 그러나 $|f(x)|$의 $x = a$에서의 좌미분계수와 우미분계수는 모두 존재한다. 이때, 두 값은 서로 부호만 다르고 절댓값이 같다.

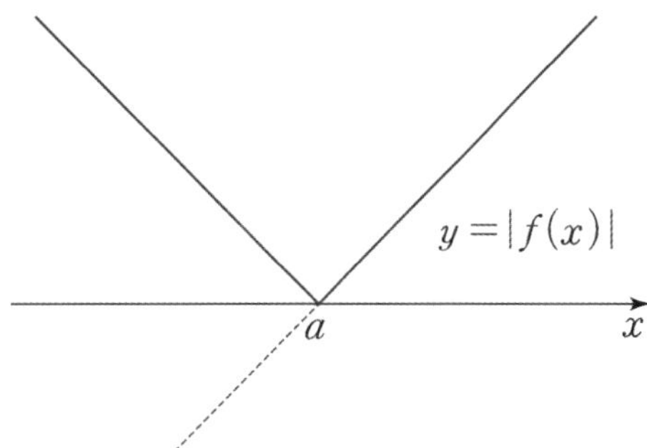

예를 들어 $f(x) = x - a$라 하면, $|f(x)| = \begin{cases} x - a & (x \geq a) \\ -x + a & (x < a) \end{cases}$ 이다.

$(|f(x)|$의 $x = a$에서의 좌미분계수$) = \lim\limits_{x \to a-} \dfrac{|f(x)| - |f(a)|}{x - a} = \lim\limits_{x \to a+} \dfrac{-(x-a)}{x - a} = -1$

$(|f(x)|$의 $x = a$에서의 우미분계수$) = \lim\limits_{x \to a+} \dfrac{|f(x)| - |f(a)|}{x - a} = \lim\limits_{x \to a+} \dfrac{x - a}{x - a} = 1$

$|f(x)|$는 $x = a$에서 좌미분계수와 우미분계수 모두 존재하지만 미분계수는 존재하지 않는다.

예제(15) 16학년도 9월 평가원 나형 21번

실수 t에 대하여 직선 $x = t$가 두 함수

$$y = x^4 - 4x^3 + 10x - 30, \quad y = 2x + 2$$

의 그래프와 만나는 점을 각각 A, B라 할 때, 점 A와 점 B 사이의 거리를 $f(t)$라 하자.

$$\lim_{h \to 0+} \frac{f(t+h) - f(t)}{h} \times \lim_{h \to 0-} \frac{f(t+h) - f(t)}{h} \leq 0$$

을 만족시키는 모든 실수 t의 값의 합은? [4점]

① -7 ② -3 ③ 1 ④ 5 ⑤ 9

1. 점 A의 좌표 : $(t,\ t^4-4t^3+10t-30)$, 점 B의 좌표 : $(t,\ 2t+2)$

두 점 A, B는 모두 직선 $x=t$ 위에 존재하므로 두 점 사이의 거리는 두 점의 y좌표의 차와 같다. 따라서 점 A와 점 B 사이의 거리 $f(t)=\left|t^4-4t^3+8t-32\right|$ 이다.

2. $\displaystyle\lim_{h\to 0+}\frac{f(t+h)-f(t)}{h}\times\lim_{h\to 0-}\frac{f(t+h)-f(t)}{h}\le 0$

함수 $f(t)$는 모든 실수 t에서 우미분계수와 좌미분계수가 모두 존재하므로

$\displaystyle\lim_{h\to 0+}\frac{f(t+h)-f(t)}{h}$는 함수 $f(t)$의 t에서의 **우미분계수**

$\displaystyle\lim_{h\to 0-}\frac{f(t+h)-f(t)}{h}$는 함수 $f(t)$의 t에서의 **좌미분계수**를 의미한다.

※ 뾰족점에서 $f(t)$는 미분가능하지 않지만 우미분계수와 좌미분계수가 모두 존재한다.
　 이때, 두 값은 서로 부호가 다르고 절댓값이 같다.

※ 편의를 위해 우미분계수를 $f'(t+)$, 좌미분계수를 $f'(t-)$로 표현하자.

$f'(t+)f'(t-)\le 0$을 만족하려면 $f'(t)=0$이거나 $f'(t+)f'(t-)<0$이어야 한다.
$f'(t+)f'(t-)<0$은 $f(t)$ 그래프의 뾰족점을 의미하므로 $y=f(t)$의 그래프를 그린 다음 $f'(t)=0$ 또는 뾰족점을 갖는 t의 값을 구하자.

3. $f(t)=\left|t^4-4t^3+8t-32\right|$

$g(t)=t^4-4t^3+8t-32$라 하면 $f(t)=\left|g(t)\right|$ 이다. 따라서 $f(t)$의 그래프는 $g(t)$의 그래프에서 t축의 윗부분은 그대로 두고, t축의 아랫부분을 t축에 대하여 접어올린(대칭시킨) 것이다.
$y=g(t)$의 그래프를 먼저 그리자.

$g'(t)=4t^3-12t^2+8$에서 조립제법을 이용하면 $g'(t)=4(t-1)(t^2-2t-2)$
따라서 방정식 $g'(t)=0$은 $t=1$, $t=1\pm\sqrt{3}$을 근으로 갖는다. $g'(t)$의 그래프를 그려 증감을 확인하면 함수 $g(t)$는 $t=1\pm\sqrt{3}$에서 극솟값을 갖고, $t=1$에서 극댓값을 가지므로 함수 $g(t)$의 그래프는 그림과 같다.

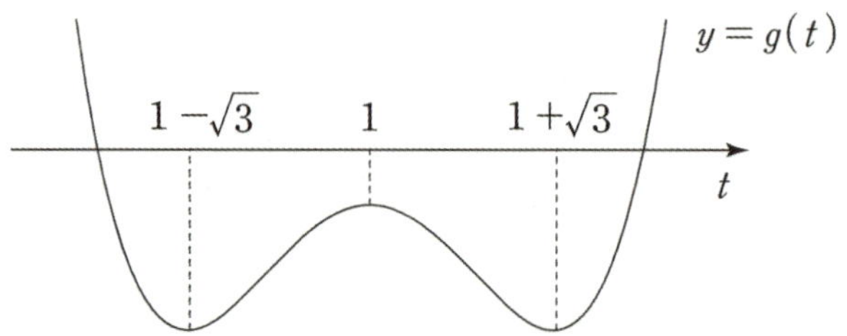

4. 함수 $y = f(t)$의 그래프는 $y = g(t)$의 그래프에서 t축의 윗부분은 그대로 두고, t축의 아랫부분을 t축에 대하여 대칭시킨 것이다.

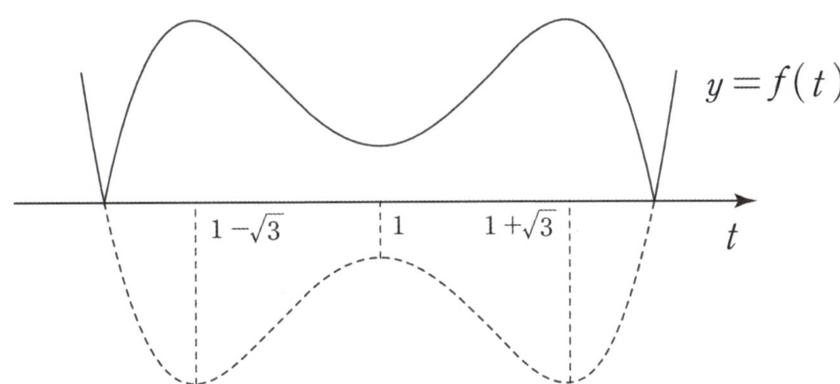

함수 $y = f(t)$는 서로 다른 두 점에서 뾰족점을 갖고, 서로 다른 세 점에서 미분계수가 0이다.

뾰족점을 갖는 서로 다른 두 점의 x좌표를 구하기 위해
방정식 $g(t) = 0$을 풀어야 할까? 아니다.
함수 $g(t)$의 그래프는 $x = 1$에 대해 대칭이므로
방정식 $g(t) = 0$의 두 실근 또한 $x = 1$에 대해 대칭이다. 따라서 그 두 근을 더하면 2가 된다.

따라서 $f'(t+)f'(t-) \leq 0$을 만족시키는 모든 실수 t의 값의 합은
$1 + (1 - \sqrt{3}) + (1 + \sqrt{3}) + 2 = 5$이다.

답은 ④!!

※ $g'(t) = 0$이 되는 세 점의 t좌표는 이미 구했기 때문에 그대로 사용했지만, 이 세 점의 t좌표에도 대칭성이 적용되어 세 점의 t좌표는 크기 순으로 등차중항이 1인 등차수열을 이룬다. (그래프를 보면 한눈에 알 수 있다.) 따라서 모든 실수 t의 값의 합을 $1 \times 3 + 2 = 5$로 계산해도 된다.

(3) 함수 $f(x)$가 $x=a$에서 불연속이면, 좌미분계수와 우미분계수는 동시에 존재할 수 없다.

함수 $f(x)$가 $x=0$에서 불연속인 몇 가지 경우에서, 좌미분계수와 우미분계수를 살펴보자.

(ⅰ)

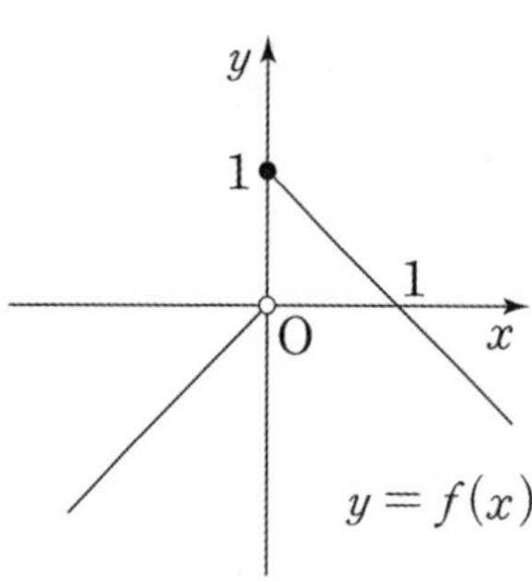

$f(x)$는 $x=0$에서 좌미분계수가 존재하지 않고, 우미분계수는 존재한다. $\left(f(x)=\begin{cases} x & (x<0) \\ -x+1 & (x\geq 0) \end{cases}\right)$

$(f(x)$의 $x=0$에서의 좌미분계수$)=\lim\limits_{x\to 0-}\dfrac{f(x)-f(0)}{x-0}=\lim\limits_{x\to 0-}\dfrac{x-1}{x}\ \to$ 발산(존재 X)

$(f(x)$의 $x=0$에서의 우미분계수$)=\lim\limits_{x\to 0+}\dfrac{f(x)-f(0)}{x-0}=\lim\limits_{x\to 0+}\dfrac{(-x+1)-(1)}{x}=\lim\limits_{x\to 0+}\dfrac{-x}{x}=-1\ \to$ 존재

아래의 두 함수에서도 같은 방식으로 $x=0$에서 좌·우미분계수의 존재성을 증명할 수 있다.

(ⅱ)

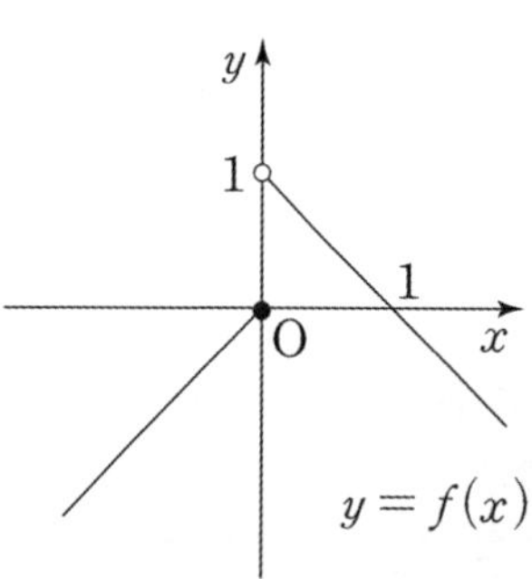

$f(x)$는 $x=0$에서 좌미분계수는 존재하고 우미분계수는 존재하지 않는다. $\left(f(x)=\begin{cases} x & (x\leq 0) \\ -x+1 & (x>0) \end{cases}\right)$

(ⅲ)

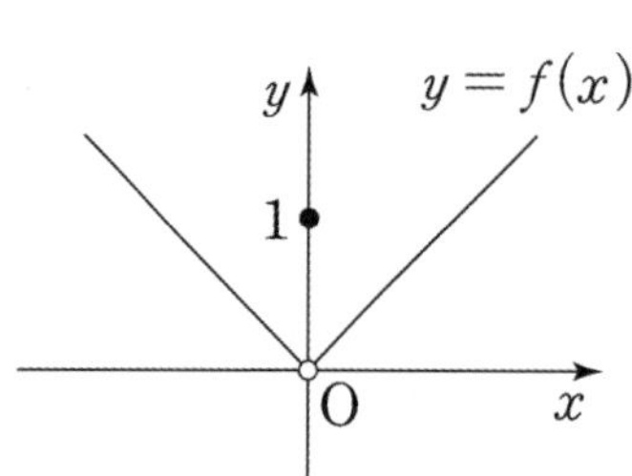

$f(x)$는 $x=0$에서 좌미분계수와 우미분계수 모두 존재하지 않는다. $\left(f(x)=\begin{cases} 1 & (x=0) \\ |x| & (x\neq 0) \end{cases}\right)$

2에서 배운 것처럼, 어떤 함수든 미분계수의 정의를 이용하여 미분가능성을 따질 수는 있지만, **융통성 없이 모든 문제에서 미분계수의 정의를 사용하고 있을 시간이 없다.**
그래프를 통해 미분가능성을 따지는 방법도 알아두자.

함수의 그래프가 '뾰족한 점'에서 미분가능하지 않고, '매끄럽게 연결'되는 지점에서 미분가능하다.
그래프만 가지고 뾰족점 여부를 판단하기 애매하다면 치트키인 미분계수의 정의를 사용하면 된다.

뾰족점을 만드는 가장 대표적인 장치가 절댓값이므로 **절댓값을 포함한 함수의 미분가능성을 묻는 경우 그래프로 따지는 경우가 많다.** 절댓값 함수의 미분가능성을 살펴보자.

$x = a$에서 미분가능한 함수 $f(x)$에 대해 $f(a) = 0$이라고 할 때,

(1) $f'(a) \neq 0$인 경우 함수 $|f(x)|$는 $x = a$에서 미분가능하지 않다.
　$|f(x)|$의 $x = a$에서의 우미분계수와 좌미분계수는 절댓값만 같고 부호가 다르기 때문이다.
　즉, 뾰족점이다.

(2) $f'(a) = 0$인 경우 함수 $|f(x)|$는 $x = a$에서 미분가능하다.
　$|f(x)|$의 $x = a$에서의 우미분계수와 좌미분계수는 0으로 같기 때문이다. 즉, 접점이다.

이를 그래프에서 따져보자. $f(x) = x^2(x-1)$일 때, 함수 $|f(x)|$는 $x = 1$에서만 미분가능하지 않다.

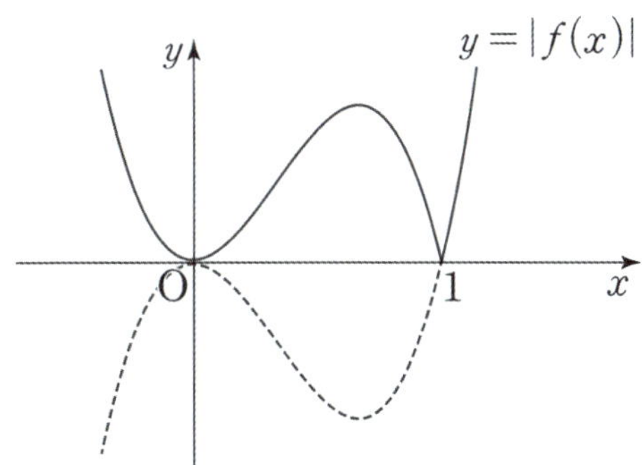

이 내용을 숙지하면 $f(x)$의 그래프만 보고도 $|f(x)|$의 미분가능성을 따질 수 있다.
방정식 $f(x) = 0$의 두 실근 0과 1에서 $|f(x)|$의 미분가능성이 의심되지만,
$f'(0) = 0$이므로 $x = 0$에서 미분가능하고, $f'(1) \neq 0$이므로 $x = 1$에서 미분가능하지 않다.

$x = a$에서 미분가능한 함수 $f(x)$, $g(x)$에 대하여 함수 $h(x) = \begin{cases} f(x) & (x < a) \\ g(x) & (x \geq a) \end{cases}$를 살펴보자.

(1) 함수 $h(x)$가 $x = a$에서 연속이 되기 위한 조건

연속의 정의에 따라 $\displaystyle\lim_{x \to a+} h(x) = \lim_{x \to a-} h(x) = h(a)$를 만족해야 한다.

$$\lim_{x \to a+} h(x) = \lim_{x \to a+} g(x) = g(a)$$

$$\lim_{x \to a-} h(x) = \lim_{x \to a-} f(x) = f(a)$$

$h(a) = g(a)$ 이므로 $f(a) = g(a)$이어야 한다.

(2) 함수 $h(x)$가 $x = a$에서 미분가능하기 위한 조건

우선, $h(x)$가 $x = a$에서 연속이어야 하므로 $f(a) = g(a)$를 만족해야 한다.
미분가능의 선행조건은 연속이라는 점을 잊지 말자.

다음으로, $h(x)$가 $x = a$에서 미분가능하려면 $x = a$에서 좌미분계수와 우미분계수가 서로 같아야 한다.

$$(h(x)\text{의 } x = a\text{에서의 좌미분계수}) = \lim_{x \to a-} \frac{h(x) - h(a)}{x - a} = \lim_{x \to a-} \frac{f(x) - f(a)}{x - a} = f'(a)$$

$$(h(x)\text{의 } x = a\text{에서의 우미분계수}) = \lim_{x \to a+} \frac{h(x) - h(a)}{x - a} = \lim_{x \to a+} \frac{g(x) - g(a)}{x - a} = g'(a)$$

두 값이 서로 같아야 하므로 $g'(a) = f'(a)$이어야 한다.

결론을 바탕으로 **구간에 따라 정의된 함수의 미분가능성의 핵심 태도**를 정리하자.
구간에 따라 정의된 함수 $h(x) = \begin{cases} f(x) & (x < a) \\ g(x) & (x \geq a) \end{cases}$가 있을 때,

① **함수 $h(x)$가 $x = a$에서 연속**
② $f(x)$, $g(x)$**가 $x = a$에서 미분가능**

이면 미분계수의 정의를 일일이 사용할 필요 없이 $f'(x)$, $g'(x)$**를 구한 다음 $x = a$를 대입하여**
$f'(a)$**와 $g'(a)$를 비교하면 된다.**

$(h(x)\text{의 } x = a\text{에서의 좌미분계수}) = f'(a)$
$(h(x)\text{의 } x = a\text{에서의 우미분계수}) = g'(a)$ 이기 때문이다.

하지만 위 두 조건 중 하나라도 만족하지 않는다면 반드시 미분계수의 정의를 이용하여 미분가능성을 따져야 한다.

함수 $f(x) = x + \cos x + \dfrac{\pi}{4}$ 에 대하여 함수 $g(x)$를

$$g(x) = |f(x) - k| \quad (k \text{는 } 0 < k < 6\pi \text{인 상수})$$

라 하자. 함수 $g(x)$가 실수 전체의 집합에서 미분가능하도록 하는 모든 k의 값의 합을 $\dfrac{q}{p}\pi$라 할 때, $p+q$의 값을 구하시오. (단, p와 q는 서로소인 자연수이다.) [4점]

1. $f(x) = x + \cos x + \dfrac{\pi}{4}$ 그래프를 그리고 싶기는 한데 개형이 확실치 않다. 따라서 미분을 한다.

x에 대하여 미분을 하면 $f'(x) = 1 - \sin x \geq 0$이므로 $f(x)$는 실수 전체의 집합에서 증가한다. **$y = f'(x)$로부터 $y = f(x)$의 그래프 개형**은 아래와 같이 그려진다.

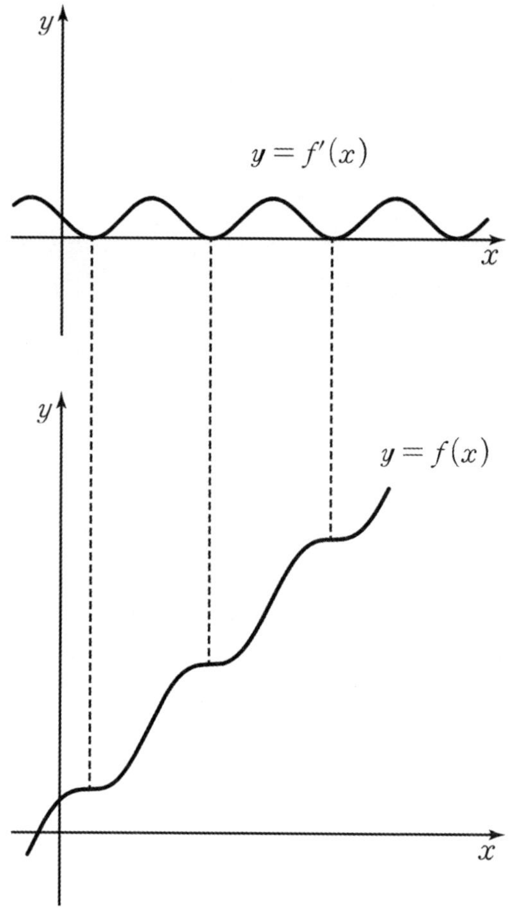

2. $g(x) = |f(x) - k|$ (k는 $0 < k < 6\pi$인 상수)이고 함수 $g(x)$가 실수 전체의 집합에서 미분가능하도록 하는 모든 k를 구해야 한다. 그래프 관점으로 풀어보자.

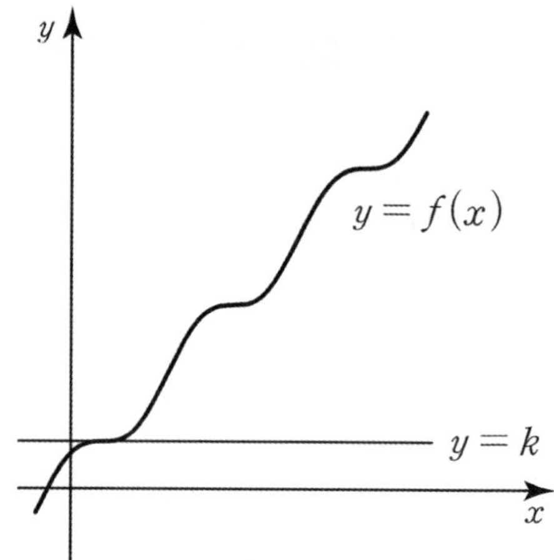

위의 그래프처럼

$f(a)=k$이고 $y=f(x)$와 $y=k$가 $x=a$에서 접한다면 $g(x)$는 $x=a$에서 미분가능하다. $f(x)$는 미분가능한 함수이므로
$y=f(x)$와 상수함수 $y=k$가 접하기 위해서는 $f'(a)=0$를 만족하면 된다.

$f'(a)=0$인 $a=2n\pi+\dfrac{\pi}{2}$ (n은 정수)이다. 따라서 $k=f\left(2n\pi+\dfrac{\pi}{2}\right)=2n\pi+\dfrac{3}{4}\pi$이다.

$0<k<6\pi$이므로 $k=\dfrac{3}{4}\pi$ 또는 $k=\dfrac{11}{4}\pi$ 또는 $k=\dfrac{19}{4}\pi$이다.

따라서 k의 값의 합은 $\dfrac{33}{4}\pi$이므로 $p=4$, $q=33$이고 $p+q=37$이다. 답은 37!!

※ 혹시 $0<k<6\pi$를 $0<a<6\pi$로 착각하고 $a=\dfrac{\pi}{2}$ 또는 $a=\dfrac{5}{2}\pi$ 또는 $a=\dfrac{9}{2}\pi$로 구했다면 다음에는 좀 더 주의하자.

함수 $f(x) = \left| x^2 - x \right| e^{4-x}$ 이 있다. 양수 k에 대하여 함수 $g(x)$를

$$g(x) = \begin{cases} f(x) & (f(x) \leq kx) \\ kx & (f(x) > kx) \end{cases}$$

라 하자. 구간 $(-\infty, \infty)$에서 함수 $g(x)$가 미분가능하지 않은 x의 개수를 $h(k)$라 할 때, <보기>에서 옳은 것만을 있는 대로 고른 것은? [4점]

<보 기>

ㄱ. $k=2$일 때, $g(2)=4$이다.

ㄴ. 함수 $h(k)$의 최댓값은 4이다.

ㄷ. $h(k)=2$를 만족시키는 k의 값의 범위는 $e^2 \leq k < e^4$이다.

---

① ㄱ　　　　② ㄱ, ㄴ　　　　③ ㄱ, ㄷ　　　　④ ㄴ, ㄷ　　　　⑤ ㄱ, ㄴ, ㄷ

1. $f(2) = 2e^2$, $2k = 4$에서 $2e^2 > 4$이므로 $g(2) = 4$이다.
선지 (ㄱ)은 참.

2. 함수 $g(x)$의 미분가능하지 않는 점의 개수를 구하기 위해 함수 $f(x)$와 직선 $y = kx$의 그래프 사이의 관계를 파악해보자. 우선 함수 $f(x)$를 그려보자.

$y = (x^2 - x)e^{4-x}$ 정도의 그래프는 '미분 없이' 그릴 수 있다.

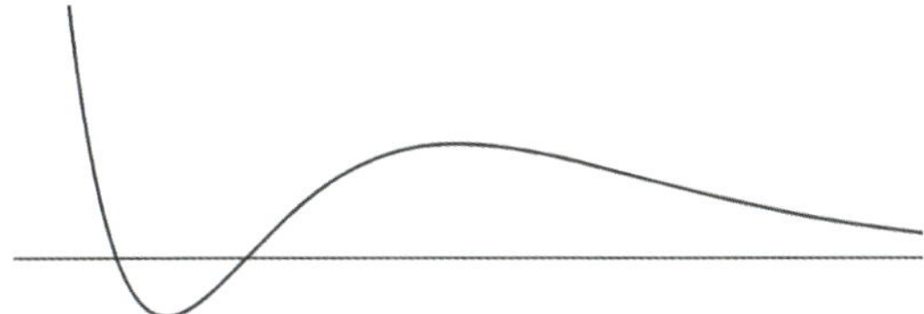

$e^{4-x} > 0$이므로 $f(x) = \left| x^2 - x \right| e^{4-x} = \left| (x^2 - x)e^{4-x} \right|$ 이다.

따라서 $y = f(x)$의 그래프 개형은 아래와 같다.

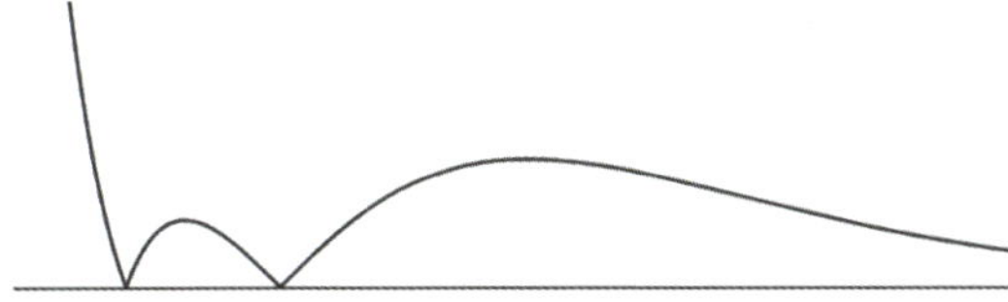

3. 이제 함수 $h(k)$를 구하기 위해 함수 $g(x)$를 그려보자.

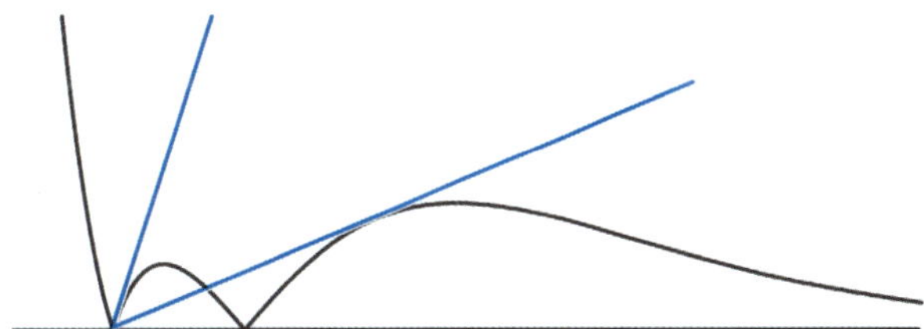

$y = kx$가 $y = -(x^2 - x)e^{4-x}$ 위의 점 $(0, 0)$에서의 접선이 될 때의 k의 값과
구간 $(1, \infty)$에서 함수 $f(x)$와 $y = kx$가 접하게 하는 k의 값을 분기점으로 case를 나누자.

구간 $(0, 1)$에서 $f(x) = (-x^2 + x)e^{4-x}$, $f'(x) = (x^2 - 3x + 1)e^{4-x}$이므로
$\lim\limits_{x \to 0+} f'(x) = e^4$ 이다.

따라서 $y = -(x^2 - x)e^{4-x}$ 위의 점 $(0, 0)$에서의 접선은 $y = e^4 x$이다. 이때, $k = e^4$이다.

구간 $(1, \infty)$에서 함수 $f(x) = (x^2 - x)e^{4-x}$이므로 $f'(x) = (-x^2 + 3x - 1)e^{4-x}$이다.

접점의 좌표를 $(t, f(t))$라 하자. $(1 < t$이다.$)$

$f(t) = kt$에서 $kt = (t^2 - t)e^{4-t}$이므로 $k = (t-1)e^{4-t}$이고

$f'(t) = k$에서 $k = (-t^2 + 3t - 1)e^{4-t}$이므로

두 식 $k = (t-1)e^{4-t}$, $k = (-t^2 + 3t - 1)e^{4-t}$을 연립하면 $(t^2 - 2t)e^{4-t} = 0$에서 $t = 2$이다.

이때, $k = f'(2) = e^2$이다.

(1) $0 < k < e^2$

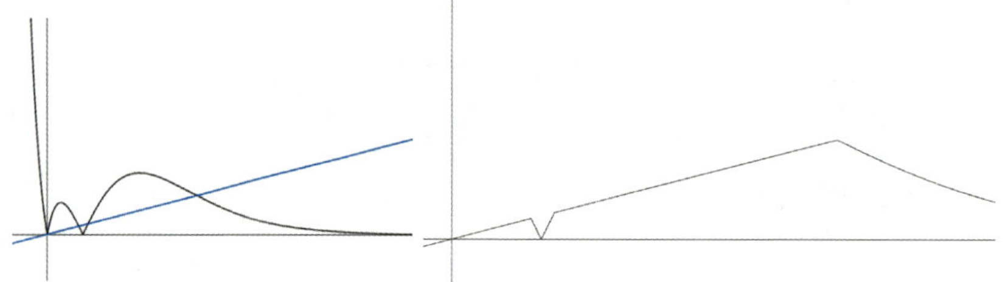

함수 $g(x)$의 미분가능하지 않은 x의 개수는 4이다. 따라서 $h(k) = 4$이다.

(2) $e^2 \leq k < e^4$

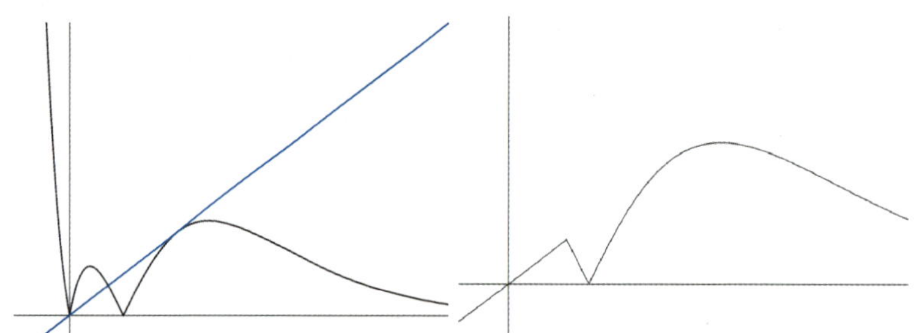

함수 $g(x)$의 미분가능하지 않은 x의 개수는 2이다. 따라서 $h(k) = 2$이다.

(3) $k = e^4$

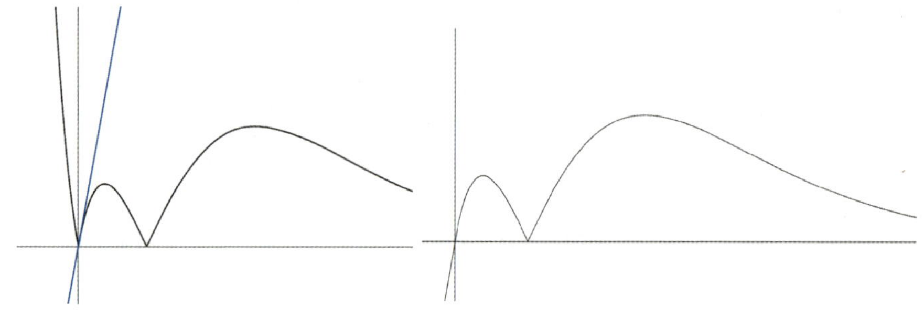

함수 $g(x)$의 미분가능하지 않은 x의 개수는 1이다. 따라서 $h(k) = 1$이다.

(4) $k > e^4$

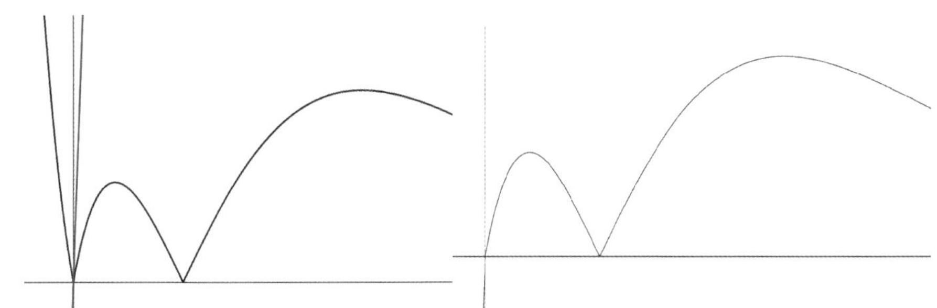

함수 $g(x)$의 미분가능하지 않은 x의 개수는 2이다. 따라서 $h(k) = 2$이다.

※ $g(x)$는 $x = 0$에서 미분가능하지 않다.

$$\lim_{x \to 0+} g'(x) = e^4, \quad \lim_{x \to 0-} g'(x) = k \neq e^4 \text{이기 때문이다.}$$

정리하면 $h(k) = \begin{cases} 4 & (0 < k < e^2) \\ 2 & (e^2 \le k < e^4) \\ 1 & (k = e^4) \\ 2 & (k > e^4) \end{cases}$ 이다.

따라서 함수 $h(k)$의 최댓값은 4이므로 선지 (ㄴ)은 참.

4. $h(k) = 2$를 만족시키는 k의 범위는 $e^2 \le k < e^4$ 또는 $k > e^4$이므로 선지 (ㄷ)은 거짓.

답은 ②!!

실수 t에 대하여 곡선 $y = e^x$ 위의 점 (t, e^t)에서의 접선의 방정식을 $y = f(x)$라 할 때, 함수 $y = |f(x) + k - \ln x|$가 양의 실수 전체의 집합에서 미분가능하도록 하는 실수 k의 최솟값을 $g(t)$라 하자. 두 실수 a, b $(a < b)$에 대하여 $\displaystyle\int_a^b g(t)\,dt = m$이라 할 때, <보기>에서 옳은 것만을 있는 대로 고른 것은? [4점]

<보 기>

ㄱ. $m < 0$ 이 되도록 하는 두 실수 a, b $(a < b)$가 존재한다.

ㄴ. 실수 c에 대하여 $g(c) = 0$ 이면 $g(-c) = 0$이다.

ㄷ. $a = \alpha$, $b = \beta(\alpha < \beta)$일 때 m의 값이 최소이면 $\dfrac{1 + g'(\beta)}{1 + g'(\alpha)} < -e^2$이다.

① ㄱ   ② ㄴ   ③ ㄱ, ㄴ   ④ ㄱ, ㄷ   ⑤ ㄱ, ㄴ, ㄷ

1. 문제를 보면 x, t, k, a, b가 나오고, $f(x)$, $g(t)$가 나오니 정신을 차릴 수 없다.

따라서 **킬러 같은 경우 문제를 한꺼번에 다 읽고 풀려고 하지 말고 한 문장씩 끊어가면서 해줄 수 있는**
행동을 취해야 한다.

말로 된 조건을 수식으로 표현한다든지, **수식으로 된 조건을 말로 풀어** 생각해본다든지.
그래프 그리기 등등을 꼭 해줘야 한다.

먼저 함수 $f(x)$를 구하자. $f(x) = e^t(x-t) + e^t = e^t x + (1-t)e^t$이다.
따라서 함수 $y = |f(x) + k - \ln x| = |e^t x - \ln x + (1-t)e^t + k|$이다.

$y = |f(x) + k - \ln x|$ 은 x에 대한 함수이다.
$y = |f(x) + k - \ln x|$ 에서 t, k는 상수 역할이다.
'**직선**' $y = f(x)$, '**로그함수**' $y = \ln x - k$를 그려보자.

(1) $y = f(x)$, $y = \ln x - k$가 만나지 않을 때
오른쪽과 같이 '**직선**' $y = f(x)$,
'**로그함수**' $y = \ln x - k$이
그려지면 $f(x) > \ln x - k$로
$y = |f(x) - (\ln x - k)| = f(x) - (\ln x - k)$이다.

$f(x)$, $\ln x - k$가 $x > 0$에서 미분가능하므로
$y = |f(x) - (\ln x - k)| = f(x) - (\ln x - k)$
역시 $x > 0$에서 미분가능하다.

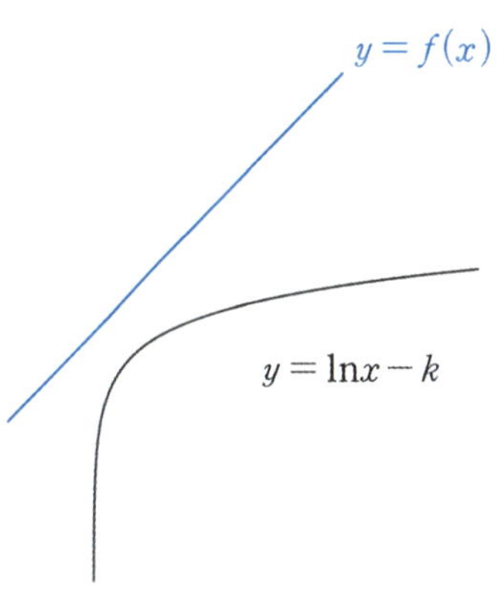

(2) $y = f(x)$, $y = \ln x - k$가 접할 때

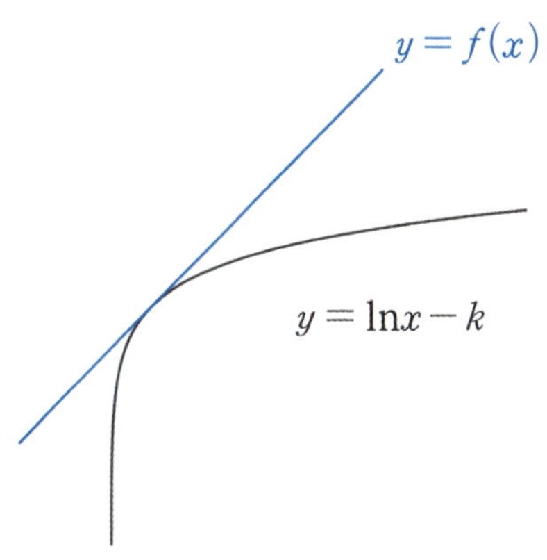

위와 같이 **‘직선’** $y = f(x)$, **‘로그함수’** $y = \ln x - k$이 그려지면 $f(x) \geq \ln x - k$로
$y = |f(x) - (\ln x - k)| = f(x) - (\ln x - k)$이다.

$f(x)$, $\ln x - k$가 $x > 0$에서 미분가능하므로
$y = |f(x) - (\ln x - k)| = f(x) - (\ln x - k)$ 역시 $x > 0$에서 미분가능하다.

(3) $y = f(x)$, $y = \ln x - k$가 두 점에서 만날 때
오른쪽과 같이 **‘직선’** $y = f(x)$,
‘로그함수’ $y = \ln x - k$이 그려지면
$y = |f(x) - (\ln x - k)|$는 $x = \alpha$, $x = \beta$에서
미분 가능하지 않다.

**따라서 $y = |f(x) + k - \ln x|$가 양의 실수 전체의
집합에서 미분가능하도록 하려면
$f(x) \geq \ln x - k$이어야 한다.**

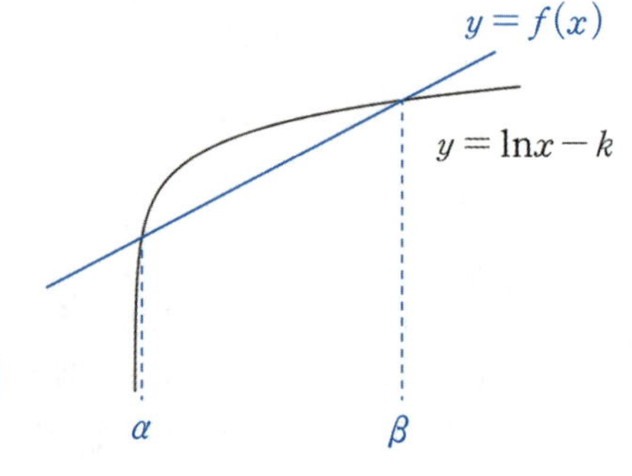

---

2. 함수 $h(x) = f(x) + k - \ln x$라 하자.
   양의 실수 전체의 집합에서 $h(x) \geq 0$이면 함수 $|h(x)|$는 미분가능하다.
   함수 $h(x)$의 최솟값을 구하기 위해 함수 $h(x)$를 **‘x에 대해’** 미분하자.

   $h(x) = e^t x - \ln x + (1-t)e^t + k$, $h'(x) = e^t - \dfrac{1}{x}$이므로

   함수 $h(x)$는 $x = e^{-t}$에서 극솟값이자 최솟값을 갖는다.

   $h(e^{-t}) = t + 1 + (1-t)e^t + k \geq 0$이므로
   $k \geq (t-1)e^t - (t+1)$에서 $g(t) = (t-1)e^t - (t+1)$이다.
   $y = (t-1)e^t$, $y = t+1$의 그래프 개형은 각각 **‘미분 없이’** 쉽게 그릴 수 있다.
   따라서 $y = g(t)$의 그래프 개형은 다음과 같이 그려진다.

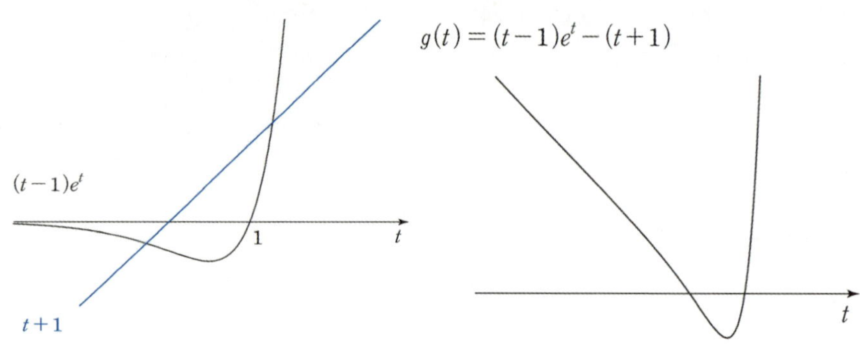

※ $y = g(t)$ 그리기

$y = g'(t) = te^t - 1$로부터 $y = g(t)$를 그려낼 수도 있다.

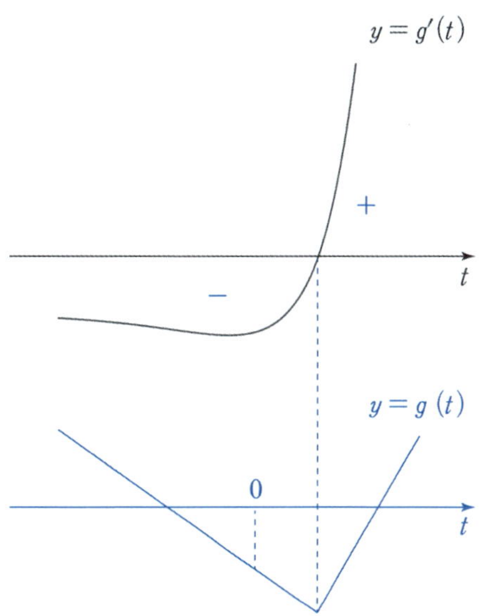

이 과정으로부터 얻은 $y = g(t)$의 그래프 개형은 위와 같다.

$g(0) = -2 < 0$임을 쉽게 확인할 수 있으므로 $y = g(t)$는 t축과 두 점에서 만나는 것을 알 수 있다.

3. $g(t) < 0$인 구간이 존재한다. 그 구간 내에서 두 실수 a, b를 택하면 $m < 0$이다.

선지 (ㄱ)은 참.

4. $g(c) = (c-1)e^c - (c+1) = 0$이면

$g(-c) = (-c-1)e^{-c} - (1-c) = (c-1) - (c+1)e^{-c} = e^{-c}g(c) = 0$이다.

선지 (ㄴ)은 참.

5. m의 값이 최소일 때 선지 (ㄴ)에 의하여 $\alpha = -c$, $\beta = c$이다.

$g'(t) = te^t - 1$이므로 $\dfrac{1 + g'(\beta)}{1 + g'(\alpha)} = \dfrac{\beta e^\beta}{\alpha e^\alpha} = \dfrac{ce^c}{-ce^{-c}} = -e^{2c}$이고,

$c > 1$이므로 $-e^{2c} < -e^2$이다.

선지 (ㄷ)은 참.

답은 ⑤!!

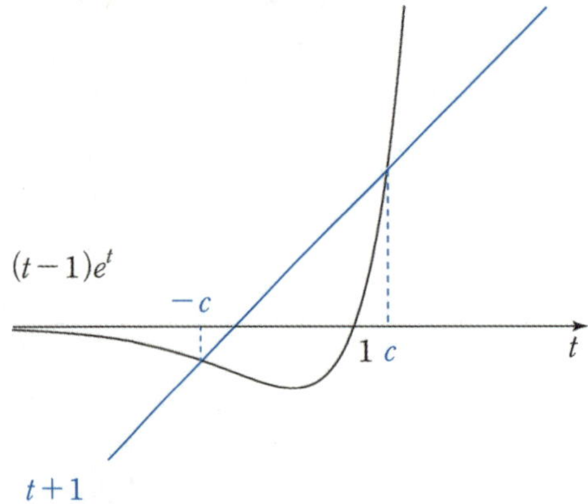

$y = (t-1)e^t$의 t 절편이 $(1, 0)$인데 $y = (t-1)e^t$, $y = t+1$의 교점의 x좌표는 선지 (ㄴ)에 의하여 각각 c, $-c$이다. 위 그래프로부터 $c > 1$임이 쉽게 확인된다.

$$g(t) = (t-1)e^t - (t+1)$$

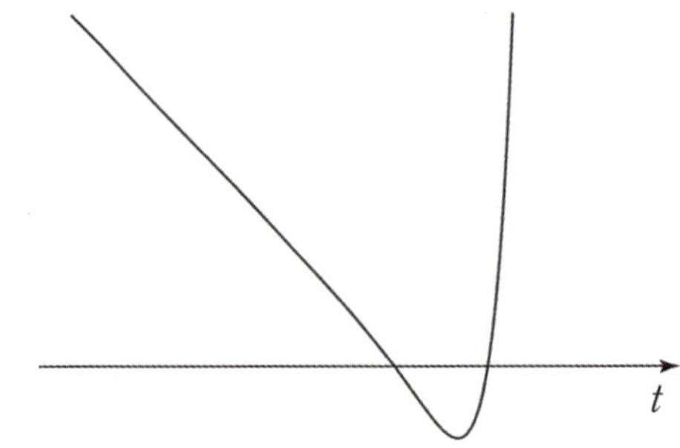

$y = g(t)$ 그래프 개형에서 $g(1) = -2 < 0$, $g(2) = e^2 - 3 > 0$이므로 **사잇값 정리**에 의해 $1 < c < 2$임을 알 수 있다.

---

comment

또한, 평가원 ㄱㄴㄷ 문제가 발전하여 선지를 보기 전 문제 발문에서 얻을 수 있는 정보를 정리하지 않으면 선지 (ㄱ)조차 판단하기 어려워졌다. **선지를 보기 전 문제 발문에서 얻을 수 있는 정보를 정리하자.**

함수 $f(x)$가 $f(x) = \begin{cases} \dfrac{x^2 \sin 2x}{1 - \cos x} & (x \neq 0) \\ 0 & (x = 0) \end{cases}$ 일 때, $f'(0)$의 값은? (단, $-\pi < x < \pi$) [4점]

① 0　　　　② 1　　　　③ 2　　　　④ 3　　　　⑤ 4

---

1. 무작정 $\dfrac{x^2 \sin 2x}{1 - \cos x}$ 를 x에 대해 미분하고

   $x = 0$을 대입하여 $f'(0)$을 구하려고 했다면 반성하자.

   $\dfrac{x^2 \sin 2x}{1 - \cos x}$ 는 $x = 0$에서 정의가 되지 않기에 $\dfrac{x^2 \sin 2x}{1 - \cos x}$ 를 x에 대해 미분하고

   $x = 0$을 대입하여 $f'(0)$을 구하는 방식이 통하지 않는다.

2. **미분계수의 정의**에 따라 $f'(0)$을 구해 보자.

   $f(0) = 0$이므로 $f'(0) = \lim\limits_{x \to 0} \dfrac{f(x) - f(0)}{x - 0} = \lim\limits_{x \to 0} \dfrac{x^2 \sin 2x}{x(1 - \cos x)} = 4$이다.

   답은 ⑤!!

두 상수 $a, b\,(a < b)$에 대하여 함수 $f(x)$를 $f(x) = (x-a)(x-b)^2$이라 하자. 함수 $g(x) = x^3 + x + 1$의 역함수 $g^{-1}(x)$에 대하여 합성함수 $h(x) = (f \circ g^{-1})(x)$가 다음 조건을 만족시킬 때, $f(8)$의 값을 구하시오.

(가) 함수 $(x-1)|h(x)|$가 실수 전체의 집합에서 미분가능하다.
(나) $h'(3) = 2$

1. 함수 $g(x)= x^3 + x + 1$에서 $g'(x)= 3x^2 + 1 > 0$이다. $g^{-1}(x)= p(x)$라 하자.

$h(x)= f(p(x))= (p(x)- a)(p(x)- b)^2$에 대하여

$(x-1)|h(x)| = (x-1)\left|(p(x)- a)(p(x)- b)^2\right| = (x-1)|p(x)- a|(p(x)- b)^2$을 살펴보자.

방정식 $p(x)= a$의 근을 $x = k$라 하자.

$p(x)$는 증가함수이므로 방정식 $p(x)= a$의 근 $x = k$는 유일하다.

$|p(x)- a|$가 $x = k$에서 미분가능하려면 $p'(k)= 0$이어야 한다.

하지만 모든 실수 x에 대하여 $p'(x)= \dfrac{1}{g'(p(x))} > 0$이므로 $p'(k)\neq 0$이어서

$|p(x)- a|$는 $x = k$에서 미분가능하지 않다.

2. $q(x) = (x-1)|h(x)|$라 하자. $q(x)$의 미분가능성을 확인해보자.

$$q(x)= \begin{cases} (x-1)(p(x)- a)(p(x)- b)^2 & (x \geq k) \\[2mm] (x-1)(a-p(x))(p(x)- b)^2 & (x < k) \end{cases}$$

$$q'(x)= \begin{cases} (p(x)- a)\{(x-1)(p(x)- b)^2\}' + p'(x)(x-1)(p(x)- b)^2 & (x \geq k) \\[2mm] -(p(x)- a)\{(x-1)(p(x)- b)^2\}' - p'(x)(x-1)(p(x)- b)^2 & (x < k) \end{cases}$$

$q(x)$는 실수 전체 집합에서 연속이다. $q(x)$의 미분가능성이 의심되는 지점은 $x = k$이다.
이제 $x = k$에서 $q(x)$의 우미분계수 $q'(k+)$와 좌미분계수 $q'(k-)$를 구해보자.

$(x-1)(p(x)- a)(p(x)- b)^2$, $(x-1)(a-p(x))(p(x)- b)^2$는 각각
$x = k$에서 미분가능하므로
$q'(k+)= p'(k)(k-1)(p(k)- b)^2$이고, $q'(k-)=- p'(k)(k-1)(p(k)- b)^2$이다.

$q'(k+)= q'(k-)$이면 $q(x)$는 실수 전체에서 미분가능하다.

$q'(k+)= q'(k-)$이 되기 위해서는 $p'(k)(k-1)(p(k)- b)^2 = 0$이어야 한다.
$p'(k)\neq 0$, $p(k)= a \neq b$이므로 $k = 1$이다.

$p(1)= a$에서 $g(a)= a^3 + a + 1 = 1$이므로 $a = 0$이다.

$p(x)$는 증가함수이고 $p(x)$의 치역은 모든 실수의 집합이므로 '합성함수 그래프 그리기'를 이용하여 $y = |h(x)|$의 그래프 개형을 그리면 다음과 같다.

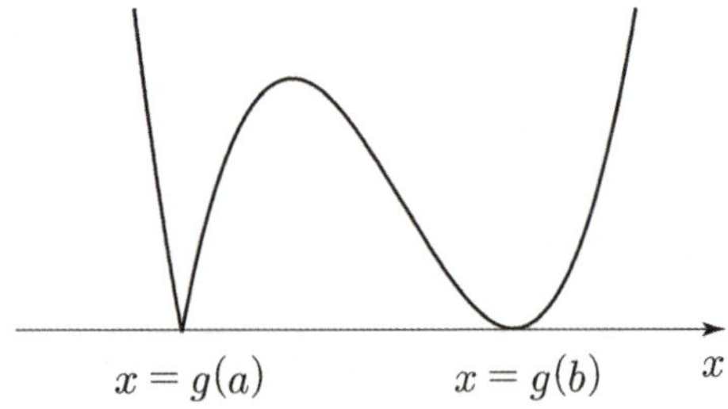

$(x-1)|h(x)|$가 실수 전체의 집합에서 미분가능하려면 $h(1) = 0$이어야 한다.

---

3. $h'(3) = f'(p(3))p'(3) = f'(p(3)) \times \dfrac{1}{g'(p(3))}$ 에서 $g(1) = 3$이므로

$p(3) = 1$이다.

따라서 $h'(3) = f'(1) \times \dfrac{1}{g'(1)} = \dfrac{f'(1)}{4} = 2$에서 $f'(1) = 8$이다.

$f(x) = x(x-b)^2$에서 $f'(x) = (x-b)^2 + 2x(x-b)$이므로

$f'(1) = (1-b)^2 + 2 \times (1-b) = 8$에서

$(b-1)(b-3) = 8$이다.

정리하면 $b^2 - 4b - 5 = (b-5)(b+1) = 0$이고, $a < b$에서 $b = 5$이다.

따라서 $f(x) = (x-a)(x-b)^2 = x(x-5)^2$에서 $f(8) = 8 \times 3^2 = 72$이다.

답은 72!!

---

comment

역함수를 대할 때 태도를 꼭 체화하자.

$g^{-1}(x) = p(x)$로 바꿔 표현한 것만으로도 문제 파악이 훨씬 쉬웠을 것이다.

그래프 개형을 이용하여 직관적으로 미분가능성을 판단할 수 있으나 **수식적으로 미분가능성을 확인하는 습관도 들여야 한다.**

절댓값 | |의 경우 무조건 벗겨야만 문제 진행이 가능하다. 정의역 구간을 나누어 꼭 벗겨내자.

함수 $f(x) = e^{x+1} - 1$ 과 자연수 n 에 대하여 함수 $g(x)$ 를 $g(x) = 100|f(x)| - \sum_{k=1}^{n} \left| f(x^k) \right|$ 이라 하자. $g(x)$ 가 실수 전체의 집합에서 미분가능하도록 하는 모든 자연수 n 의 값의 합을 구하시오.

[4점]

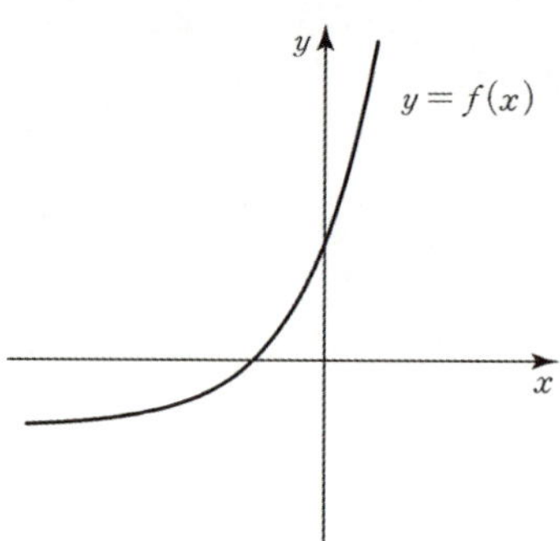

1. 내가 뭐할 것 같냐? 당연하다. $y=f(x)$ **의 그래프를 그린다.** 난 그래프 성애자니까.

그리기 어렵지 않았다. 이제 다음으로 넘어가자.

2. $g(x)=100|f(x)|-\displaystyle\sum_{k=1}^{n}\left|f(x^{k})\right|$ 가 실수 전체 집합에서 미분가능하도록 하는 모든 자연수 n을

구하라는 건데 $g(x)$가 너무 무섭게 생겼다. 좀 풀어써서 덜 무섭게 만들자.

$$g(x)=100|f(x)|-\left|f(x^{1})\right|-\left|f(x^{2})\right|-\left|f(x^{3})\right|-\left|f(x^{4})\right|-\cdots$$

이제야 좀 알아보기 쉽게 생겼다. 하지만 아직도 절댓값이 남아있기에 보기 쉬운 형태가 아니다.
절댓값은 벗기라고 있는 것이다. 정의역 구간을 나누어 절댓값을 벗기자!

$t>0$에서 $f(t)>0$이다. 모든 실수 x에 대하여 $x^{2k}>0$이기 때문에 $t=x^{2k}$로 두면 항상
$f(x^{2k})>0$이기에 $\left|f(x^{2k})\right|=f(x^{2k})$**이다. (**$k$**는 자연수)**

$t<-1$에서 $f(t)<0$이고 $t\geq-1$에서 $f(t)\geq0$이다.
$t=x^{2k-1}$로 두면 $x^{2k-1}<-1$, $x<-1$에서 $f(x^{2k-1})<0$이고
$x^{2k-1}\geq-1$, $x\geq-1$에서 $f(x^{2k-1})\geq0$이다. (**k**는 자연수)**

따라서 $x<-1$**에서** $\left|f(x^{2k-1})\right|=-f(x^{2k-1})$**이고**
$x\geq-1$**에서** $\left|f(x^{2k-1})\right|=f(x^{2k-1})$**이다. (**$k$**는 자연수)**

따라서 $g(x)$는 다음과 같이 표현할 수 있다.

$$g(x)=\begin{cases}100f(x)-f(x^{1})-f(x^{2})-f(x^{3})-f(x^{4})+\cdots & (x\geq-1)\\ -100f(x)+f(x^{1})-f(x^{2})+f(x^{3})-f(x^{4})+\cdots & (x<-1)\end{cases}$$

$g(x)$ **의 미분가능성이 의심되는 지점은** $x=-1$**이다.**

$x=-1$**에서** $g(x)$**가 불연속이면** $g(x)$**는** $x=-1$**에서 미분가능하지 않기에**
$x=-1$**에서** $g(x)$**의 연속성을 확인하도록 하자.**

$x=-1$일 때, $f(x^{2k-1})=0$이기에 $g(-1+)=g(-1-)=g(-1)$**이다.**
따라서 $g(x)$**는** $x=-1$**에서 연속이다.**

3. 이제 $x=-1$에서 $g(x)$의 우미분계수 $g'(-1+)$와 좌미분계수 $g'(-1-)$를 구해보자.

$$g'(x) = \begin{cases} 100f'(x)-f'(x^1)-2xf'(x^2)-3x^2f'(x^3)-4x^3f'(x^4)+\cdots & (x>-1) \\ -100f'(x)+f'(x^1)-2xf'(x^2)+3x^2f'(x^3)-4x^3f'(x^4)+\cdots & (x<-1) \end{cases}$$

$f(x)$는 실수 전체 집합에서 미분가능한 함수이고 $f'(-1)=1, f'(1)=e^2$이므로

$g'(-1+)=100-1+2f'(1)-3+4f'(1)-\cdots$ 이고

$g'(-1-)=-100+1+2f'(1)+3+4f'(1)-\cdots$ 이다.

$g'(-1+)=g'(-1-)$이면 $g(x)$는 실수 전체에서 미분가능하다.

$g'(-1+)=g'(-1-)$이 되기 위해서는

$100-1+2f'(1)-3+4f'(1)-\cdots=-100+1+2f'(1)+3+4f'(1)-\cdots$

$200=2\times(1+3+5+\cdots)$, $100=1+3+5+\cdots$ 이다.

k번째 홀수까지의 합은 k^2이므로 $k^2=100, k=10$이다.

따라서 $n=2k-1=19$와 $n=2k=20$이 가능하다.

모든 자연수 n의 합은 39이므로 **답은 39!!**

※ k번째 홀수까지의 합은 k^2은 기억해두는 것이 편하다.

$$\sum_{n=1}^{k}(2n-1)=k(k+1)-k=k^2$$으로 쉽게 보일 수 있다.

합 기호인 $\sum$와 절댓값 기호인 $|\ |$가 문제를 어렵게 보이게 만들었다.

하지만 $\sum$는 합으로 일일이 전개함으로써 처리할 수 있고 $|\ |$는 정의역 구간을 나누면 벗겨줄 수 있다.

복잡한 수학 기호로 문제가 어려워 보일 땐 파악이 쉽도록 바꿔주는 것이 좋다.

절댓값 $|\ |$의 경우 무조건 벗겨야만 문제 진행이 가능하다.

정의역 구간을 나누어 꼭 벗겨내자. 책 전반에 걸쳐 문제를 풀다 보면 절로 연습이 되긴 할 거다.

최고차항의 계수가 1인 사차함수 $f(x)$와 함수

$$g(x) = |2\sin(x + 2|x|) + 1|$$

에 대하여 함수 $h(x) = f(g(x))$는 실수 전체의 집합에서 이계도함수 $h''(x)$를 갖고, $h''(x)$는 실수 전체의 집합에서 연속이다. $f'(3)$의 값을 구하시오. [4점]

1. $g(x)$의 그래프부터 그리자. 그리기 전 절댓값을 벗겨야 한다.

$$g(x) = |2\sin(x+2|x|)+1| = \begin{cases} |2\sin 3x + 1| & (x \geq 0) \\ |-2\sin x + 1| & (x < 0) \end{cases}$$

이 정도만 절댓값을 벗겨내도 그래프를 그릴 수 있다.
$y = g(x)$의 그래프는 다음과 같다.

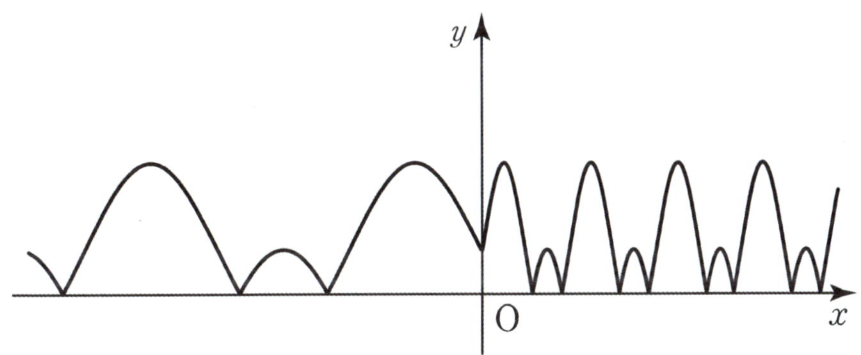

$y = g(x)$의 그래프를 그리긴 했어도 절댓값은 다 벗겨주는 게 좋으므로 마저 벗기자.

$$g(x) = \begin{cases} 2\sin 3x + 1 & (x \geq 0, \ 2\sin 3x + 1 \geq 0) \\ -2\sin 3x - 1 & (x \geq 0, \ 2\sin 3x + 1 < 0) \\ -2\sin x + 1 & (x < 0, \ -2\sin x + 1 \geq 0) \\ 2\sin x - 1 & (x < 0, \ -2\sin x + 1 < 0) \end{cases}$$

※ $2\sin 3x + 1 \geq 0$, $2\sin 3x + 1 < 0$과 $-2\sin x + 1 \geq 0$, $-2\sin x + 1 < 0$ 각각 부등식을 풀어
정의역 구간을 나누면 정의역 구간이 너무 세세해진다. **너무 세세한 정의역 구간으로 나누면 문제
풀 때 큰 그림을 보는 데 방해가 된다.** 따라서 부등식을 풀진 않고
$2\sin 3x + 1 \geq 0$, $2\sin 3x + 1 < 0$, $-2\sin x + 1 \geq 0$, $-2\sin x + 1 < 0$ 형태 그대로 두었다.

2. $h(x) = f(g(x))$는 실수 전체의 집합에서 이계도함수 $h''(x)$를 갖고,
$h''(x)$는 실수 전체의 집합에서 연속이라고 한다.

$h''(x)$는 실수 전체의 집합에서 연속일 때,
모든 실수 x에 대하여 '$h''(x)$ 연속 $\rightarrow$ $h'(x)$ 미분가능 $\rightarrow$ $h(x)$ 미분가능$\rightarrow$ $h(x)$ 연속'을 만족한다.

따라서 모든 실수 x에 대하여 $h(x)$가 연속이고, $h(x)$, $h'(x)$가 미분가능해야 한다.

첫 단계인 $h(x)$ 연속성을 확인해 보자.
$f(x)$는 실수 전체 집합에서 연속이고 $g(x)$도 실수 전체 집합에서 연속이므로
$h(x)$는 실수 전체 집합에서 연속이다.

3.두 번째 단계인 $h(x)$ **미분가능성**을 확인해 보자.

$f(x)$는 실수 전체 집합에서 미분가능하므로 $h(x)$ 미분가능성이 의심되는 지점은 $g(x)$의 미분 불가능한 지점인 $x=0$과 $g(x)=0$을 만족하는 모든 x이다.

$y=g(x)$ 그래프에서 $g(x)=0$을 만족하는 모든 x에서 **첨점이 발생**한다.

$$g'(x)=\begin{cases} 6\cos3x & (x>0,\ 2\sin3x+1>0) \\ -6\cos3x & (x>0,\ 2\sin3x+1<0) \\ -2\cos x & (x<0,\ -2\sin x+1>0) \\ 2\cos x & (x<0,\ -2\sin x+1<0) \end{cases}$$

$h'(x)=f'(g(x))g'(x)$ 를 이용하여 $x=0$에서 $h(x)$ **미분가능성**을 확인해 보자.

$f(x)$는 실수 전체 집합에서 미분가능한 함수이므로 $f'(1+)=f'(1)$이다.

$h(x)$가 $x=0$에서 미분가능하기 위해서

$f'(g(0+))g'(0+)=f'(1+)g'(0+)=f'(1)\times6,$
$f'(g(0-))g'(0-)=f'(1+)g'(0-)=f'(1)\times(-2)$

위의 두 값이 같아야 한다. 따라서 $f'(1)=0$이다.

$h'(x)=f'(g(x))g'(x)$ 를 이용하여
$g(x)=0$을 만족하는 $x=a$에서 $h(x)$ 미분가능성을 확인해 보자.
$f(x)$는 실수 전체 집합에서 미분가능한 함수이므로 $f'(1+)=f'(1)$이다.

$h(x)$가 $x=a$에서 미분가능하기 위해서

$f'(g(a+))g'(a+)=f'(0+)g'(a+)=f'(0)\times k,$
$f'(g(a-))g'(a-)=f'(0+)g'(a-)=f'(0)\times(-k)$

위의 두 값이 같아야 한다. (k는 상수이다.)

따라서 $f'(0)=0$이다.
$f'(0)=0$이면 $g(x)=0$을 만족하는 모든 x에서 $h(x)$는 미분가능하다.

4. 세 번째 단계인 $h'(x)$ **미분가능성**을 확인해 보자. $f'(x)$**는 실수 전체 집합에서 미분가능하므로** $h'(x)$ **미분가능성이 의심되는 지점은** $g'(x)$**의 미분가능하지 않은 지점인** $x=0$**과** $g(x)=0$**을 만족하는 모든** x**이다.**

$y=g(x)$ 그래프에서 $g(x)=0$을 만족하는 모든 x에서 **첨점이 발생**한다.

$$g''(x) = \begin{cases} -18\sin3x & (x>0, \ 2\sin3x+1>0) \\ 18\sin3x & (x>0, \ 2\sin3x+1<0) \\ 2\sin x & (x<0, \ -2\sin x+1>0) \\ -2\sin x & (x<0, \ -2\sin x+1<0) \end{cases}$$

$h''(x) = f''(g(x))\{g'(x)\}^2 + f'(g(x))g''(x)$ 를 이용하여
$x=0$**에서** $h'(x)$ **미분가능성**을 확인해 보자.
$f'(x)$는 실수 전체 집합에서 미분가능하므로 $f''(1+)=f''(1)$이다.
$f(x)$는 실수 전체 집합에서 미분가능하므로 $f'(1+)=f'(1)$이다.

$h'(x)$가 $x=0$에서 미분가능하기 위해서

$$f''(g(0+))\{g'(0+)\}^2 + f'(g(0+))g''(0+) = f''(1+)\times 6^2 = 36f''(1),$$
$$f''(g(0-))\{g'(0-)\}^2 + f'(g(0-))g''(0-) = f''(1+)\times(-2)^2 = 4f''(1)$$

위의 두 값이 같아야 한다. 따라서 $f''(1)=0$이다.

$h''(x) = f''(g(x))\{g'(x)\}^2 + f'(g(x))g''(x)$ 를 이용하여
$g(x)=0$**을 만족하는** $x=a$**에서** $h'(x)$ **미분가능성**을 확인해 보자.
$f'(x)$는 실수 전체 집합에서 미분가능하므로 $f''(0+)=f''(0)$이다.
$f(x)$는 실수 전체 집합에서 미분가능하므로 $f'(1+)=f'(1)$이다.

$h'(x)$가 $x=a$에서 미분가능하기 위해서

$$f''(g(a+))\{g'(a+)\}^2 + f'(g(a+))g''(a+) = f''(0+)\times k^2 = f''(0)\times k^2,$$
$$f''(g(a-))\{g'(a-)\}^2 + f'(g(a-))g''(a-) = f''(0+)\times(-k)^2 = f''(0)\times k^2$$

위의 두 값이 같아야 한다.
하지만 이미 $f''(0)\times k^2$**으로 같다.**
따라서 $g(x)=0$을 만족하는 x에서 $h'(x)$는 미분가능하다.

5. $f'(3)$을 구하는 것이므로 $f'(x)$를 구하면 된다.

사차함수 $f(x)$의 최고차항 계수가 1이므로

$f'(x)$를 구하기 위해서는 조건 3개만 있으면 된다.

$f'(0) = 0, f'(1) = 0, f''(1) = 0$으로 조건 3개가 딱 충족이 된다.

$f'(x)$는 최고차항 계수가 4이고 $f'(0) = 0, f'(1) = 0, f''(1) = 0$를 만족한다.

식 정리를 하면 $f'(x) = 4x(x-1)^2$이다.

$f'(3) = 4 \times 3 \times 2^2 = 48$이므로 **답은 48!!**

15학년도 수능 30번의 진화 형태이다. **원함수와 도함수의 미분가능성을 따져야 했기에** 만만치 않았다.
이제 끝인가? 아니다. 아직 현재까지 최종 진화 형태인 **19학년도 6월 평가원 21번**이 남았다.
그래프 그리기. 미분가능성, 연속성을 물어보는 끝판왕 같은 존재이다.

열린 구간 $\left(-\dfrac{\pi}{2},\dfrac{3\pi}{2}\right)$에서 정의된 함수

$$f(x)=\begin{cases}2\sin^3x & \left(-\dfrac{\pi}{2}<x<\dfrac{\pi}{4}\right)\\[2mm]\cos x & \left(\dfrac{\pi}{4}\le x<\dfrac{3\pi}{2}\right)\end{cases}$$

가 있다. 실수 t에 대하여 다음 조건을 만족시키는 모든 실수 k의 개수를 $g(t)$라 하자.

(가) $-\dfrac{\pi}{2}<k<\dfrac{3\pi}{2}$

(나) 함수 $\sqrt{|f(x)-t|}$ 는 $x=k$에서 <u>미분가능하지 않다</u>.

함수 $g(t)$에 대하여 합성함수 $(h\circ g)(t)$가 실수 전체의 집합에서 연속이 되도록 하는 최고차항의 계수가 1인 사차함수 $h(x)$가 있다. $g\left(\dfrac{\sqrt{2}}{2}\right)=a$, $g(0)=b$, $g(-1)=c$라 할 때, $h(a+5)-h(b+3)+c$의 값은? [4점]

① 96　　　　② 97　　　　③ 98　　　　④ 99　　　　⑤ 100

1. 드디어 Chapter 5의 끝판왕이다! 그래도 달라지는 건 없다.

  먼저 $y = f(x)$의 그래프를 그리자. $y = 2\sin^3 x$ 그래프는 어떻게 그리지?

  합성함수 그래프 개형 그리기를 어느 정도 안다면 $y = 2\sin^3 x$는 $y = 2x^3$에
  $y = \sin x$를 합성한 꼴임을 바로 알아보고 그래프를 쉽게 그렸을 것이다.

  마침 $-\dfrac{\pi}{2} < x < \dfrac{\pi}{4}$에서 $y = \sin x$는 증가함수이고 치역은 $\left(-1, \dfrac{\sqrt{2}}{2}\right)$이다.

  $y = 2\sin^3 x$는 $-\dfrac{\pi}{2} < x < \dfrac{\pi}{4}$에서 정의역 $\left(-1, \dfrac{\sqrt{2}}{2}\right)$에 해당하는 $y = x^3$ 개형을 '순방향'으로
  따른다. 따라서 $y = f(x)$의 그래프는 아래와 같이 그려진다.

  ※ 합성함수 그래프 개형 그리기는 Chapter 10에서 배울 수 있다.

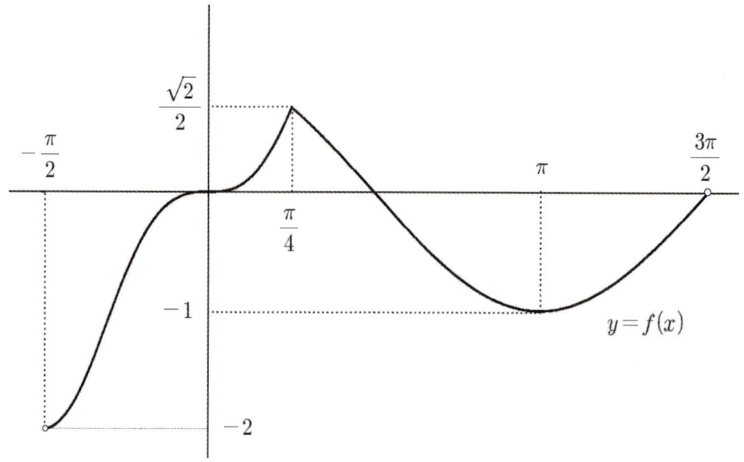

2. 이제 $y = g(t)$만 잘 그려주면 끝날 것 같은데 조건이 만만치 않다. 한 줄로 나타내면 이렇다.

  $-\dfrac{\pi}{2} < k < \dfrac{3\pi}{2}$일 때,

  함수 $\sqrt{|f(x) - t|}$가 미분가능하지 않은 지점의 x좌표인 실수 k의 개수를 $g(t)$라고 하고 있다.

  x, t, k를 동시에 보는 순간 머리가 띵하다.
  보통의 학생들이 한 번에 처리할 수 있는 정보량이 아니다.
  따라서 차근차근 단계를 밟아 나가며 말로 더 쉽게 표현하도록 해보자.

  먼저 $g(t)$는 x가 아닌 t에 대한 함수이다. 따라서 t가 변수이다.
  t가 변함에 따라 함수 $\sqrt{|f(x) - t|}$도 달라질 것이다.

  또한, t가 변함에 따라 우리에게 익숙한 꼴인 함수 $|f(x) - t|$의 미분가능하지 않은 지점들의 수가
  변하여 함수 $\sqrt{|f(x) - t|}$의 미분가능하지 않은 지점들의 수가 변할 것임을 예상할 수 있다.
  t의 값을 바꿔가며 함수 $|f(x) - t|$를 그려보겠다.

예를 들어 $t = -\dfrac{1}{2}$일 때, 함수 $|f(x) - t|$는 아래와 같이 그려진다.

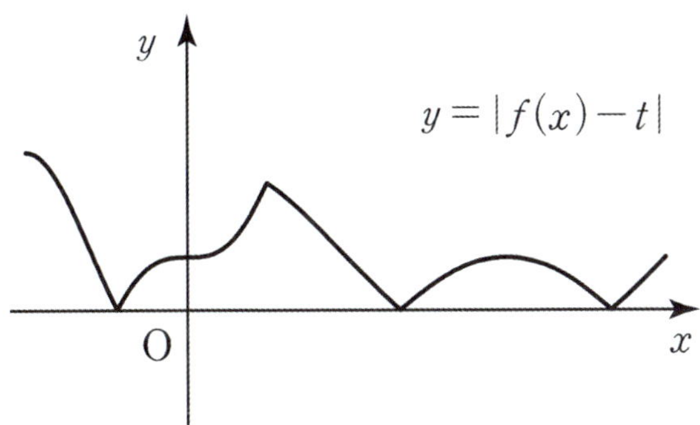

보다시피 함수 $|f(x) - t|$는 $-\dfrac{\pi}{2} < x < \dfrac{3\pi}{2}$에서 첨점이 4개가 생기므로 미분가능하지 않은 지점의 수는 4이다.

예를 들어 $t = 0$일 때, 함수 $|f(x) - t|$는 아래와 같이 그려진다.

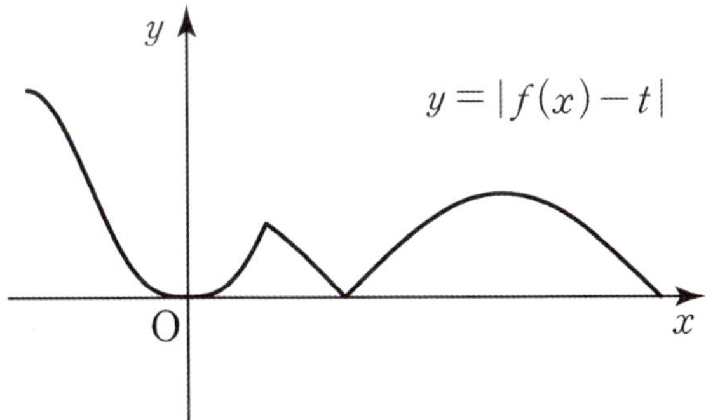

보다시피 함수 $|f(x) - t|$는 $-\dfrac{\pi}{2} < x < \dfrac{3\pi}{2}$에서 첨점이 2개가 생기므로 미분가능하지 않은 지점의 수는 2이다. $x = 0$일 때는 함수 $|f(x) - t|$가 x축과 접하기에 미분가능하다.

이제 여기까지 했으면 $g(t)$가 무엇을 의미하는지 감을 잡을 수 있다.

"아하!

$-\dfrac{\pi}{2} < x < \dfrac{3\pi}{2}$**인 범위 내에서** $y = t$**의 위치를 바꿔가며**

함수 $\sqrt{|f(x) - t|}$ **의 미분가능하지 않은 점의 개수를 찾으면** $g(t)$**가 구해지는구나!"**

이제야 보통 학생들이 이해할만한 언어로 번역된 것 같다.

3. 이제 함수 $\sqrt{|f(x)-t|}$ 의 절댓값을 정의역 구간을 나누어 벗겨 보자.

$$y = \sqrt{|f(x)-t|} = \begin{cases} \sqrt{f(x)-t} & (f(x) \geq t) \\ \sqrt{-f(x)+t} & (f(x) < t) \end{cases}$$ 처럼 절댓값을 벗겨 낼 수 있다.

양변을 x에 대하여 미분하면

$$y' = \begin{cases} \dfrac{f'(x)}{2\sqrt{f(x)-t}} & (f(x) > t) \\ \dfrac{-f'(x)}{2\sqrt{-f(x)+t}} & (f(x) < t) \end{cases}$$ 를 얻는다.

$\dfrac{f'(x)}{2\sqrt{f(x)-t}}$, $\dfrac{-f'(x)}{2\sqrt{-f(x)+t}}$ 는 $f(x)=t$ 를 만족하는 x 에서 정의되지 않는다!

함수 $\sqrt{|f(x)-t|}$ 가 미분가능하지 않은 지점은 어디에 생길까?

위 식을 봤을 때, **함수 $\sqrt{|f(x)-t|}$ 의 미분가능성이 의심되는 지점**은 $y=f(x)$**가 첨점을 지니는** $x=\dfrac{\pi}{4}$ **와** $f(x)=t$ **를 만족하는** x이다.

함수 $f(x)=t$ 를 만족하는 x의 수를 기준으로 t의 구간을 나눠 보자. $\left(-\dfrac{\pi}{2} < x < \dfrac{3\pi}{2}\right)$

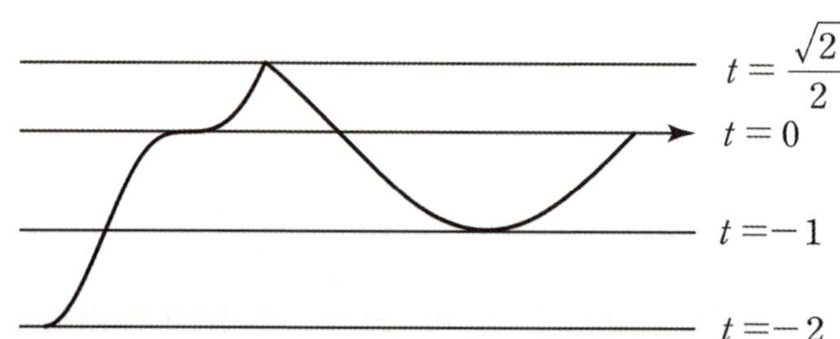

$y=f(x)$, $y=t$의 그래프를 그려 보았다.

$t=-2$, $t=-1$, $t=0$, $t=\dfrac{\sqrt{2}}{2}$ 를 기준으로 함수 $f(x)=t$ 를 만족하는 x의 수가 바뀐다는 것을 알 수 있다.

따라서 정의역 t구간을 $t=-2$, $t=-1$, $t=0$, $t=\dfrac{\sqrt{2}}{2}$ 를 기준으로 나누어 함수 $g(t)$의 그래프를 그리면 된다.

4. 본격적으로 $y = g(t)$ 그래프를 그려보자.

함수 $\sqrt{|f(x) - t|}$ 의 미분가능성이 의심되는 지점은

$y = f(x)$가 첨점을 지니는 $x = \dfrac{\pi}{4}$와 $f(x) = t$를 만족하는 x 이다.

미분가능성 판단을 위해 $y' = \begin{cases} \dfrac{f'(x)}{2\sqrt{f(x) - t}} & (f(x) > t) \\[4mm] \dfrac{-f'(x)}{2\sqrt{-f(x) + t}} & (f(x) < t) \end{cases}$ 가 필요하다.

(1) $t \leq -2$

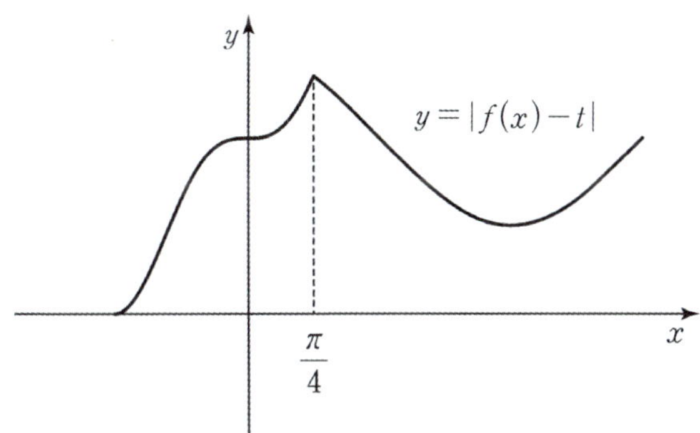

$x = \dfrac{\pi}{4}$일 때, $f(x) \neq t$이므로

$x = \dfrac{\pi}{4}$에서 미분가능성 판단을 위해 $f'\left(\dfrac{\pi}{4}+\right)$, $f'\left(\dfrac{\pi}{4}-\right)$의 일치 여부만을 확인해도 된다.

$f'\left(\dfrac{\pi}{4}+\right) = -\dfrac{\sqrt{2}}{2}$, $f'\left(\dfrac{\pi}{4}-\right) = \dfrac{3\sqrt{2}}{2}$ 이므로 $f'\left(\dfrac{\pi}{4}+\right) \neq f'\left(\dfrac{\pi}{4}-\right)$이고

함수 $\sqrt{|f(x) - t|}$ 는 $x = \dfrac{\pi}{4}$에서 미분가능하지 않다.

$-\dfrac{\pi}{2} < x < \dfrac{3\pi}{2}$이므로 $f(x) = t$를 만족하는 x는 존재하지 않는다.

따라서 $t \leq -2$에서 $g(t) = 1$ 이다.

(2) $-2 < t < -1$

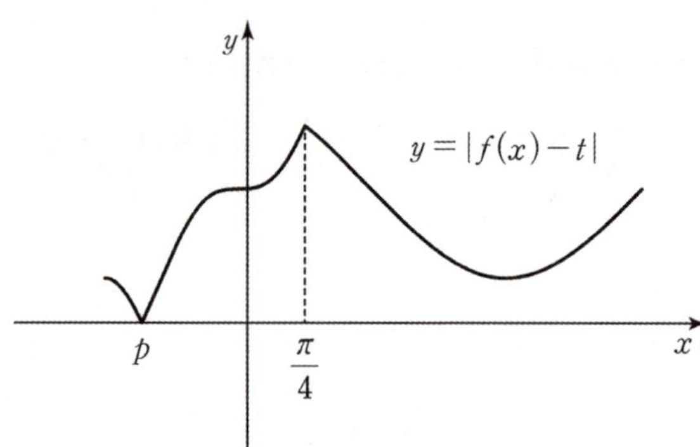

$x = \dfrac{\pi}{4}$일 때, $f(x) \neq t$이므로 $x = \dfrac{\pi}{4}$에서 미분가능성 판단을 위해 $f'\left(\dfrac{\pi}{4}+\right)$, $f'\left(\dfrac{\pi}{4}-\right)$의 일치 여부만을 확인해도 된다.

$f'\left(\dfrac{\pi}{4}+\right) = -\dfrac{\sqrt{2}}{2}$, $f'\left(\dfrac{\pi}{4}-\right) = \dfrac{3\sqrt{2}}{2}$ 이므로 $f'\left(\dfrac{\pi}{4}+\right) \neq f'\left(\dfrac{\pi}{4}-\right)$이고

함수 $\sqrt{|f(x)-t|}$ 는 $x = \dfrac{\pi}{4}$에서 미분가능하지 않다.

$-\dfrac{\pi}{2} < x < \dfrac{3\pi}{2}$에서 $f(x) = t$를 만족하는 x가 1개 존재한다. 이 x를 p라고 하자.

$\dfrac{f'(x)}{2\sqrt{f(x)-t}}$, $\dfrac{-f'(x)}{2\sqrt{-f(x)+t}}$ 는 $f(x) = t$를 만족하는 x에서 정의되지 않는다.

따라서 $f(p) = t$이므로 $\dfrac{f'(p)}{2\sqrt{f(p)-t}}$ 와 $\dfrac{-f'(p)}{2\sqrt{-f(p)+t}}$ 를 사용할 수 없다.

따라서 **정의를 이용**해야 한다.

$$\lim_{x \to p+} \dfrac{\sqrt{2\sin^3 x - 2\sin^3 p}}{x-p}$$

$$= \lim_{x \to p+} \dfrac{\sqrt{2} \times \sqrt{\sin x - \sin p} \times \sqrt{\sin x \sin p + \sin^2 x + \sin^2 p}}{x-p} = \infty$$

$$\lim_{x \to p-} \dfrac{\sqrt{-2\sin^3 x + 2\sin^3 p}}{x-p}$$

$$= \lim_{x \to p-} \dfrac{\sqrt{2} \times \sqrt{-\sin x + \sin p} \times \sqrt{\sin x \sin p + \sin^2 x + \sin^2 p}}{x-p} = -\infty$$

함수 $\sqrt{|f(x)-t|}$ 는 $x = a$에서 미분가능하지 않다.
따라서 $-2 < t < -1$에서 $g(t) = 2$이다.

(3) $t = -1$

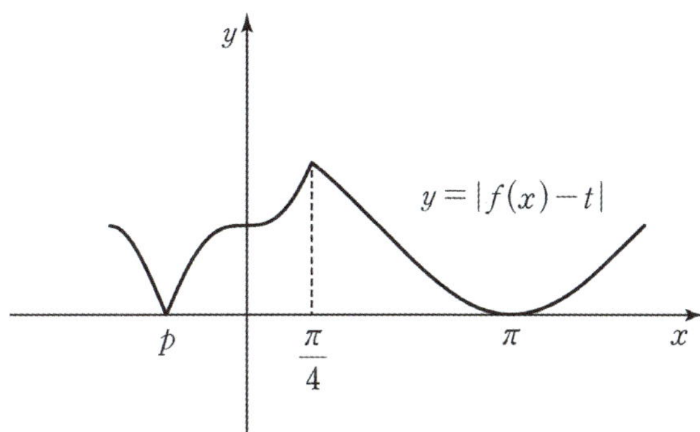

$x = \dfrac{\pi}{4}$ 일 때, $f(x) \neq t$ 이므로 $x = \dfrac{\pi}{4}$ 에서 미분가능성 판단을 위해 $f'\left(\dfrac{\pi}{4}+\right)$, $f'\left(\dfrac{\pi}{4}-\right)$ 의 일치 여부만을 확인해도 된다.

$f'\left(\dfrac{\pi}{4}+\right) = -\dfrac{\sqrt{2}}{2}$, $f'\left(\dfrac{\pi}{4}-\right) = \dfrac{3\sqrt{2}}{2}$ 이므로 $f'\left(\dfrac{\pi}{4}+\right) \neq f'\left(\dfrac{\pi}{4}-\right)$ 이고

함수 $\sqrt{|f(x)-t|}$ 는 $x = \dfrac{\pi}{4}$ 에서 미분가능하지 않다.

$-\dfrac{\pi}{2} < x < \dfrac{3\pi}{2}$ 에서 $f(x) = t$ 를 만족하는 x 가 2개 존재한다.

이 중 $x < \dfrac{\pi}{4}$ 인 x 를 p 라고 하자. 나머지 하나는 π 이다.

$\dfrac{f'(x)}{2\sqrt{f(x)-t}}$, $\dfrac{-f'(x)}{2\sqrt{-f(x)+t}}$ **는** $f(x) = t$ **를 만족하는** x **에서 정의되지 않는다.**

따라서 $f(p) = t$ 이므로 $\dfrac{f'(p)}{2\sqrt{f(p)-t}}$ 와 $\dfrac{-f'(p)}{2\sqrt{-f(p)+t}}$ 를 사용할 수 없다.

따라서 **정의를 이용**해야 한다.

$$\lim_{x \to p+} \dfrac{\sqrt{2\sin^3 x - 2\sin^3 p}}{x - p}$$

$$= \lim_{x \to p+} \dfrac{\sqrt{2} \times \sqrt{\sin x - \sin p} \times \sqrt{\sin x \sin p + \sin^2 x + \sin^2 p}}{x - p} = \infty$$

$$\lim_{x \to p-} \dfrac{\sqrt{-2\sin^3 x + 2\sin^3 p}}{x - p}$$

$$= \lim_{x \to p-} \dfrac{\sqrt{2} \times \sqrt{-\sin x + \sin p} \times \sqrt{\sin x \sin p + \sin^2 x + \sin^2 p}}{x - p} = -\infty$$

함수 $\sqrt{|f(x)-t|}$ 는 $x = p$ 에서 미분가능하지 않다.

$$\dfrac{f'(x)}{2\sqrt{f(x)-t}},\ \dfrac{-f'(x)}{2\sqrt{-f(x)+t}}\text{는 }f(x)=t\text{를 만족하는 }x\text{에서 정의되지 않는다.}$$

따라서 $f(\pi)=t$이므로 $\dfrac{f'(\pi)}{2\sqrt{f(\pi)-t}}$ 와 $\dfrac{-f'(\pi)}{2\sqrt{-f(\pi)+t}}$ 를 사용할 수 없다.

따라서 **정의를 이용**해야 한다.

$$\lim_{x\to\pi+}\dfrac{\sqrt{\cos x+1}}{x-\pi}=\lim_{t\to0+}\dfrac{\sqrt{1-\cos t}}{t}=\dfrac{\sqrt{2}}{2}\text{이고}$$

$$\lim_{x\to\pi-}\dfrac{\sqrt{\cos x+1}}{x-\pi}=\lim_{t\to0-}\dfrac{\sqrt{1-\cos t}}{t}=-\dfrac{\sqrt{2}}{2}\text{이므로}$$

함수 $\sqrt{|f(x)-t|}$ 는 $x=\pi$에서 미분가능하지 않다.

따라서 $t=-1$에서 $g(t)=3$이다.

(4) $-1<t<0$

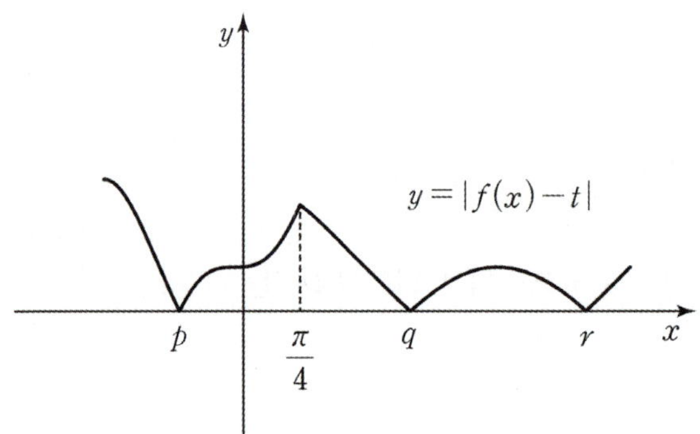

$x=\dfrac{\pi}{4}$일 때, $f(x)\neq t$이므로

$x=\dfrac{\pi}{4}$에서 미분가능성 판단을 위해 $f'\!\left(\dfrac{\pi}{4}+\right),\ f'\!\left(\dfrac{\pi}{4}-\right)$의 일치 여부만을 확인해도 된다.

$f'\!\left(\dfrac{\pi}{4}+\right)=-\dfrac{\sqrt{2}}{2},\ f'\!\left(\dfrac{\pi}{4}-\right)=\dfrac{3\sqrt{2}}{2}$이므로 $f'\!\left(\dfrac{\pi}{4}+\right)\neq f'\!\left(\dfrac{\pi}{4}-\right)$이고

함수 $\sqrt{|f(x)-t|}$ 는 $x=\dfrac{\pi}{4}$에서 미분가능하지 않다.

$-\dfrac{\pi}{2}<x<\dfrac{3\pi}{2}$에서 $f(x)=t$를 만족하는 x가 3개 존재한다.

이 중 $x<\dfrac{\pi}{4}$인 x를 p라고 하고 $x>\dfrac{\pi}{4}$인 x를 $q,\ r$라고 하자. $(q<r)$

$$\dfrac{f'(x)}{2\sqrt{f(x)-t}},\ \dfrac{-f'(x)}{2\sqrt{-f(x)+t}}\text{는 }f(x)=t\text{를 만족하는 }x\text{에서 정의되지 않는다.}$$

따라서 $f(p) = t$이므로 $\dfrac{f'(p)}{2\sqrt{f(p)-t}}$ 와 $\dfrac{-f'(p)}{2\sqrt{-f(p)+t}}$ 를 사용할 수 없다.

따라서 **정의를 이용**해야 한다.

$$\lim_{x \to p+} \frac{\sqrt{2\sin^3 x - 2\sin^3 p}}{x-p}$$

$$= \lim_{x \to p+} \frac{\sqrt{2} \times \sqrt{\sin x - \sin p} \times \sqrt{\sin x \sin p + \sin^2 x + \sin^2 p}}{x-p} = \infty$$

$$\lim_{x \to p-} \frac{\sqrt{-2\sin^3 x + 2\sin^3 p}}{x-p}$$

$$= \lim_{x \to p-} \frac{\sqrt{2} \times \sqrt{-\sin x + \sin p} \times \sqrt{\sin x \sin p + \sin^2 x + \sin^2 p}}{x-p} = -\infty$$

함수 $\sqrt{|f(x)-t|}$ 는 $x = p$에서 미분가능하지 않다.

$$\frac{f'(x)}{2\sqrt{f(x)-t}}, \quad \frac{-f'(x)}{2\sqrt{-f(x)+t}}$$ 는 $f(x) = t$를 만족하는 x에서 정의되지 않는다.

따라서 $f(q) = t$이므로 $\dfrac{f'(q)}{2\sqrt{f(q)-t}}$ 와 $\dfrac{-f'(q)}{2\sqrt{-f(q)+t}}$ 를 사용할 수 없다.

따라서 **정의를 이용**해야 한다.

$$\lim_{x \to q+} \frac{\sqrt{-\cos x + \cos q}}{x-q} = \lim_{t \to 0+} \frac{\sqrt{-\cos q \cos t + \cos q + \sin q \sin t}}{t} = \infty$$

$$\lim_{x \to q-} \frac{\sqrt{\cos x - \cos q}}{x-q} = \lim_{t \to 0-} \frac{\sqrt{\cos q \cos t - \cos q - \sin q \sin t}}{t} = -\infty$$

함수 $\sqrt{|f(x)-t|}$ 는 $x = q$에서 미분가능하지 않다.

$x = r$일 때에도 $x = q$일 때와 동일한 양상을 보인다.

함수 $\sqrt{|f(x)-t|}$ 는 $x = r$에서 미분가능하지 않다.

따라서 $-1 < t < 0$에서 $g(t) = 4$이다.

(5) $t = 0$

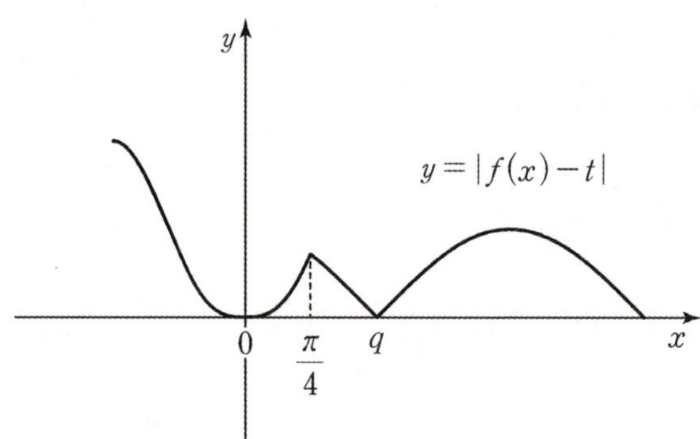

$x = \dfrac{\pi}{4}$일 때, $f(x) \neq t$이므로

$x = \dfrac{\pi}{4}$에서 미분가능성 판단을 위해 $f'\!\left(\dfrac{\pi}{4}+\right)$, $f'\!\left(\dfrac{\pi}{4}-\right)$의 일치 여부만을 확인해도 된다.

$f'\!\left(\dfrac{\pi}{4}+\right) = -\dfrac{\sqrt{2}}{2}$, $f'\!\left(\dfrac{\pi}{4}-\right) = \dfrac{3\sqrt{2}}{2}$ 이므로 $f'\!\left(\dfrac{\pi}{4}+\right) \neq f'\!\left(\dfrac{\pi}{4}-\right)$이고

함수 $\sqrt{|f(x)-t|}$ 는 $x = \dfrac{\pi}{4}$에서 미분가능하지 않다.

$-\dfrac{\pi}{2} < x < \dfrac{3\pi}{2}$에서 $f(x) = t$를 만족하는 x가 2개 존재한다.

이 중 $x < \dfrac{\pi}{4}$인 x는 0이고 $x > \dfrac{\pi}{4}$인 x를 q라고 하자.

$\dfrac{f'(x)}{2\sqrt{f(x)-t}}$, $\dfrac{-f'(x)}{2\sqrt{-f(x)+t}}$ 는 $f(x) = t$를 만족하는 x에서 정의되지 않는다.

따라서 $f(0) = t$이므로

$\dfrac{f'(0)}{2\sqrt{f(0)-t}}$ **와** $\dfrac{-f'(0)}{2\sqrt{-f(0)+t}}$ **를 사용할 수 없다.**

따라서 정의를 이용해야 한다.

$\displaystyle\lim_{x \to 0+} \dfrac{\sqrt{2\sin^3 x}}{x} = 0$으로 수렴하고 $\displaystyle\lim_{x \to 0-} \dfrac{\sqrt{-2\sin^3 x}}{x} = 0$으로 수렴하므로

함수 $\sqrt{|f(x)-t|}$ 는 $x = 0$에서 미분가능하다.

$\dfrac{f'(x)}{2\sqrt{f(x)-t}}$, $\dfrac{-f'(x)}{2\sqrt{-f(x)+t}}$ 는 $f(x) = t$를 만족하는 x에서 정의되지 않는다.

따라서 $f(q) = t$이므로 $\dfrac{f'(q)}{2\sqrt{f(q)-t}}$ 와 $\dfrac{-f'(q)}{2\sqrt{-f(q)+t}}$ 를 사용할 수 없다.

따라서 **정의를 이용**해야 한다.

$$\lim_{x \to q+} \frac{\sqrt{-\cos x + \cos q}}{x-q} = \lim_{t \to 0+} \frac{\sqrt{-\cos q \cos t + \cos q + \sin q \sin t}}{t} = \infty$$

$$\lim_{x \to q-} \frac{\sqrt{\cos x - \cos q}}{x-q} = \lim_{t \to 0-} \frac{\sqrt{\cos q \cos t - \cos q - \sin q \sin t}}{t} = -\infty$$

함수 $\sqrt{|f(x)-t|}$ 는 $x=q$에서 미분가능하지 않다.

따라서 $t=0$에서 $g(t)=2$이다.

(6) $0 < t < \dfrac{\sqrt{2}}{2}$

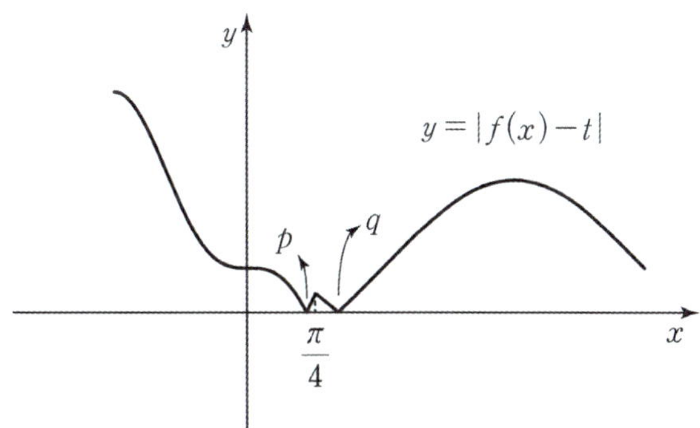

$x = \dfrac{\pi}{4}$ 일 때, $f(x) \neq t$이므로 $x = \dfrac{\pi}{4}$에서 미분가능성 판단을 위해 $f'\left(\dfrac{\pi}{4}+\right)$, $f'\left(\dfrac{\pi}{4}-\right)$의 일치 여부만을 확인해도 된다.

$f'\left(\dfrac{\pi}{4}+\right) = -\dfrac{\sqrt{2}}{2}$, $f'\left(\dfrac{\pi}{4}-\right) = \dfrac{3\sqrt{2}}{2}$이므로 $f'\left(\dfrac{\pi}{4}+\right) \neq f'\left(\dfrac{\pi}{4}-\right)$이고

함수 $\sqrt{|f(x)-t|}$ 는 $x = \dfrac{\pi}{4}$에서 미분가능하지 않다.

$-\dfrac{\pi}{2} < x < \dfrac{3\pi}{2}$에서 $f(x) = t$를 만족하는 x가 2개 존재한다.

이 중 $x < \dfrac{\pi}{4}$인 x를 p라고 하고 $x > \dfrac{\pi}{4}$인 x를 q라고 하자.

$\dfrac{f'(x)}{2\sqrt{f(x)-t}}$, $\dfrac{-f'(x)}{2\sqrt{-f(x)+t}}$는 $f(x) = t$를 만족하는 x에서 정의되지 않는다.

따라서 $f(p) = t$이므로 $\dfrac{f'(p)}{2\sqrt{f(p)-t}}$ 와 $\dfrac{-f'(p)}{2\sqrt{-f(p)+t}}$ 를 사용할 수 없다.

따라서 **정의를 이용**해야 한다.

$$\lim_{x \to p+} \frac{\sqrt{2\sin^3 x - 2\sin^3 p}}{x - p}$$

$$= \lim_{x \to p+} \frac{\sqrt{2} \times \sqrt{\sin x - \sin p} \times \sqrt{\sin x \sin p + \sin^2 x + \sin^2 p}}{x - p} = \infty$$

$$\lim_{x \to p-} \frac{\sqrt{-2\sin^3 x + 2\sin^3 p}}{x - p}$$

$$= \lim_{x \to p-} \frac{\sqrt{2} \times \sqrt{-\sin x + \sin p} \times \sqrt{\sin x \sin p + \sin^2 x + \sin^2 p}}{x - p} = -\infty$$

함수 $\sqrt{|f(x) - t|}$ 는 $x = p$ 에서 미분가능하지 않다.

$$\frac{f'(x)}{2\sqrt{f(x) - t}}, \quad \frac{-f'(x)}{2\sqrt{-f(x) + t}} \text{는 } f(x) = t \text{를 만족하는 } x \text{에서 정의되지 않는다.}$$

따라서 $f(q) = t$ 이므로 $\dfrac{f'(q)}{2\sqrt{f(q) - t}}$ 와 $\dfrac{-f'(q)}{2\sqrt{-f(q) + t}}$ 를 사용할 수 없다.

따라서 **정의를 이용**해야 한다.

$$\lim_{x \to q+} \frac{\sqrt{-\cos x + \cos q}}{x - q} = \lim_{t \to 0+} \frac{\sqrt{-\cos q \cos t + \cos q + \sin q \sin t}}{t} = \infty$$

$$\lim_{x \to q-} \frac{\sqrt{\cos x - \cos q}}{x - q} = \lim_{t \to 0-} \frac{\sqrt{\cos q \cos t - \cos q - \sin q \sin t}}{t} = -\infty$$

함수 $\sqrt{|f(x) - t|}$ 는 $x = q$ 에서 미분가능하지 않다.

따라서 $0 < t < \dfrac{\sqrt{2}}{2}$ 에서 $g(t) = 3$ 이다.

(7) $t = \dfrac{\sqrt{2}}{2}$

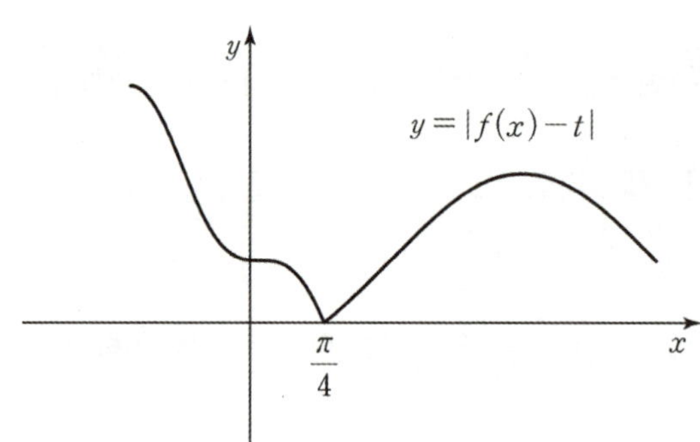

$$\frac{f'(x)}{2\sqrt{f(x) - t}}, \quad \frac{-f'(x)}{2\sqrt{-f(x) + t}} \text{는 } f(x) = t \text{를 만족하는 } x \text{에서 정의되지 않는다.}$$

$x = \dfrac{\pi}{4}$ 일 때, $f\left(\dfrac{\pi}{4}\right) = t$ 이므로 $\dfrac{f'\left(\dfrac{\pi}{4}\right)}{2\sqrt{f\left(\dfrac{\pi}{4}\right) - t}}$ 와 $\dfrac{-f'\left(\dfrac{\pi}{4}\right)}{2\sqrt{-f\left(\dfrac{\pi}{4}\right) + t}}$ 를 사용할 수 없다.

따라서 **정의를 이용**해야 한다.

$$\lim_{x \to \frac{\pi}{4}+} \frac{\sqrt{-\cos x + \dfrac{\sqrt{2}}{2}}}{x - \dfrac{\pi}{4}} = \lim_{t \to 0+} \frac{\sqrt{\dfrac{\sqrt{2}}{2}\sin t}}{t} \ \text{은} \ \infty \ \text{으로 발산한다.}$$

$$\lim_{x \to \frac{\pi}{4}-} \frac{\sqrt{-2\sin^3 x + \dfrac{\sqrt{2}}{2}}}{x - \dfrac{\pi}{4}} = \lim_{x \to \frac{\pi}{4}-} \frac{\sqrt{3} \times \sqrt{-\sin x + \dfrac{\sqrt{2}}{2}}}{x - \dfrac{\pi}{4}} \ \text{은} \ -\infty \ \text{으로 발산한다.}$$

함수 $\sqrt{|f(x) - t|}$ **는** $x = \dfrac{\pi}{4}$ **에서 미분가능하지 않다.**

$-\dfrac{\pi}{2} < x < \dfrac{3\pi}{2}$ 이므로 $f(x) = t$ 를 만족하는 x 는 존재하지 않는다.

따라서 $t = \dfrac{\sqrt{2}}{2}$ 에서 $g(t) = 1$ 이다.

(8) $t > \dfrac{\sqrt{2}}{2}$

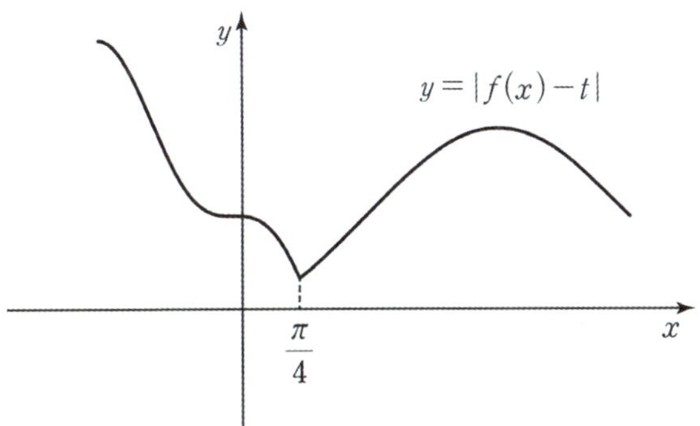

$x = \dfrac{\pi}{4}$ 일 때, $f(x) \neq t$ 이므로 $x = \dfrac{\pi}{4}$ 에서 미분가능성 판단을 위해 $f'\left(\dfrac{\pi}{4}+\right)$, $f'\left(\dfrac{\pi}{4}-\right)$ 의 일치 여부만을 확인해도 된다.

$f'\left(\dfrac{\pi}{4}+\right) = -\dfrac{\sqrt{2}}{2}$, $f'\left(\dfrac{\pi}{4}-\right) = \dfrac{3\sqrt{2}}{2}$ 이므로 $f'\left(\dfrac{\pi}{4}+\right) \neq f'\left(\dfrac{\pi}{4}-\right)$ 이고

함수 $\sqrt{|f(x) - t|}$ **는** $x = \dfrac{\pi}{4}$ **에서 미분가능하지 않다.**

$-\dfrac{\pi}{2} < x < \dfrac{3\pi}{2}$ 이므로 $f(x) = t$ 를 만족하는 x 는 존재하지 않는다.

따라서 $t \leq -2$ 에서 $g(t) = 1$ 이다.

최종적으로 $g(t)$는 다음과 같으므로 함수 $g(t)$의 그래프는 아래와 같다.

$$g(t) = \begin{cases} 1 & (t \leq -2) \\ 2 & (-2 < t < -1) \\ 3 & (t = -1) \\ 4 & (-1 < t < 0) \\ 2 & (t = 0) \\ 3 & \left(0 < t < \dfrac{\sqrt{2}}{2}\right) \\ 1 & \left(t \geq \dfrac{\sqrt{2}}{2}\right) \end{cases}$$

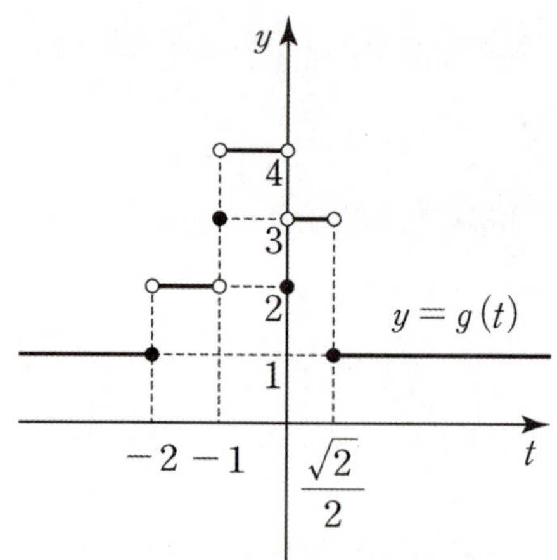

5. 합성함수 $(h \circ g)(t)$가 실수 전체의 집합에서 연속이 되도록 하는
최고차항의 계수가 1인 사차함수 $h(x)$를 구해보자.

합성함수 $(h \circ g)(t)$의 불연속성이 의심되는 지점은 $h(t)$는 실수 전체 집합에서 연속이기에 $g(t)$가 불연속한 지점들뿐이다.

$g(t)$는 $t = -2$, $t = -1$, $t = 0$, $t = \dfrac{\sqrt{2}}{2}$에서 **불연속이다.**

합성함수 $(h \circ g)(t)$가 실수 전체 집합에서 연속이기 위해서
$(h \circ g)(-2+) = (h \circ g)(-2-) = (h \circ g)(-2)$
$(h \circ g)(-1+) = (h \circ g)(-1-) = (h \circ g)(-1)$
$(h \circ g)(0+) = (h \circ g)(0-) = (h \circ g)(0)$
$(h \circ g)\left(\dfrac{\sqrt{2}}{2}+\right) = (h \circ g)\left(\dfrac{\sqrt{2}}{2}-\right) = (h \circ g)\left(\dfrac{\sqrt{2}}{2}\right)$를 모두 만족시켜야 한다.

각각 $h(2) = h(1)$, $h(4) = h(2) = h(3)$, $h(3) = h(4) = h(2)$, $h(1) = h(3)$을 모두 만족하기
위해서는 $h(1) = h(2) = h(3) = h(4)$이 성립해야 한다.

$h(x)$는 최고차항의 계수가 1인 사차함수이므로 $h(x) = (x-1)(x-2)(x-3)(x-4) + d$라 할 수 있다.
$a = g\left(\dfrac{\sqrt{2}}{2}\right) = 1$, $b = g(0) = 2$, $c = g(-1) = 3$이고,
$h(a+5) - h(b+3) + c = h(6) - h(5) + 3 = (120 + d) - (24 + d) + 3 = 99$이므로 **답은 ④!!**

※ 이 문제에서는 상수 d를 빼먹고 $h(x) = (x-1)(x-2)(x-3)(x-4)$라고 해도 답 구하는 데에는
문제가 없다. 하지만 나중을 위해서라도 **꼭 상수 d를 쓰는 습관**을 들여라.

$$\frac{f'(x)}{2\sqrt{f(x)-t}}, \quad \frac{-f'(x)}{2\sqrt{-f(x)+t}}$$ 는 $f(x)=t$를 만족하는 x에서 정의되지 않아 $f(x)=t$를 만족하는 x에 대해서는 엄밀한 정의를 이용하여 미분가능성을 따져야 했다.

이 문제를 위하여 지금까지 달려왔다. 너무 수고들 했다. 이 문제는 **합성함수 그래프 그리기로 시작해서 미분가능성, 연속성까지 물어보는 무시무시한 문제였다.** 조금만 실수해도 바로 틀리는 문제였기에 평가원이 칼을 갈고 낸 문제 같다.

마지막으로 또 이런 무시무시한 킬러를 보면 항상 하는 얘기를 해보겠다. 이 문제도 문제를 한 번에 다 읽고 풀려고 하면 손도 못 댄다. $f(x), g(t), h(x), h(g(t))$ 등등 새롭게 정의되는 함수들과 x, k, t 등등 변수들도 너무 많다. 또한, 박스 안에 있는 조건도 미분가능성을 물어 매우 까다로운데 박스 바깥마저 연속성을 물어보는 조건들도 있다.

이런 경우 한꺼번에 다 읽고 풀려고 하지 말고 한 문장씩 끊어가면서 해줄 수 있는 행동을 취해야 한다. 말로 된 조건을 수식으로 표현한다든지, 수식으로 된 조건을 말로 풀어 생각해본다든지. 그래프 그리기 등등을 꼭 해줘야 한다.

실수 전체의 집합에서 정의된 함수 $f(x)$는 $0 \le x < 3$일 때 $f(x) = |x-1| + |x-2|$이고, 모든 실수 x에 대하여 $f(x+3) = f(x)$를 만족시킨다. 함수 $g(x)$를

$$g(x) = \lim_{h \to 0+} \left| \frac{f(2^{x+h}) - f(2^x)}{h} \right|$$

이라 하자. 함수 $g(x)$가 $x = a$에서 불연속인 a의 값 중에서 열린구간 $(-5, 5)$에 속하는 모든 값을 작은 수부터 크기순으로 나열한 것을 $a_1, a_2, \cdots, a_n$ (n은 자연수)라 할 때, $n + \sum_{k=1}^{n} \dfrac{g(a_k)}{\ln 2}$ 의 값을 구하시오. [4점]

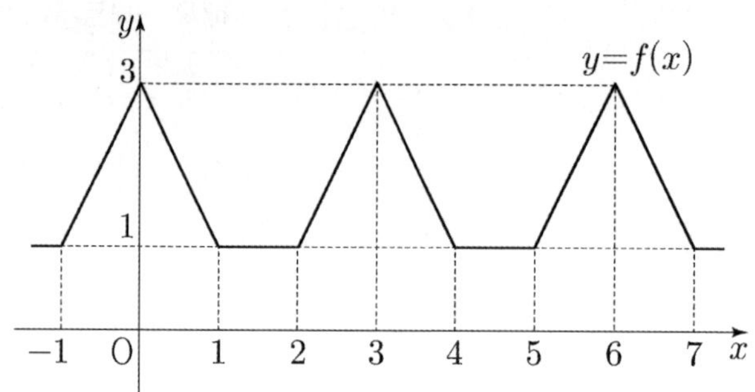

1. $p(x) = 2^x$라 하면

$$g(x) = \lim_{h \to 0+} \left| \frac{f(p(x+h)) - f(p(x))}{h} \right| = p'(x) |f'(p(x+))| = 2^x \ln 2 \, |f'(p(x+))| \text{ 이다.}$$

2. $-5 < x < 5$에서 $2^{-5} < p(x) < 2^5$이므로 $p(x) = t$로 치환하여 생각하자.

   함수 $|f'(t)|$는 정수 t가 3의 배수가 아닌 자연수일 때 불연속이다. 절댓값에 유의하자.

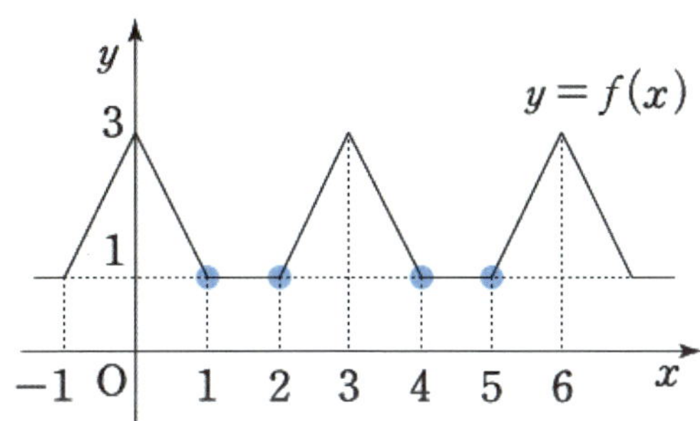

   따라서 $2^{-5} < t < 2^5$에서 불연속인 자연수 t의 값은
   $(1, 2), (4, 5), (7, 8), (10, 11), \cdots, (28, 29), 31$이므로 $n = 21$이다.

3. $\displaystyle\sum_{k=1}^{21} \frac{g(a_k)}{\ln 2} = \sum_{k=1}^{21} \frac{|f'(p(a_k+))|}{\ln 2} \times 2^{a_k} \ln 2 = \sum_{k=1}^{21} |f'(2^{a_k}+)| \times 2^{a_k}$에서

   $2^{a_1} = 1, \, 2^{a_2} = 2, \, 2^{a_3} = 4, \, \dots, \, 2^{a_{21}} = 31$이고,

   $f'(1+) = 0, \, f'(2+) = 2, \, f'(4+) = 0, \, f'(5+) = 2, \, \dots, \, f'(31+) = 0$ 이므로

   $$\sum_{k=1}^{21} \frac{g(a_k)}{\ln 2} = 2 \times (2 + 5 + 8 + \cdots + 29) = 2 \times \frac{10 \times (2 + 29)}{2} = 310 \text{이다.}$$

   따라서 $n + \displaystyle\sum_{k=1}^{21} \frac{g(a_k)}{\ln 2} = 21 + 310 = 331$이다.

답은 331!!

$x \geq 0$에서 정의된 함수 $f(x)$가 다음 조건을 만족시킨다.

$$
\text{(가) } f(x)=\begin{cases} 2^x - 1 & (0 \leq x \leq 1) \\ 4 \times \left(\dfrac{1}{2}\right)^x - 1 & (1 < x \leq 2) \end{cases}
$$

(나) 모든 양의 실수 x에 대하여 $f(x+2)= -\dfrac{1}{2}f(x)$이다.

$x > 0$에서 정의된 함수 $g(x)$를

$$
g(x)= \lim_{h \to 0+} \frac{f(x+h)-f(x-h)}{h}
$$

라 할 때,

$$
\lim_{t \to 0+} \{g(n+t)-g(n-t)\}+2g(n)= \frac{\ln 2}{2^{24}}
$$

를 만족시키는 모든 자연수 n의 값의 합을 구하시오. [4점]

1. 제시된 함수 $f(x)$ 는 $x \geq 0$ 인 모든 실수 x 에 대하여

$$f(x)=\begin{cases} 2^x - 1 & (0 \leq x \leq 1) \\ 2^{2-x} - 1 & (1 < x \leq 2) \end{cases}, \quad f(x+2)=-\frac{f(x)}{2}$$

를 만족시킨다.

닫힌구간 $[0, 2]$ 에서 함수 $f(x)$ 의 그래프는 직선 $x=1$ 에 대하여 대칭임을 알 수 있고,

조건 (나)에 의하여 닫힌구간 $[2, 4]$ 에서의 함수 $f(x)$ 의 그래프는

닫힌구간 $[0, 2]$ 에서의 함수 $f(x)$ 의 그래프를 x 축에 대하여 대칭이동시킨 후

각각의 x 좌표에 대한 y 좌표의 값에 $\frac{1}{2}$ 을 곱한 값을 함숫값으로 갖는 그래프가 될 것이다.

한편, $f(x+4)=f\{(x+2)+2\}=-\dfrac{f(x+2)}{2}=\dfrac{f(x)}{4} \cdots (①)$ 이므로

닫힌구간 $[0, 4]$ 에서의 함수 $f(x)$ 의 그래프를 이용하여

닫힌구간 $[4, 8]$, $[8, 12]$, $\cdots$ 에서의 함수 $f(x)$ 의 그래프를 그려낼 수 있다.

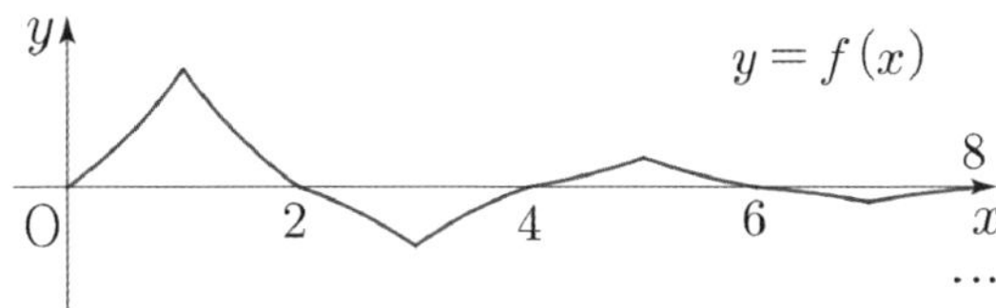

2. $g(x)=\lim\limits_{h \to 0+}\dfrac{f(x+h)-f(x)+f(x)-f(x-h)}{h}$

$\quad =\lim\limits_{h \to 0+}\left\{\dfrac{f(x+h)-f(x)}{h}+\dfrac{f(x-h)-f(x)}{-h}\right\}$

$\quad =f'(x+)+f'(x-)$

임과 함수 $f(x)$ 의 미분가능한 지점, 미분불가능한 지점에 착안하면 함수 $g(x)$ 를

$$g(x)=\begin{cases} 2f'(x) & (x \neq n) \\ f'(n+)+f'(n-) & (x=n) \end{cases} \quad (단, n \text{ 은 자연수})$$

라 할 수 있다.

그런데 모든 양의 실수 x 에 대하여 $f'(x+2)=-\dfrac{1}{2}f'(x)$ 가 성립하고,

$$f'(x)=\begin{cases} 2^x \ln 2 & (0 < x < 1) \\ -2^{2-x}\ln 2 & (1 < x < 2) \end{cases}$$

이므로 함수 $f'(x)$ 의 그래프와 함수 $g(x)$ 를 구하면 다음과 같다 $\cdots (②)$

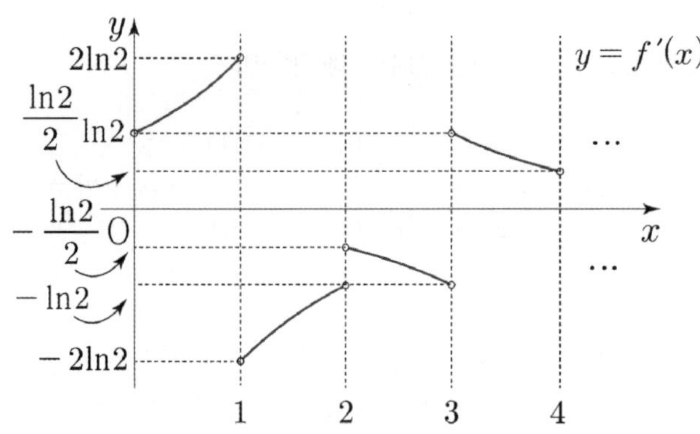

$$g(x)=\begin{cases} 2f'(x) & (x\neq n,\ x\geq 0) \\ 0 & (x=n,\ n\text{은 홀수}) \\ f'(n+)+f'(n-) & (x=n,\ n\text{은 짝수}) \end{cases}$$

3. $\displaystyle\lim_{t\to 0+} g(n+t)=g(n+)$, $\displaystyle\lim_{t\to 0+} g(n-t)=g(n-)$ 라 하면,

$$\lim_{t\to 0+}\{g(n+t)-g(n-t)\}+2g(n)=\begin{cases} 2f'(n+)-2f'(n-) & (n\text{은 홀수}) \\ 4f'(n+) & (n\text{은 짝수}) \end{cases}$$

이므로 자연스럽게 n 이 홀수인 경우와 짝수인 경우를 조사하여야 한다.

i) n 이 홀수

(②)에 의하여 $2f'(1+)-2f'(1-)=-8\ln2$, $2f'(3+)-2f'(3-)=4\ln2$ 이고,

(①)에 의하여 $2f'(5+)-2f'(5-)=-2\ln2$, $2f'(7+)-2f'(7-)=\ln2$ 임을 알 수 있다.

이 과정을 반복하면 $n=4k-1\,(k\text{는 자연수})$일 때만 극한값이 양수가 됨을 귀납적으로 알 수 있고

$$2f'((4k-1)+)-2f'((4k-1)-)=\left(\frac{1}{4}\right)^{k-1}4\ln2=\frac{\ln2}{2^{2k-4}}\ \text{임을 알 수 있다.}$$

$\dfrac{\ln2}{2^{2k-4}}=\dfrac{\ln2}{2^{24}}\Rightarrow k=14$ 이므로 조건을 만족시키는 홀수 n 의 값은 $4\times14-1=55$ 이다.

ii) n 이 짝수

i)과 동일한 논리로

$$4f'(2+)=-2\ln2,\ 4f'(4+)=\ln2,\ 4f'(6+)=-\frac{\ln2}{2},\ 4f'(8+)=\frac{\ln2}{4},\cdots\ \text{임을 알 수 있다.}$$

이 과정을 반복하면 $n=4l\,(l\text{은 자연수})$일 때만 극한값이 양수가 됨을 귀납적으로 알 수 있고

$$4f'(4l+)=\left(\frac{1}{4}\right)^{l-1}\ln2=\frac{\ln2}{2^{2l-2}}\ \text{임을 알 수 있다.}$$

$\dfrac{\ln2}{2^{2l-2}}=\dfrac{\ln2}{2^{24}}\Rightarrow l=13$ 이므로 조건을 만족시키는 짝수 n 의 값은 $4\times13=52$ 이다.

따라서 모든 자연수 n 의 값의 합은 $55+52=107$ 이다.

답은 107!!